Arnold Schlie

Der Hannoveraner

Arnold Schlie

Der Hannoveraner

Geschichte und Zucht des edlen hannoverschen Warmblutpferdes

Neubearbeitet von
Prof. Dr. sc. nat. habil. Hans Löwe,
Regierungsdirektor a. D.

Zweite Auflage

BLV Verlagsgesellschaft
München Bern Wien

Titelbild: W. Tiedemann

Satz und Druck: Ludwig Auer, Donauwörth
Bindung: R. Oldenbourg, München
Printed in Germany · ISBN 3-405-11548-5

Vorwort

Hannovers Warmblutzucht hat, anders als die 1945 von schwerstem Geschick betroffene Ostpreußen- und Trakehnerzucht, das glückliche Los gezogen, den Krieg ohne wesentliche Einbußen zu überstehen. Allerdings hatten auch Hannover und besonders die davon betroffenen Züchter das Opfer der Abtrennung eines der besten Zuchtgebiete, des rechts der Elbe gelegenen Amtes Neuhaus, zu tragen; doch bleibt, sieht man einmal von den menschlichen Schicksalen ab, die Genugtuung, daß die dortige alte und hochstehende hannoversche Zucht erhalten geblieben ist. Sie bedeutet für die mecklenburgische Zucht, der sie heute zugehört, einen belebenden und fruchtbringenden Faktor.

Von der Elbe bis nach Holland erstreckt sich das Land Niedersachsen, in dem das hannoversche Pferd seine Heimat hat. Im Norden setzt das Meer die Grenze, hat aber durch Anschwemmung der fruchtbaren Marsch mit ihren weiten Grünflächen die natürlichen Hochzuchtgebiete des hannoverschen Pferdes in seiner unmittelbaren Nähe erstehen lassen. Im Westen und Süden wird das eigentliche Zuchtgebiet durch die Höhenzüge des Teutoburger Waldes, des Weserberglandes und des Harzes begrenzt. Mit den verwandten Zuchtgebieten Westfalen im Westen, Mecklenburg und Brandenburg im Osten und mit dem alten Züchterland Ostfriesland, das sich 1964 Hannover anschloß, wird heute in ganz Norddeutschland vom Rhein bis zur Oder, mit Ausnahme Oldenburgs und Holsteins, ein Warmblutpferd hannoverscher Abstammung und Prägung gezüchtet; allerdings ist der größere Teil Pommerns, der jenseits der Oder liegt, mit seiner ehemals blühenden hannoverschen Pferdezucht 1945 verloren gegangen.

Westfalen, Mecklenburg und Brandenburg haben sich auf hannoverscher Grundlage zu einer züchterischen Selbständigkeit entwickelt, die eine ausführliche Behandlung in diesem der engeren hannoverschen Zucht gewidmeten Buch nicht tunlich erscheinen läßt. So ist nur über Pommern, dessen hannoversche Zuchtgeschichte leider abgeschlossen ist, eine umfassendere Darstellung gegeben.

Das hannoversche Pferd hat nach dem letzten Kriege als Spender neuen Blutes oder auch als Modell eines neuen Zuchtzieles zunehmende Bedeutung und Verbreitung im In- und Ausland gefunden. Seit Erscheinen der Bücher von Schöttler (1925) und Stegen (1934) sind schon 30 bis 40 Jahre vergangen – und welche Veränderungen in der Politik, in der Wirtschaft und auch in der Pferdezucht sind seitdem eingetreten! Auch die 1949 bearbeitete ausführliche Erstfassung von »Hannovers edles Warmblut« (J. Hahn-Butry und H. J. Köhler) erschien zu einer Zeit, als sich die so außerordentlich bedeutsame Entwicklung, die in den folgenden anderthalb Jahrzehnten auf dem Gebiet der Pferdezucht und ihrer Organisationen vor sich ging, in ihren Ansätzen eben erst zeigte. So könnte heute ein Thema, wie es dem vorliegenden Buch gestellt ist, manchen Leser ansprechen.

Wem das Pferd nicht nur Sportartikel, sondern mehr schon Familienmitglied ist, den dürfte alles interessieren, was für den Züchter von Bedeutung ist. Er wird sich wahrscheinlich den Kapiteln über die Geschichte der Zucht, vielleicht auch denjenigen über die Bedeutung und Arbeitsweise der Landgestüte, sicher aber auch den Abschnitten über die Organisation der hannoverschen Pferdezucht zuwenden, dagegen die rein züchterischen Abschnitte häufig wohl nur durchblättern. Auch mögen ihm die Angaben des Hengstanhanges, denen er vielleicht Näheres über die Vorfahren seines eigenen Pferdes entnehmen kann, wertvoll sein.

Die Züchter haben den Wunsch, den Käufern ihrer Pferde, soweit diese mit den Problemen der Landwirtschaft nicht vertraut sind, in etwa die Hoffnungen und Sorgen, die mit der Reitpferdezucht verbunden sind, nahezubringen. Denn seitdem das Pferd in der Wirtschaft mehr und mehr an Boden verliert, schwindet auch die Sicherheit des Absatzes. Dafür bietet allerdings die Zucht von Reitpferden einen gewissen Ausgleich. Aber diese Chancen sind ungewiß und weitgehend vom Zufall abhängig. Die Aussicht auf einen günstigen Preis kann durch eine geringfügige, äußerlich aber sichtbar bleibende Verletzung jäh zunichte werden. Der Reitpferdezucht haftet etwas vom Glücksspiel an.

Der Züchter selbst wird wahrscheinlich gerne einmal über seinen Verband und dessen Arbeitsweise im einzelnen nachlesen wollen. Sein größtes Interesse dürfte aber dem züchterischen Teil und dem Hengstanhang gelten. Wahrscheinlich werden allerdings die praktischen Züchter unter den Lesern in der Minderheit sein; denn die meisten von ihnen kommen einfach zu wenig zum Lesen. Deshalb wären ihnen vielleicht kurze, sachliche Angaben, sozusagen zum bloßen Nachschlagen, willkommener. Andererseits sollte ein Buch dieser Art so abgefaßt sein, daß es auch den Pferdefreund, der nicht vom Beruf her Fachmann ist, zum Lesen anregt. So mußte der Verfasser bemüht bleiben, sich auf beide Leserkreise einzustellen.

Es war unumgänglich, bei Bearbeitung des Blutaufbaues der hannoverschen Zucht auch auf wissenschaftliche und züchterisch praktische Erkenntnisse einzugehen. Der erfahrene Praktiker steht der Wissenschaft mit großer Aufgeschlossenheit gegenüber, und er weiß von den anderen Zweigen der Tierzucht her, welche Bedeutung gerade die neuesten Erkenntnisse der Populationsgenetik für die tierzüchterische Praxis haben. Aber als eine Folge seiner Erfahrungen hat sich auch eine gewisse Skepsis der Wissenschaft gegenüber eingestellt. Die Pferdezucht ist mehr als andere Tierzuchtzweige eine Exterieurzucht. Die ausschlaggebenden Eigenschaften sind mehr qualitativ als quantitativ bedingt und unterliegen damit verhältnismäßig einfachen und wahrscheinlich überwiegend bereits bekannten Vererbungsgesetzen. Und damit kommt es in der Pferdezucht, mehr als es zukünftig in den anderen Tierzuchtzweigen wahrscheinlich der Fall sein wird, auf die Person des Züchters an. Der einfache Züchter mit einschlägiger Naturbegabung, mit der von vergangenen Generationen ererbten Passion und den eigenen Erfahrungen in Zucht und Aufzucht bestimmt im wesentlichen den Erfolg. Der Durchschnittszüchter fragt und handelt nicht bewußt nach Vererbungsgesetzen; er wendet sie unbewußt an, soweit sie sich aus seinen Erfahrungen ergeben.

Beaulieu meint wohl in seinem Buch »Vollblutzucht« das gleiche, wenn er schreibt: »Charakterliche Werte sind für den Züchter wichtiger als angelerntes Fachwissen«, und Rau sagte schon 1914 in seinem Buch über die hannoversche Pferdezucht: »Freilich, die Sorge um die richtige Auswahl der Zuchttiere nach Exterieur, Form, innerer und äußerer Qualität wird man auch durch die beste Zuchtformel dem Züchter nicht abnehmen können. Züchtet er nur blindlings nach dem gegebenen Schema, ohne alle anderen Faktoren zu berücksichtigen, so liegt hierin etwas Bedenkliches. Man wird die Zuchtrezepte, die gangbarsten Verbindungen verschiedener Blutströme, daher immer nur mit dem Hinweis geben können, daß der Züchter damit die Paarung noch nicht ausgefüllt hat, sondern daß in dem ihm gegebenen Rahmen noch die ganze Auswahl der Tiere auf Form, Charakter, Leistung und alle Eigenschaften, die sonst noch bei der Paarung bestimmend sein sollten, geleistet werden muß. *Der Geist muß paaren, nicht der Buchstabe.*«

An dieser Stelle möchte ich Herrn Oberlandstallmeister a. D. Dr. Martin Heling, der sich in den entscheidenden Nachkriegsjahren auch um die hannoversche Pferdezucht hoch verdient gemacht hat, aufrichtig danken.

Dr. Heling ließ mich in vielen ausführlichen Gesprächen Einblick in seine umfassenden züchterischen Erfahrungen und wissenschaftlichen Kenntnisse nehmen und hat dadurch die Arbeit an diesem Buch wesentlich gefördert.

Hannover, im März 1967 — Arnold Schlie

Vorwort zur zweiten Auflage

Die Voraussetzungen, die Dr. Arnold Schlie veranlaßten, dieses Werk zu verfassen und der Öffentlichkeit zu übergeben, sind heute in verstärktem Maße vorhanden. Die Stellung des Hannoveraners als bedeutender Repräsentant des heute gesuchten vielseitigen Leistungspferdes hat sich in dem abgelaufenen Jahrzehnt stark gefestigt. Zahlreiche Zuchtgebiete des In- und Auslandes bedienen sich derzeit zur Produktion geeigneter Reitpferde hannoverschen Zuchtmaterials. Daher wird auch dieses Buch wieder seine Interessenten finden.

Da die Leistungszucht in ihrem Bemühen um einen ständigen Fortschritt seit dem Erscheinen der ersten Ausgabe einen kräftigen Schritt vorwärts getan hat, war es dringend notwendig, den Inhalt auf den neuesten Stand zu bringen. Die Redaktion der Zeitschrift »Hannoversches Pferd«, die ich 1968 nach dem Tode von Dr. Schlie übernommen habe und der dadurch gegebene ständige Kontakt mit allen auftauchenden Problemen organisatorischer und züchterischer Art erleichterten mir diese von der Materie her sehr dankenswerte Aufgabe. Dabei habe ich für diese Ausgabe Wert darauf gelegt, zur Erhaltung der Originalität den alten Aufbau im wesentlichen zu belassen. Demzufolge blieben auch die rein geschichtlichen Abrisse völlig unverändert. Allerdings wurde die Entwicklung der hannoverschen Zucht in vier bedeutsame Epochen eingeteilt. In diesem Zusammenhange wurden für den letzten Zeitabschnitt auch die vier Persönlichkeiten, die in den beiden ersten Dezennien nach dem 2. Weltkriege die Geschicke der hannoverschen Zucht maßgeblich beeinflußt haben, einer besonderen, wenn auch nur kurzen Würdigung unterzogen.

Vor allem mußten die Hengstlinien auf den neuesten Stand gebracht werden. Sie wurden ergänzt durch Darlegungen und Übersichten über Nutzungsdauer und Fruchtbarkeit der Beschäler. Neu eingefügt wurde ein Abschnitt über wichtige Stutenfamilien. Verarbeitet wurden weiterhin besonders die Leistungsergebnisse hannoverscher Pferde, getrennt nach den Eigenleistungsprüfungen der Hengste in Westercelle und der verschiedenartigen Reitpferdeleistungsprüfungen auf den Turnieren, die jährlich ihren Niederschlag finden in den Angaben des Jahrbuches der FN. Auch in diesen Fällen wurde der Text durch verschiedene tabellarische Übersichten bereichert, wodurch für den Leser sicherlich der Überblick erleichtert wird. Das gleiche trifft auf die sehr wichtige Schilderung des Gebrauchs- und Zuchtpferdeabsatzes zu.

Der Hengstanhang behielt zwar seinen Umfang, aber 22 Hengste wurden neu hereingenommen, dafür wurde eine entsprechende Anzahl aus der 1. Auflage gestrichen. Hinzu kamen nur solche Hengste, die mindestens zwei Beschäler für das Landgestüt Celle geliefert haben.

Gewiß konnten nicht alle anstehenden Probleme eine sehr eingehende Berücksichtigung finden. Trotzdem bin ich bemüht gewesen, diesem Werk seine bereits vorhandene Vielseitigkeit noch etwas zu erweitern und hoffe dadurch auch die Erinnerung an den ersten fachkundigen Autor dieses Buches möglichst lebendig zu erhalten. Jeder am hannoverschen Pferd Interessierte wird je nach seinen speziellen Neigungen auf dem einen oder anderen Gebiete etwas Wissenswertes finden können. Ich hoffe daher, daß auch die neue Auflage abermals auf eine gute Resonanz stößt.

Hannover, im August 1975 — Hans Löwe

Das hannoversche Zuchtgebiet und die staatlichen Deckstellen

Inhaltsübersicht

Die Herrenhäuser »Weißgeborenen«

Denkt man an Herrenhausen, so denkt man an seinen »Großen Garten«, dessen Anlage im Jahr 1666, also vor 300 Jahren, begonnen und der zu einem der schönsten Beispiele französisch-holländischer Gartenkunst wurde. Die große Fontaine, mit ihrem 80 m hoch aufsteigenden Strahl der höchste Springbrunnen Europas, das reizvolle Gartentheater, unverändert geblieben aus der hohen Zeit des Barocks, und die einzigartigen Heckengärten sind Sehenswürdigkeiten, die seit eh und je Besucher anziehen und erfreuen.

Für den Pferdemenschen aber ist mit Herrenhausen noch ein weiteres verbunden: Irgendwann gab es dort einmal eine hippologische Seltenheit: die weißgeborenen Schimmel.

Und so wird heute noch dann und wann nach den Herrenhäuser Weißgeborenen gefragt. Da Herrenhausen dem früher in Hannover regierenden welfischen Fürstenhaus als Sommerresidenz diente und die Welfen der Pferdezucht besonders zugetan waren, ist es kein Wunder, daß vielfach vermutet wird, die Herrenhäuser Weißgeborenen seien eine Art Spezialzucht der hannoverschen Landeszucht gewesen und vereinzelte Exemplare seien auch heute vielleicht noch vorhanden.

Das ist nicht der Fall. Die Weißgeborenen verdanken ihr Dasein einer romantischen Liebhaberei und wohl ebenso einem zeitbedingten Repräsentationsbedürfnis der welfischen Herzöge. Auch an anderen nordeuropäischen Höfen gab es damals ähnliche Zuchten, um die Hofequipagen besonders auffällig und elegant zu bespannen. Mit der gleichzeitigen Landespferdezucht, deren Förderung sich das regierende Haus ebenfalls sehr angelegen sein ließ, haben die Weißgeborenen wohl keine blutmäßige Verbindung gehabt, und wäre es doch so, dann hätte sich inzwischen aus erbbedingten Gründen, auf die noch einzugehen ist, der letzte Blutstropfen einer solchen Verbindung »herausgemendelt«. Nein – hier war von vornherein das Zuchtziel ein Pferd, das schon bei der Geburt weiß ist. Richtige Schimmel werden dunkel geboren, werden dann im Laufe der ersten Lebensjahre immer heller und meist erst im Alter von vier bis acht Jahren oder auch noch später ganz oder annähernd weiß. Die Schimmelfarbe hat das gleiche dunkle Hautpigment, auf dem die farbigen Haare, Fuchs, Braun und Schwarz, basieren. Der Unterschied zwischen dem Weiß der Schimmel und dem Weiß der Weißgeborenen, übrigens ebenso auch dem Weiß der Abzeichen bei Füchsen, Braunen und Rappen, ist am augenscheinlichsten an den Hufen. Schimmel haben dunkle Hufe, soweit sie als Fohlen keine weißen Fesseln hatten, die Weißgeborenen dagegen hatten nur helle Hufe.

Albinos

Wenn die Vermutung zutrifft, daß die Weißgeborenen mit ihren rötlichen Augen und ihren gelben Lippen zum größten Teil Albinos waren, so ist es nur zu erklärlich, daß sie trotz steter neuer Blutzufuhr nicht sehr lebenskräftig waren und offensichtlich stark degenerierten, was auch schließlich zum Ende der Zucht führte.

Albinismus beruht auf dem Fehlen gewisser Fermente, ohne die das dunkle Pigment nicht gebildet werden kann. Daraus folgt eine Schwächung der

◀ Hannoverscher Züchterhof im Alten Land. Mutterstuten mit Fohlen gehen auf die Weide.

Weißgeborener Herrenhäuser Hengst. Das Originalgemälde in der Herzog-von-Cumberland-Stiftung zu Gmunden läßt gelbe Lippen und helle Hufe deutlich erkennen.

Konstitution, also der Gesamtkörperkräfte. In diesem Zusammenhang führt Duersts Feststellung: »Die Abzeichen des Pferdes sind nichts anderes als partieller Albinismus ... Der Unterschied zwischen Abzeichen und Scheckung beruht nur darin, daß Abzeichen der geringere Grad des partiellen Albinismus sind« indirekt zu einer Erklärung der Erfahrung, daß weiße Fußabzeichen das Auftreten von Mauke begünstigen. Und auch aus der Rinderzucht ist bekannt, daß die weißbehaarten Hautstellen gegen starke Sonnenbestrahlung besonders empfindlich sind. Hier muß man sich auch erinnern, daß die Urrassen des Pferdes, wie wohl auch der anderen Tiergattungen, einfarbig ohne Abzeichen waren und daß auch die heutigen noch unvermischten Wildpferde einfarbig sind. Weiße Abzeichen haben sich wohl als Folge der Domestikation, also einer Haltung gebildet, die von der natürlichen, ursprünglichen abweicht.

Die Ansicht, daß es sich bei den Weißgeborenen vielfach um Albinos handelte, wird auch durch einen Bericht über das herzogliche Gestüt Memsen bestätigt. Darin heißt es über die Verhältnisse um 1767, die Zahl der Weißgeborenen sei klein, die meisten Albinos, »blauweiß oder strohweiß«. 1841 wurde in Dänemark ein Hengst der Frederiksborger Rasse angekauft, der in den Annalen einfach als »Der Frederiksborger« aufgeführt ist. Er lieferte dem Gestüt zwölf Stuten. Wichtiger wird aber sein Einfluß auf die Zucht durch seine Söhne *Jarkow, Ido* und *Hanal* gewesen sein. Eben über diese Frederiksborger Rasse schreibt Duerst: »Es ist nachgewiesen, daß es bei den weißen Pferden des Frederiksborger Gestüts einen Letalfaktor gab, der wahrscheinlich mit dem Faktor für Weiß gekoppelt war.« Auch Munkel berichtet: »Da man aus dem Albinismus meist einen Zusammenhang mit einer Schwächung der Gesamtkörperkräfte hat feststellen können, so sind die einst an verschiedenen Fürstenhöfen mit Vorliebe gezogenen Albinos heute ausgestorben.«

Interessant wäre es, wenn man auf einer heutigen hannoverschen Stutenschau eine weißgeborene typische Herrenhäuserin mit den ins Hauptstutbuch aufgenommenen Stuten vergleichen könnte. Es ist kaum anzunehmen, daß sie die Prüfung für die Aufnahme ins Hauptstutbuch oder Stutbuch bestehen würde. Wieviel Enttäuschungen gab es schon, wenn man Bestes mit Bestem paarte! Und hier handelte es sich um die Paarung von Pferden, für deren Zuchtverwendung vielfach nur der Albinismus ausschlaggebend wurde, ausgerechnet eine Erbanlage, die selbst fehlerhaft ist und in ihren Grenzen überwiegend Fehlerhaftes erzeugen muß. Da der letalartige Faktor mangelhafte Fruchtbarkeit und hohe Sterblichkeit bedingte, besonders auch unter den Fohlen vor und nach der Geburt, konnte man bei den wenigen, schließlich zuchtreif gewordenen Stuten wahrscheinlich kaum noch eine Auslese nach anderen Gesichtspunkten vornehmen. Heute würde man einen solchen Faktor als Negativum erkennen und ausmerzen; damals, bei den Weißgeborenen, wurde er, allerdings unbeabsichtigt, zum entscheidenden Kriterium für die Verwendung in der Zucht.

Könnte man die Stuten heute noch nach den jetzigen Ansprüchen auf Korrektheit der Beine, der Bewegungen, des Rückens und anderer Einzelheiten beurteilen, käme wohl nicht viel Erfreuliches heraus. Mindestens ist das mit einiger Sicherheit zu vermuten, denn den Berichten ist nichts Authentisches und Verläßliches zu entnehmen. Trotz aller dieser vermuteten Mängel werden die Herrenhäuser im Gespann aber einen eleganten und sicherlich imponierenden Eindruck gemacht haben, wie ja Schimmelgespanne immer besonderen Anklang finden. Nur hätte man es mit wirklichen Schimmeln, also denen mit den dunklen Hufen, wesentlich leichter gehabt. So blieb es ein züchterisch zwar interessantes, praktisch aber kostspieliges Experiment.

75 Jahre Weißgeborene in Memsen

Das äußere Zuchtgeschehen ist schnell geschildert, wenn man dabei, wie es hier geboten scheint, auf besondere Ausschmückung verzichtet. Das ist um so eher zu vertreten, als manche zunächst unerklärbaren Vorgänge, wie die als Folge niedriger Geburtenziffern häufigen Zukäufe, durch die vorhergehenden Ausführungen verständlich werden, diese aber umgekehrt durch den äußeren Ablauf des Zuchtgeschehens ihre Bestätigung finden.

Die folgenden Angaben entnehmen wir der Dissertation von Horst Ahlborn: Die Geschichte der Zucht der weißgeborenen Kutschrasse des königlichen Marstalles zu Hannover (Hannover 1941).

In dem 1653 gegründeten Hofgestüt Memsen in der Grafschaft Hoya begann Georg II. nach seinem 1727 erfolgten Regierungsantritt die Züchtung einer weißen Kutschrasse mit dem weißgeborenen Hengst *Auguste,* der aus der Paarung einer weißgrauen Stute mit dem silbergrauen englischen Hengst *Le Barbe blanc,* offensichtlich also einem Berber, stammte. Dazu kamen einige hellgraue und hellfarbige Stuten sowie einige Weißgeborene aus Dänemark. 1732 fiel von dem Hengst *Barbe-Barbaro* das erste weißgeborene Fohlen, das aber nicht in die Zucht kam. Zwei bis drei Jahre wurde der 1746 geborene *Le petit Barbe* zur Zucht benutzt; er ging aber schon 1751 ein.

Zwischen 1745 und 1747 wurden sieben weißgeborene Stuten zugekauft, zum Teil in Dänemark, von denen fünf insgesamt 27 weißgeborene Fohlen brachten. Unter diesen Stuten befand sich *La Neé blanche,* die 1745 mit 115 Reichstalern bezahlt wurde. Über ihre 1748 geborene Tochter *L'Attendu* wurde sie Großmutter des Hengstes *Eveille,* unter dessen 36 Nachkommen wiederum 14 weißgeboren waren. Sein Sohn brachte 40 Nachkommen, von denen 24 weißgeboren waren. Von einer anderen Stute und ihrer miteingeführten Tochter wird berichtet, beide seien unbekannter Abstammung gewesen. Aber das spielte gegenüber dem unbedingten Vorzug ihrer weißen Geburtsfarbe offenbar keine Rolle.

Ebenfalls zwischen 1745 und 1747 wurde in Dänemark der weißgeborene *Le Royal Danois* angekauft, über dessen Zuchtbenutzung jedoch wenig zu erfahren ist. Vielleicht aber gab er den Anlaß zu der Bemerkung in einem Bericht aus dem Jahre

Königlich-Hannoverscher Krönungswagen, bespannt mit Weißgeborenen. Nach einem Gemälde im Schloß Herrenhausen.

1753, die weißen Pferde seien klein, ungesund und unfruchtbar.
1767 standen sechs oder sieben weißgeborene Stuten in Memsen, deren fruchtbarste, *Giboulée,* sechs Hengst- und sechs Stutfohlen brachte, über deren Farbe nicht berichtet wird. Demnach gab es damals unter den Weißgeborenen mitunter auch Stuten von durchaus normaler Fruchtbarkeit. Andererseits fielen 1785 von dreizehn weißgeborenen Stuten nur zwei Fohlen. Jedenfalls war die Erhaltung der Weißgeborenen-Zucht durch deren mangelhafte Fruchtbarkeit mit erheblichen Schwierigkeiten verbunden, von denen die Beschaffung von Hengsten mit entsprechender Farbvererbung nicht die geringste war. So befand sich unter den zwölf Fohlen des 1774 angekauften weißgeborenen Hengstes *Le Silvan* kein weißgeborenes. Und schließlich dürfte auch die bei einem so kleinen Bestand unvermeidbare Inzucht der Lebenskraft der Stuten nicht gerade zuträglich gewesen sein. Über die Zeit um 1790 wird von häufigen Vater/Tochter-, Sohn/Mutter- und Halbgeschwister-Paarungen berichtet, also von ausgesprochener Inzestzucht, die selbst bei erbgesunden Partnern recht gefährlich werden kann.
Als züchterisches Endergebnis dieser bis 1803 reichenden, also 58 Jahre langen Memsener Zuchtperiode der Weißgeborenen werden 140 Hengstfohlen, darunter 39 weißgeborene, und 154 Stutfohlen, darunter 45 weißgeborene, angegeben, die von insgesamt 72 Stuten und 29 Hengsten abstammten. Dieses Ergebnis, je Stute im Durchschnitt vier Fohlen, sieht zunächst nicht ungünstig aus. Zu vermuten ist aber, daß die Sterblichkeit der Fohlen, besonders der weißgeborenen, beträchtlich war. Jedenfalls mußte die Ergänzung des Stutenbestandes wenigstens zur Hälfte durch Zukauf erfolgen.

Zwischenspiel in England, Ausklang in Herrenhausen

1803 wurde Memsen in Sorge vor dem Heranrücken der napoleonischen Truppen evakuiert. Von dem Gesamtbestand: 12 weißgeborenen Stuten, einem Hengst und 18 Stutfohlen, blieben nur vier Stuten mit Fohlen in Memsen. Dieser Restbestand wurde 1810 in das herzogliche Privatgestüt Neuhaus überführt. Sieben Stuten und ein Fohlen kamen nach England, wo sie in Great Lodge, Windsor, als hannoversches Gestüt eine Exilunterkunft fanden. Von 1803 bis 1814 wurden dort 13 Hengstfohlen, darunter 11 weiße, und 13 Stutfohlen, darunter 12 weiße, geboren, was einer Fruchtbarkeit von rund 30% entsprechen würde, vorausgesetzt allerdings, daß die Stuten an Zahl gleich blieben und auch jedes Jahr gedeckt wurden. Great Lodge nahm später auch noch 111 Stuten aus Memsen und Neuhaus auf; es handelte sich dabei aber nur zum Teil um weißgeborene.

1815 war die Zeit des Exils zu Ende, doch blieb ein Teil des Bestandes in England und behielt offensichtlich durch Blutzufuhr noch Verbindung mit Hannover. Diese riß aber 1837 mit Beendigung der Personalunion England-Hannover ab. Es wird über die englische Tochterzucht später einmal von vier gehaltenen Stuten berichtet; 1870 habe es in England keine Weißgeborenen mehr gegeben. Von Interesse dürfte es noch sein, daß auch in der englischen Tochterzucht viel mit Inzucht gearbeitet wurde, und man liest mit Erstaunen, daß die Pferde dort allmählich an Größe zunahmen. Dabei bleibt es eine Frage, ob diese Erscheinung mehr auf ein Ausscheiden des besonderen Erbfaktors oder auf das englische Klima oder auf beides zurückzuführen ist.

Der größere Teil des in England befindlichen Bestandes war also 1815 nach Hannover zurückgebracht worden und hatte eine neue Unterkunft zunächst in Neuhaus im Solling gefunden. Es waren der Beschäler *Le Blanc III,* sechs Stuten und neun Fohlen.

Über die weitere Entwicklung der Zucht liegen leider nur dürftige Angaben vor. 1841 wurde, wie bereits erwähnt, der »Frederiksborger« aus Dänemark eingeführt, dessen Wirkung als Blutauffrischer aber trotz seiner drei Söhne nur wenige Generationen anhielt. 1844 erfolgte die Überführung nach Herrenhausen bei Hannover, da die im Solling gezogenen Wagenpferde zu leicht blieben. 1870 berichtet der Gestütsdirektor, angesichts der Inzucht würde die Zucht immer schwieriger; die Stuten würden schlecht tragend, die Fohlen seien zu klein, zu schwach oder ausgesprochene Krüppel; gute, für die Zucht geeignete weißgeborene Fohlen seien sehr selten. 1880 wurde der anscheinend letzte ernsthafte Versuch zur Erhaltung der Zucht unternommen; aber der Antrag, 10 000 Mark für einen Ankauf in Österreich von ein oder zwei Araberschimmelhengsten bereitzustellen, wurde von dem inzwischen zuständig gewordenen Preußischen Finanzminister abgelehnt. Bei dem wenig erfolgreichen Verlauf der Zucht kann man sich darüber nicht wundern.

Das war eigentlich der Anfang vom Ende. 1892 wurde die wahrscheinlich letzte Stute *Tertia* wegen Altersschwäche getötet. Kurz vorher hatte sie noch ein weißes Fohlen gebracht, das aber bald nach der Geburt eingegangen war. An anderer Stelle heißt es allerdings, die letzte weißgeborene Stute sei um die Jahrhundertwende verendet. Die beiden letzten Hengste *Flügel* und *Guido* wurden 1894 an v. Oppen in Holstein abgegeben und dort 1896 getötet.

Das abschließende Ergebnis über die letzte Neuhaus-Herrenhäuser Zuchtperiode: Von 1815 bis 1883 wurden 195 Fohlen geboren, im Durchschnitt noch nicht einmal drei im Jahr, von denen auch noch 62, rund ein Drittel, vor Vollendung des ersten Lebensjahres eingingen. Es blieben also je Jahr nur zwei Fohlen aus der ganzen Stutenherde, deren Umfang allerdings nicht festgestellt werden konnte.

Es könnte der Verdacht entstehen, allzu große Nüchternheit und wissenschaftliche oder gar pseudowissenschaftliche Akribie hätten in diesem Kapitel die Feder geführt, um liebenswerte Erinnerungen zu trüben. Das war jedoch beileibe nicht die Absicht; aber es hat keinen Sinn, Illusionen zu nähren, wo Objektivität geboten ist. Deshalb konnten die züchterischen Fragen nicht unbeachtet bleiben.

Wenn man sich aber bei den heutigen Celler Hengstparaden an dem Anblick der alten königlichen Equipagen aus jener Zeit erfreut und sich als Bespannung statt der Celler Hengste Herrenhäuser Weißgeborene vorstellt mit ihrem leichten Anflug von Dekadenz und in ihren roten, goldbeschlagenen Geschirren, so bietet sich ein Bild von Eleganz besonderer Art, eine Erinnerung an vergangene Zeiten fürstlichen Glanzes.

Das braunschweigische Landgestüt Harzburg

Das Landgestüt Harzburg hat seine Gründung ganz ähnlichen Verhältnissen zu verdanken, wie sie auch zur Errichtung von Celle führten: es galt, die Qualität eines an sich starken Landespferdebestandes durch systematische Maßnahmen zu heben, von denen die wichtigsten die Verbesserung und Vereinheitlichung des Hengstbestandes waren. Bis 1825 hatte das Deckgeschäft ausschließlich in den Händen privater Hengsthalter gelegen, die mit ihren in der hannoverschen Marsch billig erworbenen Hengsten gegen niedriges Deckgeld von Hof zu Hof ritten.

Die Einschaltung des herzoglichen Privatgestüts Harzburg-Bündheim beim Aufbau des braunschweigischen Landgestüts erinnert an den Einfluß, den das königliche Hofgestüt Herrenhausen auf die Arbeiten des Landgestüts Celle etwa zur gleichen Zeit nahm.

Nach Angaben von H. v. Kramer wurde das Gestüt Bündheim um die Mitte des 17. Jahrhunderts gegründet und bis zum Anfang des 19. Jahrhunderts als sogenanntes Wildengestüt betrieben: die Stuten blieben vom Frühjahr bis zum Herbst in freier Wildbahn. Nach den Befreiungskriegen wieder hergestellt, diente das Gestüt einige Zeit ausschließlich der Versorgung des herzoglichen Marstalles mit Reit- und Wagenpferden. 1824 wurde in Bündheim das Landgestüt errichtet und zunächst mit zehn Marstallhengsten ausgestattet. 1825 gingen zum ersten Mal vier Hengste auf die Deckstelle Bortfeld und sechs nach Sandkrug. Im nächsten Jahr bezogen schon 20 Hengste die Stationen Bortfeld, Sandkrug, Seboldshausen und Amelungsborn. 1827 kamen Süpplingen und Calvörde, 1828 Halle und Lichtenberg, 1829 Greene und 1833 Kl. Rhüden und Lehre hinzu. Bis 1830 stieg die Zahl der Hengste auf 39, die 2500 Stuten deckten. Merkwürdig ist die Tatsache, daß in den sechs Jahren von 1825 bis 1830 9875 Stuten gedeckt, aber nur 2667 Fohlen geboren wurden. Vielleicht ist die ungewöhnlich niedrige Geburtenziffer von 27% auf die dort überwiegende Stallhaltung zurückzuführen, während in den Hauptzuchtgebieten des Nordens die Stuten im Sommer auf die Weide gingen.

Trennung von Landgestüt und Marstall

1831 wurden Landgestüt und Marstall getrennt. Das Landgestüt bezog den Moosthof im Gebäudekomplex der Burg Dankwarderode. 1889 mußte das Gestüt wegen Baufälligkeit des Moosthofes in die Klosterdomäne St. Leonhard umziehen. Von dort wurde es erst 1934 wieder nach Harzburg-Bündheim zurückverlegt.

Die Gründe für die Trennung von Marstall und Landgestüt waren die gleichen, die acht Jahre später auch zur Aufgabe der Marstallhengsthaltung in Herrenhausen führten: der Marstall brauchte edlere, wendigere Pferde mit höheren Blutanteilen; die der Landespferdezucht dienenden Hengste mußten fast ausschließlich nach wirtschaftlichen Gesichtspunkten ausgewählt werden.

Zwischen 1867 und 1879 drohte dem Landgestüt die Auflösung, da man mit den Erfolgen nicht zufrieden war; schließlich ließ man es aber doch »vorläufig« weiterbestehen. Um dem veränderten Bedarf der Landwirtschaft Rechnung zu tragen, wurden Kaltbluthengste eingestellt, zunächst Shires, die wohl schwersten Vertreter des Kaltblutes; denn die intensivere Bearbeitung der ohnehin größtenteils schweren Böden verlangte stärkere Zugkräfte. Als Folge der ersten Kaltblutbenutzung

entstand allerdings ein schlimmes Durcheinander: Shires wurden gekreuzt mit edelster Harzburger Nachzucht, mit Hannoveranern, Oldenburgern, Ostfriesen, Ostpreußen und Kreuzungsstuten – von irgendeiner Einheitlichkeit und Planmäßigkeit der Zucht konnte keine Rede mehr sein. Gegen Ende des Jahrhunderts entschied man sich dann in der Kaltblutzucht für konsequente Reinzucht auf belgischer Grundlage bei strenger Trennung von Kalt- und Warmblutzucht. Insbesondere wurde auch die Kreuzung von Warm- und Kaltblut unterbunden. Als reines Warmblutzuchtgebiet blieb einzig das Amt Thedinghausen erhalten.
1934 in dieselben Gebäude nach Bündheim zurückgekehrt, von wo es rund 100 Jahre vorher nach Braunschweig verlegt worden war, hat das Landgestüt noch annähernd weitere 30 Jahre bestanden. Vorwiegend war es mit Kaltblütern besetzt. Als Folge der Umstellung der Landwirtschaft auf die Technik verlor es aber mehr und mehr an Bedeutung. 1950 hatte Harzburg noch 23 Deckstellen unterhalten; 1960, im letzten Jahre seines Bestehens, war die Zahl auf 12 zurückgegangen.

Harzburg wird aufgelöst

Gleichzeitig mit dem Landgestüt Osnabrück wurde Harzburg im Jahre 1961 aufgelöst. Von 1954 bis 1961 waren beide Gestüte in der Leitung durch Personalunion verbunden gewesen. Die Beamten und Hengste beider Gestüte wurden von Celle übernommen. 1966 bestanden in den braunschweigischen Landesteilen noch Cremlingen, Kl. Rhüden, Sandkrug und Thedinghausen als nunmehr Celler Stationen
In dem Braunschweigischen Hengstregister ist als erster Hannoveraner der 1820 geborene und 1829 erstmalig aufgestellte Hengst *Fripon* v. *Bening–Corough xx* aus einer Memser Stute angegeben. Ihm folgten der 1827 geborene Celler Landbeschäler *Telamon,* angeblich vom Landgestüt Celle gezüchtet, und der 1839 in der Station Stedebergen geborene *Phönix*. Gegen 1860 deckte schon eine bemerkenswerte Zahl hannoverscher Hengste, die hauptsächlich aus dem Verdener Gebiet stammten, auf Braunschweiger Stationen. Daneben waren auch einige Oldenburger und Ostfriesen aufgestellt. Um 1890 dominierte unter den Halbbluthengsten ganz eindeutig das hannoversche Blut. 1900 standen in Harzburg 20 Kaltblüter, ein Vollblüter und 18 Halbblüter, darunter 10 Hannoveraner. 1930 hatte Harzburg unter 40 Hengsten 30 Kaltblütler und 10 Hannoveraner. 1960, als die Braunschweiger Stationen zum letzten Mal von Harzburg beschickt wurden, deckten 12 Kaltblüter, sieben Hannoveraner und zwei Ostpreußen.
Die Leitung des Landgestüts lag in den Händen der Gestütsdirektoren bzw. Landstallmeister:

von 1825 bis 1841	Dr. Giesker
von 1841 bis 1843	v. Cramm
von 1843 bis 1850	v. Hünersdorf
von 1850 bis 1882	v. Walbeck I
von 1882 bis 1901	v. Henninges
von 1901 bis 1923	v. Walbeck II
von 1923 bis 1936	Dr. Sonnenbrodt
von 1936 bis 1945	Schulze-Dieckhoff
von 1946 bis 1954	Fellgiebel
von 1954 bis 1961	Dr. Kiel

Unsere reichlich nüchterne Darstellung über Harzburg ist kaum mehr als eine rein sachliche Aneinanderreihung von Daten verschiedener Art. Als Entschuldigung möge dienen, daß Braunschweig gegenüber Nordhannover weit ungünstigere Vorbedingungen für die Zucht eines edlen Pferdes hat, sich dort also die Warmblutzucht nicht entsprechend entwickeln konnte. Der meist schwere Boden ist vorzüglich für den Rüben- und Weizenanbau, für die Aufzucht von edlen Warmblutpferden aber weniger geeignet. Deshalb auch die Ausrichtung auf ein reines Wirtschaftspferd, die die Kaltblutzucht gegenüber der Warmblutzucht außerordentlich begünstigte. Erst seit der zunehmenden Verdrängung des Pferdes aus der landwirtschaftlichen Arbeit gewinnt der Hannoveraner auch in Südhannover-Braunschweig wieder an Boden.
Ein kleiner, aber besonders interessierter Kreis von Warmblutzüchtern hat sich um die bei Seesen gelegene Deckstelle Kl. Rhüden geschart, die neben wenigen passionierten Einzelzüchtern das Zentrum der Pferdezucht im Raume südlich der Landeshauptstadt Hannover zu werden scheint.
Ganz anders dagegen sind die Verhältnisse in dem Amt Thedinghausen mit seiner gleichnamigen Deckstelle (s. Kapitel »Das Landgestüt Osnabrück« S. 171). Mitten im norddeutschen Weidegebiet, 20 km südlich von Bremen gelegen, hat diese

braunschweigische Exklave in den 129 Jahren ihres Bestehens eine rein hannoversche Entwicklung genommen, die diesen Bezirk in die Hochzuchtgebiete der hannoverschen Warmblutzucht eingereiht hat.
Unter den Thedinghäuser und Kl. Rhüdener Züchtern bleibt die Erinnerung an die Harzburger Zeit besonders lebendig und wird dort in gutem Traditionsgefühl weiter gepflegt. Das gleiche trifft auf die seit 1965 bestehende Station in Cremlingen zu.

Schloß Herrenhausen. Nach einem Aquarell aus der Sammlung des Herzogs von Braunschweig-Lüneburg.

Das Hofgestüt Herrenhausen

Herrenhausen, früher vor den westlichen Toren der damals noch kleinen Residenzstadt Hannover gelegen, heute von großen Teilen der gewachsenen Landeshauptstadt umschlossen, ist weiten Kreisen des In- und Auslandes durch seinen »Großen Garten« bekannt, dessen Anfänge bis 1666 zurückreichen.

Züchter und Freunde des Pferdes verbinden mit Herrenhausen die Erinnerung an die weißgeborenen Schimmel, die als Besonderheit in der Pferdezucht noch heute großem Interesse begegnen. Besonders dem hannoverschen Züchter aber ist Herrenhausen ein Begriff aus der neueren Geschichte der hannoverschen Warmblutzucht. Die Namen *Flick, Y. Norfolk, Adeptus xx, Flavius, Flintglas* und der erst 1946 ausrangierte *Körner* sind jedem Kenner der hannoverschen Pferdezucht Begriffe. Ihre Träger, in Herrenhausen geboren und aufgezogen, ragen als Blutliniengründer oder bedeutende Vererber aus der großen Zahl Herrenhäuser Zuchtprodukte heraus. *Flenheim, Lorval, Defilant, Honorius, Deisterköng I* und *II, Fling, Flirt* und, als einer der letzten und besten, *Feiner Kerl* wurden als Fohlen zur Aufzucht nach Herrenhausen verkauft und kamen von dort, zweieinhalbjährig, ins Landgestüt Celle.

Das eigentliche Hofgestüt entstand erst 1844, als man sich entschloß, die bisher in Neuhaus gehaltenen weißgeborenen, isabellfarbigen und schwarzen Zuchtstuten in günstigere klimatische Verhältnisse zu bringen. Im nächsten Jahr folgten auch die Vollblutstuten. Die »Herrschaft« Herrenhausen stellte ihrem Gestüt neben guten Stallungen 50 Hektar sehr guter Leinemarschwiesen zur Verfügung.

Als wirtschaftliche Aufgabe hatte Herrenhausen einmal die Remonten für den königlichen Marstall zu liefern; besonders sollte es aber als Hauptgestüt für die Zucht Celler Landbeschäler dienen. Schon vorher waren bis 1839 Herrenhäuser Zuchthengste auf eigene Marstalldeckstationen gegangen. Dann aber schenkte König Ernst August die vorhandenen 26 Marstallbeschäler dem Landgestüt Celle und verfügte, daß zukünftig Celle allein als Landgestüt diene. Der Grund für diesen Entschluß ist in den verschiedenen Ansprüchen zu suchen: der Marstall brauchte ein edles, wendiges Halbblutpferd, während Celle der Landespferdezucht starke, massige Wirtschaftspferde zur Verfügung stellen mußte. Herrenhausen war fortan für die hannoversche Zucht nur noch das Hauptgestüt.

Im ganzen erhielt Celle von Herrenhausen 195 Deckhengste. 74 Zuchthengste gab das Gestüt außerdem noch an Genossenschaften und private Hengsthalter ab.

Nachdem die Zucht der Weißgeborenen schon 1892 aufgegeben war, wurde das Hofgestüt 1928 aufgelöst. Der letzte Gestütdirektor Simonsen schreibt dazu (Deutsche Sankt-Georg Sportzeitung Nr. 23/1938):

»Am 1. April 1928 wurde auf Anordnung des preußischen Finanzministers das ehemalige Königliche Hannoversche Hofgestüt Herrenhausen aufgelöst. Bei den eigenartigen Verhältnissen in der Verwaltung – die Herrschaft Herrenhausen (das Schloß, die weltberühmten Gärten, Museen und Sammlungen, das Gestüt usw.) befanden sich seit 1866 unter preußischem Sequester, ohne daß dieses selbst nach dem Weltkrieg aufgehoben wäre – konnte preußischerseits diese Maßnahme erfolgen, ohne daß der Besitzer, der Herzog von Braunschweig und Lüneburg, dazu die Anregung gegeben hatte.«

Genau zehn Jahre nach Auflösung des Hofgestüts Herrenhausen ging die Reichsgestütverwaltung auf Anregung hannoverscher Kreise ernsthaft mit dem Gedanken um, in der hannoverschen Wesermarsch ein Hauptgestüt aufzubauen. Die Pläne blieben durch den Kriegsbeginn unausgeführt; sie wären aber bei ihrer Verwirklichung in der Beschaffung geeigneten Geländes auf große Schwierigkeiten gestoßen. Zudem gingen die Ansichten auseinander, ob die hierfür nötigen Stuten von den Züchtern hergegeben würden und nicht überhaupt in der Hand bäuerlicher Züchter bessere Erfolge versprächen.

Hätte allerdings Herrenhausen noch bestanden, wäre sein Ausbau wahrscheinlich ein leichtes gewesen. So aber waren 1928 bei der Auflösung des Gestüts die letzten drei Deckhengste und 40 größtenteils schon bei Landwirten in der näheren Umgebung untergestellten Zuchtstuten und Stutfohlen versteigert worden, darunter vier Töchter nach *Fling,* sieben nach *Flint* und zehn nach *Flieger,* außerdem noch einige nach *Flinkrad* und *Flintland.* 84 Jahre bestand das Hauptgestüt Herrenhausen.

Bald 50 Jahre sind seit der Auflösung vergangen. Aber die Erinnerung an Herrenhausen ist heute noch in weiten Kreisen der hannoverschen Züchterschaft wach, und fast auf jedem hannoverschen Fohlenschein ist Herrenhäuser Abstammung zu finden.

Die Pferdezucht in Hannover

Die Zuchtgeschichte des Hannoveraners läßt sich bisher etwa in vier wesentliche Epochen einteilen, wobei jedoch zu berücksichtigen ist, daß kein Zeitabschnitt ein in sich abgeschlossenes Zuchtgeschehen beinhalten kann, sondern die Übergänge von einer Epoche zur anderen durchaus flüssig sind.

1. Von der Gründung des Landgestüts Celle 1735 bis zu den Freiheitskriegen.
2. Von 1815 bis 1870: Ausdehnung der Privathengsthaltung, starke Verwendung von Vollblut- und englischen Halbbluthengsten.
3. Von 1870 bis zum Ende des 2. Weltkrieges: Konsolidierung der Zucht.
4. Nach Beendigung des 2. Weltkrieges: Allgemeine Zuchtveredelung.

1. Von der Gründung des Landgestüts Celle (1735) bis zu den Freiheitskriegen

Die ersten Anfänge einer gelenkten Pferdezucht in Hannover lagen im Gebiet um Hoya. Die dortigen Grafen unterhielten schon im 15. Jahrhundert ein Gestüt in Bücken, das später nach Memsen, ebenfalls im Hoyaschen, verlegt wurde. Die Grafschaft kam 1582 an das welfische Haus Braunschweig-Lüneburg, das sich seitdem der dortigen Pferdezucht annahm und sich während seiner Regierungszeit, die mit dem Übergang Hannovers an Preußen im Jahre 1866 endete, um die hannoversche Pferdezucht sehr verdient gemacht hat. Nicht umsonst führen die Welfen seit 1361 das Pferd im Wappen!

Zur Versorgung der herzoglichen Marställe mit Reit- und Kutschpferden dienten die herzoglichen Privatgestüte Neuhaus im Solling, Memsen bei Hoya und zunächst auch Radbruch im Lüneburgischen. Zum Bedecken der Stuten benutzte man zeitweise spanische Hengste und Neapolitaner.

Über den damaligen Stand der Pferdezucht in Hannover berichtete 1802 der Celler Stallmeister Koch: »Vor dem Jahre 1736 wurden die natürlichen und großen Begünstigungen zur Pferdezucht nur wenig und sehr schlecht benutzt. Allenthalben im Lande war Mangel an guten Ackerpferden, und solche, die vom Pflug ab in jede andere Bestimmung schicklich übergehen konnten, wurden gar nicht erzogen. Damals gingen für diese Artikel große Summen ins Ausland; sie wurden hauptsächlich dem Ackerbau entzogen und hinderten das Emporkommen desselben.«

Das Landgestüt Celle

Um endlich auch der bäuerlichen Landespferdezucht den notwendigen Auftrieb zu geben, errichtet Georg II., König von Großbritannien und Herzog zu Braunschweig-Lüneburg, im Jahre 1735 das Landgestüt Celle. »Demnach Wir zum Besten unserer Unterthanen und zur Erhaltung einer guten Pferdezucht in Unseren Teutschen Landen, absonderlich aber in dem Herzogthum Bremen (dem heutigen Regierungsbezirk Stade) und der Grafschaft Hoya ... ein Landgestüt, vorerst mit zwölf Hengsten anlegen zu lassen ...«

Als die Hengste 1736 zum ersten Mal auf die Stationen gingen, wurde den »Gestütern«, wie sie vielfach bei den Züchtern heißen, eine ebenso interessante wie originelle »Instruktion« mitgegeben:

1. Das Deckgeld beträgt einen Himbten Hafer.
2. Von jedem lebendigen Fohlen ist ein Fohlenthaler (= 1 Reichsthaler) zu entrichten.

3. (Unter diesem Punkt folgen genaue Anweisungen über Aufstellung, Pflege und Wartung der Hengste).
4. Meldung der Ankunft auf dem zuständigen Amte und an das Landgestüt nebst Bericht über die Hengste und das Deckgeschäft. Die Berichte haben vierwöchentlich zu erfolgen.
5. Pro Hengst dürfen nur 40 bis 50 Stuten gedeckt werden. Jeder Hengst darf täglich zwei- bis dreimal decken.
6. Kleine und häßliche Stuten, von denen kein gutes Fohlen zu erwarten ist, dürfen nur mit Genehmigung der Gestütsverwaltung gedeckt werden.
7. Stuten, die nicht halten wollen, sind zurückzuweisen. Die gleiche Stute darf innerhalb der Deckperiode nur drei- bis viermal, höchstens fünfmal gedeckt werden.
8. Den Stuten der Bauern ist der Vorrang zu geben vor Stuten des Adels und der Offiziere.
9. (Anweisungen über Führung der Deck- und Fohlenlisten und der Futterlisten sowie ihre ›Attestierung‹ durch die Amtleute.)
10. (Verhalten: Rauchverbot, Wirtshausverbot, persönliche Überwachung des Deckgeschäftes.)

Nach den nunmehr 240 Jahren seit der Gründung des Landgestüts amtiert heute seit 17 Jahren erst der 15. Landstallmeister. Sicherlich hat sich besonders die lange Dauer der durchschnittlichen Amtszeit von rund 15 Jahren auf die Erfüllung der Aufgaben des Landgestütes segensreich ausgewirkt.

Die Namen der Gestütleiter bzw. Landstallmeister seien hier zunächst festgehalten:

von 1735 bis 1748
Oberjäger Georg Roger Brown (wahrscheinlich ein Engländer)

von 1748 bis 1764
Stallmeister Bernhard Ludwig Stegmann

von 1764 bis 1790
Stallmeister Elderhorst

von 1790 bis 1803
Stallmeister Koch

von 1804 bis 1814
infolge der Kriegsereignisse ohne hauptamtlichen Leiter

von 1814 bis 1816
Vize-Oberstallmeister v. Staffhorst

von 1816 bis 1839
Vize-Oberstallmeister August v. Spörcken

von 1839 bis 1866
Landstallmeister Friedrich v. Spörcken

von 1866 bis 1869
Landstallmeister v. Schlütter

von 1869 bis 1891
Landstallmeister v. Unger

von 1891 bis 1892
Landstallmeister Frhr. v. Stenglin

von 1892 bis 1915
Landstallmeister Dr. Grabensee

von 1915 bis 1927
Landstallmeister Graf v. Kalnein

von 1927 bis 1945
Landstallmeister Korndorff

von 1945 bis 1958
Landstallmeister Dr. Steinkopff

ab 1958
Landstallmeister Dr. Frhr. v. Stenglin

1735—1803

Doch zurück zur Zeit der Gründung des Landgestüts Celle im Jahre 1735.
Zunächst wurden 14 Hengste in Holstein angekauft, die auf Stationen an der Unterelbe, in Hoya, Stolzenau und Nienburg verteilt wurden. 1737 waren es schon 20 Hengste. Zehn Jahre später deckten 30 Hengste auf 17 Stationen. Den Siebenjährigen Krieg überstand das Landgestüt ohne wesentliche Einbuße. Bei Kriegsende hatte Celle 40, einige Jahre später schon 50 Beschäler. Dazu wurden 30 bis 35 edlere Hengste aus Memsen und Neuhaus zum Bedecken der Landstuten freigegeben.
Bis 1770 waren die Celler Beschäler größtenteils holsteinischer Herkunft; dazu kamen einige Dänen, Ostpreußen, Neapolitaner und Andalusier. Aber auch einige Engländer, wahrscheinlich ganz oder weitgehend Vollblüter, deckten damals schon als Landbeschäler. Vertreter dieser seit 1793 stutbuchmäßig erfaßten Rasse wurden in den folgenden zwei Jahrzehnten immer stärker zur Veredelung und Vereinheitlichung der hannoverschen Landespferdezucht herangezogen.

Schon in den fünfziger Jahren hatte Georg II. dem Landgestüt sieben englische Hengste geschenkt. 1763 berichtete der Stallmeister Stegemann an Georg II., »daß die Untertanen dringend wünschten, große, schöne, englische Hengste benutzen zu können, die nicht große Blessen oder weiße, hohe Beine haben, von Größe 11 Quartier und 4 Zoll (168 cm Bandmaß), wohl aufgesetzt, von feinem Ramskopfe, nicht zu stark in Ganaschen, von geradem Rücken mit einer guten Kruppe, ja nicht abhängigem Kreuze, von reinen, mageren, glatten und nervigen Beinen, kurz geköthet, auch mit den Hinterbeinen nicht zu weit gehend und ohne Ansatz zum Spath.«

1790 hatte Celle bereits einen Bestand von 90 Beschälern, die rund 5800 Stuten deckten, also im Durchschnitt 64 Stuten je Hengst (1965 kamen auf jeden Celler Hengst 48 Stuten, 1960, dem schlechtesten Jahr, nur 28!). Ihre Remontierung erfolgte nunmehr hauptsächlich in Mecklenburg, wohin 1803 der gesamte Celler Hengstbestand infolge des Einfalles der Franzosen emigrierte.

Damit endete der erste Abschnitt der Geschichte des Celler Landgestüts und der hannoverschen Pferdezucht.

Die bis in die Anfänge des neunzehnten Jahrhunderts reichenden ersten sieben Jahrzehnte seit Gründung des Landgestüts Celle hatten der Landespferdezucht außerordentliche Fortschritte gebracht. Von 1736 bis 1800 wurden 242 774 Stuten, also im Jahresdurchschnitt 3735 Stuten gedeckt, eine sehr beachtliche Zahl, wenn man berücksichtigt, daß Celle 1735 mit 14 Hengsten anfing und das Gestüt um 1800 einen Bestand von rund 100 Beschälern hatte. Schon 1749 konnte das Landgestüt den ersten in Hannover selbstgezüchteten Hengst ankaufen. In den letzten Jahrzehnten des 18. Jahrhunderts wurden laut aktenmäßigen Unterlagen jährlich etwa 10 000 Fohlen und Remonten für rund 400 000 Reichstaler aus den hannoverschen Landen ausgeführt, die allerdings zum größten Teil von Privatbeschälern abstammten. Nach den gleichen Archivunterlagen belief sich der Wert der damals jährlich eingeführten Pferde, überwiegend zur Ergänzung des Arbeitspferdebestandes, auf etwa 50 000 Taler.

Der Ober-Pferdearzt v. Tennecker schrieb 1797 (und man vergleiche damit den oben angeführten Bericht des Celler Stallmeisters Koch über die Verhältnisse zu Anfang des Jahrhunderts): »Ein anderes Beispiel von der Remontierung der Kavallerie durch die Landgestüte gibt uns Hannover, das seit einigen Jahren 200 Dragoner- und 200 Offizier-Pferde von des Landes eigener Rasse an die Armee geliefert hat, und ist wohl eine deutsche Kavallerie besser beritten als die hannoversche?«

Abschließend die Worte E. D'Alton's, die er 1810 in seiner »Naturgeschichte des Pferdes« über das Ergebnis dieses ersten Abschnittes der Geschichte der hannoverschen Pferdezucht schrieb: »In den hannöverschen und preußischen Ländern wurden gute Pferde gezogen, und man war daselbst auf dem Wege, sich eine eigene und treffliche Rasse zu bilden, als der Krieg die Zuchten wieder auflöste und zerstörte.«

1803—1815

Die napoleonischen Kriege brachten Celle und der hannoverschen Pferdezucht starke Rückschläge. Von rund 100 Hengsten, die 1803 nach Mecklenburg evakuiert waren, kehrten 1804 nur 30 nach Hannover zurück. Um sie etwaiger französischer Beschlagnahme zu entziehen, wurden sie größtenteils privat aufgestellt. Der Rest, ungefähr 70 Hengste, mußte in Mecklenburg hauptsächlich zur Deckung der dort entstandenen Unterhaltskosten zurückgelassen werden. Vom Lastenausgleich hatte man damals also noch nichts gehört! 1805 deckten 30 Celler Hengste 2031 Stuten und fanden damit recht gute Benutzung. 1812 standen für allerdings nur 2753 gedeckte Stuten schon wieder 50 Hengste zur Verfügung, und 1813 wurden auf 24 Stationen 3096 Stuten von 46 Hengsten gedeckt! Also 67 Stuten je Hengst, an heutigen Verhältnissen gemessen ein hervorragender Durchschnitt.

2. Von 1815-1870: Ausdehnung der Privathengsthaltung, starke Verwendung von Vollblut- und englischen Halbbluthengsten

Nach 1815

Nach dem Kriege ging man energisch an den quantitativen, qualitativen und organisatorischen Neuaufbau der Pferdezucht. Die durch Requisitionen und Notverkäufe dezimierten Pferdebestände suchte man auf die verschiedenste Weise zu ergänzen, vornehmlich durch Verbesserung und Vergrößerung des Celler Hengstbestandes. 1815 hatte Celle 47 Hengste, 1816 schon 65, ein Jahr später 80 und 1818 bereits wieder 100! Gleichzeitig wurden zum Aufbau einer guten Stutengrundlage Maßnahmen getroffen, die mit Bedingungen verknüpft waren, wie wir sie heute noch ähnlich bei der Vergebung von Staatsprämien anwenden und die in einiger Hinsicht auch in den Bestimmungen der Schweiz bei der Abgabe von »Eidgenossen«, also Kavalleriepferden, zu finden waren.
Schöttler schreibt über die Abgabe von Stuten aus den Beständen aufgelöster hannoverscher Dragoner- und Husaren-Regimenter:

Robin Hood xx, Rappe, geb. 1818 in England v. *Mouley-Sorcerer.* Sein Sohn *Cavalier xx,* geb. 1836, wurde Großvater von *Flick.*

»Da sich unter den Pferden auch gute englische Stuten befanden, so wurde auf Antrag der Königlichen Kammer vom 15. Februar 1816 zur Hebung der so sehr gesunkenen Pferdezucht den Züchtern eine Anzahl zur Verfügung gestellt (Akten des Staatsarchivs zu Hannover). Bei der damaligen bedrängten Lage der Landwirte wurde die Hälfte der Ankaufskosten mit Genehmigung des Prinzregenten auf die Kammerkasse übernommen. Es wurden unter Berücksichtigung des Alters, des Gebäudes und ihrer damaligen Brauchbarkeit 33 Stuten I. Klasse für acht Pistolen (gleich 28 Reichsthaler), 29 Stuten II. Klasse für sechs Pistolen und 17 Stuten III. Klasse für vier Pistolen verkauft. Diese Stuten, welche ›soliden Schenkelbau, verbunden mit einem regulären und festen Tritt besaßen‹, mußten vier Jahre lang durch einen kgl. Hengst bedeckt werden, außerdem wurde zur Bedingung gemacht, daß das erste Stutfohlen als Zuchtstute aufzuziehen und drei Jahre lang als solche zu verwenden sei. Zur Kontrolle wurde sie mit einem Brandzeichen am Halse versehen. Die Verteilung an die Ämter Hoya, Verden, Harburg, Winsen etc. erfolgte bei der starken Anforderung durch das Los.«
Seit 1823 kaufte die bis dahin lediglich mit Händlern arbeitende Remontierungskommission auch unmittelbar von Züchtern. Daß die Regierung in der Lieferung von Remonten für die Armee eine Hauptaufgabe der Pferdezucht sah und daß auch sonst eine große Nachfrage mit entsprechenden Preisverhältnissen bestand, ergibt sich aus dem Titel einer Verfügung über »Beschränkung der Konkurrenz von anderen Pferdekäufern mit der Remontekommission«.
Stapenhorst führt die Bemerkung eines »ausländischen Sachverständigen« aus der damaligen Zeit an: »Will man sehen, was ein Landgestüt für Nutzen bringt, so bereise man das hannoversche Land, wo der Bauer seine Wohlhabenheit größtenteils dem Landgestüt verdankt und wo er Zuchtstuten besitzt, wie man sie oft in fürstlichen Marställen nicht findet.«

»Das Hannöversche Pferd«

Zur gleichen Zeit äußerte sich der damals hochgeachtete Universitätsstallmeister Ernst Ferdinand Ayrer, der es verstanden hat, in persönlicher Unterhaltung Goethes Interesse für das Pferd zu gewinnen, in seinem Winterkolleg 1822/23 an der Universität Göttingen nach den handschriftlichen Aufzeichnungen seines Schülers Frhrn. v. Herding wie folgt:

»Das hannöversche Pferd: Es gibt zweierlei Arten,

a) diejenigen, die in den Privatgestüten des Königs zu Memsen und Neuhaus gezogen werden,
b) diejenigen, die der Landmann zieht.

Die erste Art stammt größtenteils von morgenländischen oder englischen Vollblutpferden ab. Man versteht unter Vollblut solche Pferde, deren Eltern sowohl vom Vater als auch der Mutter her echt morgenländische Pferde waren, unter Halbblut, wenn nur der Vater, Viertelblut, wenn nur der Großvater von echter Race war. Sie charakterisieren sich durch magere, wohl proportionierte Köpfe, große, feurige Augen, guten Halswuchs, gerade Rücken, gut geformte Kreuze, hoch angesetzte Schweife, kraftvolle, trockene Schenkel ohne Behang und gute, feste Hüfe, müssen aber bis zum ersten Jahr sehr geschont werden, indem sie sich höchst langsam entwickeln.

Die zweite Art oder die eigentlichen Landpferde stammen von den Abkömmlingen der ersten ab, wovon die vorzüglichsten im Hoyaschen angetroffen werden.«

Viel ist es nicht gerade, was der hannoversche Universitätsstallmeister seinen Studenten über die hannoversche Zucht erzählte, aber da er dieses Amt, das offenbar mit der Verpflichtung zu Vorlesungen verbunden war, von 1811 bis zu seinem Tode im Jahre 1832 ausübte, so könnte es sich um einen Vorlesungstext handeln, den Ayrer zu Anfang seiner Tätigkeit aufgesetzt und später nicht mehr wesentlich ergänzt hatte, und 1811 war ja wirklich noch nicht viel über den Stand der hannoverschen Pferdezucht zu sagen. Um so interessanter ist Ayrers Beschreibung des damaligen Vollblüters, der sich anscheinend in der Hinterhand wesentlich von dem heutigen Idealtyp unterschied.

Die Privathengsthaltung

Wenn bisher die hannoversche Pferdezucht oder, besser gesagt, die Pferdeerzeugung in Hannover fast ausschließlich unter dem Gesichtswinkel gesehen wurde, welchen Einfluß staatliche Maßnahmen und besonders die staatliche Hengsthaltung ausübten, so darf die damalige Privathengsthaltung angesichts ihrer zahlenmäßigen Bedeutung keinesfalls unerwähnt bleiben – weniger vom Standpunkt ihres Einflusses auf die eigentliche Zucht; den dürfte sie bei der im allgemeinen niedrigen Qualität der Privathengste kaum gehabt haben; aber in der Mengenerzeugung zur Deckung des Bedarfs an Arbeitspferden spielte sie eine überragende Rolle. Auch Schöttler verbindet seine Angabe über die im Jahre 1830 zur Zucht benutzten 35 000 Stuten mit der Bemerkung: »In der Mehrzahl handelt es sich jedoch um Nachkommen wenig edler Privatbeschäler.« 1839 stammten 70% aller Fohlen von Privatbeschälern, obwohl damals bereits 200 Celler Hengste zur Verfügung standen. Erst die zur Qualitätsverbesserung der Privathengste 1844 erstmalig erlassene Körordnung führte zu einer Abnahme der Privathengste. Bei einem jährlichen Gesamtanfall von rund 20 000 Fohlen ging im Jahrzehnt 1850–1860 der Anteil der von Privathengsten abstammenden Fohlen von rund 74% auf 62% zurück.

Im Landdrosteibezirk – heute Regierungsbezirk – Stade, damals wie heute Hauptzuchtgebiet der hannoverschen Pferdezucht, wurden im Jahre 1851 4715 Stuten, also rund 70%, durch Privatbeschäler und 1878 durch Landbeschäler gedeckt. Auf der Geest waren fast ausschließlich Privatbeschäler aufgestellt; das Landgestüt versorgte vornehmlich die Marschgebiete. Mit zunehmendem Rückgang der Privathengsthaltung wuchs dann allmählich die Zahl der staatlichen Deckstellen auch auf der Geest. Indessen blieb eine gewisse, wenn auch allmählich abnehmende Benachteiligung der Geest bei der Hengstversorgung durch die Landgestüte eigentlich noch bis zur Beendigung des Zweiten Weltkrieges bemerkbar. Erst dann erzwangen die Verhältnisse eine Umstellung des Zuchtzieles auf einen leichteren Hannoveraner, der auf den Geest- und Moorböden ebensogut wie auf den schweren Marschböden zu züchten und aufzuziehen ist. Damit verlangen und erhalten heute die Deckstationen auf

Alljährlich beziehen Anfang März die Celler Landbeschäler die Deckstationen. Erste Besichtigung der Hengste am Ankunftstag auf der ca. 200 Jahre alten Deckstelle Hänigsen. Der 26jähr. Gotthard im Mittelpunkt.

der Geest bei der Beschickung mit Hengsten die gleiche Berücksichtigung wie die Marschstationen. Damals aber, in den Jahrzehnten um die Mitte des 19. Jahrhunderts, lagen die Verhältnisse ganz anders: die Geest produzierte vornehmlich zur Befriedigung des großen Eigenbedarfs, während die Marsch weitgehend für den Verkauf züchtete, besonders an die Armee, und deshalb von seiten des Staates stärker berücksichtigt wurde.

Trotzdem fehlte es nicht an Bemühungen des Staates und der Berufsvertretungen um die Förderung der Privathengsthaltung: 1821 wurde eine besondere Verordnung über die Haltung von Privathengsten und 1844 die erste Körordnung erlassen. Prämien wurden gewährt, und durch die Anhebung des Deckgeldes für Landbeschäler kam auch der private Hengsthalter zu höheren Deckgeldern. Dadurch wieder sollten die Rentabilität der Haltung, aber auch die Qualität der Privathengste gehoben werden. Diese Absicht wurde allerdings oft enttäuscht, denn häufig sank mit der Erhöhung des Deckgeldes die Zahl der zugeführten Stuten. Während 1863 im Regierungsbezirk Stade noch 73 Privathengste standen, die 4474 Stuten deckten, waren es 1881 nur noch 41 Hengste mit 2788 Stuten. 1938 löste sich die alte Privatdeckstelle Meyer in Doosthof bei Harsefeld als letzte ihrer Art im Landgestütsbezirk Celle auf und übergab ihren Hengst *Sporno* dem Landgestüt Celle, das in dem nahegelegenen Harsefeld schon seit 1887 eine staatliche Station unterhielt. Ebenso erging es der Privatdeckstelle Götker in Lembruch bei Diepholz, die sich 1954 als letzte Privatdeckstelle im Bereich des Landgestütes Osnabrück auflöste. Heute gibt es neben einzelnen Privatzuchten, die Hengste mit einer Deckerlaubnis B benutzen, nur wenige private Deckstellen mit einer vielfach zahlenmäßig beschränkten Deckerlaubnis A für die Hengste: Ankum, Timmerloh, Neindorf und die Oldenburger Stationen Altenoythe, Bettingbühren, Brümmerstede, Bünne, Cappeln, Elsleth, Esenshammer Oberdeich, Holtrup, Mühlen und Roscharden.

Für die Versorgung der Landwirtschaft mit Arbeitspferden ausschlaggebend, in den Aufbau der eigentlichen hannoverschen Zucht dagegen kaum eingeschaltet – so kann man die Bedeutung der im letzten Jahrhundert zahlenmäßig stark überwiegenden Privathengsthaltung umreißen.

Mecklenburgische Hengste

Celle remontierte in den ersten zwei Jahrzehnten nach den Befreiungskriegen vornehmlich in Mecklenburg. Dabei überwogen die auf den Gütern Ivenack und Ihlenfeld aufgezogenen englischen Vollblüter und hoch im Blut stehenden Halbbluthengste. 1838 stammten über 80% der Celler Hengste aus Mecklenburg. Jedoch muß hier zur Ernüchterung solcher passionierten Mecklenburger, die heute noch die Heimat des hannoverschen Pferdes in Mecklenburg sehen, auf zeitgenössische Schilderungen hingewiesen werden. »Eine alte reine National-Race von vorzüglichen Mecklenburgischen Pferden hat nie und zu keiner Zeit in der Wirklichkeit existiert«, so gibt Chapeaurouge den Bericht des »in seiner Zeit weit über die Landesgrenzen bekannten Herrn Pogge-Zierstorf als gewichtigen und objektiven Zeugen« wieder.
Bekannt und geschätzt war das Mecklenburger Pferd damals als Produkt einer Kreuzung von Vollblut mit Ackerschlag. Daß daraus keine konsolidierte Landeszucht entstehen konnte, ist nicht zu verwundern, zumal viele minderwertige Hengste in Mecklenburg deckten und die Aufzuchtverhältnisse mangelhaft waren. Ebenso verwundert es nicht, daß der entgegengesetzte Versuch: die mecklenburgische Zucht durch Verwendung von Kaltbluthengsten zu retten, den Verfall nur beschleunigte.

Vollbluthengste

In Hannover gelangte man um 1840 auf den Höhepunkt der Vollblutbenutzung. Seit 1836 importierte Celle auch unmittelbar aus England, bevorzugte aber später wieder mehr den Umweg über Mecklenburg. Indessen war man in Hannover nach dem forcierten Einsatz von Vollblütern vorsichtig geworden, nicht nur durch die eigenen, sondern besonders wohl auch durch die mecklenburgischen Erfahrungen. 1841 hatte Celle unter seinen 207 Hengsten 73 Vollblüter, mit 35% den höchsten Vollblutanteil in der Geschichte des Landgestütes. 1850 waren es noch 24%, zehn Jahre später 17%, 1900 nur noch 3%; der niedrigste Anteil wurde erreicht in den Jahren zwischen 1946 und 1950 mit 1,8%. 1965 hatte das Landgestüt unter seinen 160 für die hannoversche Warmblutzucht bestimmten Beschälern 11 Vollblüter (6,9% des Gesamtbestandes) und 1975 unter 208 Beschälern 23 Vollblüter = 11%.
Nach dem Großeinsatz englischen Vollblutes ab 1840 wurde es den Züchtern und wahrscheinlich mehr noch den damaligen Landstallmeistern bewußt, daß nichtdosierte Benutzung von Vollblut oft Nachteile im Exterieur und im Temperament bewirkt. Diese Erfahrungen führten zu einem entgegengesetzten Experiment. Man holte aus England Vertreter schwererer Halbblutrassen, nachdem Pläne zur Benutzung von Kaltbluthengsten, wie Clydesdale, Ardenner und Dänen, zwar erwogen, aber nicht ausgeführt wurden. Damit vermied Hannover den Weg, der zum Ende der mecklenburgischen Pferdezucht geführt hatte.

Englische Halbblüter

Zwischen 1830 und 1889 standen in Celle 50 aus England eingeführte Halbbluthengste auf Station, vorwiegend Yorkshire-Coachhorses bzw. Cleveland-Bays, aber auch einige Norfolks. Dabei handelte es sich um Vertreter von Kutschrassen, die über ihren Vollblutanteil einen gewissen Blutan-

Champion, Landbeschäler Celle, geb. 1849 in England. Von 1830 bis 1889 standen 55 Hengste dieser *Yorkshire-Coachhorse-Zucht* und ähnlicher englischer Rassen in Celle. Nach einem Gemälde von Emil Volkers.

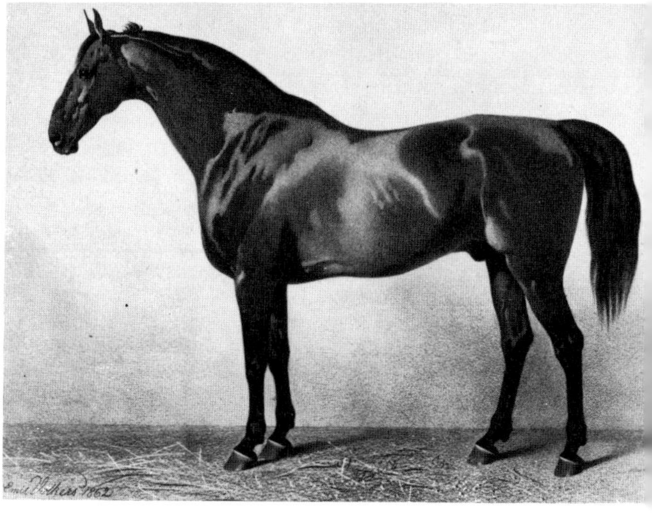

schluß in Hannover fanden. Unter diesen Halbblutengländern verdient der 1838 geborene Schimmel *Holderneß* Erwähnung, weniger, weil er in neunter Generation Vorfahre einer der bedeutendsten hannoverschen Hengste, *Feiner Kerl,* war, sondern weil ihm zu Ehren die 1815 gegründete Deckstelle in Oiste bei Verden, auf der *Holderneß* 18 Jahre deckte, noch heute den Namen »Gasthof zum Holderneß« trägt. V. Unger, 1869–1891 Landstallmeister in Celle, schrieb über die Yorkshires bzw. Clevelands: »England besitzt außer dem Vollblut eine Landrasse, die durch eine besondere Knochenstärke, gute Form und Größe ausgezeichnet und jeder Veredlung fähig ist. Die besten Pferde werden in der Provinz York, besonders in dem an der Küste gelegenen Holderneß gefunden, woselbst sie unter dem Namen der ›braunen Cleveländer‹ bekannt sind. Es ist der beste und stärkste Schlag für den Ackerbau.«

Frühe Zucht auf Leistung

Die Einstellung von Vollblütern für die hannoversche Pferdezucht entsprang aber durchaus nicht allein der Absicht, der Landespferdezucht mehr Nerv und Ausgeglichenheit zu geben. Ebenso spielte dabei auch der neu aufgekommene Rennsport eine Rolle. Der »Hannover-Braunschweig-Oldenburgische Verein zur Verbesserung inländischer Pferdezucht« mit dem Sitz in Hannover brachte in seinem Jahresbericht für 1837 einen Abdruck aus der »Hannoverschen Zeitung« vom 12. 5. 1837 mit der Überschrift »Ansichten über Pferdezucht«. Darin werden besondere Maßnahmen zur Förderung der Vollblutzucht in Hannover empfohlen und zugleich zu dem Entwurf der ersten Körordnung für Privathengste Stellung genommen. Hier sei einiges daraus zitiert, weil die damaligen Probleme zum Teil auch heute noch aktuell sind. Da wird zunächst der König gebeten, »einen Theil seines Hofgestütes Memsen zur Vollblutzucht einzurichten und die hieraus erzielten Füllen, so wie es in Hampton Court geschieht, einjährig öffentlich zu verkaufen«. Dann sollten mit öffentlicher Unterstützung Trainieranstalten für die Privatvollblutgestüte angelegt werden, aber »die Aufzucht von Halbblutpferden durch Rennpreise zu ermuntern, wird nicht erforderlich sein«. Weiter heißt es in dem Bericht:

»Ohne Zweifel hat es in England sehr wesentlich zur Verbesserung der dasigen Pferdezucht beigetragen, daß man es erkannt und benutzt hat, – – – daß die Beurtheilung des Exterieurs über den Gebrauchs- oder Arbeitswerth nur sehr unzuverlässig, über den Züchtungswerth aber gar nicht entscheiden kann. Selbst die äußerlich sichtlichen, als erblich anerkannten Fehler haben sich nicht immer als solche erwiesen, wiewohl es doch rathsam sein möchte, solche zu vermeiden. Wenn sich nun das Verfahren der Engländer in Ansehung der Pferde, welche sie zur Zucht bestimmen, vollständig bewährt hat, so folgt, daß die Beurtheilung nach dem Exterieur hierbei nicht zu Rathe gezogen werden darf. – – – Aus dem Vorstehenden folgt, daß Körungen und Prämien-Vertheilungen, wobei das Exterieur allein nur entscheidet, einen wesentlichen Einfluß auf die Landespferdezucht nicht haben können, wie solches auch die Erfahrung vielfältig

Zweijährige Hengste (Hannoveraner und Trakehner) auf den Solling-Weiden.

erwiesen hat. Auch können die zur Vertheilung kommenden Prämien einen nachhaltigen Reiz nicht haben, weil sie wegen der großen Concurrenz immer sehr zersplittert werden müssen.«
Soweit der Bericht, der züchterische Ansichten sehr einseitig auswertet. Ein Glück für die hannoversche Landespferdezucht, daß sie solchen Absichten gegenüber in den Landstallmeistern weitblickende Vertreter ihrer Interessen hatte.
Clausen gibt in seiner kleinen Arbeit »Die Pferdezucht im ›Aller-Leine‹-Gebiet« einen interessanten Einblick in das züchterische Leben der dortigen Deckstellen während der ersten Jahrzehnte nach den Befreiungskriegen. In Bierde deckte von 1820 bis 1843 der Hengst *Torador*. 1816 in Ihlenfeld geboren, war er ein Sohn von *Grosvenor,* der seit 1799 in Ihlenfeld stand. *Torador* wurde in Bierde der Vater von 694 Fohlen. An einer Scheune in der Mitte des Dorfes ist seit über 100 Jahren eine Tafel angebracht, noch heute die Wertschätzung bezeugend, die er und seine Nachkommen unter den damaligen Züchtern der Station Bierde fanden. Sie übermittelt aber auch einprägsamer, als nüchterne Berichte es tun können, welche Passion für Zucht und Rennsport damals in den bäuerlichen Züchterkreisen lebendig war:

Du edler Torador!
Gepriesener Sohn des Grosvenor!
Durch den der Wohlstand bei uns freudig blühte.
Dir weiht mit dankbarem Gemüte
Die Tafel hier zu Deines Namens Zierde
Die um Dich trauernde Gemeinde Bierde:
Sie fühlet tief, was sie in Dir verlor
O Torador!
Du edler Torador!
Dir danken wir der reinen Züchtung Flor!

Wie stattlich prangen kühn im Kriegertrosse,
Entsprossen dir die schönen, stolzen Rosse!
Wie sah man sie die Rennbahn schnell durchfliegen,
Ein gräflich Ross mit Leichtigkeit besiegen,
Ein Bauer kam mit deinem Kinde allen vor,
O Torador!
Du edler Torador!
Ganz Deutschland stimmt in unsrer Klage Chor!
Selbst Mailand, Rom vor seinen Prachtkarossen,
Stolziert mit deines Stammes edlen Rossen.
Weit redet man von deiner Söhne Ruhme.
Uns bleibet nur der Töchter schöne Blume,
Dein Blut erhält durch sie der Züchtung Flor,
O Torador!
Du edler Torador!
Wie schmerzlich traf die Trauerpost das Ohr!
Doch wollen wir dich noch im Tode ehren,
Indem wir deine Zucht sorgfältig nähren,
Und wenn sie ferner gut und schön gedeihen,
Wird noch die Nachwelt deiner sich erfreuen,
Und tief beklagen, daß sie dich verlor,
O Torador!

Dort, in Bierde, wurden von 1837 bis 1865, also in 29 Zuchtjahren, 3152 Stuten gedeckt, nach heutigen Maßstäben ein recht gutes Ergebnis. Daran waren Vollbluthengste mit 1101 Stuten, also mit 34%, beteiligt.

Anfänge der heutigen Zucht

In das Ende dieser Zuchtepoche fällt auch der züchterische Einsatz jener Hengste, die eine Wende einleiteten.

Nach dem Versuch, der hannoverschen Zucht durch Heranziehung englischer Halbbluthengste an Solidität und wohl auch an Charakter das zurückzugeben, was durch die reichlich wahllose Benutzung von Vollbluthengsten verloren gegangen war, besann man sich auf die in der Heimat noch ungehobenen Schätze. Mit *Zernebog* und *Jellachich,* beide in Pommern gezüchtet, und dem in Mecklenburg geborenen *Norfolk* kamen um 1850 diejenigen Hengste nach Hannover, die die Grundlage der jetzigen hannoverschen Zucht gelegt und Jahrzehnte hindurch das Blutbild des hannoverschen Pferdes bestimmt haben. Ein Sohn der Verbindung *Zernebogs* mit einer Tochter von *Jellachich* war der Blutlinienbegründer *Flick.* Sein Blut hat noch heute in der hannoverschen Zucht weite Verbreitung. 1860 folgte aus Mecklenburg *Jason,* dessen letzer Nachkomme in direkter männlicher Linie, *Jurawind,* über eine Tochter Großvater eines der besten Celler Hengste des Jahrganges 1963 wurde. Mit dem 1867 geborenen *Schlütter* wurde dann ein zweiter Originalhannoveraner Begründer einer Blutlinie, dessen letzter Nachkomme in direkter männlicher Folge, *Schutzflügel,* 1967 aus der Zucht ausgeschieden ist.

Der Weg der Verzweigung und das Maß der Verbreitung des Blutes dieser Begründer der hannoverschen Blutlinien wird in einem späteren Kapitel ausführlich dargestellt.

3. Von 1870 bis zum Ende des 2. Weltkrieges: Die Konsolidierung der Zucht

Nach 1870 erfolgte allmählich die endgültige Konsolidierung der Zucht unter vorwiegender Berücksichtigung der einheimischen Stämme und eines systematischen Einsatzes der Nachkommen der zuvor bezeichneten Hengste. Die Privathengsthaltung wurde wesentlich eingeschränkt und außerdem das Vollblut in seinem Anteil wieder erheblich zurückgedrängt, so daß die Zahl der Vollbluthengste 1900 nur noch 3% ausmachte, ein Umfang, der auch für die folgenden Jahrzehnte als ausreichend und zweckmäßig angesehen wurde. So hielt Graf Kalnein (1927) zur Absicherung des konstitutionserhärtenden Einflusses für Celle 2 bis 3% Vollbluthengste für angemessen. Auf Betreiben von Landstallmeister v. Grabensee (1892 bis 1915) wurde ein klares, auf die Anpassung an die Umweltverhältnisse abgestimmtes Zuchtziel verfolgt, und zwar die Erzeugung „eines möglichst starken Warmblutpferdes, das jede Arbeit in der Landwirtschaft verrichten kann, aber auch soviel Blut, Nerv und Gang besitzt, um als starkes Reit- und Wagenpferd Verwendung finden zu können«.

Der Erfolg der nunmehr zielsicher gelenkten Zucht blieb nicht aus. Der Hengstbestand in Celle hat sich von 1870 bis 1925 von 220 auf 500 Landbeschäler erhöht. Das machte 1925 die Gründung

eines zweiten Landgestüts in Osnabrück mit einem Zuständigkeitsbereich für die Regierungsbezirke Hannover, Hildesheim und Osnabrück nötig (s. S. 171).
Auf züchterischem Gebiet ist weiterhin zu erwähnen, daß auch Hannover nach dem 1. Weltkrieg durch Fortfall des umfangreichen Remonteabsatzes nicht von der damals allgemein einsetzenden Verstärkungswelle verschont geblieben ist. Das *Norfolk*-Blut, das in erster Linie die zur Unterstützung derartiger Bestrebungen notwendigen derberen Beschäler garantierte, wurde infolgedessen vorübergehend besonders bevorzugt. Es stellte sich aber sehr schnell heraus, daß die Produkte zu ordinär wurden. Man hat dann doch bald wieder dem Vielseitigkeitstyp mit seinen sowohl zum Wirtschafts- wie zum Reitpferdetyp neigenden Modellen und den bestehenden Zwischenformen den Vorzug gegeben.
Auf diese Epoche entfallen aber auch noch einige wichtige organisatorische Maßnahmen. 1888 wurde durch die Königliche Landwirtschaftsgesellschaft, der Vorläuferin der heutigen Landwirtschaftskammer, das »Hannoversche Stutbuch für edles Warmblut« und schließlich 1922 der »Verband hannoverscher Warmblutzüchter« gegründet (s. auch S. 133 f.). Weiterhin sind hier noch einige für die Förderung der Zucht besonders bedeutungsvolle Neueinrichtungen zu nennen: Das Hengstaufzuchtgestüt in Hunnesrück 1921 (Näheres s. S. 121 ff.) und die Hengstprüfungsanstalt in Westercelle 1928 (s. S. 126 ff.).
Die Einrichtung des Hengstaufzuchtgestütes in Hunnesrück hat dann nach und nach mit zu einem Abbau der intensiven Wechselbeziehungen beigetragen, die zu den Zuchtgebieten in Mecklenburg und Pommern nicht nur dadurch bestanden, daß im vorigen Jahrhundert die bereits erwähnten Stammhengste der hannoverschen Zucht dorther kamen und die genannten Gebiete selbst überwiegend mit hannoverschem Blut züchteten, sondern vor allem auch durch die Tatsache, daß in den dortigen Großbetrieben in großem Umfang hannoversche Hengstfohlen aufgezogen wurden, die vorwiegend zum Aufbau des Beschälerbestandes in den Gestüten Labes (Pommern) und Redefin (Mecklenburg), aber auch zur Remontierung für das Landgestüt Celle dienten. Mit dem Auslaufen der dritten Zuchtepoche fand auch diese Möglichkeit zur Ergänzung des hannoverschen Zuchtpotentials ihr Ende.
Die immer größer werdenden Schwierigkeiten, aus Mecklenburg und Pommern wegen des dort bestehenden Eigenbedarfes noch ausreichend qualitätsvollen Hengstnachwuchs zu bekommen, haben dann schließlich dazu geführt, daß im hannoverschen Zuchtgebiet erfahrene Züchter selbst zur Hengstaufzucht übergingen. Für diese Hengste wurde erstmalig 1941 in Verden ein eigener Körplatz, verbunden mit Hengstmarkt, errichtet, der sich inzwischen zu einem der wichtigsten Körplätze für Warmbluthengste im deutschen Bundesgebiet entwickelt hat.

4. Nach Beendigung des 2. Weltkrieges: Allgemeine Zuchtveredelung

Nach wenigen Übergangsjahren änderte sich in diesem Zeitabschnitt die Lage für die Pferdezucht grundlegend. Die allgemein in der Wirtschaft sehr schnell an Umfang gewinnende Technisierung erfaßte bald auch die landwirtschaftlichen Betriebe in einem zuvor ungeahnten Ausmaß. Das hatte für die Ausdehnung der Pferdehaltung u. a. auch für die Pferdezucht einschneidende Konsequenzen. Der erhebliche Rückgang der Pferdehaltung führte dazu, daß 1960 die Deckziffern ihren Tiefstpunkt erreichten, um von da an aber erfreulicherweise wieder anzusteigen. Sie lagen 1974 für die Beschäler des Landgestüts Celle mit 11 646 belegten Stuten wieder 140% über der Zahl von 1960 (4852), aber noch um 16,7% unter der Zahl von 1951 (13 971). Der Rückgang der Deckziffern und die dadurch bedingte Einschränkung der Beschälerbestände und Deckstationen führte 1960 und 1961 zur Auflösung der beiden Landgestüte in Harzburg (s. S. 18/20) und Osnabrück (s. S. 171 f.) durch das niedersächsische Landwirtschaftsministerium.
Weiterhin ergab sich aus der grundlegend veränderten Lage für die Pferdenutzung, daß der Typ des Wirtschaftspferdes bald nur noch untergeordnete Bedeutung hatte. Die züchterische Folge für die hannoversche Pferdezucht bestand somit darin, daß das Zuchtziel eindeutig auf ein vielseitiges Reitpferd abgestellt werden mußte, da für das Warm-

blutpferd die künftige Nutzung nur noch im Reitsport gesucht werden konnte. Das Streben nach Vielseitigkeit bekam damit eine andersgeartete Richtung. Bis zu diesem Zeitpunkt bedeutete Vielseitigkeit eine Kombination zwischen Wirtschafts- und Reitpferdetyp. Nunmehr umfaßt der Begriff Vielseitigkeit in dem Aufgabenkatalog der Züchtung vorwiegend die ganze Variationsbreite der für die einzelnen Reitdisziplinen prädestinierten Pferde.

Für die sich daraus ergebende züchterische Problematik bedeutete das schlechthin entweder allgemein eine entsprechende Selektion innerhalb der Rasse auf edlere Reitpferdetypen aus dem vorhandenen Zuchtreservoir oder zusätzlich die systematische Verwendung von Hengsten anderer Rassen, die weitgehend eine Veredelung erwarten ließen. In Hannover wurden beide Wege eingeschlagen.

Der Prozeß der Benutzung von Hengsten edlerer Rassen wurde eingeleitet durch den Einsatz von ostpreußischen Hengsten, die aus dem letzten in Trakehnen aufgezogenen Jahrgang und dem gleichfalls in Celle bei Kriegsende untergebrachten Bestand des ostpreußischen Landgestüts Georgenburg ausgewählt wurden. Von diesen Hengsten haben *Semper idem, Abglanz* und *Lateran* besonders eingeschlagen und die geplante Umzüchtung nicht nur beschleunigt, sondern durch Schaffung eigener Blutlinien der Zucht sogar einen deutlich sichtbaren Stempel aufgedrückt. Z. Z. vertreten in Celle neben Angehörigen der drei genannten Stämme und des *Cyklon*-Blutes *(Cid)* der *Stern xx*-Sohn *Trautmann* und der *Komet*-Sohn *Hessenstein* das ostpreußische Blut.

Es hat auch nicht an Bemühungen gefehlt, dem arabischen Blut erneut Geltung zu verschaffen. Das ist geschehen durch die Verwendung des bedeutenden Weiler *Jasir ox*-Sohnes *Jason ox,* der nach seinem Einsatz in Ostfriesland in Altenbruch eine Reihe zuchtsicherer Mutterstuten hinterlassen hat, und des *Hazard ox*-Sohnes *Hassan.* Der *Jason ox*-Sohn *Jagdsport* ist nach 5jähriger Zuchtbenutzung wieder ausgeschieden, so daß kein männlicher Nachkomme des *Jason* mehr vorhanden ist, während der einzige *Hassan*-Sohn *Harnisch* sich z. Z. auf der Deckstelle Hanstedt als Erzeuger geschmackvoller Stuten und handlicher Reitpferde einer gewissen Beliebtheit erfreut. Seit 1974 haben ferner die beiden *Gazal VII*-Söhne *Czardas* und *Galan* in Celle eine Beschälerbox bezogen. Als Dritter im Bunde wächst z. Z. offenbar mit dem noch in der Leistungsprüfung stehenden *Gastronom* ein *Gazal VII*-Enkel heran. Etwas größeren züchterischen Einfluß hat der in Polen geborene Anglo-Araber *Kurde x* gewonnen, von dem 5 Söhne in Celle Landbeschäler wurden. Es decken davon heute noch *Kurator II* und *Kurier,* der seit 1961 auf der Station Ihlienworth steht und dort bisher außer 2 Beschälern 10 Staatsprämienstuten, 121 H-, 2 S- und 11 V-Stuten für die hannoversche Zucht geschaffen hat. Ferner stehen noch die *Kurier*-Söhne *Karthago* und *Kadett* in der Zucht.

Darüber hinaus wurden aber in zunehmendem Umfang Vollbluthengste in der hannoverschen Zucht eingesetzt und der früher für zweckmäßig angesehene Anteil von 2 bis 3% am Celler Beschälerbestand wesentlich erhöht. In der klaren Erkenntnis der Grenzen für die Benutzung von Vollbluthengsten und zur Erhaltung der bewährten hannoverschen Zuchtsubstanz faßte der Verband hannoverscher Warmblutzüchter schon 1959 den weitsichtigen Beschluß, den Anteil der Vollbluthengste im Celler Beschälerbestand möglichst nicht weiter auszudehnen und bei dem Bestreben nach Veredelung den aus hannoverschen Müttern gezogenen Vollblutsöhnen oder noch besser, den aus Vollbluttöchtern stammenden Hengsten mit hannoverschen Vätern den Vorzug zu geben. Die Erfahrungen haben inzwischen bestätigt, daß die Verwendung von Veredelungshengsten in jedem Falle sorgfältige züchterische Überlegungen erfordert und keinesfalls auf Kosten der Qualität gehen darf, denn Schwierigkeiten im Temperament, zunehmende Ausdruckslosigkeit im Fundement, vor allem in den Gelenken, und nicht befriedigender Bewegungsablauf können die Folge sein, wenn man bei der Zuchtwahl mehr der Rassenzugehörigkeit als einer in den körperlichen Merkmalen durchaus notwendigen Vollkommenheit zur Gewährleistung von Dauerleistungen den Vorrang einräumt.

1975 standen auf den Celler Deckstellen bei einer Gesamtzahl von 208 Hengsten 70,7% mit Veredelungsblut bis zur dritten Vorfahrengeneration (s. S. 110). Diese Tatsache beleuchtet den völligen Wandel im genealogischen Aufbau der hannoverschen Ahnentafeln und den großen Umfang der Veredelung, der nunmehr die Frage auftauchen läßt, ob es nicht angezeigt erscheint, zur Erhaltung der be-

Züchterhof in Kehdingen

währten hannoverschen Substanz daneben in etwas stärkerem Ausmaße wieder den Hengsten der alten hannoverschen Stämme züchterische Aufmerksamkeit zu schenken und damit auch die nicht wegzuleugnenden Mängel der Veredelung wieder zu kompensieren. Die Züchtung erfordert nun einmal immer die Suche nach dem Ausgleich.

Andererseits ist nicht zu übersehen, daß alle mit dem Ziel einer Veredelung der hannoverschen Zucht eingesetzten Hengste auch dazu beigetragen haben, den vielfach mit A- und F-Blut gehäuften Ahnentafeln wieder eine größere Vielseitigkeit zu geben und damit die Selektionsmöglichkeiten zu steigern. Es muß in diesem Zusammenhang aber nochmals ausdrücklich hervorgehoben werden, daß aufgrund der vorliegenden Turniererfahrungen erfolgreiche Leistungspferde nicht allein aus der Veredelungszucht, sondern häufig gerade aus dem alten hannoverschen Blut zu erwarten sind. Daher sollte die züchterische Devise zur Zeit eigentlich darin bestehen, einmal durch gebührende Pflege der alten Stämme der hannoverschen Zucht die bewährte Grundlage zu erhalten und ergänzend die Veredelung möglichst unter Ausnutzung geeigneter Hengste aus der eigenen Zucht und nur, soweit nötig, unter Verwendung von Hengsten anderer Rassen zu betreiben.

Zu den Hengsten, die in den letzten 25 Jahren züchterisch besonders herausragten, gehören aus altem hannoverschen Blut *Flügeladjutant* mit seinen Söhnen *Wöhler* und *Florentiner II,* die *Astflug*-Söhne *Eindruck II* und *Ernö, Duellant* mit seinen Söhnen *Duft I* und *Duft II,* außerdem der *Graf*-Sohn *Grande.* Aus dem Veredelungsblut ist hinzuweisen auf *Senator* mit seinen Söhnen *Sesam I* und *Sender,* auf *Abglanz* mit seinen Söhnen *Abhang I, Abhang II, Absatz* und *Archimedes,* ferner auf die Vollbluthengste *Der Löwe xx* mit seinem Sohn *Lugano I* und dem Enkel *Lukas, Marcio xx* mit seinem Sohn *Marconi* und *Adlerschild xx* mit seinem Sohn *Adlerfarn II.* Als Erzeuger hervorragender Leistungspferde sind vor allem zu nennen der *Ferrara*-Sohn *Ferdinand,* der mit der Gewinnsumme seiner Nachkommen im ganzen Bundesgebiet weit an der Spitze steht, der *Alkoven I*-Sohn *Agram*, der *Goldfisch II*-Sohn *Gotthard* sowie die Vollblüter *Der Löwe xx und Pik As xx* (s. S. 185) Die in beiden Fällen (Selektion innerhalb der Rasse und Veredelung durch andere Rassen) notwendige ständige systematische Auslese bedarf aber dringend trotz der nicht zu verkennenden Schwierigkeiten der Berücksichtigung der Ergebnisse von Leistungsprüfungen, ohne die eine moderne Leistungszucht nicht mehr denkbar ist. In dieser Beziehung ist die *Eigenleistungsprüfung* der jungen Hengste als die wesentlichste Grundlage für die Förderung einer Leistungszucht anzusehen. Aus dem Grunde mußte der Erhaltung der Hengstprüfungsanstalt in Westercelle auch in den für die Pferdezucht ungünstigen Zeiten sowie einer ständigen Anpassung der Prüfungsmethoden an die erwachsenden Leistungsaufgaben laufend besondere Aufmerksamkeit gewidmet werden. Über die Zweckmäßigkeit derartiger Prüfungen geben bereits die Feststellungen Kröber's (1969), daß die Nachkommen der Hengste, deren Prüfungsergebnis in Westercelle im ersten Drittel lag, sich auch auf den Turnieren besser bewährt haben, einen interessanten Aufschluß. Die recht verdienstvolle, nach populationsgenetischen Gesichtspunkten angelegte Dissertation von Bade (1974) hat gleichfalls die Berechtigung derartiger Prüfungen und außerdem wertvolle Anregungen zur Überprüfung der bisherigen Methoden ergeben (s. a. S. 126 ff.). Es ist daher sehr zu begrüßen, daß das Land Niedersachsen sich entschlossen hat, 1974 auf dem hervorragend geeigneten Freigelände in *Adelheidsdorf* eine neue Leistungsprüfungsanstalt mit einer auf 100 Hengste erweiterten Kapazität zu errichten und 1975 hier die Prüfungen aufzunehmen. Damit ist nunmehr auch die Voraussetzung dafür geschaffen, die aus züchterischen Erwägungen durchaus anzustrebende Ausdehnung der Prüfungen auf eine höhere Hengstzahl zu ermöglichen. Es ist sehr erfreulich, daß auch andere deutsche Warmblutzuchtgebiete bereits seit Jahren von dieser wertvollen Einrichtung Gebrauch gemacht haben und ihre Hengste in einem Kurztest prüfen ließen.

Neben diesen Eigenleistungsprüfungen verdienen aber auch die im *Turniersport erzielten Ergebnisse* stärkere Beachtung, sofern sie einigermaßen sichere Anhaltspunkte über die Leistungsvererbung der in der Zucht eingesetzten Hengste bieten. Um diese noch für die Züchtung genügend ausnutzen zu können, bedarf es vordringlich einer umfassenden systematischen Aufarbeitung aller Turnierergebnisse, wobei die Zuhilfenahme eines Computers sicherlich recht wertvolle Dienste leisten kann. Als wichtige Voraussetzung für die elektronische Erfassung und Verarbeitung der Turnierergebnisse auf breiter Basis ist die Erteilung einer »Lebensnummer« für jedes Fohlen, die Hannover 1974 eingeführt hat, anzusehen. Wenn auch die im Hochleistungssport eingesetzten Pferde immer erst eine gewisse Reife erlangt haben müssen, um ihre tatsächliche Veranlagung erkennen zu lassen, so muß es doch gelingen, die Ergebnisse noch so rechtzeitig zu bekommen, daß die in ihrer Leistungsvererbung herausragenden Hengste noch gezielt züchterisch eingesetzt werden können. Sonst bleibt immer nur die Hoffnung, daß auch die Nachkommen die günstigen Anlagen besitzen und züchterisch weitergeben, und diese Hoffnung ist manchmal trügerisch. Auch für die hannoversche Zucht erscheint es durchaus empfehlenswert, für die einzelnen Hengste die Auswahl der geeigneten Deckstation nicht allein aufgrund des Exterieurs, sondern gerade im Hinblick auf die spezielle Leistungsveranlagung vorzunehmen. Einzelne Züchter machen sich die gewonnenen Erkenntnisse auf diesem Gebiet bereits zunutze und scheuen keinen Weg, um Stuten den für besonders geeignet gehaltenen Hengsten zuzuführen.

Da nach dem Tierzuchtgesetz alle Hengste körpflichtig sind, wurde in dieser Zuchtepoche auch die Körung der in Hunnesrück aufgezogenen Hengste durch die amtliche Körkommission eingeführt. Bis dahin traf die staatliche Gestütverwaltung immer allein die Entscheidung über den züchterischen Einsatz der Hengste. Durch die Neuregelung wurde von vornherein das wünschenswerte Einvernehmen in der Zuchtplanung zwischen Gestütverwaltung und Zuchtleitung sichergestellt.

Ferner ist noch ein wichtiges züchterisches Ereignis bemerkenswert. Im Zuge des Nutzungswandels des Pferdes haben die stärker im Wirtschaftstyp stehenden Pferde ihre Daseinsberechtigung eingebüßt. Diese Tatsache hat das *Ostfriesische Stutbuch* veranlaßt, wie schon einmal im vorigen Jahrhundert, eine größere Anlehnung an das hannoversche Zuchtgebiet zu suchen. Nach einer mehrjährigen Übergangszeit mit dem Einsatz hannoverscher

Hengste in Ostfriesland liegt nunmehr der Beschluß vor, das Ostfriesische Stutbuch ab 1. Juli 1975 als selbständigen Bezirksverband in den Verband hannoverscher Warmblutzüchter einzugliedern. Die in Ostfriesland zur Zucht benutzten Hengste wurden bereits nach der Deckzeit 1974 vom Lande Niedersachsen übernommen und in den Bestand des Landgestüts Celle eingegliedert. Damit hat sich Ostfriesland für die Zukunft voll den hannoverschen Zuchtprinzipien angeschlossen und die Jahrhunderte alte Geschichte dieses bedeutsamen deutschen Warmblutzuchtgebietes ist damit einem recht erheblichen Wandel unterworfen worden (s. auch S. 167).

Die neue Ausrichtung der Zucht und der Fortfall der Heeresremontierung zwangen nach 1945 in der klaren Erkenntnis, daß der Erfolg einer Zucht wesentlich durch die Absatzchancen für die erzeugten Produkte bestimmt wird, zu neuen Überlegungen über die Verbesserung der *Absatzmöglichkeiten*. Das führte schon 1948 zu dem Entschluß, seitens des Verbandes in Verden sowohl eine eigene Reit- und Fahrschule zu errichten, als auch eigene Absatzveranstaltungen in Form von Elite-Reitpferdeauktionen aufzuziehen, die im Laufe der Jahre dann stark an Umfang zugenommen und sich neben der Hengstleistungsprüfungsanstalt in Westercelle als eine der bedeutsamsten Förderungsmaßnahmen erwiesen hat. Näheres darüber ist in einem besonderen Abschnitt enthalten (s. S. 126 ff.).

Die verschiedenartigen Probleme in den beiden ersten Jahrzehnten dieses laufenden Zuchtabschnittes können aber nicht abgeschlossen werden, ohne einen Hinweis auf die Persönlichkeiten, die maßgeblich die Geschicke der hannoverschen Zucht beeinflußt haben.

Hier muß zunächst der langjährige Vorsitzende des Verbandes hannoverscher Warmblutzüchter, Fritz v. der Decken, Deckenhausen, genannt werden, der am 22. 2. 1970 im Alter von 83 Jahren verstorben ist und von 1945 bis 1963 die Geschicke des Verbandes entscheidend beeinflußt hat. Ab 1963 war er dann Ehrenvorsitzender. Am besten charakterisieren ihn die Worte, die sein Geschäftsführer Dr. Schlie ihm beim Ausscheiden aus dem ordentlichen Vorstand widmete: »Sie waren stets nachsichtig mit Ihren Mitarbeitern, außerdem umsichtig und weitblickend für den Verband.« Diese überragende Führerpersönlichkeit wurde dadurch nachhaltig geehrt, daß jährlich ein Fritz v. der Decken-Preis für den erfolgreichsten Hengstaufzüchter nach einem besonderen Bewertungsmodus vergeben wird. 1963 übernahm dann der derzeitige Vorsitzende Burchard Müller, Süderwarden, das Amt des Vorsitzenden und hat das nicht immer leicht zu handhabende Steuer mit Geschick und sicher in der Hand. Gemeinsam mit F. v. der Decken hat Dr. Arnold Schlie als Geschäftsführer des Verbandes in vorbildlicher Synthese mit seinem Vorsitzenden und mit besonderem Einfühlungsvermögen regelmäßig

Dr. Arnold Schlie, Dr. Georg Steinkopff, Fritz v. der Decken und Dr. Julius Kiel auf dem Hengstprüfungsgelände in Adelheidsdorf (v. links)

Burchard Müller, der derzeitige Vorsitzende des Verbandes hannoverscher Warmblutzüchter im Kreise der Gratulanten nach Verleihung des Bundesverdienstkreuzes.

die organisatorischen Fäden gesponnen, bis er nach 27jähriger Tätigkeit als Referent für Pferdezucht der Landwirtschaftskammer Hannover und als Geschäftsführer des Verbandes hannoverscher Warmblutzüchter am 1. Juli 1965 unter Übergabe seines Amtes an Dr. Hartwig in Pension ging und dann nach weiterer Mitarbeit, vor allem in der Redaktion »Hannoversches Pferd«, am 20. Juni 1968 für immer die Augen schloß. Auf sein Konto gehen u. a. die Mitwirkung an dem Entwurf des heutigen Züchterzeichens, die Schaffung der Reit- und Fahrschule sowie die für die hannoversche Zucht besonders bedeutungsvoll gewordenen Elite-Reitpferdeauktionen in Verden. Als Krönung seines Wirkens hat er 1967 die erste Ausgabe dieses Werkes vollendet, in der alle wichtigen Fakten über die hannoversche Zucht festgehalten sind. Das, was er seinem Vorsitzenden bei dessen Abschied bescheinigt hatte, traf auch auf seine menschliche Haltung zu. Es kann keinem Zweifel unterliegen, daß diese beiden Persönlichkeiten in der Führung des Verbandes hannoverscher Warmblutzüchter eine recht glückliche Hand gehabt und die Zeichen der Zeit verstanden haben.

Daneben muß aber auch die Tätigkeit der beiden Landstallmeister von Celle und Osnabrück hinreichend gewürdigt werden. Dr. Georg Steinkopff, der 1935 die Geschäftsführung des Verbandes übernommen hatte und während des Krieges zunächst an zentraler Stelle beim Reichsnährstand in Berlin gewirkt hat und dann seitens der Reichsgestütverwaltung mit der Leitung des Gestütes Laak in Polen beauftragt worden war, übernahm schließlich 1946 den Posten des Landstallmeisters in Celle, den er bis zum 30. November 1958 innehatte, dann aber nach Erreichen des Pensionsalters an seinen Nachfolger Dr. Christian Frhr. v. Stenglin abgab, nachdem seine Tätigkeit zur Einarbeitung seines Nachfolgers noch $^1/_4$ Jahr verlängert worden war. Er lebte weiter in Celle und verschied dort plötzlich am 22. 1. 1967. In seine Amtszeit fällt die Einleitung der Umzüchtung des hannoverschen Pferdes in die heute gewünschte Richtung, aber auch der Beginn der Einschränkung des Celler Hengstbestandes infolge des erheblichen Rückganges der Pferdehaltung, dessen Hauptlast jedoch sein Nachfolger zu tragen hatte. Für seine erfolgreiche Arbeit kam ihm seine große menschliche Kontaktfähigkeit sehr zu statten. Ihm zu Ehren wird seit 1968 jährlich auf den besten Leistungshengst in Westercelle der Steinkopff-Preis vergeben.

Dr. Julius Kiel, der zunächst als Geschäftsführer in der brandenburgischen Warmblutzucht und seit 1938 als Referent für die Staatsgestüte im Reichs- und Preußischen Ministerium für Ernährung, Landwirtschaft und Forsten in Berlin tätig war, wurde 1945 gegen Ende des Krieges die Leitung des Landgestütes Osnabrück übertragen. 1947 wurde er endgültig dorthin versetzt und 1949 als Landstallmeister vom Lande Niedersachsen übernommen. 1955 ist ihm nach dem Ausscheiden von Hans Fellgiebel auch die Leitung des Landgestütes Harzburg übertragen worden. Beide Gestüte hat er bis zu deren Auflösung in den Jahren 1960 und 1961 geleitet. Er verbrachte anschließend seinen Lebensabend in Osnabrück, wo er am 26. 10. 1967 starb. In seinem beruflichen Wirken hatte er dank seiner hervorragenden fachlichen Kenntnisse und seiner großen Aufgeschlossenheit für alle auftauchenden Probleme bei den Züchtern eine recht große Vertrauensbasis erworben, die ihm die Zusammenarbeit sehr erleichtert hat.

Wegen ihrer großen Verdienste um die hannoversche Pferdezucht wurde den beiden Landstallmeistern nach dem Ausscheiden aus ihrem Dienst seitens des Verbandes auch die Ehrenmitgliedschaft verliehen.

Hengstlinien der hannoverschen Zucht

Um die Mitte des 19. Jahrhunderts beginnt die Entwicklung der heutigen hannoverschen Hengstblutlinien.

Viele Jahrzehnte hindurch haben sich die hippologische Wissenschaft und Literatur zur Darstellung eines Zuchtaufbaues des Systems der männlichen Blutlinien bedient. Es handelt sich dabei um ein reines Ordnungsschema, das sich zwar durch seine Einfachheit anbietet, dafür aber mit dem Nachteil der Oberflächlichkeit behaftet ist. »Oberflächlich« hier in der ursprünglichen Bedeutung des Wortes: das Auge bleibt am System der Hengstlinien tatsächlich auf der Oberfläche des Blutbildes. Männer sind ja ohnehin geneigt, die Reihe ihrer Vorfahren gleichen Namens als den charakteristischen Ahneneinfluß anzusehen. Darüber aber, daß die männliche Generationenfolge in Wirklichkeit ebensosehr von den weiblichen Vorfahren geformt und getragen wird, sprechen sie weniger.

Als Beispiel dafür, wieweit der Typ innerhalb eines männlichen Stammes auch von der mütterlichen Seite geprägt werden kann, mag hier einmal kurz durch den *Astral*-Sohn *Astflug* mit seinem Sohn *Eindruck II* und dem Enkel *Einblick* belegt werden. Wie die Abbildungen zeigen, stand *Astflug* sehr stark im Wirtschaftstyp. Sein Sohn *Eindruck II* war dagegen im Typ durch seine Mutter über seinen Großvater *Denksport,* einem Erzeuger wertvoller, nobler Stuten, wesentlich beeinflußt. Die schon bei *Eindruck II* eingetretene Veredelung ist nochmals gesteigert bei *Einblick,* der aus einer *Poet xx-Jason ox*-Tochter gezogen ist. Hier zeigt sich nochmals ein recht deutlicher Einfluß der mütterlichen Seite auf die Typausprägung. Der Typunterschied zwischen Großvater und Enkel ist so groß, daß daraus ohne weiteres hervorgeht, wie vorsichtig man bei der züchterischen Wertung der Blutlinienzugehörigkeit sein muß. Die Ahnentafel liefert für die Selektion zweifellos sicherere Anhaltspunkte, vor allem dann, wenn man die Leistung oder gar die Leistungsvererbung der Ahnen darin mit erfaßt. Daß diese Forderung in der Pferdezucht noch nicht erfüllt werden konnte, ist eine Folge der Tatsache, daß bisher leider nur wenig sichere Leistungsmaßstäbe vorlagen. Das angeführte Beispiel zeigt auch die notwendige Einschränkung zu der vielfach zutreffend erscheinenden Ansicht von Rau, daß der Hengst den Typ sicherer vererbt als die Stute. »Der Hengst hat Markantes, Bestimmtes; die Stute ist im allgemeinen neutraler, unbestimmter«. Wenn es auch beim Pferd im Hinblick auf die recht zahlreichen verantwortlichen Erbfaktoren für das äußere Erscheinungsbild kaum je einen genetischen Zustand geben wird, der einer Homozygotie entspricht, so kann man andererseits mit Wussow sicherlich annehmen, daß die Durchschlagskraft bestimmter Hengste gegenüber dem noch uneinheitlichen Stutenmaterial größer gewesen ist, weil sie in ihrem den Typ bestimmenden Erbgefüge schon konsolidierter waren, so daß ihre Überlegenheit durch einige Generationen anhielt und sie somit zu Blutlinienbegründern werden konnten.

Heute läßt sich das an den im Entstehen begriffenen hannoverschen Blutlinien auf ostpreußischer *(Semper idem, Abglanz)* oder auf Vollblutgrundlage *(Adlerschild xx, Der Löwe xx, Marcio xx* u. a.) erkennen. Auch *Duellant* hat als Enkel von *Detektiv* noch die wesentlichen Merkmale der von *Detektiv* geformten *Devil's own xx*-Linie weitergegeben. So nachhaltig aber wirkt letztlich keine Individualpotenz, daß sich noch nach 4 oder 5 Generationen das Typische des Blutlinienbegründers durchsetzt und erkennen läßt. Schließlich sind in

Astflug, geb. 1944 v. *Astral-Flügelmann I,* ausgeprägter Wirtschaftstyp.

Denksport, geb. 1929, v. *Detektiv-Sportanzeiger II,* alter Vielseitigkeitstyp.

dieser Generationenfolge 80 bis 90% fremden Blutes hinzugekommen, soweit keine Inzucht vorliegt. So dürften die Stammtafeln der bedeutendsten Blutlinienvertreter aus letzter Zeit den aufmerksamen Betrachter nachdenklich machen; der Nachdenkende aber wird schließlich zum Zweifler am Wert der Blutlinienzucht nach rein männlicher Deszendenz.

Der berühmte *Feiner Kerl* geht als Vertreter der *Flick*-Linie in fünfter Ahnenreihe auf *Zernebog,* den Vater von *Flick,* zurück. Damit führt er 6,25% *Flick*-Blut, außerdem aber je 16,66% *Kingdom xx*- und *Norfolk*-Blut. Die Blutlinien von *Kingdom xx* und *Norfolk* gelten indessen als erloschen. Die *Flick*-Linie dagegen blüht noch, nicht zuletzt eben über *Feiner Kerl!*

Ernö führt als einer der heute bedeutendsten Vertreter der *Adeptus xx*-Linie in fünfter Ahnenreihe je 16,66% *Adeptus xx-, Flick-* und *Shagya*-Blut. Letzterer hat das Erscheinungsbild von *Ernö* zweifellos am nachhaltigsten geprägt. Trotzdem zählt *Ernö* offiziell zur *Adeptus xx*-Linie.

Der bedeutende *Duellant* führt zwar 25% *Detektiv*-Blut; nennt man die Blutlinie aber nicht nach *Detektiv,* sondern, wie üblich, nach seinem Ururgroßvater *Devil's own xx,* so führt *Duellant* in fünfter Ahnenreihe im ganzen nur 3,12% Blut des Linienbegründers.

Wissenschaftler mehr als gerade viele Praktiker, bei denen das Denken in männlichen Blutlinien noch immer sehr üblich ist, sind sich über die Fragwürdigkeit der Bedeutung rein männlicher Blutlinien im klaren und weisen schon seit Jahrzehnten auf das Bedenkliche des Züchtens nach diesem Prinzip hin. So schrieb Chapeaurouge 1922:

»Genau, wie in dem Fall *Aland* die *Adeptus xx*-Linie die Trägerin von *Norfolk-Nord*-Eigenschaften wurde, sind auch alle anderen Linien in Hannover völlig durcheinandergeworfen. Von Generation zu Generation können Typ und Eigenschaften wechseln, und häufig ist es selbst mit der Ahnentafel in der Hand nicht möglich, Hengste mit einiger Sicherheit unterzubringen. In dieser Hinsicht gibt die Sammlung von Ahnentafeln und Bildern im ›Rau‹ im ganzen ein zu vorteilhaftes Bild der gesamten Zucht, da sie sich im wesentlichen an die erfolgreichsten Linien hält.«

Als Konzession an überlieferte Auffassungen wird im folgenden ein Überblick über die hannoverschen Blutlinien nach alter Methode gegeben. Soweit die Blutlinienbeschreibungen durch Abstammungstafeln ergänzt sind, erhalten sie durch Angaben über die Abstammung der Mütter eine wertvolle und notwendige Vervollständigung. Hierbei sind nicht alle in die Zucht eingestellten Hengste

Eindruck II, geb. 1952 v. *Astflug-Denksport,* Vielseitigkeitstyp, wesentlich von *Denksport* beeinflußt.

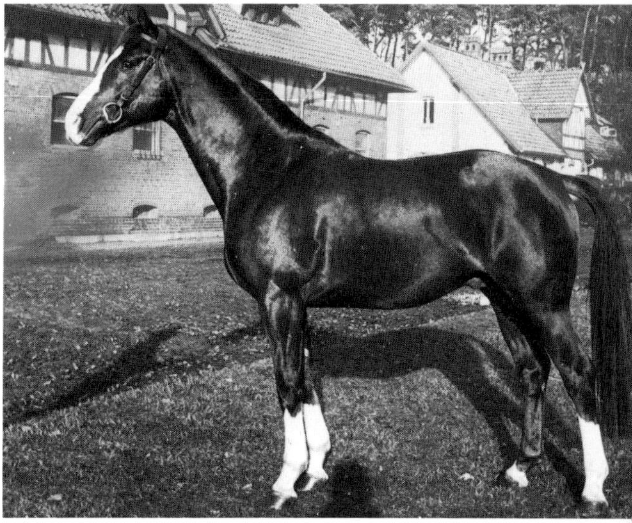

Einblick, geb. 1969 v. *Eindruck II – Poet xx,* durch Poet weiter stark veredelter moderner Vielseitigkeitstyp. Bester Hengst und Leistungssieger seines Jahrgangs. DLG-Ausst. 1974 Ia-Pr.

erfaßt, sondern nur diejenigen, die einige züchterische Bedeutung erlangt oder nach dem letzten Kriege zum Celler Bestand gehört haben.
Die nachfolgende Aufstellung über die Entwicklung der Blutlinien ergibt sich z. T. aus Gegenüberstellungen von Viergutz und Stegen über die erfolgreichen Hengste in der Lieferung männlichen und weiblichen Nachwuchses für die Zucht während der Jahre 1913 und 1938. Dazu sind die Neueinstellungen in Celle und Osnabrück zwischen 1927 und 1934 berücksichtigt; sodann wurden die Abstammungen der im Anhang aufgeführten Hengste und die Besatzung der hannoverschen Hengststationen ausgewertet.

Prozentanteile der Blutlinien am Gesamtbeschälerbestand (für 1913 und 1938 auch am Gesamtstutenbestand)

Blutlinie	1913	1927–1934	1938	1945–1960	1966	1975
Flick	1,1	32,0	30,8	21,7	20,4	12,7%
Adeptus xx	8,2	24,6	22,2	21,7	6,7	4,4%
Devil's own xx	2,6	1,0	1,4	16,3	9,6	14,6%
Goldschaum xx	1,6	2,1	2,8	7,6	5,7	4,4%
Kingdom xx	7,1	4,3	3,3	–	–	– %
Schlütter	12,4	6,1	7,5	3,3	0,75	– %
Neckar	12,6	4,3	2,8	–	–	– %
Jason	0,3	3,5	3,1	4,3	–	– %
Norfolk	11,6	–	0,3	–	–	– %
Semper idem	–	–	–	4,3	10,8	6,8%
Abglanz	–	–	–	3,3	9,0	9,8%
Adlerschild xx	–	–	–	1,0	3,2	3,9%
Der Löwe xx	–	–	–	–	2,5	4,9%
Marcio xx	–	–	–	–	3,1	4,4%
Lateran	–	–	–	–	1,9	2,9%
Anteil dieser Linien	57,5%	77,9%	74,2%	83,5%	73,65%	68,8%

In der Verbreitung der Blutlinien hat es in dem letzten Jahrzehnt eine starke Verschiebung gegeben, da zahlreiche neu eingesetzte Vollbluthengste mit Söhnen und Enkeln im Beschälerbestand in Celle vertreten sind. Somit hat auch die *Flick*-Linie ihre Vorrangstellung, die sie 1966 noch hatte, inzwischen eingebüßt und wird z. Z. übertrumpft durch die nunmehr an der Spitze stehende *Devils own xx (Detektiv)*-Linie dank deren Verbreitung über *Duellant* und *Dömitz I*. An dritter und vierter Stelle rangieren nunmehr die Nachkommen der beiden Trakehner *Abglanz* und *Semper idem*. Die *Adeptus xx*-Linie ist weiter in den Hintergrund getreten und wird 1975 sogar etwas übertroffen von dem *Goldschaum xx*-Stamm sowie den Nachkommen der beiden Vollblüter *Der Löwe* und *Marcio*. Vorläufig abgewartet werden muß, wieweit sich die zum derzeitigen Beschälerbestand gehörenden Nachkommen folgender Hengste über mehrere Generationen durchzusetzen vermögen: *Kurde x, Agami xx, Maigraf xx, Novum xx, Perser xx, Pik As xx, Poet xx, Steinpilz xx, Sudan xx, Traumgeist xx, Waidmannsdank xx, Wiesenbaum xx*. Nach der Anzahl der eingetragenen weiblichen Nachkommen liegen bisher *Der Löwe xx* und *Steinpilz xx* an der Spitze vor *Valentino, Julius Caesar, Jonkheer, Pik As, Marcio, Maigraf, Perser, Poet, Waidmannsdank, Adlerschild*. Gewisse züchterische Hoffnungen gelten auch den neu eingestellten *Gazal VII*-Söhnen *Czardas* und *Galan*. *Schlütter (Schwabenstreich), Jason (Journalist)* und *Nekkar* sind in der männlichen Linie ausgestorben. *Norfolk* hat im wesentlichen durch das Blut seiner weiblichen Nachfahren ausschlaggebenden Anteil am Aufbau anderer Linien erlangt.

Neben den in der Aufstellung verzeichneten Linien hat noch eine größere Anzahl kleiner und kleinster Linien eine Rolle gespielt. Auf sie näher einzugehen, würde zu weit führen. Rau (1913) erwähnt als solche noch: *Sport, Geßler, Colorado, Morgenstern, Chapeaurouge* (1923): *Chamant xx, Melbourne xx, Odoardo, Mormone, Lorbeer, Hogarth, Orinocco;* bei Stegen (1934) treten noch hinzu: *Erlkönig, Christian de Wet xx, Famulus II, Faun, Dünaburg, Camoëns, Andermatt, Y. Isolani, Marocco, Lancelot xx, Tannenfels xx, Gibraltar xx, Großinquisitor xx* und *Butcher Bird xx*. Dabei handelte es sich aber z. T. um Linien, die nach ein oder zwei Generationen wieder erloschen.

Flick-Fling

Zernebog R
1849–1871
v. Jupiter xx-
Black Comet xx

Flick Db
1865–1887
Jellachich-Cavalier xx

Flenheim Db
1890–1907
Blenheim xx-Schlütter

Flingarth B
1909–1917
King-Hospodar

Fling B
1913–1922
King-Seeräuber II

Flavius Db
1918–1935
Athanas-Cornelius

Flieger Db
1917–1934
Colorist-Tellus

● Feiner Kerl B
1922–1943
Kirkland-Norgarth

Flugfeuer II B
1924–1943
Feuerstein-King

Flintenstein III B
1925–1946
Feuerstein-Negro I

LH = Leihhengst
○ = 1975 auf Deckstation
● = nähere Angaben im Anhang
Sch = Schimmel
F = Fuchs
Df = Dunkelfuchs
Hb = hellbraun
B = braun
Db = dunkelbraun
R = Rappe
Die Jahreszahlen bezeichnen die Deckzeit in Hannover.
Die nachfolgenden Namen bezeichnen die Väter der Mütter und Großmütter mütterlicherseits.

- ● Floral B 1929–1948 Lorval-Wilrod
  - Folgsam Db 1943–1957 Goldammer II-Alderman I
- ● Flügelmann I B 1933–1949 Alderman I-Commandeur
  - Folkunger I Hb 1940–1952 Flimmer I-Alnok
    - Wolfgang Sch 1951–1966 Hagen-Shagya XVII-12
  - ● Flügeladjutant B 1941–1956 Albeck-Anakreon
    - ● Wöhler Df 1953–1971 Flotow-Joho
      - Wunsch I F 1959–1972 Schutzmann II-Alter Cadett
      - ○ Wunsch II F 1961– Schutzmann II-Alter Cadett
      - ○ Wohlklang B 1966– Der Löwe xx-Amateur
      - ○ Woermann F 1975– Marabou xx-Abendsport
    - ○ Winkel B 1955– Spinck-Almarich
    - ● Florentiner II R 1957–1973 Joho-Normanne
      - ○ Wolfsburg R 1967– Tropenwald (Trak.)-Lanzer
      - ● Widerhall Sch 1968–1973 Frühsport-Jason xx
        - Wiener Walzer F 1973 Altenwalde-Jurawind
        - ○ Wienerwald Sch 1975– Altenwalde-Jurawind
      - ○ Wacker F 1972– Almfänger II-Dohna II
      - ○ Wappenschild B 1973– Adlerschild xx-Flamm
  - Format III B 1946–1951 Halt-Aconit
    - Wotan B 1951–1966 Atlantik-Alibi
- Fliegerstern B 1928–1947 Morgenstern-Macdonald
  - Fiat I B 1937–1945 Freiligrath-Honorat
    - ● Firnis F 1949–1960 Candidat-Kinos
      - ● Weißgold F 1958–1968 Abendsport-Goldring II
        - ○ Windsor F 1973– Julius Caesar xx-Fernrohr
      - Wirbel II F 1957–1969 Abendsport-Almjäger I
    - ● Frühsport R 1942–1959 Sportland-Candidat I
      - Würzer I R 1960–1967 Fron-Flux
        - Weißgerber F 1963–1966 Duellant-Fokker
- Siehe besondere Tafel
- Florenz B 1936–1950 Camoëns-Norsip
  - ● Faruk B 1941–1959 Flak-Fakir
    - Warburg Db 1958–1962 Futurist I-Flint
      - Wahnfried Db 1965–1966 Durabel-Amurath IV
- Flak B 1930–1944 Fakir-Sport
  - ● Futurist I B 1937–1956 Christian de Wet xx-Nestroy
    - ● Frustra II B 1946–1971 Tanera-Filmkönig
      - ●○ Wohlauf B 1957– Athos-Fliegerstern
        - Wohlstand Db 1962–1968 Gardist-Fechtarm
        - Woilach F 1964–1968 Alljeder-Dolman
      - ○ Wohlan B 1959– Frio-Fliegerstern
        - ○ Woldemar B 1969– Jason ox-Fermor III
    - ○ Wurf B 1956– Fockenbach xx-Filmkönig
    - ○ Wulf F 1960– Farina-Hegmeister xx
      - ○ Windhuk F 1967– Juragold-Sportanzeiger
  - Flamm F 1940–1953 Hammer-Detlef

)(Feiner Kerl

Ausschnitt der Stammtafel Flick-Fling

- Zernebog R
  - Flick Db
    - Flenheim Db
      - Flingarth B
        - Fling B, 1913–1922, King-Seeräuber
          - (Flavius Db)
          - (Flieger Db)
          - ● Feiner Kerl B, 1922–1943, Kirkland-Norgarth
            - ● Förster Db, 1931–1949, Deister-Nelusko
            - Feinschnitt I Db, 1933–1941, Aconit-Nelusko
              - ● Ferrara B, 1939–1945, Alcantara I-Colani
            - Fermor III B, 1940–1958, Mormone-Erlkönig (Ostpr.)
              - ● Freiherr I F, 1945–1953, Golfsport II-Feiner Kerl
            - ● Friesenkönig B, 1941–1958, Erlkönig- (Ostpr.) Hofing
              - ● Frio B, 1953–1961, Dolman-Friedensfürst xx
            - Frevler Db, 1945–1961, Flame II-Aconit
              - ○ Wrede R, 1964–, Flügeladjutant-Franzer
            - Freischärler B, 1946–1962, Almjäger-Nelusko
              - Weinschenk B, 1963–1966, Abendsport-Feiner Kerl
              - ○ Wicht B, 1964–, Wüstensohn xx-Jurawind
            - ● Fernjäger B, 1946–1971, Almjäger-Nelusko
              - Wortschwall R, 1956–1970, Schwall-Alfandus I
              - ○ Weitblick B, 1969–, Goldfalk-Altena
              - ○ Wendelstein B, 1971–, Alabaster xx-Ast
          - (Flugfeuer II B)
          - (Flintenstein III B)

- Feuerland B, 1943–1954, Helgoland I-Nocard
  - ● Weiler B, 1952–1968, Aufseher-Locarno
    - ●○ Weingau B, 1958–, Goldfisch II-Florett
      - ○ Watzmann F, 1972–, Flachsmann-Almhorn
    - ○ Waterloo B, 1967–, Abhang I-Flügeladjutant
- ● Ferdinand B, 1944–1967, Helgoland I-Indigo
  - ○ Winnetou R, 1968–, Goldfisch II-Jägersmann
  - ○ Wedekind B, 1970–, Athos-Körting
  - ○ Wendekreis B, 1971–, Domspatz-Faschist
  - ○ Fürst Ferdinand B, LH, 1974–
- Welf F, 1952–1972, Futurist II-Hammer
- Wiking F, 1954–1958, Ahnherr-Christian de Wet xx
  - Wimpel Df, 1960–1969, Ahn-Allmers
- Wahlmann B, 1959–1966, Flügelmann I-Halt

LH = Leihhengst
○ = 1975 auf Deckstation
● = nähere Angaben im Anhang
Sch = Schimmel
F = Fuchs
Df = Dunkelfuchs
Hb = hellbraun
B = braun
Db = dunkelbraun
R = Rappe

Die Jahreszahlen bezeichnen die Deckzeit in Hannover.
Die nachfolgenden Namen bezeichnen die Väter der Mütter und Großmütter mütterlicherseits.

)(Adeptus xx-Alderman

Adeptus F xx
1884–1904
v. Adonis xx
– Blenheim xx

Alnok F
1903-1913
Nord-Alliwal

Alderman I F
1912–1932
Gessler-Jarl

- Aconit B, 1916–1934, Conradi-Adanus
  - Axenstein II B, 1938–1944, Feiner Kerl-Erlkönig (Ostpr.)
    - Axtmann I Hb, 1942–1959, Altmann I-Schwabenpreis
- Alter Kerl I B, 1917–1926, Khedive-Notar
  - Althof B, 1922–1932, Deisterhof-Schwabenstreich
    - ● Allerhand F, 1928–1945, Sportland-Nelus I
    - Alter Dessauer F, 1929–1943, Desmond-Lessing
- Alkoven I B, 1920–1940, Commandeur-Lorval
  - ● Agram S, 1942–1962, Amateur I-Lorenz
    - Eger Db, 1960–1968, Fechtmeister-Schober
    - ○ Efendi S, 1965–, Achselschwang-Alex
  - ● Abendsport F, 1939–1949, Sportsmann-Jasperding
    - Alljeder F, 1943–1960, Almjäger I-Feiner Kerl
    - Ableger I F, 1945–1953, Almjäger I-Feiner Kerl
    - Aber B, 1947–1952, Feiner Kerl-Almenrausch I
    - Abendkerl F, 1947–1955, Feiner Kerl-Aconit
    - Aktionär I F, 1947–1960, Almjäger I-Feiner Kerl
    - Ableger II F, 1948–1952, Almjäger I-Feiner Kerl
    - Elchjäger F, 1952–1959, Almjäger I-Feiner Kerl
- Alpenflug II B, 1927–1943, Flingarth-King
  - ● Almjäger I Df, 1934–1952, Goldschläger I-Alnok
    - ● Anfechter F, 1939–1956, Feiner Kerl-Aconit
    - ● Almhüter I F, 1940–1957, Feiner Kerl-Aconit
    - Almfreund I B, 1941–1958, Feiner Kerl-Almenrausch I

Axtfeld Hb
1949–1965
Feldmarschall-Dinck-lage

Athos B
1941–1960
Amos-Toreador II xx

Ast F
1938–1949
Alkoven-Nelusko

○ Echo Sch
1971– (Ostfr.)
Ernö-Festus

● Einglas B
1962–1974
Flintglas-Almenrausch II

● Astral F
1942–1959
Alpenflug II-Flavius

Assing I F
1942–1953
Jasperding-Goldschläger I

○ Einhard B
1968–
Frio-Ableger II

○ Eisenherz I F
1972–
Valentino xx-Futurist I

○ Eisenherz II B
1973–
Valentino xx-Futurist I

○ Emigrant B
1975–
Valentino xx-Futurist I

Astflug Db
1947–1959
Flügelmann I-Panuel

Eiswind F
1960–1967
Adlerschild-Flugwind

Ester I Db
1955–1967
Fermor I-Kingcraft

Eindruck II B
1955–1972
Denksport-Fermor I

Ester II B
1958–1968
Fermor I – Kingcraft I

Ernö R
1958–1974
Fermor I-Shagya XVII-12

Ehrenschild B
1960–1969
Adlerschild-Flettner

○ Einhorn B
1971–
Florentiner II-Senator

○ Einblick F
1973–
Poet xx-Hansakapitän

○ Emir B
1968–
Feinschnitt II-Falken-heim

Egoist B
1970–1974
Duellant-Gote

Ebenfalls II B
1955–1970
Alter Dessauer-Flügel-mann

Eljen F
1958–1972
Helgoland II-Chlodwig

Anio II F
1945–1960
Allusko-Macdon

Amselkönig II B
1952–1966
Schwabenkönig I-Alter Dessauer

Ebro B
1952–1960
Freiburg-Altenstein

Erbonkel R
1959–1974
Schwabenkönig II-Alex

○ = 1975 auf Deckstation
● = nähere Angaben im Anhang
Sch = Schimmel
F = Fuchs
Df = Dunkelfuchs
Hb = hellbraun
B = braun
Db = dunkelbraun
R = Rappe
Die Jahreszahlen bezeichnen die Deckzeit in Hannover.
Die nachfolgenden Namen bezeichnen die Väter der Mütter und Großmütter mütterlicherseits.

Devil's own xx-Detektiv

- Devil's own xx, 1894–1906, v. Robert the Devil xx–Camerino xx
  - Defilant R, 1900–1919, Landstreicher xx-Tilly
    - Defregger R, 1908–1927, Optimist-Güstrow
      - Desmond R, 1912–1921, Jasmund-Flenheim
        - ● Detektiv F, 1926–1943, Khedive-Cornelius
          - Denksport F, 1933–1945, Sportanzeiger II-Alderman I
          - ● Dolman F, 1937–1953, Alderman I-Ordensritter (Ostpr.)
            - ● Dollart B, 1941–1958, Florett-Alcantara I
              - ● Dömitz I, 1946–1958, Altlobitz- Allerding I
                - Domänenrat I F, 1953–1970, Abendsport-Jagst
                - ○ Domspatz R, 1956–, Graf-Feiner Kerl
                  - ○ Diskus R, 1974–, Senat-Welfenschatz
                - Duhnen B, 1957–1971, Abendsport-Feiner Kerl
                - Dominikaner III B, 1960–1974, Abendsport-Feiner Kerl
                - ●○ Dominik B, 1961–, Abendsport-Almjäger I
                  - ○ Don Carlos Sb, 1966–, Farina-Filmkönig
                    - ○ Don Camillo B, 1971–, Fernruf-Dolman
                  - ○ Dolentino R, 1971–, Valentino xx-Dortmund
              - Dulder B, 1955–1970, Ast-Flavius
            - Dolling F, 1941–1951, Jasperding-Altist
            - ● Dominant F, 1943–1949, Foliant-Feinkorn
              - Dominus F, 1947–1964, Grunelius-Sportanzeiger II
              - Damm F, 1951–1960, Alderman I-Nelus II
              - Dolus F, 1953–1958, Allersport-Detektiv
                - Doberan R, 1958, 1963–1967, Freiwald-Schwabenkönig I
            - ● Duellant F, 1946–1965, Foliant-Schumann
              - ● Dünkel F, 1953–1964, Förster-Allerhand
                - ○ Dagobert B, 1968–1975, Dominus-Goldfisch II
              - Durban F, 1954–1971, Allerhand-Khelius
              - Duldsam F, 1958–1968, Folgsam-Allerhand
              - ●○ Duft I Db, 1961–, Gote-Flügelmann I
                - ○ Diplomat B, 1967–, Senator-Dömitz I
                  - ○ Derneburg B, 1972–, Ernö-Flügel
                - ○ Duktus Sch, 1968–, Frühsport-Jason ox
                  - ○ Deichvogt Sch, 1975–, Waidmannsdank xx-Athos
              - ●○ Duft II B, 1962–, Gote-Flügelmann I
                - ○ Diolen B, 1968–, Winkel-Falkenstein II
                - ○ Dietward II B, 1970–, Futurist I-Freilauf
                - ○ Dirk B, 1972–, Senator-Firnis
                - ○ Dürkheim B, 1973–, Wunsch II-Schütze
                - ○ Darling B, 1975–, Abhang I-Axtfeld
              - ○ Duden I F, 1963–, Der Löwe xx-Allerhand
              - ●○ Duden II F, 1964–, Der Löwe xx-Allerhand
                - ○ Diomed B, 1969–, Johann-Journalist
                - ○ Darwin B, 1969–, Domfalk-Franke
                - ○ Düker B, 1971–, Gmunden-Friesenkönig
              - ○ Derby F, 1967–, Shagya-Allermeist
              - ○ Dragoner B, 1967–, Cyklon-Anfeinder
              - ○ Davos B, 1968–, Steinpilz xx-Falk II
                - ○ Drachenfels B, 1974–1975, Abendruf xx-Domänenrat I
              - ○ Dezember B, 1969–, Kurde x-Folgsam
          - ● Dwinger F, 1943–1957, Flint-Dünaburg
            - ○ Diskant B, 1961–, Altmärker-Falkner III
              - ○ Disput B, 1974–, Amselkönig ii-Borusse

○ = 1975 auf Deckstation
● = nähere Angaben im Anhang
Sch = Schimmel
F = Fuchs
Df = Dunkelfuchs
Hb = hellbraun
B = braun
Db = dunkelbraun
Sb = schwarzbraun
R = Rappe

Die Jahreszahlen bezeichnen die Deckzeit in Hannover
Die nachfolgenden Namen bezeichnen die Väter der Mütter und Großmütter mütterlicherseits.

Goldschaum xx — Goldammer II

Goldschaum xx F v. Flageolet Chamant
|
Paris (Meckl.) Alsbald-Isary
|
Goldschläger I F (Meckl.) 1912–1920 Schwabenstreich-Comet
|
Goldammer II F 1922–1939 Alderman I-Lorval

- Golfsport II F 1931–1949 Sportanzeiger II-Schumann
- ● Goldfisch II R 1939–1958 Flugfeuer II-Ammer
  - ● Graf F 1944–1957 Flugfeuer I-Nepote
    - ●○ Grande F 1962– Duellant-Förster
      - ○ Graphit B 1968– Frustra II-Athener
      - ○ Gralsritter B 1969– Frustra II-Athos
      - ○ Glander B 1970– Aumund-Anblick xx
      - ○ Grunewald F 1972– Duellant-Grunelius
      - ○ Graditz B 1974– Duellant-Steinpilz xx
      - ○ Garibaldi B 1975– Marcio xx-Duellant
  - ● Goldfalk F 1946–1970 Alkoven-Jassy I
    - Goldregen F 1962–1970 Ahn-Florenz
  - ● Goldmann R 1947–1966 Jägersmann-Alcantara
    - ● Gong Df 1953–1973 Allweiser III-Alparis (Meckl.)
      - ○ Götz F 1965– Adlerschild xx-Flamm
      - ○ Gigant F 1973– Marconi-Scholwin
  - ○ Gotthard S 1953– Amateur I-Altlobitz
- ● Gote Db 1939–1953 Flugfeuer II-Camoëns (Graditz)
  - ● Gouverneur B 1947–1969 Flügelmann I-Alter-Dessauer
    - Gospodin R 1957–1972 Alkoven-Altlobitz
    - Güldenstein B 1972–1974 Dwinger-Ableger I

○ = 1975 auf Deckstation
● = nähere Angaben im Anhang
Sch = Schimmel
F = Fuchs
Df = Dunkelfuchs
Hb = hellbraun
B = braun
Db = dunkelbraun
R = Rappe
Die Jahreszahlen bezeichnen die Deckzeit in Hannover.
Die nachfolgenden Namen bezeichnen die Väter der Mütter und Großmütter mütterlicherseits.

Semper idem-Senator

Dampfroß (Trak.) F

Semper idem (Trak.) F
1946–1951
Parsival-Metellus xx

● Senator F
1954–1973
Alljeder-Dolman

- Sellhorn F, 1959–1966, Abendsport-Almjäger I
  - ○ Salpeter B, 1966–, Endspurt xx-Fermor I
- Sermon F, 1959–1966, Abendsport-Almjäger I
- ●○ Sesam F, 1959–, Abendsport-Feiner Kerl
  - Sebald F, 1964–1968, Dominus-Amtsjäger I
  - ○ Servus F, 1965–, Dominus-Goldfisch II
    - ○ Sextus B, 1970–, Freiherr I-Ahnherr
  - ○ Seefischer F, 1966–, Goldfisch II-Amateur I
- ●○ Sender F, 1959–, Abendsport-Goldring II
  - ○ Seelöwe F, 1965–, Der Löwe xx-Friesenkönig
    - ○ Seeadler F, 1975–, Adlerschild-Flamm
  - Senegal F, 1966–1970, Axel-Foliant
  - ○ Senussi F, 1966–, Alljeder-Detektiv
  - ●○ Saloniki B, 1967–, Wohlauf-Alpenflug
    - ○ Salto F, 1973–, Wulf-Flußgold
    - ○ Salem F, 1975–, Erbonkel-Amtsjäger II
  - ○ Söldner F, 1968–, Goldfisch II-Dominus
  - ○ Sendbote B, 1970–, Wohlauf-Dollart
- Seneka F, 1960–1967, Angola II-Flamm
- Sesam II F, 1962–1965, Abendsport-Feiner Kerl
- Seneka II F, 1963–1967, Angola II-Flamm
- Senat B, 1963–1966, Dömitz-Almjäger
- Sergius Db, 1963–1970, Abendsport-Almjäger I
- Sermon II F, 1965–1968, Abendsport-Almjäger I

○ = 1975 auf Deckstation
● = nähere Angaben im Anhang
Sch = Schimmel
F = Fuchs
Hb = hellbraun
B = braun
Db = dunkelbraun
Sb = schwarzbraun
R = Rappe
Die Jahreszahlen bezeichnen die Deckzeit in Hannover.
Die nachfolgenden Namen bezeichnen die Väter der Mütter und Großmütter mütterlicherseits.

Abglanz

Dampfroß Df
v. Dingo-Passvan
|
Hyperion Df
Haselhorst-Holländer
|
Termit Df
Tempelhüter-Shilfa xx
|
● Abglanz (Trak.) F
1946–1964
Poseidon-Pirol

- Abend F, 1957–1974, Johann-Journalist
- ● Abhang I F, 1957–1971, Aktionär I-Fix
  - ● Abdulla F, 1962–1969, Flügeladjutant-Spinck
    - ○ Achmed Db, 1967–, Fermor-Abendsport
    - Abermals F, 1968–1971, Fron-Childerich
    - ○ Argus F, 1968–, Goldmann-Dürer
      - Adular F, 1974, Duellant-Folgsam
    - ○ Asiate B, 1968–, Anfechter-Felix I
  - Aberwitz B, 1962–1966, Flügeladjutant-Spinck
  - Absender F, 1963–1972, Schutzwart-Flügeladjutant
  - Aberwitz II B, 1965–1971, Flügeladjutant-Spinck
    - ○ Abseits R, 1973–, Einführer-Arnoldi
  - ○ Alexander Df, 1967–, Flügeladjutant-Spinck
- ○ Abhang II F, 1960–, Aktionär I-Fix
  - Ablauf Db, 1965–1966, Freiherr I-Ahnherr
- Artur F, 1960–1974, Aktionär I-Fix
  - ○ Arlberg B, 1966–, Anilin-Abendfeind
- ○ Absurd F, 1963–, Johann-Fram
- ●○ Absatz F, 1964–, Landeck-Schlingel
  - ○ Argentan B, 1971–, Wohlan-Lateran
  - ○ Arsenik F, 1971–, Sender-Ast
  - ○ Aderlaß B, 1973–, Farina-Jurawind
  - ○ Adrian B LH, 1974–, Hansakapitän-Altena
- ○ Abhang III F, 1965–, Aktionär-Fix
  - ○ Ansbach B, 1970–, Goldfisch II-Klinger
- ○ Abstand F, 1965–1969 (Ostfriesl.), Gouverneur-Dolling
- ○ Aalfänger F, 1966–, Almfänger II-Assing I
- ○ Akrobat F, 1967–, Almfänger II-Dohna II
- ●○ Archimedes F, 1967–, Wedel-Dolling
  - ○ Achat F, 1974–, Steinpilz xx-Flußgold
  - ○ Archivar F, 1974– (Ostfriesland), Goldregen-Außendeich II

○ = 1975 auf Deckstation
● = nähere Angaben im Anhang
Sch = Schimmel
F = Fuchs
Df = Dunkelfuchs
Hb = hellbraun
B = braun
Db = dunkelbraun
Sb = schwarzbraun
R = Rappe
Die Jahreszahlen bezeichnen die Deckzeit in Hannover.
Die nachfolgenden Namen bezeichnen die Väter der Mütter und Großmütter mütterlicherseits.

Lateran

● Lateran Sch (Trak.)
1946–1966
Fetysz ox-Cancara

- Lasur F
  1952–1954
  Khelius-Filmkönig
  - Landherr F
    1958–1964
    Ahnherr-Futurist II
- Latus Sch.
  1959–1962
  Futurist I-Dekorum
- Lavendel Sch
  1964-1968
  Welf-Förstergruß II
- ●○ Lasso Sch
  1965–
  Faruk-Farina
  - ○ Landrat Sch
    1970–
    Domänenrat I-Astflug
  - ○ Landsknecht Sch
    1970–
    Ernö-Flügeladjutant
  - ○ Lakai Sch
    1971–
    Marconi-Forscher
  - ○ Lambert Sch
    1972–
    Abhang I-Axtfeld
- ○ Lachs Sch
  1969–
  Goldfisch II-Falk III

Marcio xx

● Marcio xx
1953–1965
Janus xx-
Graf Ferry xx

- ●○ Marconi B
  1961–
  Duellant-Fokker
- Markant B
  1961–1974
  Dominus-Foliant
  - ○ Marco Polo B
    1966–
    Scholwin-Florant
  - ○ Marsala F
    1966–
    Scholwin-Anfechter
  - ○ Monolith B
    1969–
    Goldmann-Fixstern
  - ○ Markus F
    1973– (Ostfriesland)
    Lugano I-Dwinger
  - Matador F
    1970–1974
    Lugano I-Dwinger
- ○ Marmor B
  1966–
  Duellant-Fokker
- ○ Marbod B
  1967–
  Donatus-Abendsport
- ○ Monaco B
  1968– (Ostfriesland)
  Athos-Abel
- ○ Matrose B
  1969–
  Athos-Allmers

Der Löwe xx

- ● der Löwe xx B
1951–1973
Herold xx–
Fervor xx
  - Lohmann B
1958–1960
Dolman-Jägersmann
  - ●○ Lugano I F
1958–
Albaner-Friesenkönig
    - ●○ Lukas F
1966–
Dwinger-Juragold
      - ○ Leutnant B
1971– (Ostfriesland)
Ceylon-Ernö
      - ○ Lausbub F
1972–
Seneka I-Schutzherr
    - ○ Luckner B
1970–
Wotan-Dwinger
    - ○ Luxor F
1971–
Wotan-Fermor III
    - Lockruf F
1973
Scholwin-Dolko
    - ○ Luchs Sch
1973– (Ostfriesland)
Eindruck II-Aller
  - ○ Lugano II F
1962–
Albaner-Friesenkönig
    - ○ Lombard R
1973–
Landeck-Domfalk
  - ○ Lindberg B
1975–
Farina-Jurawind

Adlerschild xx

- ● Adlerschild xx
1949–1963
Herold xx-Nuage xx
  - Adlerhorst B
1955–1965
Forstmann-Neringo I
  - ○ Adlerblick B
1959–
Flamm-Feiertag III
  - ○ Adlerfarn I F
1962–
Anfeinder-Almfreund II
  - ○ Adorno B
1963–
Dornwall-Asti
  - ○ Altenwalde B
1964–
Eberswalde-Dolko
    - ○ Adressat B
1974–
Eindruck II-Athos
  - ●○ Adlerfarn II
1964–
Anfeinder-Almfreund II
    - ○ Adlerflügel F
1970– (Ostfriesland)
Ceylon-Ernö
    - ○ Aperitif B
1975–
Ceylon-Ernö

Erloschene und erlöschende Blutlinien

Norfolk

Da ist zunächst der bereits erwähnte Mecklenburger *Norfolk* c. *Y. Seymor (v. Seymor xx)* zu nennen, der zusammen mit *Zernebog* und *Jellachich* der Begründer der heutigen hannoverschen Zucht wurde. Sein Blut, das wohl in der Abstammung fast jeden hannoverschen Pferdes zu finden ist, hat weniger über seine männlichen als über seine weiblichen Nachfahren gewirkt. *King* z. B. hatte eine *Norfolk*-Mutter.

Von seinen verschiedenen Zweigen (Rau), *Nordlicht, Nadock, Nord, Y. Norfolk* und *Norval,* hat sich der *Nord*-Zweig am nachhaltigsten durchgesetzt. Dieser Stamm starb als letzter der Linie mit dem 1921 geborenen *Notarist* aus, der von 1925 bis 1942 auf verschiedenen Stationen des Emslandes deckte. Während Rau noch die *Norfolk*-Linie als den »richtigen Hüter der Scholle« und als beste Grundlage für Hannover bezeichnete, schrieb Stegen 1934: »Heute ist die *Norfolk*-Linie nahezu erloschen. Sie konnte mit den jüngeren, edleren Linien nicht mehr konkurrieren, zumal die letzten *Norfolk*-Nachkommen nicht genügend Adel zeigten und auch reichlich groß wurden.«

Jellachich, geb. 1884 in Broock (Pommern) v. *Defensive xx* und englischer Halbblutstute. Die Verbindung *Zernebog-Jellachich* führte zu *Flick.*

Neckar

Nach vielversprechenden Anfängen ist die von dem 1888 geborenen *Neckar (Ostpreuße* v. *Percival–Y. Athlet)* gegründete Linie schließlich mit *Negercorps II* (1930–1942) und *Neringo II* (1933–1943) ausgestorben. *Neringo II* war über *Nenner* noch ein Enkel von *Nelusko,* der als hannoverscher Sohn von *Neckar* mit 103 der Zucht gelieferten Söhnen nach *Feiner Kerl** (114 Söhne) der zahlenmäßig bedeutendste hannoversche Hengst geworden ist. *Nelusko* deckte von 1900–1925 in Altenbruch, wo ihm die dankbaren Züchter unter einem Erinnerungsstein sein Grab gaben. Sein Nachfolger, *Feiner Kerl**, dem das gleiche ehrenvolle Begräbnis zugedacht war, hatte es nicht so gut. Nachdem er einige Tage an der Seite *Neluskos* geruht hatte, verlangte der Abdecker sein Recht, und leider mit Erfolg. Rau charakterisierte die Angehörigen der *Neckar*-Linie als »Pferde von bedeutender Anlage mit mächtigem Skelett, viel Länge, ausgezeichnetem Rumpfe. – Gang im Schritt ausgiebig, Galopp gut, Trab fördernd.« *Neckar* selbst nennt Rau in der ihm eigenen Drastik: »Ein riesiger Haufen Knochen mit etwas Fell darüber.« Nach Stegen (1934) haben die Pferde dieser Linie »leider einen Druck hinter dem Widerrist. Sonst zeigen die Pferde schöne Linie und guten Gang. Sie könnten aber etwas mehr Ausdruck haben.« Viergutz (1939) schließlich sieht in den *Nelusko*-Nachkommen »edlere, leichte, für heutige Anforderungen im Fundament vielfach nicht genügende Pferde im Modell des Reit-Zugpferdes. – Manchmal hohe Pferde, aber stets elegant. Viel weiße Abzeichen.« – Soweit die Hippologen. Hört man sich aber heute noch unter den älteren Züchtern um, dann hat *Nelusko* seinen Nachkommen Schwierigkeiten im Temperament, teilweise ausgesprochene Charakterfehler mitgegeben. Die Möglichkeit, auch derartige Pferde als Remonten gut abzusetzen, wenn sie nur sonst ansprachen, hat zunächst die Ausbreitung der Linie noch gefördert; denn auch von dem *Nelusko*-Sohn »*Nestorius I*« wurden noch 35 Beschäler in die Zucht übernommen. Schließlich aber haben die schlechten »Tugenden« dieser Familie wohl wesentlich zu deren ziemlich abruptem Niedergang geführt. In der hannoverschen Zucht liegt das wenig noch in den Abstammungen erscheinende *Nelusko*-Blut so weit zurück, daß es praktisch bedeutungslos geworden ist.

Kingdom xx-King

Die *Kingdom xx-* (1889–1899) oder besser die nach dessen Sohn *King* (aus einer Stute v. *Norfolk-The Nigger xx* [1894–1912]) benannte Linie teilt das selbstlose Schicksal, mehr durch ihre Töchter als durch ihre namenerhaltenden männlichen Nachkommen Gutes für die hannoversche Zucht getan zu haben. Fling und dessen Sohn *Flingarth* hatten *King*-Mütter. *Schwabenkönig I** hatte eine *King*-Mutter und eine *King*-Großmutter. Der *Fling*-Sohn *Feiner Kerl* stammte aus einer *Kirkland(v. King)*-Stute. Der *Fling*-Sohn *Flugfeuer II* hatte eine *King*-Großmutter. Die *Fling*-Linie führt in diesen beiden Hauptstämmen also mehr *King*- als *Fling*-Blut. So erscheint zwar das *King*-Blut nicht mehr in männlicher Folge, lebt unter weiblichem Deckmantel aber noch munter fort. In männlicher Linie hat sich *King* nur über seine Söhne *Khedive* und *Kirkland I* bis in die letzte Zeit fortgepflanzt. Sonderbar genug: zwischen 1945 und 1954 standen noch 14 *King*-Nachkommen männlicher Linie auf hannoverschen Stationen; 1955 jedoch war die Linie im männlichen Stamm erloschen. Auch sind ihre männlichen Vertreter, vielleicht bis auf *Klinger,* nicht mehr wesentlich an dem heutigen hannoverschen Blutbild beteiligt. Dabei hatte der *Kirkland*-Urenkel *Körner* (1934–1946) noch fünf Söhne in Celle und Osnabrück, unter ihnen den oben genannten guten Stuten- und Reitpferdevererber *Klinger.* Mit dem Schimmel *Kosak,* über *Körting* ein Enkel von *Körner,* erlosch die *King*-Linie im männlichen Stamm. *Kosak* blieb ohne gekörte Söhne. Rau charakterisierte 1914, als überwiegend die Söhne von *King* in der Zucht standen, die Vertreter dieser Linie so: »Die Hengste aus dieser Linie zeichnen sich fast sämtlich durch sehr gute Reitpferdform aus. Sie sind sehr geschätzt als Produzenten hervorragender Reitpferde in der Form guter Hunter. Auch die Stuten haben die Formen ausgezeichneter Reitpferde.« Nach Stegen offenbarten um 1943 die Nachkommen »noch den alten hannoverschen Typ in großem Rahmen. Sie haben viel Adel, Linie, Ausdruck und Muskulatur. Hervorzuheben sind weiter der schwungvolle Gang und das vorzügliche Temperament. Schulter, Widerrist und Hals sind ebenfalls meist gut.« Viergutz (1939) endlich: »Allgemein viel Adel und Ausdruck. Typ des edlen, mittelschweren, meist in richtiger Größe stehenden

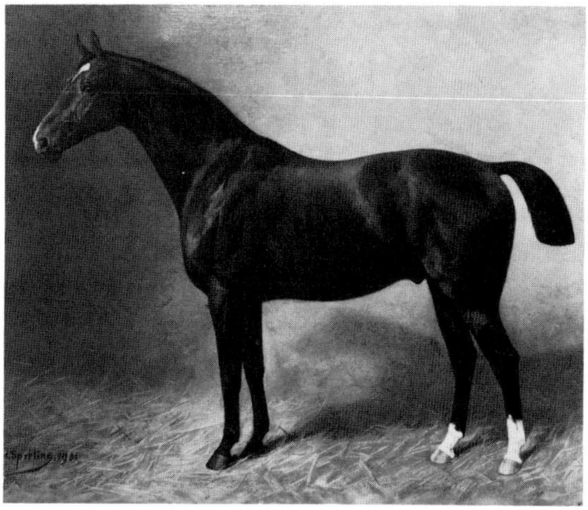

King, geb. 1890 v. *Kingdom xx-Norfolk,* der Begründer einer bedeutenden Blutlinie, dessen letzter Vertreter, der Schimmelhengst *Kosak,* geb. 1941, Vater des bekannten Turnierpferdes *Kamerad IV* (Schridde) wurde.

Gebrauchspferdes. – Große Rippentiefe und schwungvolle Gänge. – Immer bestes Temperament.«

Als einer der letzten hat *Klinger* die *King*-Linie noch einmal interessant gemacht. Er deckte von 1934–1949 in Großenwörden, wo er 130 Hauptstutbuchstuten hinterließ, ohne allerdings einen namhaften Sohn für die Zucht zu liefern. Bei den älteren Züchtern ist der schwarzbraune *Klinger* als Vater harter Reitpferde noch in bester Erinnerung, und wenn in diesen Kreisen *Klinger* durch Erscheinung und Vererbung als typischer Vertreter der *King*-Linie galt, so könnte diese instinktive Züchteransicht ihre Bestätigung darin finden, daß *Klinger* aus einer *Fling*-Tochter stammte, *Fling* aber eine *King*-Mutter hatte. Die Nachwirkung von King wird sich aber noch verstärkt bemerkbar gemacht haben, da das *King*-Blut bei *Klinger* in 5./6., 5./4. Generation von Vater- und von Mutterseite herkam. Die im Celler Landgestüt niedergelegte Beschreibung dieses *King*-Inzuchtproduktes *Klinger* lautet: »Schöner Kopf, etwas Bammelohr, lange Halsung, wunderschön und muskulös im Rumpf. Etwas loser Stand und mäßig eingeschiente Sprunggelenke. Guter Gang.« Und über seine Nachzucht: »Fohlen korrekt, nicht sehr stark, muskulös und von guter Form; schwungvoller Gang.«

Schlütter-Schwabenstreich

Die von Chapeaurouge noch auf den *Nabocklish*-Sohn *Schlütter* zurückgeführte und später nach dem *Schlütter*-Urenkel *Schwabenstreich* (v. *Schwabe – Leo – Jupiter,* 1902–1922), benannte Linie sollte eigentlich den Namen des *Schwabenstreich*-Sohnes *Schwabenkönig I** führen. Auf diesen nämlich, dessen Mutter in 2./3. Generation auf *King* ingezüchtet war, gehen die wenigen Hengste dieser Linie zurück, die nach dem letzten Weltkrieg noch Einfluß auf die hannoversche Zucht nehmen konnten. *Schwabenkönig I** deckte von 1924 bis 1939 in Nordholz, wo später auch sein Großsohn *Scholwin* (v. Schwall – Friedolin – Journalist)* von 1947 bis 1959 auf Station stand. Im Bereich der ehemaligen Deckstelle Nordholz, also im nördlichen Land Wursten, besteht daher auch heute noch eine gewisse Anhäufung von *Schwabenkönig I*-Blut. Allerdings wird dessen Erhaltung inzwischen nicht mehr gepflegt, weil sich herausgestellt hat, daß die *Scholwin*-Nachkommen zwar exterieurmäßig einen guten Wirtschafts- und Zuchttyp verkörpern, aber nicht in jedem Falle die Härte besitzen, die sonst gerade als kennzeichnender Vorzug dieser Linie gilt. – Eine vielleicht bewährtere Konzentration des *Schwabenstreich*-Blutes ist in der ehemaligen Deckstelle Bützfleth zu finden, wo *Schwabenstreich* selbst zwanzig Jahre und später sein Enkel *Schwall,* ein *Schwabenkönig I*-Sohn, zehn Jahre auf Station standen. *Schwall* war wohl der nobelste Vertreter dieser Linie. Er hat sich als Vater einer zahlreichen männlichen und weiblichen Nachzucht und besonders auch als Lieferant vieler guter Schweizer Remonten einen Namen gemacht, ohne indessen die Blutlinie selbst über seinen bedeutendsten Sohn *Scholwin* auf längere Dauer fortführen zu können. – Nicht viel erfolgreicher verlief der Stamm des *Schwabenkönig I*-Sohnes *Schutzmann II,* dessen Mutter über *Altmann I – Schwof* Inzucht auf Schwabenstreich aufweist. *Schutzmann II* und sein Sohn *Schutzwart** haben ausgesprochen harte Leistungspferde im Gebiet des ehemaligen Landgestüts Osnabrück geliefert. Der *Schutzwart*-Sohn *Schutzflügel* war 1966 noch der einzige in der Zucht stehende Nachkomme dieser Linie. Seit 1956 auf verschiedenen Stationen im Regierungsbezirk Osnabrück eingesetzt, hat dieser Durchschnittshengst leider keinen gekörten Sohn geliefert, so daß mit ihm die Linie ausgestorben ist. Das ist an sich zu bedauern.

Robustheit und Härte waren die Charakteristika dieser Linie, wie auch Rau, Stegen und Köhler betonten. Aber leider arteten diese Vorzüge verschiedentlich in Grobheit, verbunden mit schweren, wenn auch markanten Köpfen, aus, und das sind Nachteile, die heute nicht verziehen werden.

Jason

Mit dem 1959 ausgeschiedenen *Jurawind* ist auch die *Jason*-Linie im männlichen Stamm erloschen. *Jasons* Vater war der in Mecklenburg eingesetzte *Sheridan xx* (der nicht mit dem halbblütigen *Schlütter*-Urenkel *Sheridan* verwechselt werden sollte). Die Generationenfolge dieser Linie bis zu *Jurawind* verlief von *Jason* (1860 bis 1884) über *Jasal, Jasmund, Jasperding, Journalist** zu *Juragold**, der 1940 bis 1955 in Uthlede deckte, während sein Sohn *Jurawind** von 1945 bis 1950 in Neuenfelde bei Hamburg auf Station war. Dort wurde er zwar noch der Vater von vier für Hannover gekörten Hengsten, von denen aber keiner den Vater überlebte. Vielleicht bewirkt der mit sehr soliden Vorzügen ausgestattet gewesene *Jurawind** über seinen 1963 geborenen Tochtersohn *Windhuk* noch etwas nachhaltig Gutes für die hannoversche Zucht. Heute sind als besonders markante Vertreter der *Jason*-Linie *Jassy* (1918–1940 Großenwörden), *Journalist** (1929–1945 Bützfleth), *Juragold** und der *Jasperding*-Sohn *Johann** (1928–1949 Jork) in Erinnerung. – Nach Rau (1914) waren die Vertreter dieser Linie imponierende, starke, wuchtige Karossiers mit viel, häufig aber unkorrektem Gang. Stegen (1934) bezeichnet die *Jasperding*-Nachkommen als eisenharte, trockene, edle Produkte mit schöner Halsung und korrektem Gang. Köhler charakterisierte 1949 die Vertreter dieser Linie unter dem Eindruck der *Journalist-, Juragold-* und *Johann*-Nachkommen als derb und robust. »Ihnen fehlt größtenteils der Glanz der Schönheit. Immer aber haben sie viel Nerv, sind fruchtbar und langlebig, Wirtschaftspferde, die nicht totzukriegen sind.« Aber solche Pferde wurden nach 1949 immer weniger benötigt. Der Glanz fehlte eben, und das hat wohl im wesentlichen das Ende der Linie herbeigeführt.

Vier Hengste der *Amurath ox*-Linie in der Quadriga auf der Celler Hengstparade; v. l.: *Amos* v. *Amurath II* und als Nachkommen von *Amurath I: Amateur I* v. *Amulett, Alex* v. *Amandus* und *Amok* v. *Amandus.*

Amurath ox

Besonders bedauerlich ist das Erlöschen der *Amurath ox*-Linie, die mit dem 1942 geborenen und 1968 ausgeschiedenen Fuchshengst *Aumund* ausgestorben ist. Trotz über zwanzigjähriger Zuchtbenutzung hat er keinen Sohn für die Zucht geliefert. Über seinen Vater *Amos* ist er ein Großsohn von *Amurath II,* dem für Hannover unbedeutender gebliebenen *Amurath ox*-Sohn, der nur für eine Deckzeit von Holstein ausgeliehen war. Sein Halbbruder *Amurath I* – es handelt sich trotz gleichen Vaters und auch mütterlicherseits verwandten Blutes nicht, wie die gleichen Namen an sich vermuten lassen, um Vollbrüder – also sein Halbbruder *Amurath I* war reinerbiger Schimmel und drückte damit seinen Nachkommen schon rein äußerlich den Stempel gleicher Familienzugehörigkeit auf. *Amurath I* beglückte in siebzehnjähriger Deckzeit sechs verschiedene Stationen (1902–1918) und war am längsten, fünf Jahre, in Drochtersen stationiert. In Großenwörden (1913–1916) wurde er Vater von *Amulett,* der seinerseits in Oberndorf den Schimmelhengst *Amateur* zeugte. Dieser gab in zwanzigjähriger Deckzeit (1925–1945) der Station Großenwörden ihr Gepräge, konnte aber trotz einiger gekörter Söhne die Linie, die den Namen seines Groß- und Urgroßvaters trug, nicht bleibend fortsetzen. Stegen schrieb 1934, als die Produkte dieser Linie noch den Stempel einer etwaigen Individualpotenz des Blutlinienbegründers hätten tragen müssen: »Die Pferde aus der *Amurath*-Linie lassen meist Vornehmheit und Adel erkennen, sind tief und breit, stehen teilweise aber im leichteren Typ. Es waren immer gute Absatzfohlen, daher ist in Hannover nicht viel von ihnen verblieben.«

Die alten, heute noch dominierenden Hengstlinien

Flick

Die älteste und dabei heute noch in Blüte stehende Hengstlinie ist die des *Flick* (v. *Zernebog* aus einer *Jellachich*-Tochter) (Stammtafel S. 42/45). *Flick* war 22 Jahre in der Lüneburger Elbmarsch stationiert und hinterließ für Hannover 13 gekörte Söhne. Mit Rau (1914) nennt auch Stegen (1934) diese Linie nach *Flick,* während Viergutz (1939) und Köhler (1949) die Linie nach *Flicks* Enkel *Flingarth* bezeichnen. Am richtigsten aber würde sie heute den Namen des *Flingarth*-Sohnes *Fling* tragen; denn erst von diesem fand die Linie eine

Flingarth, geb. 1906 v. *Flenheim-King,* Enkel von *Flick* und Vater von *Fling.*

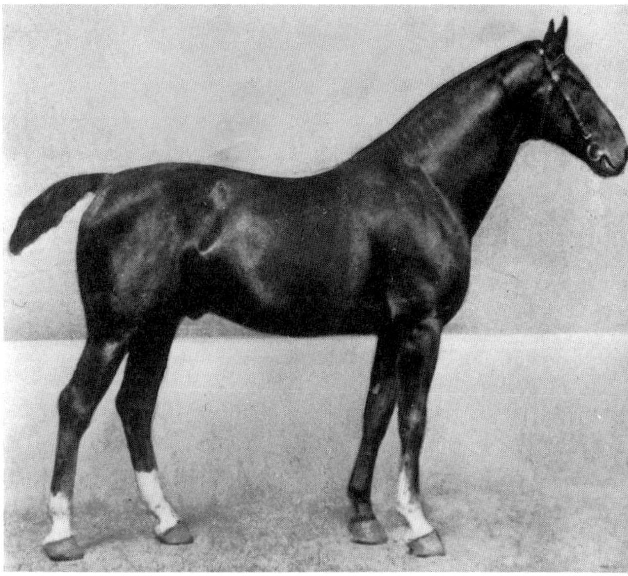

sehr starke Verbreitung, die allerdings durch den mit jeder Generation sich vermehrenden Anteil fremden Blutes in den letzten Produkten der einzelnen Stämme fast jede Familienähnlichkeit ausschließt. Damit wird auch eine Charakterisierung des heutigen Erscheinungsbildes dieser Linie fast unmöglich. 1967 standen noch 28 F- bzw. W-Hengste auf Station (seit 1950 tragen die Nachkommen dieser Linie den Anfangsbuchstaben W statt F). Sie bestritten damit einen Anteil von 18% des Celler Hengstbestandes. 1975 lag die Zahl bei 26 Hengsten = 12,7%. *Fling* befindet sich bei den derzeit auf Station stehenden Angehörigen dieser Linie bereits 3–8 Generationen zurück. Es kann nicht erwartet werden, daß bei solch entfernter Verwandtschaft noch ein Einfluß von *Fling* oder eine an ihn erinnernde Familienähnlichkeit zu erkennen wäre. Köhler schrieb 1949, also unter dem Eindruck von *Floral**, *Flügeladjutant**, *Förster**, *Ferrara**, *Fermor III* und *Futurist**, es sei unmöglich, »eine so allgemein gültige Darstellung zu geben, wie vor zehn Jahren noch möglich«. Immerhin gab Köhler gleichzeitig als Charakteristikum der Linie richtige Größe, Leichtfutterigkeit, gefällige Formen, Schönheit und Glanz an. Rau hatte 1914 geschrieben: »Schöne, wuchtige, harte, robuste Pferde mit bedeutenden Formen und monumentaler Wirkung in Erscheinung und Haltung. Tüchtige Arbeitspferde, vornehme Karossiers. Auch Reitpferde, wenn schon bis zu *Flingarth*, welch letzterer völliger Reitpferdetyp ist, der Wagenpferdtyp überwog.« Stegen bezeichnete 1934 *Fling* und dessen Nachzucht als den bedeutendsten Zweig der *Flick*-Linie. Unter Erwähnung von *Feiner Kerl, Flintglas, Flügelmann II, Feinschnitt I* u. a. sagte er: »Die Nachkommen der *Flick*-Linie zeichnen sich fast allgemein durch eine gute Rumpftiefe und Breite sowie durch viel Muskulatur aus. Es sind ansprechende, edle, harmonische, nicht zu große und geschlossene Pferde, aber trotzdem mit bedeutenden und wuchtigen Körperformen und sehr guter Halsung. Die Rippenwölbung ist meistens gut, der Gang raumgreifend und schwungvoll. Der Widerrist könnte vielfach ausgeprägter und der Rücken hin und wieder besser sein. Zu loben sind noch das gute Temperament und die vorzügliche Futterverwertung. Das Training überstehen die Hengste in Westercelle ausgezeichnet.« – Nach 1939, als die Nachkommen von *Flavius, Floral**, *Förster**, *Feiner Kerl**, *Feinschnitt, Flugfeuer II* und *Flintenstein III* das Bild der Linie prägten, bezeichnete Viergutz den Typ der *Flingarth*-Linie als »sehr einheitlich und ausgeglichen. Modell des praktischen Wirtschafts- und Heerespferdes«. Über die Vererbung schrieb er: »Nicht einheitlich. Im allgemeinen großrahmige Pferde, breit, stark, wuchtig, muskulös, dabei doch edel und trocken, mit guten Gängen. Erbfaktoren der angeschlossenen Mutterlinien setzen sich häufiger durch und durchbrechen den Typ der Vaterlinie.«

Flavius, geb. 1915 v. *Fling-Athanas*, neben *Feiner Kerl* der bedeutendste Sohn von *Fling*. *Flügeladjutant* ist sein Enkel, *Wöhler* sein Urenkel.

Feiner Kerl, geb. 1919 v. *Fling-Kirkland;* hier die letzte von ihm gemachte Aufnahme; 61 Söhne wurden in Hannover, 53 außerhalb Hannovers zur Zucht aufgestellt.

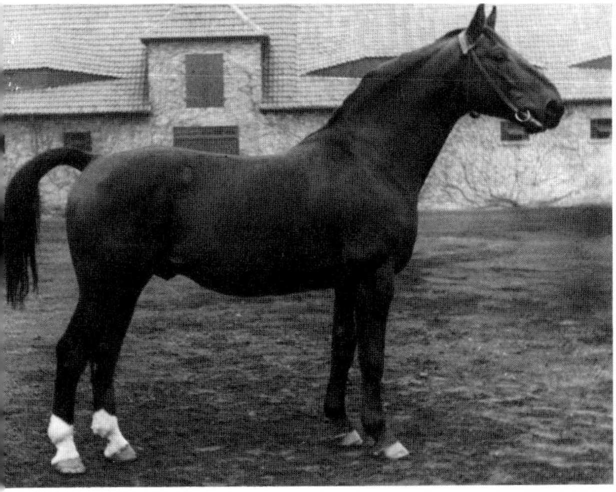

Flügeladjutant, geb. 1938 v. *Flügelmann I-Albeck.* Dieser *Flavius-Enkel* wurde auf der Deckstelle Badbergen zu einem hervorragenden Vererber.

Wöhler, geb. 1950 v. *Flügeladjutant-Flotow,* Aktionstraber und Leistungssieger in Westercelle, Vater einiger Hengste und vieler guter Reitpferde.

Florentiner II, geb. 1953 v. *Flügeladjutant-Joho,* Aktionstraber, Vater der guten Leistungshengste *Widerhall* und *Wolfsburg* (erstklassige Springveranlagung).

Widerhall, geb. 1964 v. *Florentiner II-Frühsport,* Leistungssieger in Westercelle und recht guter Typvererber.

Wollte man heute den Versuch wagen, aus einem Vergleich des Exterieurs solcher Hengste, die auf *Fling* mehrfach, wenn auch nur entfernter, ingezogen sind, Rückschlüsse auf typische Eigenschaften dieser Linie zu ziehen, so würden sich dafür *Würzer* (v. *Frühsport*–Fron–Flux*) Wohlan (v. *Frustra II–Frio*–Fliegerstern*) und *Wrede* (v. *Frevler-Flügeladjutant*–Franzer*) anbieten. Mit allem Vorbehalt käme man zu dem Ergebnis, daß ein ausdrucksvoller Kopf, ein guter, aber etwas tief aus der Schulter heraustretender Hals, nicht stark ausgeprägter Widerrist und gute Bewegungen ursprüngliche Merkmale der Flinglinie sind. Das aber würde mit der von Stegen oben wiedergegebenen Charakterisierung dieser Linie in wesentlichen Merkmalen übereinstimmen.

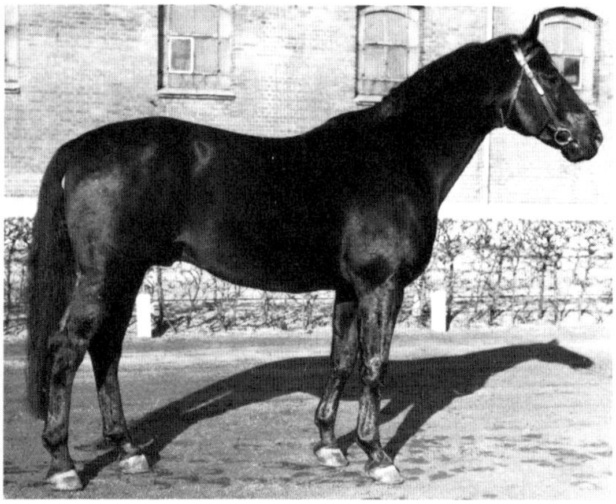

Von den seit 1950 in der Zucht tätigen männlichen Vertretern der *Flick*-Linie setzen bisher vor allem die *Flügeladjutant*-Söhne *Wöhler**, der Leistungssieger seines Jahrganges in Westercelle, und *Florentiner II** (*Flügelmann I*-Stamm), *Firnis** (*Fiat I*-Stamm), *Frustra II** (*Futurist I*-Stamm) und schließlich aus dem *Feiner-Kerl**-Stamm *Fernjäger**, *Ferdinand** und *Weiler** diese weitverbreitete und in sich nur noch lose verwandte Linie fort. Von diesen Hengsten gilt *Ferdinand* zur Zeit als einer der Spitzenvererber im deutschen Pferdeleistungssport. Seine Nachkommen verdienen somit für die Leistungszucht besondere Aufmerksamkeit (s. auch S. 179) Interessant ist ferner, daß *Fernjäger* und *Ferdinand* von allen in den Blutlinientafeln aufgeführten Hengsten mit die längste Nutzungsdauer aufzuweisen haben (26 und 24 Jahre). *Ferdinand* hat nach seinem Ausscheiden in Celle noch zwei Zuchtjahre in dem österreichischen Staatsgestüt Piber gewirkt und für die hannoversche Zucht die Söhne *Winnetou, Wendekreis, Wedekind* und *Fürst Ferdinand,* den Vollbruder der bedeutenden Leistungspferde *Faustus, Funchal, Feisal* und *Fino,* hinterlassen. Von den nach 1948 züchterisch neu eingesetzten Hengsten hat *Wöhler** zahlenmäßig die meiste Nachkommenschaft aufzuweisen: 4 Beschäler, 37 Staatsprämien-, 164 H-, 24 S- und 28 V-Stuten. Er hat damit in der Zahl der Töchter sogar seinen Vater *Flügeladjutant** überflügelt, für den 10 Beschäler, 67 Staatsprämien-, 111 H-, 21 S- und 6 V-Stuten verzeichnet sind. Mit der Anzahl der gelieferten Staatsprämienstuten steht *Flügeladjutant* hinter *Feiner Kerl* (74) und *Abendsport* (68) an dritter Stelle. Hervorzuheben ist weiterhin, daß *Wöhler* mit der Anzahl der eingetragenen Turnier-

Von oben nach unten:

Ferdinand, geb. 1941 v. *Ferrara-Helgoland I,* Urenkel von *Feiner Kerl,* bester deutscher Leistungsvererber, Gewinnsumme der Nachkommen (189) bisher: 884 518,– DM (s. auch S. 185).

Winnetou, geb. 1964 v. *Ferdinand-Goldfisch II*

Wedekind, geb. 1966 v. *Ferdinand-Athos*

Wendekreis, geb. 1967 v. *Ferdinand-Domspatz.* Diese aus wertvollen Blutverbindungen hervorgegangenen Ferdinand-Söhne verdienen zur Zeit neben dem seit 1974 angeliehenen *Fürst Ferdinand,* geb. 1967 v. *Ferdinand-Abel* (s. S. 185) für die Leistungszucht große Beachtung.

pferde (271) derzeit im deutschen Bundesgebiet hinter *Der Löwe xx* (283) an zweiter Stelle steht. Sein jüngster Sohn *Woermann* erregte bei der letzten Hengstparade durch das offenbar vom Vater ererbte enorme Gangvermögen großes Aufsehen.

Adeptus xx-Alderman

Die der *Flick*-Linie viele Jahrzehnte hindurch zahlenmäßig gleich starke, aber um Jahrzehnte jüngere *Alderman I*-Linie (Stammtafel S. 46/47) hat seit den 50er Jahren außerordentlich an Verbreitung verloren. *Aldermans* Großvater *Adeptus xx* hinterließ aus seiner zwanzigjährigen Deckzeit in Kehdingbruch 20 Hengste für Hannover. Sein Sohn *Alnok* brachte es in siebzehnjähriger Deckzeit auf 22 Söhne für Hannover, und doch wurde dessen Sohn *Alderman I* erst der Begründer dieser Linie. Er deckte 20 Jahre in Drochtersen und brachte es auf 110 gekörte Söhne, von denen 71 in Hannover blieben. Darunter befanden sich *Alter Kerl I, Alpenflug II* und besonders *Alkoven I,* deren Zweige sich durch Generationen bis in die Gegenwart fortsetzten. *Eindruck II** und *Ernö** gelten heute als die prominentesten Vertreter des *Alter Kerl*-Stammes und überhaupt der *Alderman*-Linie, ohne indessen eine gegenseitige Familienähnlichkeit erkennen lassen.

Alpenflug II lieferte den recht bedeutenden *Almjäger I**, der 19 Jahre in Altenbruch deckte, davon 10 Jahre gleichzeitig mit dem älteren *Feiner Kerl**. *Almjäger* war bei allen Vorzügen doch überwiegend »alter Typ«. Von *Almjägers* 40 Söhnen für das Celler Landgestüt behielten in Hannover nur *Anfechter**, *Almhüter I** und *Almfreund I* Bedeutung. Aber auch dieser Stamm ist inzwischen er-

Adeptus xx, geb. 1880 v. *Adonis xx-Blenheim xx,* Begründer der A–(E)Linie.

Alnok, geb. 1888 v. *Adeptus xx-Nord,* bedeutendster Sohn von *Adeptus xx,* Vater von *Alderman I.*

Alderman I, geb. 1909 v. *Alnok-Geßler;* über ihn wurde das *Adeptus xx-Blut* verbreitet. Bis 1960 waren seine Nachkommen in direkter männlicher Linie mit 20 bis 25% im hannoverschen Hengstbestand vertreten. Seitdem ist deren Anteil stark zurückgegangen.

Agram, geb. 1939 v. *Alkoven-Amateur I,* Vater zahlreicher hervorragender Springpferde, Gewinnsumme seiner Nachkommen bisher 549 028,– DM (an 2. Stelle hinter Ferdinand). Hat wie *Gotthard* eine Mutter v. *Amateur I.*

loschen. Und den *Alkoven*-Sohn *Abendsport**, dem anfänglich so viel Hoffnungen galten, hat das gleiche Schicksal getroffen, obwohl er dem Zuchtgebiet 39 Beschäler, 68 Staatsprämien-, 136 H- und 5 S-Stuten geliefert hatte. Auch dem *Alkoven*-Sohn *Agram**, als Springpferdevater weit und breit bekannt, ist trotz zweier Söhne die Erhaltung des *Alkoven*-Stammes nicht gelungen. Dabei zählte *Abendsport** zu den Hauptstützen der hannoverschen Zucht. Man kann sich angesichts dieses überraschenden Rückganges des *Alkoven*stammes nur nach den etwaigen Ursachen fragen. *Abendsport* war ein imponierender, durchaus moderner Hengst, an dem allerdings die nicht ganz taktmäßigen Bewegungen zu monieren waren. Und *Alkoven I,* der Vater von *Abendsport?* Die amtlichen Unterlagen des Landgestüts Celle beschreiben ihn als tiefen und im Becken besonders breiten Hengst, »gut im Hals und Widerrist, im Rücken gezogen, könnte mehr Rippe und auch mehr hinter der Schulter haben, Vorderbein wenig ausdrucksvoll, loser Stand, breites Sprunggelenk, weiche Fesseln, rechts verstellt, zehig, Klasse mit Schwung«. Über seine Vererbung heißt es in der amtlichen Niederschrift: »Schwungvoller, oft unregelmäßiger Gang, stark, breit, guter Widerrist, gute Schulter, gutes Sprunggelenk, gutes Zuchtmaterial.« Unregelmäßige Gänge bei Vater *Alkoven* und Sohn *Abendsport* sind vielleicht die Ursache, daß sich der Stamm in männlicher Linie nicht kraftvoll weiterentwickelt hat. Um so mehr haben *Alkoven I,* besonders aber *Abendsport* und dessen Sohn *Alljeder,* zur Gründung und Weiterführung der seit 1954 aufstrebenden *Semper idem-Senator*-Linie beigetragen. Der *Senator*-Sohn *Sender** heute mit sechs bisher gekörten Söhnen und drei Enkeln das zahlenmäßig erfolgreichste Mitglied der *Senator*-Familie, führt 62,5% *Abendsport-,* aber nur 25% *Semper-idem-Blut!* Infolgedessen konnte man daher die *Senator*-Linie als einen Stamm der *Alderman*-Linie ansehen, zumal die meisten Angehörigen der *Senator*-Linie auch von mütterlicher Seite her noch zusätzlich *Alderman*-Blut führen.

Rau hat sich 1914, also zu einer Zeit, als *Alderman* erst zwei Jahre auf Station war, über die Vererbung von *Adeptus xx* und *Alnok* so geäußert: »Die Stuten aus der *Adeptus*-Deszendenz und auch die Hengste werden nicht leicht zu groß. Mit ihrem edlen Blute und ihrer Trockenheit sind sie keine ausgesprochenen Marschpferde. Diejenigen, die mit ihnen umgehen, müssen pferdegewandt sein, da die ganzen *Adeptus*-Nachkommen viel Temperament haben.« Als Stegen 1934 sein Buch schrieb, gaben schon weitere Generationen ein Bild von der damals immer noch jungen Blutlinie: »Die Linie hat in den letzten Jahren gewaltig an Ausbreitung gewonnen. Es stehen in den Landestüten Celle und Osnabrück heute 66 Hengste. – Die Produkte der *Adeptus*-Linie stehen meist im großen Rahmen, sind breit, stark, wuchtig, sehr schwer bis mittelschwer und haben viel Knochen und Muskeln. Dabei sind sie edel und trocken. Die Beckenbreite und gute Schulter sind hervorstechende Merkmale. Der Gang ist ebenfalls gut. Das Mittelstück ist teilweise etwas lang.« Stegen schrieb 1939: »Typ: Nicht ganz einheitlich. Vielfach durch die Väter der Mütter und Großmütter beeinflußt und nach deren Typ verändert. Im allgemeinen Typ des großrahmigen, wuchtigen Gebrauchspferdes«. Und schließlich Köhler (1949): »Immer wieder aber sind deutlich zu erkennen: Großrahmigkeit, Stärke, Robustheit und Härte.«

1975 standen lediglich noch 9 Hengste der *Alderman*-Linie auf Station. Dabei handelt es sich ausschließlich um Nachkommen aus dem *Allerhand-Athos-* und dem *Astral-Astflug*-Zweig, und zwar um 4 Söhne des 1974 aus der Zucht ausgeschiede-

Ernö, geb. 1954 v. *Astflug-Fermor I*, einer der herausragenden Typvererber nach dem 2. Weltkrieg. Seine Töchter *Ellinor, Eva* und *Erle* wurden auf der DLG-Ausstellung 1970 als eine Nachzuchtsammlung bezeichnet, »wie man sie in dieser Qualität auf einer DLG-Schau nur selten sieht«. (s. S. 94)

nen *Einglas*,* 2 Söhne von *Eindruck II*,* einen Sohn von *Ernö** sowie einen Sohn und einen Enkel von *Agram**. Die Halbbrüder *Eindruck II, Ernö* und *Ester II* haben sich durch die Erzeugung zahlreicher besonders typvoller Stuten ausgezeichnet. *Eindruck II* gehörte sogar zu den besten Typvererbern des letzten Jahrzehntes. Der noble *Eindruck II*-Sohn *Ehrenschild* hat gute Leistungspferde geliefert und der mittelgroße, sehr edle *Einblick* von dem gleichen Vater lenkt zur Zeit die züchterische Aufmerksamkeit auf sich, da er Leistungssieger seines Jahrganges war und auf der DLG-Ausstellung 1974 einen Ia-Preis erringen konnte (s. auch S. 39/41).
*Ernö** trat züchterisch in den Jahren 1970 und 1972 besonders dadurch in den Vordergrund, daß auf den DLG-Schauen dieser Jahre *Ernö*-Töchter zu höchsten Ehren kamen. Den drei aus der *Duellpoesie H 61500* gezüchteten *Ernö*-Töchtern *Ellinor, Eva* und *Erle* wurde 1970 seitens der Preisrichter bescheinigt: »Eine Nachzuchtsammlung, wie man sie in dieser Qualität auf einer DLG-Ausstellung nur selten sieht.« 1972 kämpften dann *Ellinor* und *Eva* gemeinsam um den Stutensiegerpreis der DLG-Schau, den schließlich *Eva* gewann. *Ellinor* hatte auch schon als Dreijährige auf der DLG-Ausstellung 1968 an der Spitze gestanden. Leider wurden *Ernö* und seinen Nachkommen vielfach mangelnde Reiteigenschaften nachgesagt, vermutlich als Erbteil des überwiegend im Wirtschaftstyp stehenden Vaters *Astflug*. Dabei ist *Ernö* sicherlich im Hinblick auf seine Leistungsvererbung auch ein Opfer zu starker Verallgemeinerungen geworden. Man übersah geflissentlich, daß *Fugosa,* die Mutter des *Ernö* und eine Enkelin des *Shagya XVII-12,* einmal zu den Spitzenpferden des deutschen Springsportes gehört hatte. Gerade sie hat die Typvererbung des *Ernö* offensichtlich sehr positiv beeinflußt. Warum sollte das auf die Leistung nicht zutreffen? 142 für den Turniersport eingetragene Nachkommen sind ein Beweis dafür, daß *Ernö* auch dem Sport zahlreiche durchaus brauchbare Pferde geliefert hat.
Die bei Fling gegebene Möglichkeit, aus einem Vergleich von Hengsten, die auf den Stammvater wenigstens dreifach ingezüchtet sind, den eigentlichen Familientyp zu erkennen, entfällt hier mangels Materials.
Die *Alderman-Linie* ging in Altenbruch eine so enge Verbindung mit *Feiner Kerl** ein, daß sich etwa noch vorhanden gewesene Linienunterschiede bis aufs letzte verwischen mußten. *Feiner Kerl** hinterließ in Altenbruch aus seiner von 1922 bis 1943 währenden Deckzeit 278 eingetragene Stuten, ausnahmslos braun, die wohl sämtlich einmal, wenn nicht regelmäßig, von *Almjäger** oder *Abendsport** gedeckt wurden. Umgekehrt brachten viele *Almjäger*-Töchter Fohlen von *Feiner Kerl. Almjäger* stand von 1934 bis 1952, *Abendsport** von 1939 bis 1949 in Altenbruch.

Devil's own xx-Detektiv

Stark im Auftrieb befindet sich neuerdings die *Devil's own xx- oder Detektiv**-Linie (Stammtafel S. 48), hauptsächlich durch *Duellant*,* aber auch durch *Dömitz**. 1964 wurde der *Duellant*-Sohn *Duft II** auf der DLG-Ausstellung in Hannover Siegerhengst.
Die beiden *Duft I**-Söhne *Diplomat* und *Duktus* errangen auf der DLG-Schau 1968 den Ia-Preis ihrer Klassen und gewannen ferner gemeinsam mit der Stute *Duftlore* den Familiensiegerpreis für ihren Vater *Duft I*;* 1972 war dann *Diplomat* Siegerhengst der DLG-Ausstellung; 1974 erreichte der *Duft II**-Sohn *Dirk* die gleiche hohe Auszeichnung. Der 1971 geborene *Duft II*-Sohn *Darling* wurde nicht nur in überzeugender Manier Leistungssieger

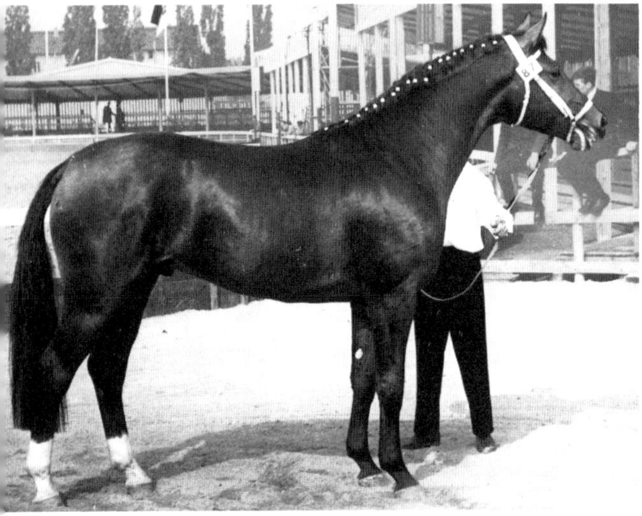

Diplomat, geb. 1963 v. *Duft I-Senator,* DLG-Ausstellung 1966 und 1968 Ia-Preis, 1972 Ia- und *Siegerpreis.* (Auf dem Bilde 3jährig.)

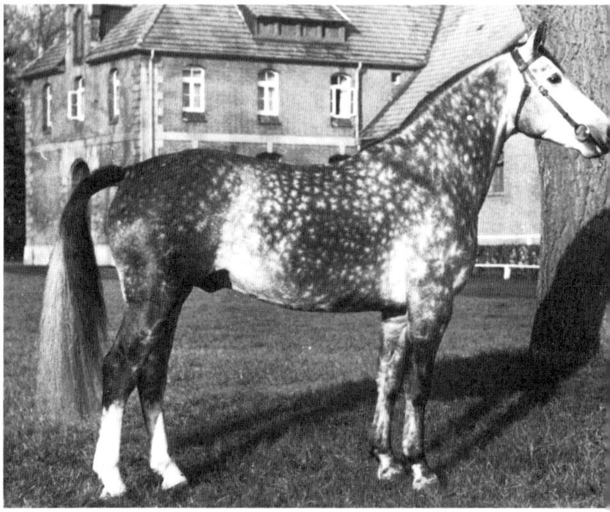

Duktus, geb. 1964 v. *Duft I-Frühsport,* DLG-Ausstellung 1968 Ia-Preis. *Diplomat* und *Duktus* erhielten zusammen mit der Stute *Duftlore* auf der DLG-Ausstellung 1968 als Hengstnachzuchtsammlung von *Duft I* den *Siegerpreis.*

in Westercelle, sondern auch nach seinem Exterieur zum besten Hengst seines Jahrganges erklärt. Diese wenigen Beispiele mögen beleuchten, daß gerade diese Linie für die hannoversche Zucht eine sehr große Bedeutung gewonnen hat. Auch auf die *Duellant*-Tochter *Duellpoesie* mit ihren 3 *Ernö*-Töchtern, einer der besten je der Öffentlichkeit vorgestellten hannoverschen Stutenfamilie, sei hier nochmals hingewiesen.

Wenn es nach der heutigen Verbreitung der Linie geht, ist *Detektiv** der eigentliche Begründer. Nicht mit Unrecht wird die Linie aber meistens nach

Duft II, geb. 1958 v. *Duellant-Gote,* Siegerhengst der DLG-Ausstellung 1964, einer der zur Zeit wirkenden guten Vererber.

Dirk, geb. 1968 v. *Duft II-Senator, Siegerhengst* der DLG-Ausstellung 1974. Ein züchterisch vielversprechender *Duft II*-Sohn.

Detektivs Urgroßvater *Devil's own xx* benannt, denn *Detektiv** war sowohl von Vater wie von Mutterseite her in vierter Generation auf *Devil's own xx* ingezüchtet. Über diesen schrieb Rau 1914, wahrscheinlich aus unmittelbarer Sicht: »*D.* war ein Vollbluthengst, der sich sehr gut vererbte. Er hat eine große Anzahl sehr leistungsfähiger Gebrauchspferde gemacht, von denen sich viele als ausdauernde Galoppierer und gute Springer in den Halbblutrennen bewährt haben. – Die Nachkommen sind als gute Remontehengste geeignet und überall am Platze, wo man etwas Glanz, Politur, hinbringen will«.

Mit 30 Vertretern in der hannoverschen Deckzeit 1975 hat diese Linie alle anderen weit überholt. *Detektiv** selbst, der 18 Jahre in Drochtersen stand, hinterließ 16 Celler Landbeschäler, von denen *Dolman** der erfolgreichste wurde. Dieser deckte 17 Jahre in Großenwörden und wurde Vater von 24 Hengsten für Hannover und 243 eingetragenen Stuten. Ein weiterer *Detektiv*-Sohn, *Denksport,* hat vorwiegend über seine Töchter nachhaltigen Einfluß gewonnen, z. B. auf den Enkel *Eindruck II* (s. S. 39/40). *Dwinger** dagegen, einer der letzten *Detektiv*-Söhne, könnte vielleicht über seinen 1957 geborenen Sohn *Diskant* die Linie noch neben dem *Dolman*-Stamm fortsetzen. *Duellant** hat sich zu dem bedeutendsten Sohn *Dolmans* entwickelt und ist heute das bekannteste Reis am Stamme der

Darling, geb. 1971 v. *Duft II-Abhang I,* bester Hengst seines Jahrgangs und Leistungssieger in Westercelle 1974. Seit 1951 bisher 3 DLG-Siegerhengste aus dem D-Blut!

Detektiv-Linie. Seine Nachkommenschaft: 14 Beschäler, 62 Staatsprämien-, 135 H- u. 2 S-Stuten. Damit nimmt er derzeit hinter *Feiner Kerl, Abendsport* und *Flügeladjutant* den vierten Platz ein.

Unter seinen Söhnen und Großsöhnen befinden sich ebenso DLG-Sieger wie ausgesprochene Leistungspferde und Aktionstraber. Alle seine Nachkommen zeichnen sich durch Härte, Halsung und Gang aus. Das manchmal etwas starke Gesicht paßt sich dem Gesamttyp gut an und wird von der meistens vorzüglichen Halsung leicht getragen. Auf die Nachkommen von *Duellant* paßt am ehesten die sehr übereinstimmende Charakterisierung, die der *Detektiv*-Linie in längeren zeitlichen Abständen gegeben wurde. So Rau 1914: »Meist sehr edle, noble Pferde mit guten Reitpferdeformen. Trocken und nervig. Geeignet, gute Reitpferde zu machen«. Stegen 1934: »Diese Linie gibt edle, trockene und muskulöse Pferde im Reitpferdtyp mit gutem Gangvermögen.« Schließlich Viergutz 1935: »Die Vertreter dieser Linie haben Ausdruck und schöne Formen, gute Muskulatur, viel Halsung, gute Vorhand, meist gute Rippe, und zeigen gute, schwungvolle Gänge.

Unter den *Duellant*-Nachkommen scheinen diejenigen die typischen Linienvertreter zu sein, die mütterlicherseits *Allerhand**-Blut führen. *Dömitz** dagegen, über seinen Vater *Dollart** ein Großsohn von *Dolman*,* ist es nicht im gleichen Maße gelungen, sich gegen die feste Mauer des auf *Fling* und *Alderman* konsolidierten Altenbrucher Blutes durchzusetzen. Seine Söhne erinnern daher weniger an *Detektiv**. Nur *Dominik** läßt noch am ehesten das Blut des Urgroßvaters durchscheinen.

Die *Detektiv*-Linie blüht heute, ja, sie wächst, und ihr Einfluß wird die hannoversche Zucht befruchten, so lange die Angehörigen der Linie deren charakteristischen Merkmale offenbaren und vererben.

Goldschaum xx-Goldammer II

Goldschaum xx (Stammtafel S. 49) ist erst durch seinen Urenkel *Goldammer II* zum Begründer einer hannoverschen Blutlinie geworden. Sie spielt seit den dreißiger Jahren in Hannover mit, ohne sich jedoch bis heute zu einer besonders prägenden Rolle durchgesetzt zu haben. 1975 standen 10 Angehörige dieser Linie auf hannoverschen Stationen, unter ihnen der *Graf*-Sohn *Grande** vielleicht als der aussichtsreichste. Aus einer *Duellant-För-*

ster-Mutter stammend, deckte *Grande* ab 1967 in seiner Heimat Landesbrück, wo er wieder auf *Duellant*-Blut stößt. Er hat bereits 6 Söhne für das Landgestüt gestellt. In der Reiterei gelten den Angehörigen dieses Stammes hohe Erwartungen, wenn sie auch im Typ, in Ausprägung von Kopf und Hals, höchsten Ansprüchen nicht immer voll gerecht werden.

Von den 16 in Hannover aufgestellten Söhnen des *Goldammer II* ragten drei heraus: der älteste, *Golfsport II,* hinterließ zwar 17 Beschäler und 252 eingetragene Töchter. Sein männlicher Stamm ist aber inzwischen erloschen. Das gleiche trifft auf *Gote** zu. Der Rappe *Goldfisch II** schließlich, der bedeutendste *Goldammer II*-Sohn, hat in zwanzigjähriger Deckzeit der Station Oberndorf das Gepräge gegeben. Alle 1975 auf Station stehenden Hengste dieser Linie gehen auf den *Goldfisch II*-Stamm zurück, der auch leistungsmäßig besondere Beachtung verdient. Vor allem hat sich der heute 26jährige *Gotthard,* der seit 1962 auf der alten Deckstelle Hänigsen deckt, als Produzent hervorragender Springpferde ausgezeichnet. Der große Wert dieses Hengstes, der wie *Agram* aus einer *Amateur I*-Tochter gezogen ist, wurde leider erst in den letzten Jahren richtig erkannt. Das etwas ausdruckslose Vorderbein und der mehr dem Wagenpferdtyp entsprechende Ausdruck ließen diesen heute sehr gefragten Beschäler zunächst weniger begehrenswert erscheinen. Erst mit zunehmendem Alter wuchs er in das typmäßig überzeugende äußere Erscheinungsbild herein. Hoffentlich gelingt es, noch einige geeignete Söhne von ihm für das Landgestüt ausfindig zu machen. Daneben ist noch auf den DLG-Sieger *Goldfalk** hinzuweisen, der als der geschmackvollste *Goldfisch II*-Sohn galt und in 25jähriger Zuchtbenutzung 4 Beschäler, 30 Staatsprämien-, 82 H-, 18 S- und 11 V-Stuten gezeugt hat.

Dreimal Landbeschäler *Gotthard,* geb. 1949 v. *Goldfisch II-Amateur I,* Vater zahlreicher guter Springpferde, Gewinnsumme der Nachkommen bisher 440 127,– DM.
Oben: Zweieinhalbjährig auf der Körung, noch fohlenhaft wirkend. – Mitte: Siebenjährig, mehr Wagenpferdtyp. – Unten: Zwanzigjährig, heute angestrebter vielseitiger Leistungstyp.
Zu beachten sind neben dem Typwandel die Veränderungen in der Halsformation, der Schulter- und Widerristpartie sowie der Kruppenausprägung.

Die Hippologen erwähnen kaum besonders hervorstechende Merkmale der *Goldschaum xx*-Linie. Rau konnte sich aus eigener Anschauung 1914 dazu noch nicht äußern. Stegen 1934: »Die Pferde dieser Linie sind edel, ausgeglichen und haben meist ein gutes Gangwerk. Der Körperbau ist je nach dem zugeführten Blut leicht und schwer.« Viergutz 1939: »Großrahmige, ausdrucksvolle, harmonische Wirtschafts- und Heerespferde. Vererbung: Allgemein breite, geschlossene Pferde mit dem Ausdruck großer Leichtfuttrigkeit und mit meist gutem Gang.« Schließlich Köhler (1949): »Die Kaliberstärke und die Trockenheit der Struktur, die den großrahmigen und schönen Vertretern dieser Gruppe eigen ist, läßt die Erhaltung solcher Werte auch gerade in männlicher Folge nicht nur wünschenswert, sondern geradezu notwendig erscheinen.« Von einer typischen oder familiengleichen Vererbung der *Goldammer II*-Nachzucht in zweiter-dritter Generation kann kaum die Rede sein. Immerhin sind die jetzigen Vertreter dieser Linie Hengste, die gute Zucht- und Leistungspferde liefern; es sind vornehmlich sogenannte Erhalterhengste. Indessen ist etwas an den Vertretern dieser Linie übereinstimmend und auffallend: ihre lange Lebenskraft und Zuchttauglichkeit. *Goldammer II* selbst wurde 20 Jahre alt, seine Söhne *Golfsport* und *Goldfisch II** 22 bzw. 23 Jahre; die *Goldfisch II-Söhne* *Goldfalk** 27 Jahre und *Gouverneur** 25 Jahre. Deren Bruder *Goldmann** wurde 22 Jahre alt. Es wäre schon ein Verdienst dieser Linie, würde sie die Lebensdauer und Zuchtfähigkeit auch den weiteren Generationen mitgeben. Andererseits hätte ihr gerade die lange Zuchtbenutzung Gelegenheit geben müssen, mehr männliche Nachzucht für Celle zur Verfügung zu stellen.

Junge hannoversche Hengstlinien ostpreußischen Ursprungs

Semper idem-Senator

In jüngster Zeit, seit Beginn der fünfziger Jahre, haben die Trakehner *Semper idem* und *Abglanz* in Hannover Hengstfamilien aufgebaut, aus denen voraussichtlich wirkliche Blutlinien entstehen werden.

Semper idem (Stammtafel S. 50) führt als *Dampfroß*-Sohn bewährtestes ostpreußisches Blut. Für Hannover lieferte er infolge geringer Benutzung trotz sechsjähriger Deckzeit auf der guten Station Drochtersen wenig eingetragene Nachzucht. Von seinen beiden gekörten Söhnen hat sich *Senator**, mütterlicherseits aus bestem *Drochterser* Stamm kommend, in 20jähriger Zuchtbenutzung, vor allem in Altenbruch, hervorragend vererbt. *Senator* wurde bereits 3jährig züchterisch mit begrenzter Stutenzahl eingesetzt. Der Erfolg war durchschlagend. Von 7 im Jahre 1955 gefallenen Hengstfohlen wurden 6 Landbeschäler (5 in Celle und 1 in Warendorf)! Das war als eine einmalige züchterische Leistung anzusehen. *Sellhorn* und *Sender** waren auf der Verdener Hengstkörung 1957 die beiden Spitzenhengste. Es ist sicherlich auch kein Zufall, daß die beiden DLG-Siegerhengste *Diplomat* und *Dirk* aus *Senator*-Töchtern gezogen sind. Auch der geschmackvolle *Poet xx*-Sohn *Partisan* stammt aus einer *Senator*-Tochter. Was man durch die Benutzung ostpreußischer Beschäler bezweckt: Veredelung in Ausdruck und Vervollkommnung im Körper, das hat *Senator* gebracht. Die Erfolge seiner Nachzucht sprechen für ihn: Zwei *Senator*-Töchter von Kamps, Lüdingworth, errangen zusammen mit ihrer Mutter *Domelfe,* einer *Dömitz*-Tochter, auf der DLG-Schau 1964 in Hannover den Siegerpreis der Stutensammlungen, und 1966 gewann die Nachzuchtsammlung des *Senator*-Sohnes *Sender** auf der DLG-Schau in Frankfurt ebenfalls den Ia-Preis. *Sender* ist auch derjenige *Senator*-Sohn, der sich über bisher sechs Söhne und drei Enkel am erfolgreichsten fortzusetzen scheint. Er vererbt durchschlagend seinen etwas leichten, langen Hals und die auffallende Bewegungsmechanik seiner Vorhand. Der *Senator*-Sohn *Sesam** hat bis 1975 drei Söhne und einen Enkel für die Zucht gestellt. Hervorragend in seinem Hengstausdruck und seinen Bewegungen, sehr korrekt im Fundament, gut behalst, ist *Sesam* leider etwas klein. Sein Sohn *Servus,* der wie der Vater in Westercelle Leistungsbester war, liefert ansprechende Reitpferde. Sehr zu bedauern ist, daß der *Senator*-Sohn *Senat* schon nach 4jähriger Deckzeit eingegangen ist. Seinen Nachkommen galten in der Reiterei einige Hoffnungen. *Sellhorn* ist der Vater der bekannten Springpferde *Sir* und *Sperber*. Der *Senat*-Sohn *Salvador* gehört zu den Großen des internationalen Springsportes (s. S. 87/88). Alle für die hannoversche Zucht gegenwärtig bedeutenden *Senator*-Söhne

Senator, geb. 1951 v. *Semper idem-Alljeder,* erwies sich besonders auf der Deckstelle Altenbruch als ein höchst wertvoller Vererber.

Sender, geb. 1955 v. *Senator-Abendsport,* der züchterisch am besten eingeschlagene *Senator*-Sohn. Seine Töchter *Sennermädel, Sendernorne* und *Senorita* erhielten als Nachzuchtsammlung auf der DLG-Ausstellung 1966 einen Ia-Preis.

Saloniki, geb. 1963 v. *Sender-Wohlauf,* einer der geschmackvollsten Sender-Söhne.

Salto, geb. 1969 v. *Saloniki-Wulf,* ehrliches und vielseitiges Reitpferd, dem auf der Deckstelle Hohnstorf zur weiteren Typverbesserung der Zucht einige Erwartungen gelten.

haben *Abendsport-Mütter,* und *Abendsport** ist auch wieder Vater von *Alljeder,* dem Großvater von *Senator* mütterlicherseits. Das damit in den Ahnentafeln dieser Hengste gehäuft auftretende Abendsportblut hat die Geschmeidigkeit in dem Bewegungsablauf nicht immer günstig beeinflußt (s. *Abendsport* u. *Alkoven* S. 62). Angesichts der vorstehend aufgeführten Beispiele plötzlichen oder unerwarteten Erlöschens bis dahin bewährter Blutlinien ist es aber heute noch zu früh, über die Weiterentwicklung dieser Blutlinie Endgültiges zu sagen. Immerhin dürfte eine Auflockerung des Blutbildes, wie es sich bei den *Sesam-* und teilweise auch bei den *Sender*-Söhnen angebahnt hat, der Erhaltung der Linie nur nützlich sein. Immerhin ist interessant, daß die 12 inzwischen wieder aus-

geschiedenen Beschäler dieser Linie nur eine durchschnittliche Nutzungsdauer von etwa 7 Jahren erzielt haben, während bei den anderen Linien diese Zahl zwischen 11 und 16 Zuchtjahren schwankt (s. S. 76).

Abglanz

Auch über die hannoversche Familie des Trakehners *Abglanz** (Stammtafel S. 51) v. *Termit-Poseidon* läßt sich noch nichts Abschließendes sagen. *Abglanz* war nach hannoverschen Begriffen einer der besten Ostpreußen, soweit sie nach Hannover kamen, hervorragend in Form und Bewegung, durchschlagend in seiner Typvererbung. Wie aus der Übersicht S. 41 hervorgeht, hat diese Linie inzwischen zahlenmäßig für die hannoversche Zucht eine ziemlich große Bedeutung erlangt. Sieben Söhne, neun Großsöhne und vier Urgroßsöhne standen 1975 auf Celler Deckstationen. *Abglanz* hat seine Erfolge besonders während seiner elfjährigen Deckzeit in Jork durch die Erzeugung seiner Söhne *Abhang I*, II, III* und *Artur* erzielt. *Artur* stammt aus einer Vollschwester der *Abhang*-Mutter. Sie war eine Tochter des *Abendsport*-Sohnes *Aktionär I**. Also auch in diesem wichtigsten *Abglanz*-Stamm die Verbindung mit *Abendsport! Zukunft,* das bekannte Springpferd Schockemöhles, war eine Vollschwester zu *Abhang*. In Badbergen, wo *Abhang I* von 1957–1971 deckte, hat sich die Verbindung mit *Flügeladjutant**-Töchtern gut bewährt! Aus solcher Blutverbindung stammen die *Abhang I*-Söhne *Abdulla*, Aberwitz I* u. *II* sowie *Alexander,* von denen *Abdulla* zweifellos am besten den angestrebten Veredelungstyp verkörperte. Er hat infolgedessen in Cappelstrich sehr zur Verbesserung des Types der dortigen Stutenstämme beigetragen. Auch *Abhang II* hat zahlreiche recht typvolle mittelrahmige Stuten erzeugt, die sich häufig als zuchtsichere Mutterstuten erweisen. Eine herausragende Vertreterin ist *Angelina* aus der *Falkenburg*-Familie (s. S. 89/90), die 1974 auf der DLG-Ausstellung in Frankfurt einen Ia-Preis und die Felix-Hoesch-Medaille als fruchtbarste Stute der Schau errang. *Abhang I** hat bisher die meisten eingetragenen Töchter (43 Staatsprämienstuten, 93 H-, 13 S- u. 20 V-Stuten) aufzuweisen vor *Abhang II* (16 Staatsprämienstuten, 84 H-, 5 S- u. 8 V-Stuten). Diese beiden Vollbrüder werden zur Zeit in ihrer züchterischen Bedeutung aber noch übertroffen durch den aus einer *Landeck*-Tochter gezogenen *Absatz**, der seit 1964 auf seiner Deckstelle in Otersen hervorragend eingeschlagen und den Typ seines Vaters, dem er im Ausdruck sehr ähnelt, am klarsten mitgegeben hat. Er hat neben den 3 zum Celler Beschälerbestand gehörigen besonders typvollen Söhnen *Argentan, Arsenik* und *Aderlaß* bisher schon 24 Staatsprämienstuten, 83 H-, 4 S- u. 2 V-Stuten geliefert. Bemerkenswert ist in diesem Zusammenhang, daß der erwähnte Großvater *Landeck* aus der gleichen Mutter stammt wie der ausgezeichnete Vererber *Flügeladjutant.* Der aus der *Wohlan*-Tochter *Worms,* der Reservesiegerin der DLG-Schau 1968, stammende *Argentan* imponiert durch seinen Adel und konnte auf der DLG-Ausstellung 1972 einen Ia-Preis erringen. *Arsenik,* der Leistungssieger in Westercelle im Jahre 1967, stammt aus der gleichfalls auf DLG-Schauen hochprämierten *Sender*-Tochter *Sennermädel* und führt somit beiderseits in seiner Ahnentafel ostpreußisches Blut, was auch in seinem mit einem langlinigen Modell verbundenen noblen Typ zum Ausdruck kommt. Leider erscheint der Rücken bei ihm etwas fest und die Bewegungsmechanik ein wenig durch die Mutter beeinflußt. Er gehörte in den letzten Jahren zu den am meisten benutzten Hengsten. *Aderlaß* war Bester auf der Körung 1966.

Archimedes, geb. 1963 v. *Abglanz-Wedel,* hochveranlagter Leistungshengst aus dem Veredelungsblut unter Obersattelmeister Lopp.

Absatz, geb. 1960 v. *Abglanz-Landeck,* ein besonders herausragender Beschäler zur Typverbesserung.

Argentan, geb. 1967 v. *Absatz-Wohlan,* DLG-Ausstellung 1972 Ia-Preis. Seine mit großem Gangvermögen ausgestattete Mutter *Worms,* mütterlicherseits eine *Lateran*-Enkelin, wurde auf der DLG-Ausstellung 1968 *Reservesiegerstute.*

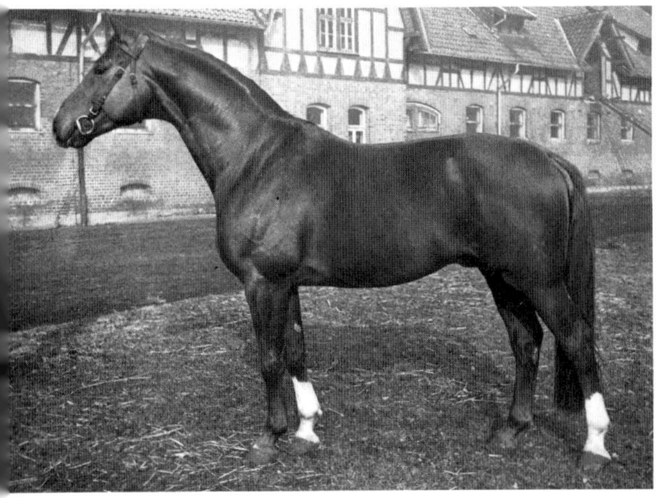

Arsenik, geb. 1967 v. *Absatz-Sender,* einer der zur Zeit am meisten benutzten edlen Hengste. Seine Mutter ist die DLG-Stute *Sennermädel* (1966 Ia-Preis).

Von den beiden letzten in die Zucht eingestellten *Abglanz*-Söhnen *Akrobat* und *Archimedes** ist dem letztgenannten in der Leistungsprüfung eine reiterliche Eignung für höchste Ansprüche bescheinigt worden. Seit 1967 produziert er auf der Deckstelle in Splietau recht geschmackvolle Fohlen, über deren Bewährung im Sport aber noch keine Aussage möglich ist. *Absatz* und *Archimedes** stehen in der Spitzengruppe der Hengste, die in den letzten Jahren die meisten mit Ia-Preisen ausgezeichneten Stuten auf den Stutenschauen gestellt haben. Unter den von Abhang I stammenden Abglanz-Enkeln ist noch besonders auf die 3 aus der gleichen Blutverbindung hervorgegangenen 7/8 Brüder *Abdulla, Aberwitz II* und *Alexander* hinzuweisen, von denen besonders der Erstgenannte sich als ein hervorragender Typvererber erwiesen hat. In diesem Blutlinienzweig ist interessant, daß der von *Abglanz* eingeleitete Veredelungseffekt am stärksten bis zu dem aus einer *Goldmann*-Tochter gezogenen *Abdulla*-Sohn *Argus* durchgeschlagen ist, während das bei dem gleichaltrigen Halbbruder *Abermals* nicht der Fall war. *Argus* ist einer der Hengste, die besonders noble und trockene Stuten erzeugen. Auf sein Konto gingen in den letzten 4 Jahren prozentual die meisten mit Ia-Preisen bewerteten Stuten. Für die Zucht ist sehr bedauerlich, daß der durchaus typvolle *Argus*-Sohn *Adular,* der beste Hengst seines Jahrganges, bereits nach einjähriger Zuchtbenutzung eingegangen ist. Hoffentlich gelingt es über den Rappen *Abseits,* der 1973 auf der Station Landesbergen die Nachfolgeschaft seines Vaters

Argus, geb. 1964 v. *Abdulla-Goldmann.* Dieser *Abglanz*-Urenkel gehört zur Zeit zu den besten Typvererbern in der hannoverschen Zucht.

Aberwitz II angetreten hat, auch diesem Zweig noch eine Geltung zu verschaffen. Offenbar mit starker Individualpotenz ausgestattet, hat *Abglanz* seinen Nachkommen durchweg schöne, ausdrucksvolle Gesichter und gute Bewegungen mitgegeben. Vereinzelt sind die Füchse etwas stumpf und hell in der Farbe; häufig bleiben die Nachkommen auch etwas klein. Wenn sich in weiteren Generationen diese Mängel verlieren, dafür aber die unbestreitbaren Vorzüge erhalten, dürfte sich *Abglanz* als ein wirklicher Gewinn für die hannoversche Zucht erweisen, der den Erfolgen der *Semper-idem*-Familie keineswegs nachsteht.

Lateran

Neben den beiden bisher behandelten ostpreußischen Linien muß aber auch noch der Stamm erwähnt werden, der von dem 1942 geborenen Trakehner *Lateran* v. *Helikon-Fetysz ox-Cancara,* einem mittelgroßen, aber typvollen Schimmel mit deutlichen Merkmalen des auf der mütterlichen Seite vorhandenen arabischen Blutes ausgeht. Sein aus Polen stammender Großvater mütterlicherseits war bekanntlich dazu ausersehen worden, in Trakehnen den Einfluß arabischen Blutes neu zu beleben. Auch *Lateran* hat in der hannoverschen Zucht teilweise in der gleichen Richtung gewirkt. Er hat in 21jähriger Decktätigkeit 5 Beschäler sowie 9 Staatsprämienstuten, 107 H-, 12 S- und 7 V-Stuten hinterlassen. Von seinen Söhnen hat bisher vor allem *Lasso* einige Bedeutung erlangt. Leider hat *Lasso* selbst kein arabisches Gesicht aufzuweisen. Das gleiche ist meist auch bei seinen Nachkommen zu bemerken, die teilweise auch reiterlich einer besonderen Förderung bedürfen. 4 Söhne – *Landrat, Landsknecht, Lakai* und *Lambert* – deckten 1975. Neben *Lasso* scheint sich z. Z. der in Hunnesrück aufgewachsene *Lateran*-Sohn *Lachs,* der aus einer *Goldfisch II*-Tochter stammt, mehr

Lateran, geb. Trakehnen 1942 v. *Helikon-Fetysz ox,* konnte neben *Semper idem* und *Abglanz* ebenfalls in der hannoverschen Zucht einen eigenen Stamm begründen.

Lasso, geb. 1961 v. *Lateran-Faruk,* von den *Lateran*-Söhnen bisher züchterisch am besten eingeschlagen.

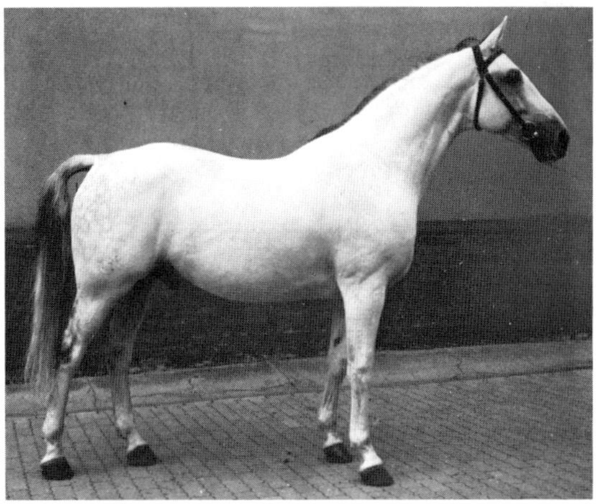

und mehr Beachtung zu erwerben. Er ähnelt in Typ und Vererbung offenbar am meisten seinem Vater und hat aus Stuten mit genügend Rahmen schon recht vielversprechende Töchter gezeugt. Ob diese Linie sich durchzusetzen vermag, muß abgewartet werden.
Aus ostpreußischem Blut hat 1975 weiterhin noch gedeckt der *Cyklon*-Sohn *Cid,* der ehemalige Leistungssieger seines Jahrgangs, ein Hengst, der seinen guten Typ in der Regel mitzugeben pflegt.

Junge hannoversche Hengstlinien mit Vollblutursprung

Wie schon an anderer Stelle hervorgehoben wurde, sind nach dem Zweiten Weltkriege in erhöhtem Maße auch Vollbluthengste mit dem Zweck eingesetzt worden, im Hannoveraner all jene Faktoren noch stärker zur Geltung zu bringen, welche die für ein modernes Reitpferd notwendigen Merkmale besonders prägen. Eine durchaus unterschiedliche Bewährung dieser Hengste war vorauszusehen. Es finden hier nur die Vollblüter und mit den bisher erreichten Stammtafeln Erwähnung, von denen bereits Enkel in die Zucht eingereiht sind.

Adlerschild xx

Einer der ersten in Celle nach dem Kriege aufgestellten Vollbluthengste war der hervorragend gezogene *Graditzer-Ferro xx*-Sohn *Adlerschild xx,* der 1949 bis 1963 in 14jähriger Zuchtbenutzung neben einer Anzahl hochwertiger Stuten 6 Beschäler geliefert hat, von denen 1975 noch 5 in der Zucht standen. Recht gut eingeschlagen hat *Adlerfarn II,* der seit 1964 in Sudweyhe deckt und in den dort vorhandenen Stuten von *Eindruck II, Ernö* und *Ceylon* eine gute Zuchtgrundlage besitzt. Er hat von allen *Adlerschild*-Nachkommen bisher die meisten eingetragenen Töchter aufzuweisen. Sein aus einer *Ceylon*-Tochter gezogener und besonders typvoller Sohn *Adlerflügel* gehört zu den Hengsten, die bisher in Ostfriesland dazu berufen waren, die dort notwendige Umzüchtung erfolgreich zu bestreiten. Leider ist er in seinem Gangvermögen, vermutlich durch eine Erkrankung, beeinträchtigt. Mit dem *Adlerfarn II*-Sohn *Aperitif* hat 1974 ein besonders ausdrucksvoller Beschäler, mit *Ceylon*- und *Ernö*-Blut mütterlicherseits erstmalig

Adlerfarn II, geb. 1960 v. *Adlerschild xx-Anfeinder,* tritt züchterisch immer mehr in den Vordergrund.

eine Deckstelle in Bawinkel bezogen. Der zu *Adlerfarn II* gleichaltrige Halbbruder *Altenwalde* hat auf seiner ersten Station Neuenfelde neben *Widerhall* zahlreiche gute Stuten geschaffen. Die *Adlerschild*-Nachkommen verfügen in der Regel über genügend Trockenheit und befriedigende Leistungen. Sie weisen meist nur bei entsprechender Zuchtunterlage den gewünschten Vollblutadel auf.

Der Löwe xx

Dieser 1944 geborene Röttgener *Wahnfried-Herold*-Sohn hat bisher von allen nach dem Zweiten Weltkrieg eingestellten Vollbluthengsten für die hannoversche Zucht die größte Bedeutung erlangt, weil er neben guten Zuchtprodukten innerhalb des deutschen Bundesgebietes ferner eine große Anzahl hervorragender Leistungspferde geliefert hat. Zunächst schlugen diesem mittelrahmigen, recht harmonischen und in seinen Exterieureigenschaften gut pointierten Hengst keine besonderen Sympathien entgegen, weil einzelne Nachkommen sich in ihrer reiterlichen Handhabung nicht als einfach erwiesen. Aber wie so häufig im Leben mit einer betonten Eigenwilligkeit auch durchaus ein durchschlagender Leistungserfolg verbunden sein kann, so war es auch bei den Nachkommen von *Der Löwe.* Mehr und mehr setzten sie sich durch und fanden großes Interesse.
Liostro 2 (Dressur) und *Der Lord* (Springen) sind nur zwei der zahlreichen, besonders herausragenden Namen.

In 23jähriger Zuchtbenutzung beträgt seine züchterische Erfolgsquote: 3 Beschäler, 19 Staatsprämienstuten, 122 H-, 11 S- und 4 V-Stuten. 10 männliche Nachkommen (3 Söhne, 5 Enkel und 2 Urenkel) standen 1975 auf Station. Die beiden Vollbrüder *Lugano I* und *Lugano II* sind gelungene Kombinationstypen zwischen dem Vollblüter und dem Hannoveraner, wobei *Lugano I* in seinem Erscheinungsbild etwas stärker zum Vollbluttyp und *Lugano II* ein wenig mehr zum hannoverschen Typ neigt.

Der vier Jahre ältere *Lugano I* war in der Zucht bisher noch erfolgreicher als sein Bruder. Neben 5 Beschälern hat er in 14jähriger Deckzeit auf der Station Nesse 32 Staatsprämienstuten, 147 H-, 6 S- und 10 V-Stuten sowie die sehr beachtliche Zahl von 196 eingetragenen Turnierpferden gestellt. Und *Lugano II* hat es bisher auf einen Beschäler, 9 Staatsprämienstuten, 98 H-, 2 S- und 7 V-Stuten sowie 139 eingetragene Turnierpferde gebracht. Seit 1972 hat *Lugano I* auf der alten Deckstelle Altenbruch mit ihren gefestigten Stutenstämmen eine neue züchterische Chance erhalten, nachdem er in den letzten Jahren schon in die Gruppe der Hengste einzureihen war, die bei den hannoverschen Stutenschauen die meisten prämierten Stuten aufzuweisen hatten. Von seinen Söhnen ist bisher *Lukas* der bei weitem erfolgreichste. Dieser aus einer *Dwinger*-Tochter gezogene Fuchs entspricht in seinem geschmackvollen Äußeren nicht nur selbst dem heute gewünschten Reitpferdetyp, sondern erfüllt auch in seiner Vererbung hohe Ansprüche. Seit Jahren steht er unter den Hengsten, die auf den Stutenschauen die meisten mit Ia-Preisen ausgezeichneten Stuten gestellt haben. Auf der früheren braunschweigischen Deckstelle Theding-

Der Löwe xx, geb. 1944 v. *Wahnfried xx-Herold xx.* Dieser Vollblüter hat nicht nur einen eigenen Stamm in der hannoverschen Zucht begründet, sondern wurde auch zu einem bedeutenden Leistungsvererber. Gewinnsumme seiner Nachkommen bisher 509 360,– DM. (Dritter hinter *Ferdinand* u. *Agram)*

Lugano I, geb. 1954 v. *Der Löwe xx-Albaner.* Einer der markanten Vollblutsöhne in der hannoverschen Zucht.

Lukas, geb. 1962 v. *Lugano I-Dwinger,* erwies sich auf der Deckstelle Thedinghausen als ein erfolgreicher Typvererber.

hausen hat er sich seit 1966 als ein sehr gleichmäßiger Typvererber erwiesen. Allerdings wünschte man den Nachkommen, die vielfach aus *Seneka*-Töchtern gezogen sind, teilweise etwas mehr Bedeutung. Aber Stuten dieser Sorte sind häufig eine geeignete züchterische Eingangspforte für andere Hengste. Von *Lugano II* gelten dem einzigen Sohn *Lombard,* der seit 1973 in Ihlienworth deckt und wie *Absatz* aus einer *Landeck*-Tochter stammt, einige züchterische Erwartungen. *Lugano I* und *Lugano II* waren in ihrem Jahrgang in Westercelle Beste in der Leistung. Hoffentlich gelingt es über die genannten Hengste, die Linie nachhaltig zu festigen.

Marcio xx

Der Waldfrieder *Marcio xx* hat sich in 13jähriger züchterischer Tätigkeit in der Züchter- und Reiterwelt einige Sympathien erworben, vor allem durch die gute Umgänglichkeit der Nachkommen. Es ist daher kein Wunder, daß er mit der Anzahl der eingetragenen Turnierpferde im Bundesgebiet einige Jahre an der Spitze gestanden hat. 9 männliche Nachkommen hatten 1975 eine Deckstelle bezogen, darunter der älteste Sohn, der aus einer *Duellant*-Tochter gezogene *Marconi,* der Leistungssieger des Jahres 1960 in Westercelle. Er deckt seit 1961 in Cappel-Strich und hat dort neben *Abdulla* zweifellos zur Veredelung der etwas zur Derbheit neigenden Stuten beigetragen. 5 Beschäler, 20 Staatsprämienstuten, 99 H-, 5 S- und 6 V-Stuten, ferner 185 eingetragene Turnierpferde stellen seine bisherige Zuchtbilanz dar. Sein Dreiviertel-Bruder *Marmor,* gleichfalls Leistungssieger seines Jahrgangs, bewährt sich seit 1966 gut auf der Station in Ihlienworth. *Monaco* hat sich in Ostfriesland als ein guter Vererber hervorgetan. Bisher ist aber *Marconi* der einzige *Marcio*-Sohn mit männlichen Nachkommen im Beschälerbestand. Vier Söhne von ihm haben 1975 gedeckt. Von diesen war *Monolith,* der seit 1969 auf der bekannten Deckstelle Hohnstorf wirkt, 1968 Leistungssieger seines Jahrgangs. Besonders schmerzlich war es für das Zuchtgebiet, daß 1974 der aus einer *Lugano I*-Tochter stammende, besonders typvolle *Marconi*-Sohn *Matador* eingegangen ist. Er war in den letzten Jahren der Hengst, der mit die meisten Stuten gedeckt hatte. Für die Deckstelle Luhmühlen war das zweifellos ein großer Verlust. Der Typ dieses recht wertvoll erscheinenden langlinigen Hengstes, der das Blut der beiden bewährten Vollblüter *Marcio* und *Der Löwe* führte, war fraglos von *Lugano I* wesentlich beeinflußt. Die *Marconi*-Nachkommen besitzen im allgemeinen bei mittlerem Rahmen eine gute reiterliche Eignung. Die Köpfe lassen leider manchmal den Vollbluteinfluß nicht genügend erkennen. Auch in diesem Falle müssen die nächsten Jahre über das weitere Schicksal dieser Linie

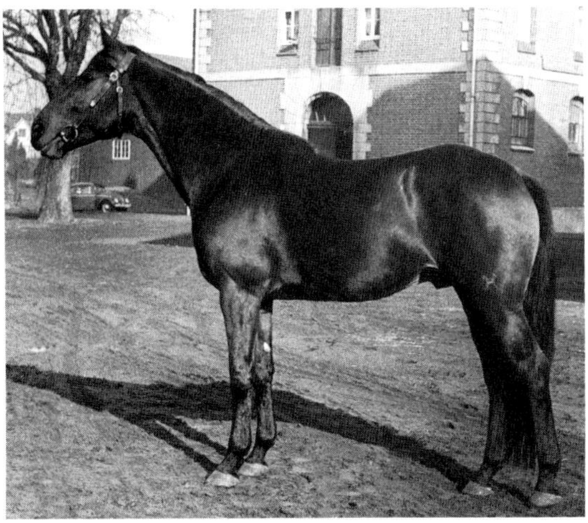

Marconi, geb. 1957 v. *Marcio xx-Duellant,* Leistungssieger seines Jahrgangs in Westercelle, beliebt auch wegen des guten Temperaments seiner Nachkommen.

Steinpilz xx, geb. 1950 v. *Blasius xx-Janitor xx* hat neben guten Stuten auch vier Beschäler für die hannoversche Zucht geliefert.

Steppenwolf, geb. 1965 v. *Steinpilz xx-Wolfgang* stellte bereits mehrere gekörte Söhne.

Waidmannsdank xx, geb. 1959 v. *Neckar xx-Alchimist xx. 3jährig* auf der Rennbahn. (Vollbruder des Derby-Siegers *Wilderer* und des hervorragenden Rennpferdes *Waidmann.)* Dieser als letztes Fohlen aus der berühmten Vererberin *Waldrun* ohne Muttermilch aufgezogene Beschäler hat bereits 8 gekörte Söhne aufzuweisen, darunter 2 Landbeschäler für Celle: *Waldhorn* und *Waldmeister;* liefert etwas spätreife, aber beliebte Reitpferde.

entscheiden. Es muß damit gerechnet werden, daß auch einige andere Vollbluthengste noch neue Stämme schaffen. 1975 standen auf Station von dem Harzburger *Blasius xx*-Sohn *Steinpilz* 4 Söhne: *Steinbock, Steinhäger, Steppenwolf* und *Steinklee,* von dem Waldfrieder *Gundomar xx*-Sohn *Maigraf,* einem Halbbruder von *Marcio,* 4 Söhne: *Mozart, Madras, Maikater I* und *Maikater II,* von dem Zoppenbroicher *Nizam xx*-Sohn *Sudan* 4 Söhne: *Saluto, Südwind, Sansibar* und *Smaragd,* von dem Mydlinghovener *Abendfrieden xx*-Sohn *Pik As,* der erst in seinen letzten Zuchtjahren einige gekörte Nachkommen lieferte, 3 Söhne: *Pik Junge, Pik König* und *Pikör,* von seinem Vollbruder *Perser* 3 Söhne: *Perfekt I, Perfekt II* und *Presto,* von dem Ravensberger *Neckar xx*-Sohn *Waidmannsdank,* dem letzten Fohlen der bekannten Vererberin *Waldrun,* 3 Söhne: *Waldhorn, Waldmeister* und *Westwind,* von dem Graditzer *Janitor xx*-Sohn Poet 2 Söhne: *Pokal* und *Partisan,* von dem Ravensberger *Birkhahn xx*-Sohn *Wiesenbaum* 2 Söhne: *Wittelsbach* und *Wapiti,* von dem Schlenderhahner *Magnat xx*-Sohn *Jonkheer* 1 Sohn: *Joahim* und ein Enkel *Jonas,* von dem in Werne gezogenen *Waldspecht xx* ein Sohn: *Waldfrieden,* von dem Battyany'schen *Novum* 1 Sohn: *Nomade,* von dem Waldfrieder *Traumgeist* 1 Sohn: *Traunstein* und von dem in Ankum aufgestellten Privatbeschäler *Cardinal* ein Sohn: *Cavalier.*

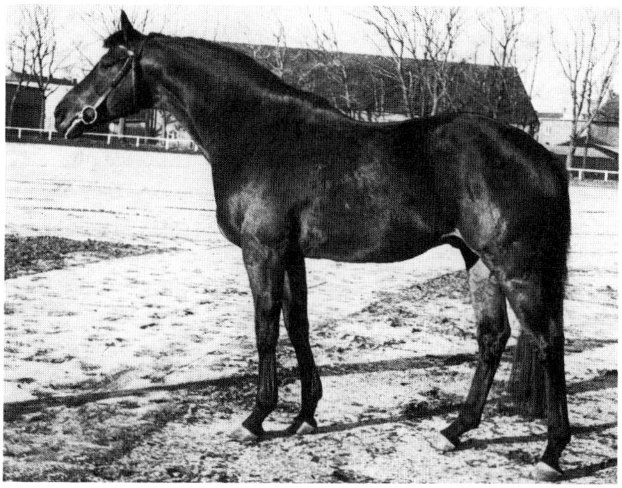

Wiesenbaum xx, geb. 1963 v. *Birkhahn xx-Neckar xx.* Dieser seit 1970 züchterisch eingesetzte noble *Birkhahn*-Sohn lieferte bereits 2 Celler Landbeschäler.

Nutzungsdauer der Hengste

Interessant ist ein Überblick über die Länge der Nutzung der einzelnen Hengste. Insgesamt weisen 192 in den Blutlinientafeln erwähnte und bereits ausgeschiedene Hengste eine durchschnittliche Nutzungsdauer von 12,2 Jahren auf. Es bestehen folgende Schwankungen zwischen den Linien: *Flick*-Linie 59 Hengste 14,3 Jahre, *Adeptus xx*-Linie 46 Hengste 13,7 Jahre, *Goldschaum xx*-Linie 13 Hengste 16,3 Jahre, *Devils own xx (Detektiv)*-Linie 24 Hengste 14,6 Jahre, *Semper idem*-Linie 12 Hengste 7,1 Jahre und *Abglanz*-Linie 12 Hengste 9,1 Jahre. Die auffallende Tatsache, daß die Nutzungsdauer der Hengste des *Semper idem*-Blutes am kürzesten ist, gibt vielleicht einen Hinweis darauf, daß zeitweise gewisse Vorbehalte gegen deren Leistungsbewährung gemacht wurden und infolgedessen einige Bedenken gegen den weiteren züchterischen Einsatz dieser Hengste aufkamen. Wie schon an anderer Stelle (s. S. 68) hervorgehoben wurde, traf das aber meist nur unter bestimmten Voraussetzungen zu und kann keineswegs verallgemeinert werden. Leider neigt die Reiterwelt und demzufolge auch die Züchterschaft manchmal dazu, ungünstige Einzelerfahrungen in eine globale Ablehnung umzumünzen, ohne vorher den züchterischen Ursachen genügend nachgegangen zu sein.

Die längste Nutzungsdauer innerhalb der hannoverschen Zucht hatten – abgesehen von den beiden Hengsten *Khelius* und *Schwabe* (je 27 Jahre), die nicht mehr in den für die heutige Zeit gültigen Blutlinientafeln enthalten sind – der *Feiner Kerl*-Sohn *Fernjäger* und der *Futurist I*-Sohn *Frustra II* mit einer 26jährigen Zuchtbenutzung. *Fernjäger* hat in Bützfleth, Landesbrück und Handorf 11 Beschäler, 31 Staatsprämienstuten, 160 H-, 4 S- und 5 V-Stuten sowie 149 eingetragene Turnierpferde mit einer Gewinnsumme von 152 730 DM (bis 1974) erzeugt. Die entsprechenden Zahlen für *Frustra II* (Achim, Landesbrück und Großenwörden) betragen: 2 Beschäler, 29 Staatsprämien-, 146 H-, 14 S- und 4 V-Stuten, 140 eingetragene Turnierpferde mit einer Gewinnsumme von 167 406 DM (bisher). – Diesen beiden Hengsten folgt der *Goldfisch II*-Sohn *Goldfalk* mit 25 Zuchtjahren, ein Angehöriger des langlebigen *Goldammer II*-Stammes. – Ihm schließt sich dann der durch seine gute Leistungsvererbung zur Zeit an der Spitze der hannoverschen Zucht stehende *Ferrara*-Sohn und damit *Feiner Kerl*-Urenkel *Ferdinand* mit 24 Zuchtjahren an. Wertet man hier jedoch zusätzlich, daß dieser herausragende Beschäler nach seinem Ausscheiden aus dem Landgestüt Celle noch $2^1/_2$ Jahre in Piber (Österreich) züchterisch gewirkt hat und dort innerhalb seines dritten Nutzungsjahres ausgeschieden ist, dann gehört er auch in dieser kurzen Übersicht mit nahezu 27 Zuchtjahren eigentlich an die Spitze. Er produzierte auf den Stationen Landesbrück, Frankenburg und Baljerdorf 5 Landbeschäler, 20 Staatsprämien-, 132 H-, 8 S-Stuten und 189 eingetragene Turnierpferde mit

Hannoversche Hengste, die ein Alter von mindestens 25 Jahren erreicht haben, mit Geburts- und Todesjahr, geordnet nach der Anzahl der Lebensjahre.

1.	*Schwabe* v. *Schlucker*	1891–1922	31 Jahre
2.	*Ferdinand* v. *Ferrara*	1941–1970	29 Jahre
3.	*Khelius* v. *Khedive*	1911–1940	29 Jahre
4.	*Nordlicht* v. *Norfolk*	1872–1901	29 Jahre
5.	*Süd* v. *Norfolk*	1866–1895	29 Jahre
6.	*Der Löwe xx* v. *Wahnfried xx*	1944–1973	29 Jahre
7.	*Allerhof I* v. *Alderman I*	1915–1943	28 Jahre
8.	*Fernjäger* v. *Feiner Kerl*	1943–1971	28 Jahre
9.	*Frustra II* v. *Futurist I*	1943–1971	28 Jahre
10.	*Halt* v. *Honorat*	1916–1944	28 Jahre
11.	*Nelusko* v. *Neckar*	1897–1925	28 Jahre
12.	*Nord* v. *Norfolk*	1866–1892	28 Jahre
13.	*Nording* v. *Nord*	1875–1903	28 Jahre
14.	*Norfolk* v. *Y. Seymour*	1843–1871	28 Jahre
15.	*Figaro II* v. *Flick*	1873–1900	27 Jahre
16.	*Goldfalk* v. *Goldfisch II*	1943–1970	27 Jahre
17.	*Gotthard* v. *Goldfisch II*	1949– lebt noch	
18.	*Fakir* v. *Faun*	1911–1937	26 Jahre
19.	*Flick* v. *Zernebog*	1861–1887	26 Jahre
20.	*Jassy* v. *Jasperding*	1915–1941	26 Jahre
21.	*Naber* v. *Nadick*	1893–1919	26 Jahre
22.	*Nesthocker* v. *Nestorius II*	1917–1943	26 Jahre
23.	Y. *Norfolk* v. *Norfolk*	1871–1897	26 Jahre
24.	*Norval* v. *Norfolk*	1872–1898	26 Jahre
25.	*Alnok* v. *Adeptus xx*	1888–1913	25 Jahre
26.	*Alstergold* v. *Alderman I*	1920–1945	25 Jahre
27.	*Christof I* v. *Christian de Wet xx*	1916–1941	25 Jahre
28.	*Filmkönig* v. *Feiner Kerl*	1924–1949	25 Jahre
29.	*Franko* v. *Fangschuß*	1933–1958	25 Jahre
30.	*Johann* v. *Jasperding*	1924–1949	25 Jahre
31.	*Kurier* v. *Kurde x*	1950– lebt noch	
32.	*Lorlot* v. *Lorval*	1902–1927	25 Jahre
33.	*Nenner* v. *Nelusko*	1907–1932	25 Jahre
34.	*Schwabenstreich* v. *Schwabe*	1897–1922	25 Jahre

Kurier, geb. 1950 v. *Kurde x-Detektiv,* hat für die hannoversche Zucht zahlreiche gute Stuten geliefert.

einer Gewinnsumme von 884 518 DM (bisher). – 23 Jahre deckte der *Gote*-Sohn *Gouverneur,* abermals ein *Goldammer II*-Enkel, in Neuenfelde, Hechthausen, Wittingen, Cappelstrich, Altencelle und Beedenbostel. Seine Nachkommenschaft: 3 Beschäler, 18 Staatsprämien-, 75 H-, 7 S- und 2 V-Stuten. Die gleiche Nutzungszeit erreichte *Der Löwe xx* (Näheres S. 72/73). In Anlehnung an diese verhältnismäßig kurze Darstellung werden noch die Hengste in einer gesonderten Übersicht angeführt, die in den letzten 100 Jahren, der entscheidenden Entwicklungsepoche der heutigen hannoverschen Zucht, mindestens 25 Jahre alt geworden sind. Die dabei angegebenen Zahlen decken sich nicht mit den Zuchtjahren. Beispielsweise ist *Der Löwe xx,* der ein Alter von 29 Jahren erreichte, erst 7jährig in die Zucht eingereiht worden, so daß seine Nutzungszeit niedriger liegt als bei den gleichalt gewordenen Hengsten und der heute noch lebende *Kurier* (25jährig) wurde erst mit 11 Jahren auf die Station Ihlienworth entsandt, so daß er bisher lediglich auf 15 Zuchtjahre kommt. Bei *Ferdinand* sind abermals die in Piber verbrachten Jahre mit eingerechnet, so daß er hinter *Schwabe,* der ein Alter von 31 Jahren aufweisen kann, zu der Gruppe der 5 Hengste gehört, die 29 Jahre alt wurden. Diese aufschlußreiche Zusammenstellung enthält 8 Nachkommen aus der sehr verbreiteten *F-Linie* und 7 Nachkommen aus dem alten *Norfolk*-Blut.

Die Befruchtung der Celler Landbeschäler

Neben der Nutzungsdauer der Hengste ist auch ihre Befruchtung von Interesse, denn nur bei einem günstigen Befruchtungssatz ist letzten Endes die Wirtschaftlichkeit einer Zucht gesichert. Daß es bei den Hengsten Unterschiede in der Befruchtungsfähigkeit infolge verschiedenartiger Spermaqualität gibt, ist seit langem bekannt und kann jährlich aufs neue beobachtet werden. Um einen höchstmöglichen Befruchtungserfolg zu sichern, werden seit einigen Jahren die Celler Hengste vor der Deckzeit tierärztlich untersucht.
Eine wichtige Voraussetzung für den züchterischen Erfolg ist aber auch ein vollfunktionsfähiger Genitalapparat der Stuten. Daher werden allenthalben im hannoverschen Zuchtgebiet durch das zuständige Tiergesundheitsamt regelmäßig Stutenuntersuchungen und Trächtigkeitsprüfungen durchgeführt (s. S. 153). Sicherlich ist es neben einer zweckmäßigen, nicht zu einseitigen Fütterung mit durch diese vorbeugenden Maßnahmen begründet, daß in den beiden letzten Jahren trotz erheblich gestiegener Deckziffern je Hengst die durchschnittlichen Befruchtungszahlen günstiger lagen als 1960, dem Jahre mit den niedrigsten Deckziffern in der Nachkriegszeit.
Einzelheiten sind der nachstehenden Übersicht zu entnehmen, die das Ergebnis der fünf letzten Jahre den Jahren 1965 und 1960 gegenüberstellt. Die Schwankungen liegen bei den Trächtigkeiten zwischen 53,3 und 62,4% und bei den lebend geborenen Fohlen zwischen 48,7 und 56,3%. Der Unterschied zwischen den tragend gewordenen Stuten und den normalen Abfohlungen entsteht in der Hauptsache durch das Ausmaß der Verfohlungen. Interessanterweise gibt es auch hier Abweichungen von 4,0 bis 7,4%, ein Hinweis auf die von Jahr zu Jahr auftretenden Schwankungen, deren Ursachen zum Teil witterungs- und temperaturbedingt sind. Nicht erfaßt mit diesen Zahlen ist die Resorp-

Jahr	Anzahl der Hengste	ged. Stuten insges.	je Hengst	Jahr	tragend Anzahl	%	Abfohlung geb. Fohlen Anzahl	%	Unter-schied
1960	127	3 444	27	1961	2 009	58,4	1 756	51,0	-7,4%
1965	164	7 372	45	1966	4 598	62,4	4 149	56,3	-6,1%
1969	155	7 521	49	1970	4 028	53,6	3 680	48,7	-4,9%
1970	155	8 278	53	1971	4 721	57,0	4 123	49,8	-7,2%
1971	165	9 202	56	1972	4 909	53,3	4 541	49,3	-4,0%
1972	169	10 279	61	1973	6 159	59,9	5 394	52,5	-7,4%
1973	182	11 659	64	1974	6 723	57,7	6 175	53,0	-4,7%

tionsrate, die nach den exakten Feststellungen in einem Versuch mit der künstlichen Besamung 1973/74 etwa bei 6,0% gelegen hat. Rechnet man diesen Anteil noch hinzu, dann kann man annehmen, daß 1973 zunächst 63 bis 64% der Stuten tragend geworden waren. Diese Tatsache bestätigt erneut die früher schon vielfach von Prof. Goetze vertretene Auffassung, daß man im großen Durchschnitt jährlich mit einer Verlustrate von etwa 10% nicht ausgetragener Fohlen rechnen muß.

Um in diesem Zusammenhang einmal der in Züchterkreisen vielfach diskutierten Frage nachzugehen, ob die am stärksten benutzten Hengste, die in der Hauptdeckzeit täglich mehrmals zum Deckakt herangezogen werden, schlechter befruchten als die Hengste mit der geringsten Stutenzahl, wurde das Abfohlergebnis des Jahres 1974 entsprechend ausgewertet. Dazu sind die vorliegenden Abfohlzahlen in 8 Gruppen nach der Anzahl der je Hengst gedeckten Stuten aufgegliedert worden. Die nachstehende Aufstellung zeigt deutlich, daß die Hengste, die über 100 Stuten belegt haben, in der Befruchtung 10% über der niedrigsten Gruppe lagen, die unter 40 gedeckte Stuten je Hengst aufzuweisen hatte.

Interessanterweise gibt es zwischen den übrigen Gruppen kaum nennenswerte Unterschiede.

Anzahl der je Hengst gedeckten Stuten	Anzahl der Hengste	Geborene Fohlen %
über 100	15	59,3
90–99	15	52,1
80–89	19	50,3
70–79	25	53,4
60–69	32	52,1
50–59	21	50,9
40–49	24	52,5
unter 40	23	49,9

In diesem Zusammenhange interessiert auch die Frage, ob etwa durch ergänzenden Einsatz der *künstlichen Besamung* eine Verbesserung des Befruchtungsergebnisses erreicht werden kann. Es wurde daher ab 1. März 1973 eine »Zentrale Niedersächsische Pferdebesamungsstation Celle« errichtet (Erlaubniserteilung aufgrund § 3 des Gesetzes über die künstliche Besamung von Tieren [Besamungsgesetz] durch den Regierungspräsidenten Lüneburg 14. 5. 73), in der in Zusammenarbeit zwischen dem Landgestüt Celle und dem Institut für Haustierbesamung und Endrologie der Tierärztlichen Hochschule seit 1973 systematische Untersuchungen über dieses Problem angestellt werden. Das Ergebnis des letzten Jahres ist in folgender Übersicht zusammengefaßt:

Fruchtbarkeitsgruppe	Stuten Anzahl	Stuten Prozent	ERGEBNIS Anzahl tragend	Anzahl nichttrag.	Prozent tragend	Prozent nichttrag.
I	33*)	33,3	16	17 (8 res.)	48,5	51,5
II	20	20,2	15	5 (1 res.)	75,0	25,0
III	25	25,3	11	14 (1 res.)	41,0	59,0
IV	19	19,2	0	19 (1 res.)	0,0	100,0
V	2	2,0	0	2	0,0	100,0

*) darunter 1 Maidenstute

Gruppe I 70–100% Fruchtbarkeitsaussicht	Tragende Stuten und Maidenstuten ohne klinische oder bakteriologische Bedenken
Gruppe II 50–70% Fruchtbarkeitsaussicht	Stuten ohne klinische oder bakteriologische Bedenken, die 1 Jahr güst geblieben sind
Gruppe III 25–50% Fruchtbarkeitsaussicht	Stuten ohne klinische oder bakteriologische Bedenken, die mehr als 1 Jahr güst sind, sowie Stuten der Gruppe IV bzw. V nach Abheilung
Gruppe IV 0–25% Fruchtbarkeitsaussicht	Stuten, die klinisch Krankheitserscheinungen zeigen oder bakteriologisch bedenklich sind
Gruppe V fast 0% Fruchtbarkeitsaussicht	Stuten, die wegen erheblicher klinischer Krankheitserscheinungen oder aus anderen Gründen (z. B. Überalterung) keine Aussicht auf Wiederherstellung mehr bieten

Die Zahlen zeigen, daß es bei den 99 besamten Stuten nicht gelungen ist, höhere Befruchtungsergebnisse als im normalen Sprung zu erzielen, denn es wurden insgesamt nur 42,4% lebend geborene Fohlen registriert, wobei allerdings zu bedenken ist, daß sich unter den besamten Stuten auch zahlreiche sogenannte Problemstuten, Stuten mit nicht voll befriedigender Befruchtungsfähigkeit, befunden haben. Selbst wenn man die Stuten, die resorbiert haben (11,1%), dazurechnet, liegt die Abfohlungsquote nur bei 53,5% und damit unter dem im normalen Sprung vorliegenden Ergebnis. Bevor somit grundsätzlich die KB in das züchterische Kalkül mit einbezogen werden kann, bedarf es weiterer Erprobung der einschlägigen Methoden.

Anzahl der gelieferten Nachkommen

Um sich einmal einen Überblick darüber verschaffen zu können, wie groß der Einfluß einzelner Hengste innerhalb der hannoverschen Zucht gewesen ist, sind in der folgenden Zusammenstellung 37 Hengste erfaßt, die *10 und mehr Söhne* für das Landgestüt Celle geliefert haben, wobei zu bedenken ist, daß alle bis zum Zweiten Weltkrieg eingesetzten Hengste es bei der größeren Ausdehnung der Zucht leichter gehabt haben, mit einer umfangreichen Nachkommenschaft aufwarten zu können.

Anzahl der Söhne

Name	*Vater*	*Deckzeit*	*Söhne*
Nelusko	*Neckar*	1900–1925	78
Alderman I	*Alnok*	1912–1932	71
Feiner Kerl	*Fling*	1922–1943	61
Schwabenstreich	*Schwabe*	1902–1922	53
Almjäger I	*Alpenflug II*	1934–1952	40
Abendsport	*Alkoven I*	1939–1949	39
Flavius	*Fling*	1918–1935	28
Fling	*Flingarth*	1913–1922	25
Dolman	*Detektiv*	1937–1953	24
Alnok	*Adeptus xx*	1896–1913	22
Alkoven I	*Alderman I*	1920–1939	19
Alpenflug II	*Alderman I*	1927–1943	19
Journalist	*Jasperding*	1929–1945	19
Schwabenkönig I	*Schwabenstreich*	1924–1939	19
Adeptus xx	*Adonis xx*	1884–1904	18
Alter Kerl	*Alderman I*	1917–1926	18
Flügelmann I	*Flavius*	1933–1949	18
Alstergold	*Alderman I*	1923–1945	16
Ast	*Alter Dessauer*	1938–1949	16
Detektiv	*Desmond*	1926–1943	16
Goldammer II	*Goldschläger I*	1922–1939	16
Schwabenpreis	*Schwabenstreich*	1909–1927	16
Andermatt	*Eberstein*	1909–1926	15
Förster	*Feiner Kerl*	1931–1949	15
Halt	*Honorat*	1919–1944	15
Dömitz I	*Dollart*	1947–1956	14
Dollart	*Dolman*	1941–1958	14
Duellant	*Dolman*	1946–1965	14
Futurist I	*Flak*	1937–1956	14
Senator	*Semper idem*	1954–1973	14
Flick	*Zernebog*	1865–1887	13
Nestorius I	*Nelusko*	1907–1922	13
Fernjäger	*Feiner Kerl*	1946–1971	11
Sportland	*Sport*	1926–1933	11
Alljeder	*Abendsport*	1943–1960	10
Flügeladjutant	*Flügelmann I*	1941–1956	10
Goldfisch II	*Goldammer II*	1939–1958	10

Von diesen 37 Hengsten mit einem hohen Anteil an Söhnen und daher einem verhältnismäßig großen Einfluß auf die Zucht entfallen 11 auf die *Adeptus xx*-, 9 auf die *Flick*- und 5 auf die *Detektiv*-Linie. Die Überlegenheit, welche die *Flick*-Linie 1927 bis 1945 innerhalb des Celler Hengstbestandes gegenüber allen anderen Linien gehabt hat, spiegelt sich hier nicht wieder. Vielmehr hat hiernach qualitativ offenbar das *Adeptus xx*-Blut einen kleinen Vorsprung, der inzwischen aber völlig verschwunden ist. Wenn nach geraumer Zeit einmal nur die nach 1948 tätig gewordenen Hengste zusammengestellt werden, bekommt diese Übersicht ein völlig verändertes Aussehen.

Weiterhin ist interessant, daß von den ersten angeführten 5 Hengsten allein 4 *(Nelusko, Feiner Kerl, Almjäger I* und *Abendsport)* auf der Deckstelle Altenbruch stationiert waren. Das ist ein Beweis für die große Bedeutung, die gerade diese Station ursprünglich für die hannoversche Zucht gehabt hat, die aber auch in die Neuzeit hinüberstrahlt, wenn man bedenkt, daß *Dömitz I* und *Senator* an der gleichen Stätte recht erfolgreich gewirkt haben. Aber auch Drochtersen muß hier mit seinem großen züchterischen Einfluß erwähnt werden, denn von den in der Tabelle enthaltenen Hengsten haben auf dieser Station gestanden: *Alderman I, Flavius, Alnok, Alpenflug II, Detektiv, Goldammer II, Ast, Dollart,* und *Alljeder.*

Aber nicht allein die Anzahl der gelieferten männlichen Nachkommen ist für die züchterische Bedeu-

Eingetragene Töchter

Name	Vater	Deckzeit	**Söhne**	Töchter St. Pr. Stuten	H	S	V	insges.
Johann	*Jasperding*	1928–1949	3	27	200	87	5	314
Nelusko	*Neckar*	1900–1925	78	–	303	5	–	308
Armring I	*Angeli*	1928–1948	–	27	131	133	11	302
Sportsmann	*Sportanzeiger II*	1927–1945	3	15	141	117	16	289
Feiner Kerl	*Fling*	1922–1943	61	74	183	21	–	278
Flux	*Flugfeuer*	1932–1948	2	28	145	95	6	274
Alkoven I	*Alderman I*	1920–1939	19	31	202	40	–	273
Futurist I	*Flack*	1937–1956	14	49	162	47	1	259
Almjäger I	*Alpenflug II*	1934–1952	40	56	163	32	6	257
Journalist	*Jasperding*	1929–1945	19	29	176	48	3	256
Nesthocker	*Nestorius II*	1920–1943	–	24	111	115	5	255
Halt	*Honorat*	1919–1944	15	33	180	40	1	254
Wöhler	*Flügeladjutant*	1953–1971	3	37	164	24	28	253
Amateur I	*Amulett*	1925–1944	4	15	137	85	9	246
Jassy I	*Jasperding*	1918–1941	5	11	170	65	–	246
Dolman	*Detektiv*	1937–1953	24	44	172	27	1	244
Fliegerstern	*Flieger*	1928–1947	6	37	99	100	6	242
Flugwind	*Flugfeuer II*	1931–1949	3	49	107	76	8	240
Franke	*Fangschuß*	1937–1958	–	30	140	62	7	239
Körner	*König Artus*	1929–1946	6	27	127	77	3	234
Förster	*Feiner Kerl*	1931–1949	15	43	155	34	–	232
Detektiv	*Desmond*	1926–1943	16	37	147	46	2	232
Juragold	*Journalist*	1940–1955	5	41	153	30	2	226
Alderman I	*Alnok*	1912–1932	71	4	206	15	–	225
Klinger	*Körner*	1934–1949	4	12	118	83	11	224
Forstmann	*Florett*	1935–1952	1	25	122	64	12	223
Allerhand	*Althof*	1928–1945	6	33	137	45	4	219
Alstergold	*Alderman I*	1923–1945	16	39	143	29	2	213
Abendsport	*Alkoven I*	1939–1949	39	68	136	5	1	210
Frustra II	*Futurist I*	1946–1971	2	29	158	14	5	208
Sportland	*Sport*	1910–1933	11	4	189	14	–	207
Alusko	*Alkoven*	1932–1949	–	18	80	102	6	206
Friesenkönig	*Feiner Kerl*	1941–1958	3	23	145	27	11	206
Amorno	*Alkoven*	1931–1945	–	24	85	89	8	206
Flügeladjutant	*Flügelmann I*	1941–1956	10	67	111	21	6	205
Fix	*Feiner Kerl*	1937–1951	–	27	124	48	4	203
Goldfisch II	*Goldammer II*	1939–1958	10	20	144	33	4	201

tung eines Hengstes entscheidend, sondern auch die *Qualität* und der *Umfang der weiblichen Nachzucht,* zumal immer wieder Hengste zu finden sind, die bessere Töchter als Söhne liefern und damit für andere Hengste eine gute Zuchtgrundlage schaffen, wie das in letzter Zeit z. B. bei *Eindruck II* und *Ernö* der Fall war. Es soll daher an dieser Stelle noch einmal festgehalten werden, welche Hengste die *meisten in das Stutbuch eingetragenen Töchter* aufweisen. Dabei wird sich zeigen, daß diese Übersicht, zu der 37 Hengste mit mindestens 200 Töchtern herangezogen werden, eine wesentlich andere Zusammensetzung enthält als der für die männlichen Nachkommen gegebene Überblick.

Diesmal steht mit 314 Töchtern an der Spitze der *Jasperding*-Sohn *Johann,* der 22 Jahre auf der Deckstelle in Jork stationiert war, dort aber nur 3 Söhne als Beschäler geliefert hat. Über 300 Töchter sind außerdem für *Nelusko* und *Armring I* verzeichnet. *Feiner Kerl* gehört auch hier mit zur Spitzengruppe, dagegen ist *Abendsport* mit nur 210 Töchtern erheblich weiter hinten zu finden. Festzuhalten bleibt auch, daß aus der letzten Zuchtepoche *Futurist I* mit 259 Töchtern an 8. und *Wöhler* mit 253 Töchtern an 13. Stelle stehen. *Wöhlers* Vater *Flügeladjutant* ist mit 205 Töchtern ebenfalls noch in dieser Aufstellung enthalten. Bei weitem die meisten H-Stuten sind bei *Nelusko* (303) vorhanden vor *Alderman I* (206), dessen Sohn *Alkoven I* (202) und *Johann* (200).

Als Ausdruck für die Qualität der Nachzucht ist der Anteil der Staatsprämienstuten von besonderem Interesse. 31 Hengste haben bisher 30 und mehr Töchter, die mit einer *Staatsprämie* ausgezeichnet wurden, in folgender Reihenfolge:

Feiner Kerl	74	*Detektiv*	37
Abendsport	68	*Ernö*	37
Flügeladjutant	67	*Fliegerstern*	37
Duellant	62	*Wöhler*	37
Flügelmann I	57	*Senator*	35
Almjäger I	56	*Almhüter II*	34
Flugwind	49	*Allerhand*	33
Futurist I	49	*Halt*	33
Abhang I	44	*Absatz*	32
Dolman	44	*Feinschnitt II*	32
Förster	43	*Lugano I*	32
Juragold	41	*Alkoven I*	31
Alstergold	39	*Domänenrat I*	31
Flugfeuer II	39	*Fernjäger*	31
Eindruck II	38	*Franke*	30
		Goldfalk	30

Hier zeichnen sich an der Spitze die großen Vererber ihrer Zeit ab. Duellant war in der vorigen Aufstellung nicht mehr enthalten, da auf ihn insgesamt nur 199 Töchter entfallen. Interessant ist ferner, daß der *Abglanz*-Sohn *Abhang I,* der Nachfolger von *Flügeladjutant* auf der Deckstelle Badbergen, hier mit in die Spitzengruppe gehört und somit gemeinsam mit *Flügeladjutant* als Zeugnis für das hohe züchterische Niveau dieser Deckstelle gewertet werden kann. Zu beachten bleibt auch das verhältnismäßig gute Abschneiden von *Eindruck II, Ernö, Wöhler* und *Senator. Absatz* und *Lugano I* werden voraussichtlich ihre Positionen im Laufe der nächsten Jahre noch erheblich verbessern. – Diesmal entfallen 12 Hengste auf das F (W)-Blut, 8 auf das alte A (E)-Blut, 4 auf das D-Blut und der Rest auf andere Stämme. Erneut dokumentiert sich hier die alte Überlegenheit des F-Blutes.

Die weiblichen Familien

Zweifellos kommt in der Züchtung der Qualität der Vatertiere wegen der großen Zahl an Nachkommen vorrangige Bedeutung zu. Wegen dieser nicht wegzuleugnenden Tatsache ist man häufig allzu sehr geneigt, Erfolge oder Mißerfolge in der Zucht zunächst einmal den Hengsten anzulasten. Man vergißt darüber aber gar zu leicht, daß auch die weibliche Seite dazu beitragen muß, die Züchtung stark abzusichern. Das wird am besten gelingen, wenn die Stuten aus gut durchgezüchteten Familien stammen. Die genügend fruchtbare und durch gleichmäßig gute Vererbung ausgezeichnete Familie liefert einmal dem Züchter die nötige wirtschaftliche Grundlage, auf die er angewiesen ist, zum anderen bieten derartige in sich gefestigte Stutenstämme für die Hengste eine in ihrer Auswirkung nicht zu unterschätzende züchterische Unterlage. Dabei spielt der Passereffekt, die Tatsache, daß Hengst und Stute züchterisch miteinander harmonieren, eine bedeutsame Rolle. Stuten, die regelmäßig fohlen, verdienen in der heutigen Zeit, in der es keine anderen Nutzungsmöglichkeiten mehr gibt, als die Nachkommen in die Zucht einzureihen oder für Reitzwecke abzusetzen, den besonderen Vorzug. Sicherlich hat man schon früher zu Recht immer betont, daß die zuchtsichere weibliche Familie für eine Zucht das konservative, das qualitätserhaltende Element bedeutet. In dem Zusammenhang bleibt natürlich zu bedenken, daß eine weibliche Familie sich nur dann erhalten kann, wenn ausreichend gute Stutfohlen geboren werden. Ferner ist dem Züchter durchaus geläufig, daß die weiblichen Familien auch spezielle Eigenschaften besitzen, die sich Generationen hindurch wiederfinden. Es müßte daher eigentlich jeder Züchter die züchterische Entwicklung seiner weiblichen Stämme selbst schildern, da nur er in der Lage ist, alle zu beachtenden Einzelheiten, auch im Verhalten der Stuten, zu erfassen.

Allerdings darf eine Schwierigkeit für die Bildung und Pflege weiblicher Familien in der eigenen Zucht innerhalb des hannoverschen Zuchtgebietes nicht übersehen werden. Diese besteht darin, daß die auf den einzelnen Züchter entfallende Stutenzahl meist sehr gering ist. 59,6% der hannoverschen Züchter haben derzeit nur eine Stute, 24,7% besitzen 2 Stuten, 9,4% 3 Stuten, 4,2% 4 Stuten und 4% 5 und mehr Stuten. Den umfangreichsten Bestand hat J. Kemmer in Walle, Kr. Celle, mit 3 eigenen Hengsten und 54 eingetragenen Zuchtstuten. Ihm folgt Dr. Schmidt, Ankum, Kr. Bersenbrück, mit 4 Hengsten und 45 eingetragenen Zuchtstuten. Aber diese Größenordnungen sind im hannoverschen Zuchtgebiet eine Ausnahme. In solchen Beständen können sich auf die Dauer sicherlich leichter bestimmte Familien mit besonderer Zuchteignung herausschälen. Trotzdem gibt es aber auch in der hannoverschen Zucht zahlreiche Züchter, denen es gelungen ist, wertvolle Stutenstämme aufzubauen. Nutznießer sind dann aber meist mehrere Züchter, da bei weitem nicht alle Stuten behalten werden können, sondern aus Platzgründen verkauft werden müssen. Einige Beispiele herausragender hannoverscher Stutenfamilien sollen nun folgen.

Falkmäuschen v. *Farina,* die Begründerin eines wertvollen Stutenstammes mit ihrer Tochter *Lauscherin* v. *Lateran,* im Hintergrund der Verdener Dom.
Zü. u. Bes.: H. Engelke, Wahnebergen

Die Flotow-Tochter *Fechtzeit* mit ihren Töchtern *Dornzeit* v. *Dornwall* sowie *Flügeldirndl* und *Flügelpalme* v. *Flügeladjutant.*

1. Die Fechtzeit-Flügelpalme-Familie

Züchter und Besitzer dieser Familie ist H. Elting, Vehs, Krs. Bersenbrück, später A. Bußmeyer-Elting, Vehs. Diese Familie beginnt mit der 1913 von H. Elting angekauften *Nordstar*-Tochter *Nombilla,* die für Brandenburg und Pommern je einen Beschäler und für die eigene Zucht 2 Töchter geliefert hat, von denen nur die *Schwarzenberg*-Tochter *Sabifita* vor allem dadurch Bedeutung erlangte, daß aus ihr die *Flotow*-Tochter *Fechtzeit* gezogen worden ist, die dadurch zur Stammutter wurde, daß sie dem Züchter 4 eingetragene Töchter stellte, von denen 3 mit Staatsprämie ausgezeichnet wurden. Der Schwerpunkt dieser Familie lag dann neben der *Dornwall*-Tochter *Dornzeit* vor allem bei der Flügeladjutant-Tochter *Flügelpalme,* die in 19 Zuchtjahren 13 Fohlen brachte. Diese erfolgreiche Mutterstute hat das hannoversche Zuchtgebiet viermal auf DLG-Ausstellungen vertreten und 1956 mit ihren Töchtern *Axtwürde, Axtpalme* und *Axtjuwel* auf der DLG-Schau den Familien-Siegerpreis errungen. 1960 wurde ihr als Stute mit der höchsten Zuchtleistung seitens der DLG ferner der Felix-Hoesch-Preis zugesprochen. Innerhalb des hannoverschen Zuchtgebietes ist der Otto-Ohmstedt- bzw. Louis-Wiegels-Preis als höchste Familienauszeichnung bereits dreimal auf Stuten dieser Familie gefallen: 1950 auf die *Flotow*-Tochter *Fechtzeit* mit ihren Töchtern *Dornzeit, Flügeldirndl* und *Flügelpalme,* 1957 auf *Flügelpalme* mit ihren 3 *Axtfeld*-Töchtern *Axtwürde, Axtpalme* und *Axtzeit* und dann 1966 nochmals auf *Flügelpalme* mit ihrer Tochter *Alibi* v. *Axtfeld* und der Enkelin *Abba* v. *Abhang I.* Das ist eine züchterische Leistung, die keine andere hannoversche Familie bisher erreicht hat. *Flügelpalme* hat 9 Stutfohlen zur Welt gebracht, die ausnahmslos in das Stutbuch eingetragen wurden, davon stammten 7 von *Axtfeld.* 7

Flügelpalme v. *Flügeladjutant.*

)(Fechtzeit-Flügelpalme-Familie

- Fechtzeit 30875, 1937 v. Flotow, 13/8 (3 ♂, 5 ♀)
  - *Dornzeit 41746, 1943 v. Dorn, 14/9 (3 ♂, 6 ♀), 1x verf.
    - *Flügellady 57555, 1951 v. Flügeladjutant, 15/7 (4 ♂, 3 ♀)
      - Alpenspur 61722, 1956 v. Alpinist, 12/10 (7 ♂, 3 ♀)
        - Elfe v. Dissen, A 13545/62, 1962 v. Ehrenschild
        - ⌀ Eldorado III, A 21923, 1964 v. Ehrenschild
        - Ehrenglück 69616, 1966 v. Ehrenschild, 4/3 (3 ♂)
        - Ehrenfeier 72018, 1968 v. Ehrenschild, 3/1 (1 ♀)
          - 1973 ♀ v. Dietward II
      - ⌀ Glanz II A 12205, 1958 v. Gurt
      - Gotenpost 64720, 1960 v. Gurt, 10/6 (5 ♂, 1 ♀)
        - *Etappe 73604, 1969 v. Ehrenschild, 2/2 (2 ♂)
      - Schalmei 69642, 1966 v. Schutzflügel, 1/0
    - Flügelgerte 62446, 1957 v. Flügeladjutant, 2/2 (1 ♂, 1 ♀)
  - *Flügeldirndl 49271, 1945 v. Flügeladjutant, 8/3 (3 ♂), 1x verf.
  - *Flügelpalme 51343, 1947 v. Flügeladjutant, 19/13 (4 ♂, 9 ♀)
    - *Axtwürde 57537, 1951 v. Axtfeld, 8/3 (3 ♀)
    - *Axtjuwel 57862, 1952 v. Axtfeld, 3/2 (1 ♂, 1 ♀) (verk. Schweiz)
    - *Axtpalme 58817, 1953 v. Axtfeld, 6/4 (3 ♂, 1 ♀)
      - *Cymbella 62457, 1957 v. Cymbal, 10/4 (3 ♂, 1 ♀)
        - Anne 67528 (Anne IV A 22385/63, 1963 v. Adlerschild, 3/0
    - *Axtzeit 60304, 1954 v. Axtfeld, 4/4 (2 ♂, 2 ♀)
      - *Artistin 63123, 1958 v. Abhang I, 13/10 (8 ♂, 2 ♀), 1x verf.
        - ♂ Dialog PB Rhld, 1965 v. Domänenrat I
        - *Bellona 3172 10871, 1971 v. Bleep xx
      - *Alsterwelt 63796, 1959 v. Abhang I, 12/10 (6 ♂, 4 ♀)
        - *Wolgaufer 68632, 1965 v. Wohlauf, 6/3 (2 ♂, 1 ♀)
          - *Djenka 317207671 1971 v. Dagobert
        - ♂ Lago PB Dänemark, 1966 v. Lasso
        - Lady Mary 71228, 1967 v. Lasso, 3/2 (2 ♂), 1x verf.
        - ♂ Lambert Ldb. Celle, 1968 v. Lasso, 1973 u. 1974 ♀ v. Diplomat
    - *Axtwappen 60568, 1955 v. Axtfeld, 5/3 (2 ♂, 1 ♀)
      - Erbin 67934, 1964 v. Eindruck II, 1/0
    - *Axtmeise 62470, 1957 v. Axtfeld, 3/3 (2 ♂, 1 ♀)
      - *Elfenblüte 65403, 1961 v. Elimar, 3/3 (2 ♂, 1 ♀) (Dänemark)
    - *Alibi 63234, 1958 v. Axtfeld, 9/7 (4 ♂, 3 ♀)
      - *Abba 67740, 1964 v. Abhang I, 7/6 (1 ♂, 5 ♀)
        - Duranda 318002571 verk. 74, 1971 v. Duft II
        - 1972, 1973 u. 1974 ♀ v. Duft II
      - Ostburg 71774, 1968 v. Orbis xx, 2/2 (2 ♀)
        - 1973 u. 1974 ♀ v. Derby
    - Visa 66249, 1962 v. Velten xx, 5/4 (1 ♂, 3 ♀)
      - Wadela 69697, 1966 v. Wrede, 3/2 (2 ♂)
      - Wortgunst 70775, 1967 v. Wrede, 3/2 (2 ♀)
        - 1973 ♀ v. Derby
    - *Abendspiel 68731, 1965 v. Abhang I, 6/3 (3 ♀)
      - Duftamt 73163, 1969 v. Duft II, 2/1 (1 ♀)
        - 1974 ♀ v. Maitanz xx
      - Drina 74523, 1970 v. Duft II, 1/1 (1 ♀)
        - 1974 ♀ v. Weingau
      - 1973 ♀ v. Weingau
  - Flügelflinte 56880, 1951 v. Flügeladjutant, 10/5 (2 ♂, 3 ♀)

*	= Staatsprämienstute
♂	= Hengst
♀	= Stute
⌀	= Wallach
Ldb	= Landbeschäler
PB	= Privatbeschäler
verk. H. 74	= verkauft Herbstauktion Verden 1974
13/8 (3 ♂, 5 ♀)	= in 13 Zuchtjahren 8 lebende Fohlen (3 Hengst-, 5 Stutfohlen)
verf.	= verfohlt

Axtpalme v. *Axtfeld* a. d. *Flügelpalme*

Alsterwelt v. *Abhang I*

der 9 Töchter erhielten wie die Mutter eine Staatsprämie. Nicht alle haben züchterische Bedeutung erlangt. In dem alten Züchterstall stehen heute die beiden *Abhang I*-Töchter *Abba,* eine *Flügelpalme*-Enkelin, mit 3 Stutfohlen von *Duft II* und *Abendspiel,* die letzte Tochter der *Flügelpalme* mit den beiden *Duft II*-Töchtern *Duftamt* und *Dorina,* ferner die *Orbis xx*-Tochter *Ostburg.* Alle genannten Stuten haben bereits wieder Stutfohlen geliefert, so daß an dem Fortbestand der Familie im Züchterstall in Vehs vorläufig keine Zweifel aufkommen können. Dabei ist weiterhin interessant, daß das Glück hier insofern auf seiten des Züchters gewesen ist, als in den letzten Jahren 6 Zuchtstuten von 13 Fohlen 12 Stutfohlen aufzuweisen hatten! Das erleichtert die Selektion auf Qualität.

Daneben scheinen sich in neuerer Zeit einige andere Zweige dieser Familie in den Vordergrund zu schieben über die beiden *Abhang I*-Töchter *Artistin* und *Alsterwelt.* Die erste ist im Besitz von H. Steimke, Steimke, Kr. Hoya, und mit der zweiten züchtet H. Brüning, Ochtmannien, Kr. Hoya. *Alsterwelt* stand auf den DLG-Schauen 1970 und 1972 an der Spitze der alten Stuten. Sie hat sich auch reiterlich bewährt. Aus ihr stammen die beiden gekörten Hengste, *Lago* und *Lambert* v. *Lasso,* von denen Lago erfolgreich in Dänemark zur Zucht genutzt wird. Einige Hoffnungen gelten z. Z. besonders ihren beiden Stutfohlen v. *Diplomat.* Auch eine Reihe anderer, hier nicht angeführter Züchter, arbeitet erfolgreich mit Stuten aus dieser Familie. Die Tatsache, daß in allen Generationen Stuten vorkommen, die mit Staatsprämie ausgezeichnet wurden, ist ein Beweis für die hoch eingeschätzte Qualität. Insgesamt hat von 38 in der Familientafel enthaltenen Mutterstuten die Hälfte die Qualifikation einer Staatsprämienstute erhalten. Der *Abglanz*-Sohn *Abhang I* hat in dieser Familie als Veredelungshengst erfolgreich gewirkt. 4 mit Staatsprämie ausgezeichnete Töchter beweisen das. Alle anderen Einzelheiten sind der Familienaufstellung zu entnehmen.

2. *Die Ansage-Agenda-Familie*

Züchter und Besitzer dieser Familie ist Aug. Harms, Splietau, Kr. Dannenberg.

Den Angehörigen dieser Familie ist es bisher zwar nicht gelungen, die höchste Familienauszeichnung des Zuchtgebietes, den Louis-Wiegels-Preis, zu erringen. Sie sind aber als Einzelstuten oder als Familie auf den lokalen und zentralen Schauen regelmäßig hoch bewertet worden. Wesentlich aber ist, daß aus dieser Familie bedeutende Leistungspferde hervorgegangen sind. Das gute Fundament der Familie beginnt mit der *Agram*-Tochter *Agenda,* aus der die 3 Vollschwestern *Forstgewand, Forstrebe* und *Forstmöwe* zur Verbreitung des Stammes beigetragen haben. Besonders lenkte *Forstrebe* durch ihre hohe Zuchtleistung immer wieder die Aufmerk-

Ansage-Agenda-Familie

- Ansage 32719, 1938 v. Alex, 10/8
  - Agenda 47041, 1944 v. Agram, 12/9 (3♂, 6♀), 1x verf.
    - Forstgewand 53990, 1948 v. Forstner, 12/6 (4♂, 2♀)
      - Goldprinzeß 66652, 1963 v. Goldregen, 7/4 (4♀)
        - Landelle 72527, 1967 v. Lavendel, 3/2 (2♀)
          - 1973 u. 1974 ♀ v. Domspatz
        - Las Palmas 72585, 1968 v. Lavendel, 3/2 (1♂, 1♀)
          - 1974 ♀ v. Lasso
        - Armglocke 75398, 1970 v. Archimedes, 1/0
      - Golddiele 70692, 1967 v. Goldregen, 4/4 (1♂, 3♀)
        - 1972, 1972 u. 1974 ♀ v. Domspatz
    - *Forstrebe 55637, 1949 v. Forstner, 22/19 (10♂, 9♀), 2x verf.
      - Ahrbiene 64022, 1959 v. Agram (Schweiz)
      - *Alpengräfin 65065, 1961 v. Agram, 7/6 (1♂, 5♀), 1972 †
        - Landmode 69932, 1966 v. Lavendel, 2/2 (1♂, 1♀)
          - Diola 311503877, 1971 v. Diolen
        - Lanolin 70889, 1967 v. Lavendel, 3/1 (1♀)
        - Almfürstin 75395, 1970 v. Archimedes, 1/1 (1♂)
      - Seemuse 68191, 1964 v. Senat, 7/7 (3♂, 4♀)
        - Auskehr 71928, 1968 v. Archimedes, 3/2 (1♂, 1♀)
          - 1974 ♀ v. Waldhorn
        - Adelssippe 311906671, 1971 v. Archimedes
      - ⌀ Salvador, 1965 v. Senat (Schockemöhle, Harvey Smith – England)
      - Sympathie 70052, 1966 v. Senat, 5/3 (1♂, 2♀)
        - 1972 ♀ v. Grey Silk xx
        - 1973 ♀ v. Matador
      - ♂ Senatsrat PB, 1967 v. Senat (Schockemöhle)
      - Arnika 72460, 1968 von Archimedes, 2/1 (1♀)
        - 1972 ♀ v. Wohlklang
    - ⌀ Ferry A 7079, 1951 v. Forstner
    - Asconda 62621, 1958 v. Almhügel III, 7/5 (2♂, 3♀)
      - Anuschka 66576, 1963 v. Amselkönig, 2/0
    - Forstmöve 56657, 1950 v. Forstner, 18/13 (8♂, 5♀), 2x verf.
      - ⌀ Amavo A 11946, 1956 v. Agram
      - Ahrpracht 62505, 1957 v. Alljeder (Aurikel A 13010)
      - Ahrbotin 64023, 1959 v. Agram (April A 15367)
      - Autogramm verk. F 67, 1962 v. Agram
      - Saldo 3 A 3131814/65, 1965 v. Senat
      - *Siegtrud 69682, 1966 v. Senat, 2/2 (2♂)
      - Jagdbuch 72536, 1968 v. Joachim, 3/1 (1♂)
    - Akelei 64861 (A 18076), 1960 v. Almhügel III
    - ⌀ Askan IV, A 24992/61, 1961 v. Almhügel III
  - Adelsnest 51285, 1947 v. Agram, 1953 Turnierpferd Frankreich
  - Arabella A 6617, 1950 v. Agram, Turnierpferd

*	= Staatsprämienstute
♂	= Hengst
♀	= Stute
⌀	= Wallach
Ldb	= Landbeschäler
PB	= Privatbeschäler
verk. F 67	= verkauft Frühjahrsauktion Verden 1967
12/9 (3♂, 6♀)	= in 12 Zuchtjahren 9 lebende Fohlen (3 Hengst-, 6 Stutfohlen)
1x verf.	= einmal verfohlt

samkeit auf sich. Sie ist in 22 Zuchtjahren bisher nur einmal güst gewesen, hat allerdings zweimal verfohlt und ist u. a. die Mutter des international bekannten Springpferdes *Salvador,* das sich jetzt im Besitz des englischen Springreiters Harvey Smith befindet. Ein Halbbruder der *Forstrebe* ist ferner das deutsche Olympiapferd *Askan IV.* Wegen der guten Leistungsanlagen, die offenbar in dieser Familie verankert sind, sicherten sich wiederholt die Gebrüder Schockemöhle Nachkommen, so z. B. auch den Hengst *Senatsrat,* einen Vollbruder von *Salvador.* Im Besitze des Züchters selbst befinden sich z. Z. *Forstrebe* v. *Forstner,* deren Tochter *Seemuse* v. *Senat,* ferner die *Archimedes*-Töchter *Adelssippe* und *Almfürstin.* Ob *Seemuse,* die bisher in jedem Jahr gefohlt hat, einmal die Nachfolgeschaft der Mutter in der hohen Zuchtleistung antreten wird, muß die Zukunft lehren.

Die *Forstmöwe*-Töchter *Siegtrud* und *Jagdbuch* haben bisher noch keine Stutfohlen aufzuweisen, daher ist noch nicht abzusehen, ob dieser Familienzweig sich weiter fortsetzen wird, während das bei der älteren *Forstrebe*-Schwester *Forstgewand* der Fall zu sein scheint. Auch bei *Forstmöwe,* die in 18 Zuchtjahren 15mal tragend gewesen ist, ist die gute Fruchtbarkeit beachtlich, so daß diese hoch zu bewertende Eigenschaft der beiden genannten Vollschwestern das herausragende Element dieser Familie bedeuten.

3. Die Haltung-Ahnendolde-Familie

Züchter und Besitzer dieser Familie sind P. H. Reinstorf und seine Söhne, Bütlingen, Kr. Lüneburg. Die eigentliche Bedeutung hat diese Familie durch *Ahnendolde* erhalten. Sie ist die Mutter der beiden vielfach hochprämierten Halbschwestern *Glücksspiel* und *Falkenburg.* Die *Glücksspiel*-Enkelin *Duftgut* v. *Duft II* im Besitze von H. Sievers, Kreuzen, eine Stute mit guten Reiteigenschaften, errang auf den DLG-Schauen 1970 und 1972 einen Ib-Preis. Die höchste Auszeichnung aber erzielte

Forstrebe v. *Forstner,* 20jährig.

Das Olympiapferd *Askan IV* v. *Almhügel III,* ein Halbbruder der *Forstrebe.*

Salvador v. *Senat* a. d. *Forstrebe.* Besitzer *Harvey Smith,* England.

Haltung-Ahnendolde-Familie

- Haltung 21204, 1930 v. Hammer, 11/8 (3♂, 5♀), 2x verf.
  - Flama 27764, 1936 v. Flak, 11/9 (9♀) 1x verf.
    - Florana 36673, 1940 v. Florenz, 1/1, 1945 +
    - Goldgöttin 54447, 1949 v. Goldfalk, 4/1 (1♂), 2x verf.
  - Flakura 39357, 1941 v. Flak, 6/3 (2♂, 1♀)
    - Ahnendolde 54429, 1949 v. Ahn, 8/5 (5♀)
      - Gefährtin 59222, 1953 v. Gedymin xx (Turnierpferd)
      - * Glücksspiel 59748, 1954 v. Goldfalk, 14/10 (4♂, 6♀)
        - * Falkenbraut 69028, 1958 v. Faruk, 11/4 (1♂, 3♀), 1x verf.
          - * Winkelkrone 66595, 1963 v. Winkel, 5/4 (3♂, 1♀)
            - Stienchen 70608, 1967 v. Steinpilz xx, 4/2 (1♂, 1♀)
          - * Duftgut 69028, 1965 v. Duft II, 6/5 (3♂, 2♀)
            - Gondula 74066, 1969 v. Gouverneur, 2/2 (1♂, 1♀)
              - 1973 ♀ v. Matador
            - ♂ Nachtfalter Ldb. Warendorf, 1970 v. Norum xx
            - 1973 ♀ v. Matador
        - * Fortuna 64793, 1960 v. Faruk, 10/6 (3♂, 3♀)
          - Winkelform 70070, 1966 v. Winkel, 2/0
          - 1972 ♀ v. Lions xx
        - * Werra 66527, 1963 v. Winkel, 1/1 (1♀), verk. H 67 »Weltreise«
        - * Wega 68202, 1964 v. Winkel, 6/5 (2♂, 3♀)
          - * Pußta 72564, 1968 v. Pik As xx, 3/1 (1♂)
          - 1972 u. 1973 ♀ v. Lions xx
        - * Wala 69127, 1965 v. Winkel, 6/4 (2♂, 2♀)
          - Paloma 74107, 1969 v. Pik As xx, 2/1 (1♂)
          - 1974 ♀ v. Monolith
        - * Wiebke 74290, 1969 v. Winkel, 1/1 (1♂)
      - * Falkenburg 62677, 1958 v. Faruk, 12/7 (3♂, 4♀), 1x Zw.
        - Almona 66477, 1962 v. Abhang II, verk. H 66 nach USA
        - * Angelina 66520, 1963 v. Abhang II, 8/8 (4♂, 4♀)
          - * Donja 70848, 1968 v. Dominik, 4/2 (1♂, 1♀)
          - * Motette 73377, 1970 v. Monolith, 1/1 (1♂)
          - 1974 ♀ v. Lions xx
        - ⌀ Platanos verk. H 66, 1966 v. Pik As xx
        - ⌀ Pygmalion verk. H 69, 1965 v. Pik As xx
        - Prärie 72565, 1968 v. Pik As xx, 3/1 (1♂)
      - Pyrmont verk. H 64, 1959 v. Pik As xx
  - Flakunga 41474, 1942 v. Flak, 1/1 (1♂), von der Weide gestohlen

* = Staatsprämienstute
♂ = Hengst
♀ = Stute
⌀ = Wallach
Ldb = Landbeschäler
PB = Privatbeschäler
verk. H. 74 = verkauft Herbstauktion Verden 1974
11/8 (3♂, 5♀) = in 11 Zuchtjahren 8 lebende Fohlen (3 Hengst-, 5 Stutfohlen)
verf. = verfohlt
Zw. = Zwillinge

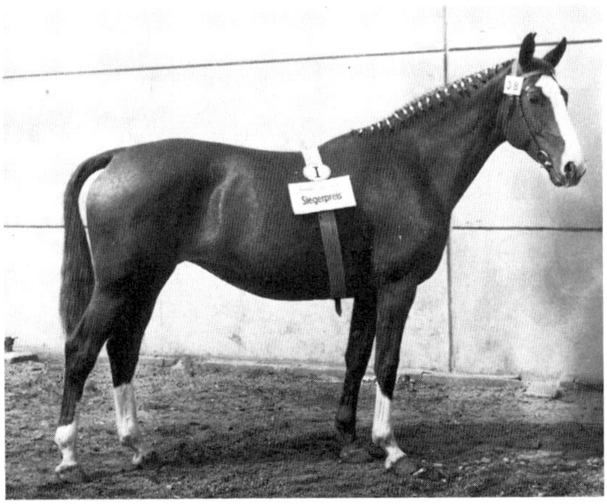

Falkenburg mit ihren Töchtern *Angelina* und *Almona* v. *Abhang II* auf der DLG-Ausstellung 1966 durch Zuerkennung des Familiensiegerpreises. Sie hatte somit den gleichen Erfolg wie *Flügelpalme* 1956. 1970 wurde *Falkenburg* mit *Angelina* und der Enkelin *Dunja* v. *Dominik* als bester hannoverschen Familie außerdem der Louis-Wiegels-Preis verliehen. Leider ist die hochwertige Mutterstute *Falkenburg* 1974 tragend eingegangen. Ihre Tochter *Angelina,* die wiederholt mit *Duftgut* um höchste Ausstellungsehren konkurriert hat, konnte auf der DLG-Schau 1974 nicht nur einen Ia-Preis, sondern auch den Felix-Hoesch-Preis als Warmblutstute mit der höchsten Zuchtleistung gewinnen. Sie hat bisher in 8 Zuchtjahren 8 Fohlen geliefert. Der *Falkenburg*-Sohn *Platanos* ist ein gut veranlagtes Springpferd. In dem Züchterstall wird ausschließlich mit Stuten aus dem *Falkenburg*-Stamm weitergezüchtet, während die Nachkommen aus dem *Glücksspiel*-Stamm in den Besitz anderer Züchter übergegangen sind. Alle 6 Töchter der *Glücksspiel,* 2 v. *Faruk* und 4 v. *Winkel,* wurden Staatsprämienstuten. In beiden Familienzweigen beweist die große Anzahl der vergebenen Staatsprämien die hohe qualitative Einschätzung der Stuten. Auch in dieser Familie, in der gute Leistungsveranlagung und guter Zuchttyp vereinigt sind, hat die Hälfte aller aufgeführten Stuten Staatsprämie erhalten. Alles andere Wissenswerte ist der Familienaufstellung zu entnehmen.

Von oben nach unten:

Glücksspiel v. *Goldfalk*

Duftgut v. *Duft II*

Falkenburg v. *Faruk*

Angelina v. *Abhang II* a. d. Falkenburg

Hannoversche Zuchtverfahren

Wenn eine Pferdezucht wie die hannoversche mit mehr oder weniger Systematik in einem Zeitraum von über 100 Jahren entwickelt worden ist, dann könnte eine Untersuchung über die dabei angewandten Theorien oder Methoden ebenso interessant wie lehrreich sein. Hannover kann immerhin auf stattliche Erfolge zurückblicken. Nicht ohne Grund züchten Mecklenburg, Pommern, Westfalen und überwiegend auch Brandenburg schon seit langem nach hannoverschem Blut. Seit dem letzten Krieg gewinnt Hannover immer mehr Boden im In- und Ausland.

Die Vererbungsgesetze sind seit Mendel in großen Zügen zwar bekannt; sie allein bieten aber für die praktische Züchterarbeit noch keine genügende Handhabe. Zwar kommen fast jährlich neue Erkenntnisse hinzu, deren Verarbeitung und Anwendung weitere Fortschritte der Tierzucht ermöglichen. Naturgemäß sind die Kleintierarten mit schnellster Generationsfolge und Vielgeburten die gegebenen und daher bevorzugten Objekte der Vererbungsforschung. Aus den gleichen Gründen sind diese Tierarten aber auch die größten Nutznießer der gefundenen Ergebnisse. Hier, man denke nur an Rassegeflügel und Kaninchen, kann man bei der Vielzahl der in einem einzigen Jahr anfallenden Nachkommen nach Herzenslust ausscheiden und sich bei der Weiterzucht auf die Exemplare beschränken, die dem gesuchten Idealtyp am nächsten kommen. Werden auch 90% ausgeschieden, so bleiben doch immer noch genügend Nachkommen zum Aufbau einer neuen oder zur Fortführung der bisherigen Versuchsreihe.

Ganz anders aber in der Großtierzucht, besonders bei den Pferden. Zwillingsgeburten sind ebenso unerwünscht wie selten, und die Fruchtbarkeit beträgt im Durchschnitt 55%. Es ist schon ein recht gutes Ergebnis, wenn eine Stute in vier Zuchtjahren drei lebensfähige Fohlen bringt! Infolgedessen ist es auch schwierig, durch theoretisches Planen zuverlässige Ergebnisse zu erzielen, die der Praxis mit gutem Gewissen als Beispiele zur Nachahmung empfohlen werden könnten.

Eine Nachkommenschaftsprüfung in der Pferdezucht dauert sehr lange. Aus diesem Grunde ist für den Pferdezüchter eine einigermaßen zuverlässige Zuchtwahl besonders schwierig.

Bei einer über 100 Jahre alten Zucht führen trotz solch langsamen Generationswechsels Untersuchungen, die sich auf den ganzen vergangenen Zeitraum erstrecken, zu verläßlichen Feststellungen

Duellant, geb. 1943 v. *Dolman-Foliant-Schumann,* einer der »Stempelhengste« der Nachkriegszeit, lieferte für Celle 14 Landbeschäler, ferner 199 H- und S-Stuten und 190 Turnierpferde (Gesamtgewinnsumme bisher 441 327,– DM).

darüber, ob und welche Zuchtverfahren angewandt worden sind und wie sie sich bewährt haben. Zu den Ergebnissen wird aber auch die deprimierende Erkenntnis gehören, daß die bewußte Berücksichtigung bestimmter Erbregeln in der pferdezüchterischen Praxis bisher nur wenig anwendbar erschien. Erschweren der langsame Generationswechsel und der niedrige Fruchtbarkeitsgrad an sich schon schnelle Zuchterfolge, so kommen bei der niedrigen Stutenzahl – und wenige Betriebe halten mehr als eine Zuchtstute – nicht selten Gefühlsmomente hinzu, die Zuchterfolgen im Wege stehen: Oft ist nur noch eine junge Stute auf dem Hof, als letzte ihres vielleicht alten, mit dem Hof verbundenen Stammes. Mag sie auch mit Fehlern behaftet sein, sie wird des Stammes wegen doch gedeckt – züchterisch falsch, aber gefühlsmäßig verständlich, ja sympathisch.

Wie schwierig sich im übrigen vielfach die Probleme der Zuchtwahl gestalten, kann auch durch einen Hinweis auf das unterschiedliche Exterieur von Vollgeschwistern und demnach auch deren durchaus verschiedenartige Vererbung ins Bewußtsein gehoben werden. Diese Tatsache ist aus genetischer Sicht unschwer zu erklären. Die verhältnismäßig hohe Zahl der Chromosomen und damit der Erbfaktoren beim Pferd erlaubt der Natur recht zahlreiche, vorher nicht zu bestimmende Kombinationsmöglichkeiten der Erbanlagen bei jeder erfolgreichen Paarung. Nur eineiige Zwillinge, die in der Pferdezucht keine Rolle spielen, würden die Garantie für eine völlig gleichartige Veranlagung von Vollgeschwistern bedeuten. Das sind inzwischen allgemein bekannte Tatsachen. Daher liefert auch die hannoversche Pferdezucht immer wieder Anschauungsmaterial für die verschiedenartige züchterische Auswirkung von Vollbrüdern, wenn es andererseits auch solche gibt, die sich in Typ und Vererbung ähneln, wie das in neuester Zeit beispielsweise bei *Abhang I* und *Abhang II* bis zu einem gewissen Grade der Fall ist. Beide Hengste haben neben einzelnen Söhnen vor allem recht typvolle, mittelrahmige Töchter hinterlassen.

Derartige Vergleiche stoßen aber grundsätzlich auf die Schwierigkeit, daß die den Hengsten zur Verfügung stehende Stutenunterlage in der Regel durchaus verschieden ist und demzufolge die Voraussetzungen für eine gleichmäßige Vererbung verschoben werden. Es darf eben in diesem Zusammenhange der »Passereffekt« nicht übersehen werden, der als ein Ausdruck für das biologische Zusammenpassen der Stutengrundlage und der speziellen Veranlagung des Hengstes aufzufassen ist. Immer wieder kann man beobachten, daß ein

Hengst auf einer bestimmten Stutenunterlage besser vererbt als auf einer anderen. Nicht immer wird daher genügend gewürdigt, daß ein Hengst sich nur dann in der Zucht befriedigend auswirken kann, wenn die ihm zugeführten Stuten aufgrund ihrer erblichen Disposition auch tatsächlich zu ihm passen. Das ist zwar häufig nicht leicht zu ergründen, aber doch außerordentlich wichtig. Vielfach lassen sich dadurch die Unterschiede in der Vererbung von Vollbrüdern mit erklären.

Man ist geneigt, hier noch auf die Abendsport-Enkelin *Adelsamt H 58879* (z. Z. Bes.: Dr. Schmidt, Ankum) hinzuweisen, die vom *Ferdinand* 5 männliche Nachkommen geliefert hat, von denen bereits 4 (*Faustus, Funchal, Fino* und *Feisal*) die Qualifikation für den Hochleistungssport besitzen und der fünfte *(Fürst Ferdinand)* seinen Einsatz in der Zucht findet. Offensichtlich liegt hier doch eine ziemlich gleichmäßige Leistungsveranlagung aufgrund eines guten »Passereffektes« zwischen *Adelsamt* und *Ferdinand* vor.

Stuten an der Weser bei Nienburg.

Einfluß des Züchters

In der Praxis sind für den einzelnen Züchter die Möglichkeiten der Anwendung eigener Zuchtmethoden im allgemeinen sehr beschränkt, soweit er auf die Benutzung von staatlichen Hengsten angewiesen ist. Bei der Häufung gleicher Ahnen, wie sie bei einer einigermaßen konsolidierten Zucht unausbleiblich ist, hat er vielleicht die Möglichkeit systematischer Verwandtschaftszucht. Steht ein Hengst länger als vier Jahre auf seiner Station, käme sogar Inzestzucht in Frage, also die Paarung Vater–Tochter. Hiervon macht er allerdings, einem gesunden Instinkt folgend, eigentlich nie Gebrauch. Sonst aber bleibt dem Züchter nicht viel Gelegenheit, eine für richtig gehaltene besondere Zuchtmethode anzuwenden. Erst seitdem die Stuten mehr und mehr zum Hengst gefahren werden, lassen sich auch weiter entfernte Stationen aufsuchen, damit auch »Blut zu Blut« paßt.

Zu Hause, auf der eigenen Station, ist er fast ausschließlich auf Exterieurzucht und die ihm dort zur Verfügung gestellten Hengste angewiesen. Die Zuchtwahl kann dann besonders schwierig werden, wenn eine Station nur mit 2 Hengsten besetzt ist. Deshalb ist das Landesgestüt im letzten Jahrzehnt auch bestrebt gewesen, größere Stationen zu schaffen, nachdem das Transportproblem zweitrangig geworden ist. Leider ist den Züchtern bei ihren Überlegungen nicht immer die Erfahrung bekannt, daß ein Fehler nicht etwa durch den entgegengesetzten Fehler zu korrigieren ist. So ist z. B. eine zu kleine Stute nicht etwa mit einem übergroßen, sondern mit einem Hengst in Idealgröße zu paaren, wenn man Nachzucht erhalten will, die mit einem überhaupt möglichen Wahrscheinlichkeitsgrad die gewünschte Größe hat und bei entsprechender Paarung auch am sichersten vererbt. Weiterhin sollte man nicht versuchen, ein zu gerade gestelltes Hinterbein durch ein stark gewinkeltes, sondern nur durch ein korrekt gestelltes zu verbessern.

Demgegenüber kann man mit Recht annehmen, daß die Zuchtleiter der Praxis sich ohne Ausnahme laufend sehr ernsthafte Gedanken über die Zweckmäßigkeit der einzelnen Zuchtmethoden machen und sich um deren Verwirklichung in der Praxis bemühen. Bei all diesen Erwägungen muß heute das Leistungspotential stärker als früher in das züchterische Kalkül einbezogen werden.

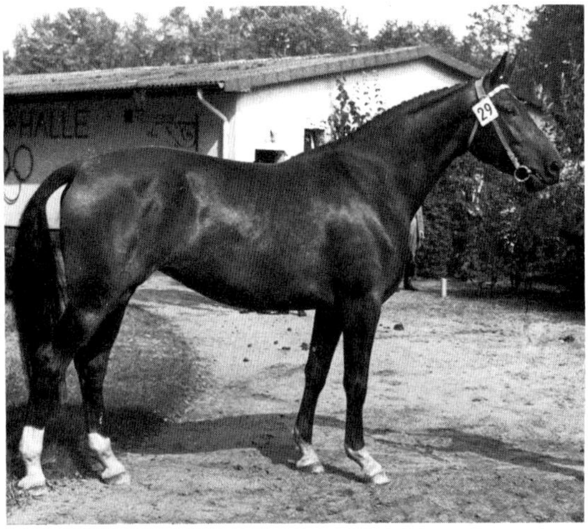

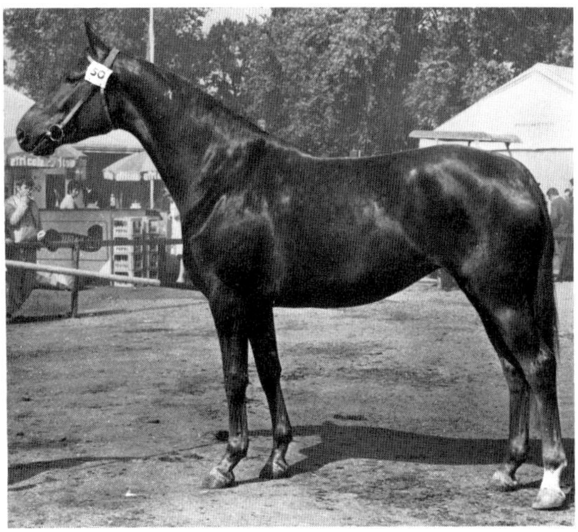

Zuchtmethoden

Schön hat 1961 eine aufschlußreiche Dissertation über die in der hannoverschen Warmblutzucht angewandten Züchtungsmethoden geschrieben, auf die im Nachfolgenden, zum Teil durch wörtliche Wiedergabe, Bezug genommen wird. Als Grundlage seiner Untersuchungen dienten ihm das Hannoversche Stutbuch sowie das hannoversche und das westfälische Hengstverzeichnis. Teilweise standen ihm damit Abstammungen bis vor 1800 zur Verfügung. Sodann hat er die zwischen 1945 und 1959 in einigen Gebieten aufgenommenen 2895 Hauptstutbuchstuten auf Grund der Abstammung in 301 Stämmen geordnet. Aus diesen wählte er die 226 in der Zucht erfolgreichsten Stuten aus, deren Abstammung er bis zur fünften Ahnenreihe – das bedeutet durchschnittlich 60 bis 70 Jahre – zurückverfolgte. Eine weitere Auswahl führte zu 67 Stammstuten, deren Abstammung er bis zur achten Generation studierte. Seine Untersuchungen an Stuten gingen demnach z. T. um 100 oder mehr Jahre zurück.

Schön hat die interessanten Untersuchungsergebnisse seiner Dissertation so klar formuliert, daß man die für uns wichtigsten Stellen am besten im Wortlaut anführt: »Der Ausgangsrasse des hannoverschen Landpferdes traten als veredelnde Partner Hengste des englischen Vollbluts oder anderer Warmblutrassen mit mehr oder weniger hohem Vollbluteinschlag gegenüber.«

»Bei oberflächlicher Betrachtung ist ein sehr uneinheitliches Bild zu erkennen. Stämme, die durch eine über viele Generationen ausgedehnte Veredelungskreuzung entstanden, wechseln ab mit solchen, die

Ellinor, geb. 1965 v. *Ernö* und *Duellpoesie,* dreijährig, DLG-Ausstellungen 1968 Ia-Preis, 1970 Ic-Preis, 1972 Ia-Preis.

Eva, geb. 1966 v. *Ernö* und *Duellpoesie,* dreijährig, DLG-Ausstellung 1970 Ia-Preis, 1972 Ia- und *Siegerpreis.*

Erle, geb. 1967 v. *Ernö* und *Duellpoesie,* dreijährig, DLG-Ausstellung 1970 Ia-Preis.
Züchterin dieser 3 Stuten: Marie-Luise Holten, Allwörden.

nur geringe Zufuhr von Fremdblut zeigen. Als Fremdblut bzw. Fremdrassen treten vor allem das englische Vollblut und die mecklenburgisch-pommersche Edelzucht des 19. Jahrhunderts, die allgemein einen sehr hohen Vollblutanteil aufweist, in Erscheinung. Daneben finden sich als Träger von Fremdblut Hengste englischer Halbblutrassen, Ostpreußen bzw. Trakehner, Beberbecker und Graditzer, vereinzelt auch Vertreter anderer Rassen. Fast alle fremdrassigen Halbbluthengste, die in der hannoverschen Warmblutzucht verwendet werden, weisen einen mehr oder weniger hohen Anteil englischen Vollblutes auf.« (Wie ja durch Vollbutaufartung alle modernen Halbblutrassen aus den Landschlägen entstanden sind.)

»Die Grundlage der hannoverschen Warmblutzucht bilden Stutenstämme, die mit einer über viele Generationen ausgedehnten Kreuzung erzüchtet worden sind.« – »Die in so starkem Ausmaß angewandte Kreuzung kann insofern nicht als Verdrängungskreuzung bezeichnet werden, als ihr Ziel nie eine Verdrängung, sondern nur eine Veredelung der vorhandenen Ausgangsrasse war. Sie ist also trotz der intensiven Fremdblutzufuhr als Veredelungskreuzung anzusehen.«

»Als Beginn der Reinzucht ergibt sich übereinstimmend in allen fünf Gruppen der Zeitraum um 1910. Dabei gilt als maßgebend für die Bestimmung dieses Zeitpunktes die erstmalige Benutzung von Hengsten mit weniger als 4/8 Fremdblutanteil in dritter Ahnenreihe. Zu beachten ist bei dieser Einordnung, daß nach Übergang zur Reinzucht im Verlauf der nächsten zwei Generationen in 97 Stämmen (33,8%) wieder Hengste mit 4/8 bis 7/8 Fremdblutanteil in dritter Ahnenreihe benutzt wurden, in 25 von diesen Stämmen sogar zweimal hintereinander. Zwar wird die begonnene Reinzucht durch ein derartiges Vorgehen nicht direkt durchbrochen, jedoch kann sie in diesen Fällen nur noch bedingt als solche bezeichnet werden. In 45 Stämmen (15,7%) erfolgte im Verlauf der nächsten zwei Generationen nach Übergang zur Reinzucht eine deutliche Unterbrechung dieser Reinzucht durch Benutzung fremdrassiger Hengste. Diese Unterbrechung der Reinzucht ist in den meisten Fällen als Blutauffrischung (Zufuhr von bereits früher eingekreuztem Fremdblut), bei Fehlen voraufgegangener Kreuzung dagegen als Veredelungskreuzung anzusehen.«

»Ein Überblick über die Gesamtheit aller Stutenstämme des Untersuchungsmaterials läßt kein einheitliches Zuchtverfahren, auch keinen regelmäßigen Wechsel oder Übergang erkennen. Eine Einordnung nach Selektions- und Kombinationszüchtung ist nicht möglich.« Kombinationszucht wäre ja auch nur diskutabel, wenn homogene Zuchtstämme zur Verfügung gestanden hätten, was nicht der Fall war. Die Zitate aus der Arbeit Schöns beziehen sich auf die Frage, ob überhaupt ein bestimmtes Zuchtverfahren angewandt oder bevorzugt wurde. Die anschließenden Ausführungen betreffen Schöns Feststellungen zu der Frage, ob vielleicht ein bestimmtes Zuchtverfahren als besonders erfolgreich festzustellen ist.

»Nach Errechnung der Inzuchtkoeffizienten in aufsteigender weiblicher Linie (Mutter, Muttermutter usw.) bis zum Ende der Abstammung für insgesamt 55 Stamm-Stuten ergibt sich für die Erzüchtung dieser Stuten das folgende, allen gemeinsame Schema: Auf anfängliche Fremdzucht über etwa vier Generationen folgen in regelmäßigen Wellen Verwandtschafts- und Fremdzucht hintereinander in mehrfacher Wiederholung. Dabei beträgt der Abstand von Welle zu Welle (Homozygotie, Verwandtschaftszucht) durchschnittlich etwa drei Generationen.«

»Der deutlich, wenn auch statistisch nicht gesicherte, unter dem der Durchschnittsprobe liegende Fremdblutanteil der Elite-Stuten gestattet den Hinweis, daß unter den Verhältnissen der vorliegenden Untersuchung eine – im allgemeinen als »Blutauffrischung« zu bezeichnende – Kreuzung nicht als für den Zuchterfolg günstig angesehen werden kann. Da der Inzuchtgrad der Elite-Stuten ebenfalls erkennbar unter dem der Durchschnittsprobe liegt, scheint auch die Inzucht (bzw. stärkere Verwandtschaftszucht) nicht unbedingt nötige Voraussetzung für die Erzüchtung wertvoller Zuchtprodukte zu sein. Diese Folgerung weist in die gleiche Richtung wie die bei anderen Tierarten an großem Material ermittelten Ergebnisse, die eine allgemeine Anwendung der Inzucht in der Landestierzucht als nicht empfehlenswert erscheinen lassen. Dabei ist zu beachten, daß nach den vorliegenden Untersuchungsergebnissen bei der Erzüchtung von Stamm-Stuten periodisch mäßige Verwandtschaftszucht angewandt worden ist. Wieweit diese Zucht auf ›Blutanschluß‹ direkt oder nur indirekt über

Siegerfamilie im Otto-Ohmstedt-Preis 1965. *Schatznorne* v. *Shagya XXII* (rechts), die bisher in 21 Zuchtjahren 20 Fohlen gebracht hat, mit ihren 3 Töchtern von *Duellant,* Züchter und Besitzer *Herwart v. der Decken, Rutenstein.*

die Schaffung von Voraussetzungen für positiv wirkende Fremdzucht als günstig zu werten ist, bleibt eine offene Frage.« Bei den ungezählten Kombinationsmöglichkeiten der Gene bietet auch systematische Inzucht keine Gewähr, das erhoffte Ziel zu erreichen. Unsicherheiten und Enttäuschungen sind unausbleiblich.

»Besonders wichtig erscheint es, die mehrfach erwähnten Untersuchungsergebnisse zu beachten, aus denen hervorgeht, daß nicht ein bestimmtes Zuchtverfahren in ständiger Anwendung, sondern der regelmäßige Wechsel gegensätzlicher Verfahren, in diesem Falle Verwandtschafts- und Fremdzucht, zum Erfolg geführt hat.«

Die Ergebnisse seiner Untersuchungen faßt Schön »unter Berücksichtigung der mangelnden statistischen Sicherung« in folgenden Schlüssen zusammen:

»a) Blutauffrischung (Wiederholung einer früher bereits durchgeführten Veredelungskreuzung) scheint nicht unbedingte Voraussetzung für den Zuchterfolg zu sein.

b) Inzucht erscheint ebenfalls als für den Zuchterfolg nicht erforderlich. Hinsichtlich der Zucht auf Blutanschluß ist keine klare Folgerung möglich, doch wird vermutet, daß auch dieses Verfahren nicht als wesentliche Vorbedingung für züchterische Erfolge anzusehen ist. Allerdings ist dabei zu beachten, daß bei der Erzüchtung von Stamm-Stuten deutliche Phasen einer Zucht auf Blutanschluß festgestellt worden sind.

c) Fremdzucht innerhalb der Rasse kann als zuchtfördernd betrachtet werden. Dabei übt wahrscheinlich die Steigerung oder Erhaltung der Heterozygotie unter gleichzeitiger Vermeidung der bei Kreuzungen häufig anfallenden krassen Minusvarianten einen wesentlichen Einfluß aus. Da dieses Verfahren wegen der im allgemeinen begrenzten Verfügbarkeit wenig verwandter Partner der gleichen Rasse nicht beliebig lange durchgeführt werden kann, ergibt sich die Notwendigkeit – falls Kreuzung vermieden werden soll –, Perioden der Verwandtschaftszucht einzuschalten. Damit wäre das bei der Erzüchtung der Stamm-Stuten gefundene Schema erreicht. Es bleibt eine offene Frage, ob die Verwandtschaftszucht sich direkt oder indirekt über die Ermöglichung erneuter Fremdzucht positiv auswirkt.«

Die von Schön vertretenen Ansichten hinsichtlich der Erfolge von Heterozygotie scheinen sich mit den Ergebnissen neuerer Forschung bei anderen Haustieren zu decken. Sicherlich kommt dabei dem sog. Heterosiseffekt besondere Bedeutung zu. Auch Köppe schreibt der Heterozygotie, also der Vereinigung verwandtschaftlich nicht nur wenig verbundener Stämme der gleichen Rasse, ähnliche Erscheinungen belebter Vitalität zu, wie sie bei Fremdkreuzungen auftreten.

Man sollte die Untersuchungsergebnisse Schöns zum Anlaß nehmen, sich über die Bedeutung und Bewährung solcher Zuchtverfahren und Begriffe zu unterrichten, die auch dem praktischen Züchter geläufig sind.

Die Feststellungen Schöns sind ferner dahin zu deuten, daß in der Vergangenheit nicht nach einem festen Zuchtplan gearbeitet worden ist, sondern die Zuchtwahl für die Verwirklichung des vorschwebenden Zuchtzieles von Fall zu Fall entschieden wurde. Im Vordergrund des Interesses stand dabei regelmäßig die Erreichung des zweckmäßigsten Zucht- und Nutzungsmodells im vielseitigen Wirtschafts-/Reitpferdemodell. Künftig kann es sich aber nur noch um das vielseitige Reitpferdemodell handeln. Daher muß mehr und mehr versucht werden, die Leistungszucht auf eine erfolgversprechende Grundlage zu stellen. Das kann nur im Zusammenwirken von Züchtern, Landgestüt und Zuchtleitung geschehen. Dazu bedarf es einer systematischen Auswertung der Leistungsergebnisse und deren Berücksichtigung bei der Hengstauswahl und der Besetzung der Deckstationen. Einheitlich ist zur Zeit bei allen Züchtern das Bestreben, beim hannoverschen Pferd die Schönheit und Harmonie unter Erhaltung der Zweckmäßigkeit seines Formats weiter zu festigen.

Inzucht

Zu den praktikablen Zuchtverfahren gehört vor allem die Inzucht. Nach Schön lassen sich mit ihr in der Praxis nicht die Erfolge erzielen, wie viele interessierte Züchter von ihr erhoffen. Das Problem ist in der Theorie leicht überschaubar, in der Praxis tatsächlich aber recht schwierig.

Graf Lehndorff tat es (nach Chapeaurouge) recht kurz und bündig ab, als er Dr. Grabensee als Landstallmeister in Celle einführte: »Sir werden sich angelegen sein lassen müssen, sich möglichst bald über die verschiedenen Blutströme hier im Lande zu orientieren, um die Inzucht zu vermeiden; denn Inzucht ist, wie Sie wissen, das Schlimmste, was in einer Zucht passieren kann.« Indessen glaubte Chapeaurouge, Grabensee später davon überzeugt zu haben, daß Inzucht beim Aufbau von Familien eine sehr wesentliche Rolle spiele. Rau schreibt 1914, daß durch Inzucht mit einiger Sicherheit konstant vererbende Tiere zu erzüchten seien und daß richtig gebrauchte Inzucht am schnellsten zum Ziele führe. Auch Heling verkennt nicht, daß Inzucht die homogenisierende Konsolidierung der Familie und deren Vererbungstreue fördere; für die Praxis seien allerstrengste Selektion und eine Prüfung der Nachkommenschaft auf rezessive Anlagen und degenerative Konstitutionsmängel erforderlich, aber in der landwirtschaftlichen Großtierzucht nur schwer möglich.

Die Ansichten scheinen sich zu widersprechen, sind aber ohne Schwierigkeit auf einen Nenner zu bringen: Paarung von Verwandten innerhalb der letzten vier bis fünf Generationen – alle weiteren Generationen dürften schon zu einflußlos sein – häuft in dem Produkt der Paarung die vererbbaren Eigenschaften der gemeinsamen Vorfahren. Diese Zunahme der Reinerbigkeit bezieht sich aber ebenso auf erwünschte wie auf unerwünschte Eigenschaften. Insbesondere können auch Eigenschaften ans Licht kommen, die bei Fremdpaarung überdeckt geblieben wären. Soweit durch Inzucht wünschenswerte Eigenschaften verstärkt in der Erbmasse verankert werden, ist es natürlich gut. In der Theorie könnte das zwar auch für negative Eigenschaften als gut bezeichnet werden: Die sonst verdeckten Erbanlagen werden erkannt, und ihre Träger könnten ausgeschieden werden. Die Praxis glaubt aber, aus wirtschaftlichen Gründen es sich nicht leisten zu können, nun auch die exterieurmäßig guten Vertreter, also die Plusvarianten, einer mit negativen Erbanlagen ausgestatteten Familie rücksichtslos von der Weiterzucht auszuschließen. Der zweifellos richtigen Feststellung gegenüber, daß Inzucht bei dem Aufbau wertvoller Familien und ebenso auch beim Blutaufbau besonders durchschlagender Vererber eine wesentliche Rolle gespielt hat, muß man sich darüber klar sein, daß im allgemeinen eben nur die Familien, die sich bewährt haben, für nachträgliche Untersuchungen zur Verfügung stehen. Was dagegen im Lauf der beabsichtigten oder unbeabsichtigten Familienaufbauten erfolglos am Weg liegen geblieben ist, steht für die Untersuchungen nicht mehr zur Verfügung. Will man aber in der Praxis bei umgekehrter zeitlicher Reihenfolge versuchen, unter bewußter Anwendung von Inzucht Familien aufzubauen oder zu möglichst reinerbigen Produkten zu kommen, dann muß man alle diese Schwierigkeiten, besonders das Zutagetreten unerwünschter Eigenschaften, in Kauf nehmen. Dann ist Schöns Ansicht richtig, daß Inzucht keine unmittelbaren Erfolge verbürge. Das bestätigt übrigens auch Schilke auf Grund seiner Erfahrungen in der ostpreußischen Zucht. Ergänzend schreibt er dazu, Dr. Ehlert, der letzte Landstallmeister von Trakehnen, habe insbesondere das wiederholte Auftreten eines oder mehrerer Ahnen im gleichen Pedigree verworfen.

Andererseits kann nicht übersehen werden, daß es allgemein in der Pferdezucht genügend Beispiele dafür gibt, daß Verwandtschaftszuchten, ja sogar engste Inzuchten, erfolgreich sein können. Entscheidend bleibt die erbliche Veranlagung des Ahnen, auf den die Inzucht betrieben wird. Sofern keine die Konstitution beeinträchtigenden Gene vorhanden sind, ist die Inzucht wenig gefahrvoll.

Kreuzungen

Kreuzungen – in der heutigen hannoverschen Zucht würde es sich dabei um die Benutzung von Vollblütern, Arabern und Trakehnern handeln – sieht Schön auf Grund seiner Ergebnisse nicht als günstige Zuchtmethode an, wenn es sich um die Heranzüchtung einer äußerlich und erblich möglichst einheitlichen Rasse handelt. Seine Ergebnisse empfehlen an Stelle dieser auch als »Blutauffrischung« bezeichneten Zuchtmethode die sog. Fremdzucht innerhalb der eigenen Rasse. Das würde für Hannover heißen, rein hannoversch gezogene Stuten durch ebensolche Hengste bedecken zu lassen, wobei es auf möglichst wenige gemeinsame Ahnen ankäme.

Schöns Untersuchungen beziehen sich aber im wesentlichen auf einen Zuchtzeitraum, in dem auf einen Typ hin gezüchtet wurde, der seitdem eine deutliche Akzentversetzung erfahren hat. Die seit Anfang der fünfziger Jahre verstärkte Benutzung von Vollblütern und Trakehnern in der hannoverschen Zucht bestätigt Schöns Ergebnisse hinsichtlich der Kreuzung, die übrigens eine auch den Praktikern bekannte alte Erfahrung sind: neben Zuchtprodukten der erhofften Qualität ist als besonderes Ergebnis der Kreuzung auch mit einem Anfall minderwertiger Fohlen zu rechnen, der größer ist als bei Reinzucht.

Trotzdem ist zur Beschleunigung der Modernisierung des Hannoveraners und zur Unterstützung der auf das gleiche Ziel gerichteten Selektion diese dosierte Blutauffrischung richtig gewesen. Nachdem inzwischen aber neben vielen Hengsten auch eine nennenswerte Zahl von Stuten wieder einmal einen »Schuß Blut« erhalten hat, und zwar einen stärkeren als in den vergangenen 100 Jahren, und dadurch die Breitenbasis für die von Schön als besonders erfolgreich festgestellte Fremdzucht innerhalb der Rasse stark erweitert ist, sollte man der hannoverschen Zucht eine längere Ruhepause zur Assimilierung der eingekreuzten Blutanteile gönnen. Wahrscheinlich stellt sich dann heraus, daß der durch Kreuzung und Selektion gewonnene neue Typ erbsicher genug ist, um das Ausmaß weiterer Einkreuzungen auf einen vertretbaren Umfang zu beschränken. Vor dieser Aufgabe steht die hannoversche Zucht zur Zeit.

Individualpotenz

Individualpotenz ist der vor allem früher in der Wissenschaft gebräuchliche Ausdruck für das, was der praktische Züchter mit »Durchschlagskraft« bezeichnet. Für ihre männlichen Träger liest man neuerdings auch die Bezeichnung »Stempelhengst«. Im Idealfall handelt es sich dabei, wissenschaftlich formuliert, um »dominante Vererbung homozygot veranlagter Tiere« (Bauer). Eine derartige genetische Form wird es für das Exterieur der Pferde im Hinblick auf die Vielzahl der verantwortlichen Faktoren allerdings kaum geben. Trotzdem enthält auch die hannoversche Zucht manche Beispiele für Individualpotenz. Da ist *Flügeladjutant,* der der großen alten Deckstelle Badbergen wahrscheinlich für Generationen seinen Stempel aufdrückte. Ein in breitester Öffentlichkeit bekanntes Beispiel ist *Duellant,* dem die Deckstelle Landesbrück und die hannoversche Zucht so außerordentlich viel verdanken. Er gab seinen Nachkommen nicht nur einen einheitlichen, modernen Überguß mit, sondern vererbte ebenso durchschlagend seine hervorragenden Bewegungen wie die besondere Eignung für Dressur (*Doublette, Dux* u. a.). Ferner gaben *Feiner Kerl, Abendsport* und *Senator* der Deckstelle Altenbruch ihren Stempelaufdruck. Auch aus dem derzeitigen Hengstbestand werden sich wieder einige Hengste mit nachhaltiger Durchschlagskraft herausschälen, z. B. *Absatz, Sender.*

Verständlich ist es, daß solche Hengste, liefern sie erst einmal Fohlen von überwiegend gleichmäßiger Qualität, von den Züchtern besonders stark benutzt werden. Aber es ist wie bei der Inzucht, der diese Hengste häufig ihre Durchschlagskraft verdanken: neben guten Eigenschaften werden auch unerwünschte mit vererbt. Das ist um so gefährlicher, wenn diese Fehler beim Vater selbst äußerlich nicht in Erscheinung treten und bei den Nachkommen auch erst in einem gewissen Alter zu erkennen sind. So gibt es in allen Zuchten Beispiele von Vererbung weicher Konstitution, also mangelnden Nervs, von Rückenschwäche und anderen Gebrauchsfehlern. Bis solche Erbmängel deutlich werden, sind schon mehrere Jahrgänge, meist übernormal stark, vorhanden. Der Hengst hat bereits sein Renommee als durchschlagend guter Vererber. Das Urteil der Züchter steht fest, daß eine Revidierung in der Praxis kaum noch möglich ist.

Solche Erfahrungen sollten eine Lehre sein, der übermäßigen Benutzung junger Hengste in jedem Fall vorzubeugen, bis über die Vererbung Sicherheit besteht. Da man solche Vorsicht aber nicht von dem einzelnen Züchter erwarten kann, weil er jährlich nur eine oder zwei Stuten decken läßt, sollte die Gestütverwaltung entsprechende Vorsorge treffen.

Farbvererbung

Im Gegensatz zu den meisten anderen körperlichen Merkmalen herrscht eine recht genaue Kenntnis über die Vererbung der Farbe beim Pferd. Schon 1912 konnte Walther in eingehenden Untersuchungen die Zusammenhänge klären, die inzwischen von anderer Seite und durch allgemeine Erfahrungen bestätigt wurden. Hier können nur einige wesentliche Grundbegriffe erörtert werden.

Danach bleibt festzuhalten, daß bei der Paarung von Füchsen untereinander nur die Fuchsfarbe entstehen kann, weil es sich bei dem entscheidenden Faktor immer um ein reinerbiges (homozygotes) Merkmal handelt. Einfach bleibt es auch, wenn man reinerbige Rappen oder Braune in sich paart. Dann gibt es immer nur Rappen oder Braune. Anders dagegen verläuft der Erbgang bei Gemischterbigkeit (Heterozygotie). Paarungen von gemischterbigen Rappen untereinander ermöglichen 75% Rappen und 25% Füchse. Gemischterbiger Rappe x reinerbigem Fuchs erbringt 50% Rappen und 50% Füchse. Trägt der Fuchs jedoch in seinem zweiten Merkmalspaar verdeckt auch den Faktor, der die braune Farbe mitbestimmt, dann entstehen bei der Zusammenführung von Rappe und Fuchs 50% Braune und 50% Füchse, aber keine Rappen mehr. Noch komplizierter werden die Vorgänge, wenn man gemischterbige Braune paart, weil es sich bei der Entstehung der braunen Farbe regelmäßig um zwei selbständig mendelnde Faktorenpaare handelt. Bezieht sich die Gemischterbigkeit auf beide Faktorenpaare, ist das Ergebnis: 56% Braune, 25% Füchse und 19% Rappen. Ist dagegen ein Paarungspartner für die braune Farbe reinerbig in beiden Faktorenpaaren, entstehen ausschließlich Braune. Dafür liefert die Zucht hinreichende Beispiele. Aus der hannoverschen Zucht können beispielsweise genannt werden *Adlerhorst,*

Altenwalde, Endspurt xx, Feiner Kerl, Ferdinand, Frevler, Gouverneur usw. Derartige Hengste können sehr gut dort als Regulative eingesetzt werden, wo die Fuchsfarbe eine zu starke Verbreitung erfahren hat.

Wichtig sind ferner die Erkenntnisse über die Vererbung der Schimmelfarbe. Da es sich beim Schimmel im Gegensatz zum Fuchs um eine dominante Erbanlage handelt, trägt das Pferd, das den Schimmelfaktor mitbekommt, auch immer die Schimmelfarbe. Diese kann nie verdeckt (rezessiv) auftreten und verdrängt in jedem Falle die Grundfarben Braun, Fuchs, Rappe. Das vereinfacht auch die Prognose über die Vererbung. Ist ein Paarungspartner reinerbiger Schimmel, werden alle Nachkommen Schimmel. In der hannoverschen Zucht war der Araber *Amurath I* das überzeugende Beispiel hierfür. In seiner 17jährigen Deckzeit (1902 bis 1918) sind von ihm ausnahmslos Schimmelfohlen gefallen. Aus neuerer Zeit ist bekannt, daß in der ostfriesischen Zucht auf den Araber *Gazal* das gleiche zutrifft. Anders verläuft es, wenn es sich um gemischterbige (heterozygote) Schimmel handelt, wie es auf alle derzeit im Landgestüt stehenden Schimmel zutrifft. Paart man solche Schimmel untereinander, entstehen 75% Schimmel und 25% Nichtschimmel. Bei Kombination eines derartigen Schimmels mit Pferden in den Grundfarben tragen nur 50% der Nachkommen die Schimmelfarbe. Für die Züchtung ergibt sich aus diesen Erkenntnissen die praktisch wichtige Schlußfolgerung, daß ein Schimmelfohlen immer einen Schimmelelter gehabt haben muß, und andererseits aus der Paarung der übrigen Grundfarben nie ein Schimmel erwartet werden kann, auch wenn die Eltern der dunklen Paarungspartner Schimmel gewesen sein sollten. Diese Tatsache kann gelegentlich bei Unklarheiten über die Abstammung gute Dienste leisten.

Zu erwähnen bleibt in diesem Zusammenhange noch, daß die Abzeichen der Pferde unabhängig von den Grundfarben vererbt werden und auf pigmentloser Haut stehen, während der Schimmel, abgesehen von Albinos, eine pigmentierte Haut besitzt. Aus diesem Grunde sind die Pferde an den Stellen mit weißen Beinabzeichen bekanntlich empfindlicher und bedürfen somit einer sorgsameren Beinpflege. Pigmentlose Hufe sind deshalb auch erheblich weicher als stark pigmentierte, wie jeder weiß, der einmal selbst Hufe ausgeschnitten hat.

Wie schnell sich aber das Farbbild ändern kann und wie stark das Durchsetzungsvermögen der Fuchsfarbe ist, dafür gibt Altenbruch ein beredtes Beispiel.

Sämtliche Nachkommen des Hengstes *Feiner Kerl* waren braun. Er wurde in 22jähriger Deckzeit Vater von 971 Fohlen. Von ihnen wurden 257 Stuten ins Hauptstutbuch aufgenommen, 74 erhielten Staatsprämie. Als er 1943 starb, war Altenbruch eine braune Station. Dann kamen die Füchse *Almjäger I, Abendsport, Senator.* 25 Jahre nach dem Tode von *Feiner Kerl* war Altenbruch eine Station mit überdurchschnittlich vielen Füchsen. Inzwischen hat sich das Farbbild dort erneut verschoben. Das augenblickliche Verhältnis in der hannoverschen Gesamtzucht ist: 34% Füchse, 50% Braune, 8% Rappen und 6% Schimmel! Die Farbverteilung hat sich in den letzten Jahren etwas zugunsten der Braunen und Schimmel verschoben.

Eine bewußte Zucht nach Farben, etwa in der irrigen Annahme, mit gewissen Grundfarben seien bestimmte Anlagen verbunden – man denke nur an die gegenwärtige Bevorzugung der Schimmelfarbe als Folge der Vererbung guter Springanlagen durch *Ramzes* und *Agram* –, hat es eigentlich in Hannover nie gegeben. »Ein gutes Pferd hat keine Farbe« hieß es früher. Der Hauptabnehmer in alten Zeiten, die Remontierungskommission, achtete wenig auf Farben; nur Schimmel kaufte sie nicht. Heute, wo die Schönheit des Pferdes besondere Beachtung findet, kommt es auch auf Farbe und Abzeichen an. Alle Farben sind gesucht und werden in der Zucht entsprechend berücksichtigt. Allgemein aber werden hellfarbige Füchse, Braune mit »grünen« Beinen (häufiges Ergebnis der Paarung Braun + Fuchs) abgelehnt. Verwaschene, unklare, nicht vollgetönte Farben sind unerwünscht, weil sie nicht nur unschön wirken, sondern auch eine damit verbundene Schwäche der Konstitution befürchten lassen.

Der Hufschmied auf dem Züchterhof. Regelmäßige Hufpflege ist unbedingt notwendig.

Bewertung des Fohlenscheines

Die auf dem Fohlenschein angegebene Abstammung gibt wichtige Aufschlüsse über den Zucht- und Leistungswert. Mit berechtigtem Stolz erfüllt es jeden, der sich im Besitz einer Stute oder eines Reitpferdes mit alter, oft über hundertjähriger Abstammung weiß. Doch für den praktischen Gebrauch genügen im wesentlichen die Angaben der eigentlichen Stammtafel: was über die vierte, fünfte oder allenfalls sechste Generation hinausgeht, kann mit ruhigem Gewissen unberücksichtigt bleiben. In der fünften Generation gibt es schon 32 Ahnen. Mit dem Einfluß dieser Ururgroßeltern dürfte nur noch in seltenen Ausnahmefällen zu rechnen sein. Mit hoher Wahrscheinlichkeit haben die Eltern mehr als den doppelten Einfluß als die Großeltern, diese wieder mehr als den doppelten als die Urgroßeltern und so fort. Es sind ganz seltene Ausnahmen, wenn Eigenschaften der Voreltern nach Überspringen einer oder mehrerer Generationen bei späteren Nachfahren wieder in Erscheinung treten. Die Praxis sollte damit jedenfalls nicht rechnen. Experimente dieser Art könnten teuer werden.

Wie die Wissenschaft die Bedeutung der einzelnen Ahnenreihen beurteilt, dafür einige Beispiele:

Wright, Langlet und Gravert empfehlen für Vererbungsuntersuchungen die Berücksichtigung lediglich bis zur 5./6. Generation (Schön), und Bauer schreibt:

»Die Zucht auf Grund eigener Leistung ist die solide Grundlage. Die Zucht auf Grund der Vorfahrenleistung wird wissenschaftlich heute geringer beurteilt als früher ... Le Roy untersuchte mathematisch die Beurteilung des Zuchtwertes für eine Leistungseigenschaft auf Grund der nachgewiesenen Ahnenleistung und bestimmte die Grenzen ihrer Zuverlässigkeit. Dabei zeigte sich, daß die Eigen- und Elternleistung den weitaus wichtigsten Teil an Informationen liefern. Die dritte Ahnengeneration hat keinen nennenswerten Einfluß mehr auf die Präzisionssteigerung ... Die Abstammung in den ersten fünf Generationen zählt viel mehr als weiter zurückliegende Ahnen. Wie erwähnt, schränken manche Erbforscher dies weit mehr ein. Es ist dies besonders für die Frage, wie weit ein Klassepferd in der Ahnentafel praktisch heute noch erbwirksam wird, bedeutungsvoll, da das Vollblut eine etwa 25 Generationen rein gezüchtete Rasse darstellt und von den Züchtern oft auf sehr weit zurückliegende Ahnen Bezug genommen wird.«

Praktisch ist es zweifellos richtig, sich auf die Bewertung der vorderen Generationen zu beschränken. Es muß aber zugegeben werden, daß Anlagen zurückliegender Generationen durch eine glückliche, wenn auch sehr seltene Kombination gleichartiger Gene überraschend wieder in Erscheinung treten können. Das sind die interessanten Fälle wiederauftretender Eigenschaften von Voreltern. Sie aber bewußt hervorrufen zu wollen, ist ein mehr als zweifelhaftes Unterfangen.

Hierzu mag abschließend bemerkt sein, daß dem Hannoverschen Stutbuch für die Anerkennung von Hengsten sechs Generationen genügen, wenn auch inoffiziell das Landgestüt Celle auf mehr als sechs Generationen Gewicht legt. Bei dem Alter der hannoverschen Zucht ist das aus Gründen der Tradition und des guten Rufes auch durchaus verständlich.

Bei der Bewertung der Ahnengenerationen spielt aber noch ein weiteres mit. Wenn für zwei Stuten je sechs Generationen Abstammung vorliegen, kann die Abstammung der einen Stute 40 Jahre, die der anderen dagegen 100 Jahre zurückgehen. Nähme man an, daß sich die Durchschnittsqualität des Hengstbestandes von einer Generation zur anderen gleichmäßig verbessert hätte – in Wirklichkeit dürfte dieser Prozeß sehr ungleichmäßig abgelaufen sein –, so müßte man die Stute, bei deren Vorfahren der schnellere Generationswechsel stattfand, als die wertvollere ansehen, da sich in ihr die Erbmasse modernerer Hengste konzentriert. Das allerdings dürfte den heute allgemein noch verbreiteten Ansichten widersprechen.

Das sind nur einige Fragen, die bei der Bewertung einer Abstammungstafel Berücksichtigung verdienen, nämlich dann, wenn die Zahl der nachgewiesenen Generationen und das Alter der Abstammung besonders mitsprechen sollen.

Zur Zeit sind Bestrebungen im Gange, für alle Zuchtgebiete ein einheitliches Fohlenscheinformular einzuführen. Als eine sehr wesentliche neue Maßnahme hat Hannover 1974 die Angabe einer *Lebensnummer* auf dem Fohlenschein eingeführt, die als wichtige Voraussetzung für eine spätere elektronische Datenerfassung anzusehen ist.

Hervorzuheben ist außerdem noch, daß nach den

Bestimmungen der tierzüchterischen Gesetzgebung der Fohlenschein mit seinen Angaben über Name, Geburtstag, Farbe und Abzeichen sowie der Abstammung grundsätzlich als ein amtliches Dokument anzusehen ist, für dessen Ausstellung der zuständige Zuchtverband verantwortlich ist. Zu Lebzeiten gehört der Schein zum Pferd, geht aber nach dessen Ausscheiden wieder in das Eigentum des Verbandes über.

Ohne die verständigen Züchter geht es nicht

Alles in allem führt die Erörterung der in Hannover angewandten Zuchtmethoden zu wenig Greifbarem. Selbstverständlich finden sich auch hier die Grundlagen der Vererbung bestätigt, doch dürfte auch ebenso erwiesen sein, daß von einer systematischen Anwendung besonderer Zuchtverfahren weder die Rede sein noch für die Zukunft Wesentliches erwartet werden kann – es sei denn, daß die modernsten genetischen und molekularbiologischen Forschungen zu Erkenntnissen führten, die sich auch in der Pferdezucht praktisch verwerten lassen.

Chapeaurouge hat das so ausgedrückt: »Jedenfalls habe ich die Erfahrung gemacht, daß viele, welche Mendel im Munde führen, sehr wenig praktische Zuchtvorstellungen haben, während praktisch klar denkende Züchter ganz gut ohne Mendel auskommen und durch aufdringliche Belehrungen nur verwirrt werden.«

Und Graf Lehndorff sagte (nach Beaulieu): »Bestes mit Bestem schaffe sicherste Voraussetzungen. Individuen, die herausragen, seien plötzlich da, manchmal diese oder jene Theorie rechtfertigend.«

1951 kamen nach Schön Rice und Andrews zu der gleichen Feststellung »Bei keinem Zuchtverfahren gibt es etwas, das einen Erfolg bei dessen Anwendung garantiert oder andererseits von vornherein einen Mißerfolg erwarten läßt . . . Erfolg oder Mißerfolg jedes Zuchtverfahrens hängen vollständig von den in den gepaarten Tieren vorhandenen Erbanlagen ab, dazu natürlich noch von der Fähigkeit des Züchters, mit Verstand zu paaren und zu selektieren.«

Bauer schließt seine Arbeit »Genetik und Vollblutzucht« mit den Worten: »Die Genetik muß der Vollblutzucht das ernstgemeinte Kompliment machen, daß sie, ehe es Tierzuchtprofessoren gab, ungeahnte Erfolge erzielte.« Damit unterstreicht Bauer nur die auch in der hannoverschen Warmblutzucht bewiesene Möglichkeit, Erfolge zu erzielen, ohne daß man die Vererbungsgesetze kennt oder in Rechnung stellt, vorausgesetzt, daß der gesunde Züchterverstand vorhanden ist, und den kann man, ererbt von Eltern und Voreltern, dem alten Stamm hannoverscher Züchter nicht absprechen. Daher stellen sich die Züchter heute erfreulicherweise auch mehr und mehr darauf ein, daß für die züchterische Problematik allein die Berücksichtigung von Typ und Modell nicht ausreicht, sondern all jene Faktoren in den Kreis der züchterischen Erwägungen mit einbezogen werden müssen, die bestimmte Hinweise auf die im Vordergrund des Interesses stehende reiterliche Eignung geben.

Praktische Folgerungen

Trotz dieser vielleicht resignierenden Aussprüche ergibt die Erörterung der in Hannover angewandten Zuchtmethoden doch einige Feststellungen, die für die Praxis Bedeutung haben können. Wollte man die Grenzen abstecken, innerhalb derer ein Züchter verbleiben müßte, um Enttäuschungen zu vermeiden, so ließe sich etwa sagen:

a) Man benutze keine Tiere mit stärkeren Fehlern zur Zucht; zum mindesten sollte der eine Partner die Fehler des anderen nicht haben.
b) Man verzeihe keine stärkeren Fehler auf Grund noch so guter Abstammung; vererbt wird mit größter Wahrscheinlichkeit das, was die Tiere selbst zeigen; das Erscheinungsbild entspricht vorwiegend dem Erbbild.
c) Man sei vorsichtig mit der Inzucht und beziehe diese nur dann mit in die züchterische Planung ein, wenn feststeht, daß der betreffende Ahne ein sicherer Vererber ist und irgendwelche Beeinträchtigungen der Konstitution voraussichtlich nicht zu erwarten sind.
d) Man sollte nicht wahllos zu den zur Verfügung stehenden Edelhengsten greifen, sondern sehr sorgfältig überlegen, ob die züchterische Substanz der Stute genügend gesichert erscheint, um möglichst risikolos einen Veredlerhengst benutzen zu können. Zu beachten ist dabei auch die unterschiedliche Qualität dieser Hengste.

e) Bei der züchterischen Planung die in der Hengstprüfungsanstalt Westercelle und im allgemeinen Turniersport gewonnenen Ergebnisse mitberücksichtigen.

Überdenkt man abschließend dieses Kapitel noch einmal, drängt sich die Überzeugung auf, daß die hannoverschen Zuchterfolge überwiegend der Tüchtigkeit und der Passion der Züchter und ihrer Landstallmeister zu verdanken sind. Die komplizierteren Ergebnisse höherer Vererbungsforschung finden zwar auch in der Pferdezucht ihre Bestätigung, sind aber im Gegensatz zu anderen Tiergattungen kaum in die praktische Zuchtplanung einzubeziehen.

Die für die Pferdezucht in Frage kommenden Zuchtprobleme sind verhältnismäßig einfacher Natur. Die Vollblutzucht richtet sich bei ihren Paarungsplanungen fast ausschließlich nach den genau meßbaren Rennleistungen. Die übrigen Zuchten, einschließlich der hannoverschen, haben ein überwiegend exterieurmäßig bedingtes Zuchtziel. Damit werden Auge und Gefühl des Züchters, dazu sein Können und seine Passion ausschlaggebend. Das sind aber »Tugenden«, um ein Wort aus dem bäuerlichen hannoverschen Sprachschatz anzuwenden, die in den Kreisen der hannoverschen Warmblutzüchter durch Erbe und Tradition in starkem Maße vorhanden sind.

Durch Klima und Bodenverhältnisse bedingt, ist Nordhannover ein Gebiet mit überwiegendem Grünlandanteil. Streckenweise eignen sich die Weiden weniger zur Milcherzeugung als zur Aufzucht von Pferden. Darauf beruhte früher in einigen Gebieten Nordhannovers die Stärke der Pferdehaltung. In ganz Nordhannover aber ist die Pferdezucht ein weitverbreiteter blühender Wirtschaftszweig gewesen, so lange ein nennenswerter Bedarf an Heeresremonten bestand, und das ist fast zwei Jahrhunderte hindurch der Fall gewesen.

Unter diesen Verhältnissen ist auf den Höfen eine Tradition gewachsen, die ebenso im Erbgang dieser Züchterfamilien allmählich eine Parallele gefunden hat. Aber auch hier bestätigen sich die erwähnten Unsicherheiten im Erbgang. Oft überspringt die Passion eine Generation. Der Sohn interessiert sich nicht für Pferde, während der Enkel die alte Leidenschaft wieder in voller Stärke verkörpert. Dafür gibt es manche Beispiele.

Glücklich aber die vielen hannoverschen Zuchtstätten, in denen eine Generation nach der anderen der Pferdezucht bis auf den heutigen Tag verhaftet blieb, so daß die Erfahrungen der Exterieurbeurteilung und des Gebrauches der Pferde unter dem Reiter wie bei der Arbeit ständig vom Vater zum Sohn weitergegeben werden konnten. Es ist der große Kreis solcher Züchterfamilien, die auch in den Jahren, als viele dem Pferde keine Chance mehr geben wollten, von der Zucht nicht ließen und denen Hannover den heutigen Stand seiner Zucht in erster Linie zu verdanken hat.

Das hannoversche Zuchtziel, seine Entwicklung und Verwirklichung

Von einem Zuchtziel, wie die Fachwelt heute diesen Ausdruck verwendet, spricht man eigentlich erst, seitdem es Züchtervereinigungen gibt. Man versteht darunter eine genaue Formulierung dessen, was man sich unter dem Idealtyp der betreffenden Rasse vorstellt.
Faßt man den Begriff weiter, dann hat es natürlich schon immer ein Ziel in der Zucht gegeben, seit der Mensch das Pferd zu seinem Haustier erzogen hat. Mit der Domestikation waren bestimmte Zwecke verbunden: Das Pferd sollte ein Helfer bei der Jagd oder bei der Ackerarbeit sein oder auch seiner Ernährung dienen. Vielleicht haben diese Nutzungszwecke auch bei der Paarung schon eine Rolle gespielt, soweit sie von Menschen gelenkt wurde. Aber das war noch kein Zuchtziel in des Wortes heutiger Bedeutung.
Eher könnte man in der Gründung von Gestüten, die im Hannoverschen schon im 15. Jahrhundert begann, eine Art züchterischer Planung erkennen, die an das, was wir heute unter Zuchtziel verstehen, schon stark anklingt. Es sollten in diesen Gestüten Reit-, Kutsch- und Ackerpferde gezüchtet werden. Gegenüber der im Lande noch allgemein verbreiteten planlosen Pferdeerzeugung bedeutete das einen wesentlichen Fortschritt.
Entscheidenden Einfluß auf eine bestimmte Zielsetzung der Pferdezucht gewannen im 18. Jahrhundert die neugegründeten preußischen Hauptgestüte Trakehnen und Neustadt a. d. Dosse. Trakehnen entstand 1732, Neustadt 1786. In beiden Hauptgestüten wurde systematisch an der Erzüchtung konsolidierten Blutes gearbeitet, das dann über die Hengste der Landgestüte in die Landespferdezucht einfloß. Während aber diese Hauptgestüte ihr Zuchtziel zunächst überwiegend auf den militärischen Bedarf ausrichteten, stand bei der Gründung des Landgestüts Celle (1735) die Förderung der Zucht eines Pferdes für die Landwirtschaft im Vordergrund.
Führende Köpfe der inzwischen interessiert gewordenen Züchterschaft kamen in der zweiten Hälfte des 19. Jahrhunderts durch Bildung von Züchtervereinigungen der bisher rein staatlichen Initiative entgegen. Schließlich vollendete die Einführung des Hengstkörungszwangs das Fundament für den jetzigen Entwicklungsstand der Pferdezucht.

Das »offizielle« Zuchtziel

Heute hat jede Zucht, jedes Zuchtgebiet sein besonderes, in den Satzungen niedergelegtes Zuchtziel. Allerdings ist diese meist sehr sorgfältig durchdachte Formulierung nicht das Leitbild allen züchterischen Planens und Tuns schlechthin. Das dürfte in Wirklichkeit nur auf solche Gebiete zutreffen, die sich noch im Aufbau oder in einer grundlegenden züchterischen Umstellung befinden.
Selbstverständlich stellt der Züchter bei der Auswahl des Hengstes für seine Stuten Überlegungen an und setzt sich ein bestimmtes Ziel. Aber an das offizielle Zuchtziel seines Verbandes denkt er dabei wenig oder überhaupt nicht, geschweige denn, daß er dessen Wortlaut überhaupt im Kopfe hätte. Nun hat das in einer Zucht mit staatlicher Hengsthaltung, wie der hannoverschen, auch wenig zu sagen; das Landgestüt als Hengsthalter paßt eben seinen Beschälerbestand dem Zuchtziel in seiner zeitbedingten Auslegung an.
In der Regel wird das Zuchtziel in den Satzungen für einen längeren Zeitraum festgelegt. Ändern sich inzwischen die Ansprüche, wie es nur normal ist, denn »alles fließt«, so dauert es in der Regel

noch eine gewisse Zeit, bis das offizielle Zuchtziel dem neuesten Stand angepaßt wird. Es registriert also mehr die vergangene Entwicklung, als daß es in die Zukunft weist; es beschreibt den augenblicklichen Idealtyp, dessen weitere Wandlung sich ohne Rücksicht auf das festgelegte Zuchtziel vollzieht. Nur in Zuchten, die sich in einer wesentlichen Umstellung befinden, wird das »Zuchtziel« noch wirklich die Richtung angeben.

Im Falle Hannover wäre es heute eigentlich überflüssig, das Zuchtziel besonders festzulegen. Unter denjenigen, die der hannoverschen Zucht verbunden sind, interessieren sich nur wenige für dessen Wortlaut; dafür kennen sie aber alle den Hannoveraner selbst, seinen Grundtyp, seine Variationen, die mit seiner Zuchtverwendung verbundenen Möglichkeiten und seine Bewährung als Reitpferd.

Eine Formulierung des Zuchtzieles wird um so länger gültig sein, je allgemeiner sie gehalten ist, je mehr sie sich also auf das Wesentliche beschränkt. Deshalb auch die einfache Fassung des bisherigen hannoverschen Zuchtzieles:

»Ein ebenso für die Landwirtschaft wie für Reitzwecke aller Art geeignetes, korrektes, edles Warmblutpferd.«

Dabei bezog sich die Betonung der landwirtschaftlichen Eignung ganz allgemein auf die Anforderungen, die für landwirtschaftliche Verwendung Voraussetzung sind: körperliche und noch mehr charakterliche Eigenschaften, nämlich Umgänglichkeit,

Ellinor, geb. 1965 v. *Ernö-Duellant* (hier 7jährig) entspricht weitgehend dem heutigen Zuchtziel (s. auch Abb. S. 94).

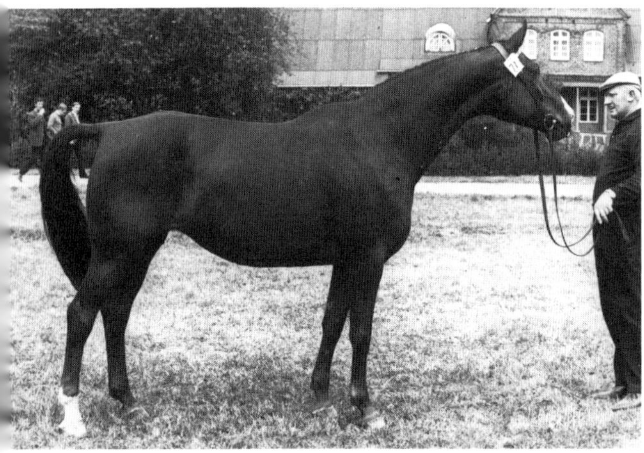

ein gewisses Kaliber, Korrektheit des Fundaments und der Gänge, also ein beachtenswertes Maß auch an Solidität. Daß darüber die unerläßlichen Voraussetzungen für den Reitgebrauch nicht vergessen werden, wie vorzugsweise Halsung und Schulter, Sattellage und Rücken, Kruppenbildung und Bewegungsablauf, ist selbstverständlich. Inzwischen hat man aber doch der Tatsache Rechnung getragen, daß im Zuchtziel eine Eignung der Pferde für die Landwirtschaft nicht mehr im Vordergrund stehen kann, obwohl die Pferdezucht im letzten Jahrzehnt durch die guten Absatzchancen für Pferde gerade für viele hannoversche Betriebe eine recht willkommene Einnahmequelle bildete. 1974 wurde das Zuchtziel satzungsgemäß folgendermaßen geändert: »Zuchtziel ist ein für alle Zwecke geeignetes, edles, korrektes, großrahmiges und leistungsstarkes Warmblutpferd mit gutem Temperament und Charakter.« Es fällt hierbei nicht nur auf, daß der Begriff Landwirtschaft herausgelassen ist, sondern daß zusätzlich noch einige andere Eigenschaften gefordert werden, die sich auf den Rahmen, die Leistungsfähigkeit, das Temperament und den Charakter beziehen. Diese Forderungen scheinen im Hinblick auf die erhebliche Veredelung der Zucht besonders beachtenswert.

Zuchtziel 1867

Die erste Formulierung eines hannoverschen Zuchtzieles beschloß 1867 der »Verein zur Förderung der hannoverschen Landespferdezucht«:

»Die Erzielung eines kräftigen, großen, starken Pferdes, eines kräftigen Kutschschlages und daneben eines brauchbaren Militärpferdes«. Nach Steinkopff soll diese Fassung dem Sinn nach schon 1790 festgelegt worden sein.

Um 1900

Diese noch etwas reichlich allgemein gehaltene Formulierung fand in der Ära Grabensee-Troschke eine erläuternde Spezifizierung. Grabensee wirkte von 1892 bis 1915 als Landstallmeister in Celle; General v. Troschke war von 1881 bis 1915 Vorsitzender des Hannoverschen Stutbuches. Er legte das hannoversche Zuchtziel so aus:

»Ein Pferd, geeignet für die Truppe, Kürassiere und Artilleriestangenpferde, auch mittlerer Karossier mit guten, regelmäßigen und schaffenden Gängen sowohl in der Trabbewegung als auch im Galopp. Ein gutes Temperament, guter Magen. Blut muß mit Masse in richtiger Verbindung stehen. Die zu vorstehenden Zwecken weniger geeigneten Pferde müssen in der Landwirtschaft zu verwenden sein und eine Furche von 30 Zentimeter ziehen können.

Das Pferd muß bei gefälligen Formen, gutem Hals- und Schweifansatz eine schräge Schulter und gutgestellte Beine mit ausdrucksvollen Gelenken und Sehnen, dabei gute Hufe mit gut entwickelten gesunden Strahlen haben.

In der Schritt- und Trabbewegung müssen die gleichseitigen Füße auf Linie gehen. Pferde mit breiten Hüften sind nicht beliebt, weil solche Pferde schwer zu ernähren sind.«

Der Formulierung nach stand die Eignung als Militärpferd vor der landwirtschaftlichen Nutzung, obwohl die meisten Pferde in der Landwirtschaft blieben. Aber das ist aus den damaligen Verhältnissen heraus wohl zu verstehen. Auch waren die an »Kürassiere und Artilleriestangenpferde« hiernach zu stellenden Ansprüche kaum andere, als sie für die Verwendung in der Landwirtschaft galten.

Der damalige Hannoveraner war anders als der heutige, und im Kaliber war er eher leichter. Nathusius ließ das Gewicht und den Röhrbeinumfang der von 1905 bis 1908 auf den DLG-Schauen ausgestellten hannoverschen Stuten prüfen. Das Durchschnittsgewicht war 559 kg, der Röhrbeinumfang 20,1 cm. Demgegenüber wogen die auf der DLG-Schau Hannover 1964 ausgestellten sieben Stuten im Durchschnitt 603 kg und hatten einen Röhrbeinumfang von 21,6 cm.

Nach dem Ersten Weltkrieg setzte zunächst in allen Zuchten des edlen Warmblutes eine Verstärkungswelle ein, da der militärische Bedarf sehr gering geworden war und die Verwendung in der Landwirtschaft im Vordergrund stand.

Abendröschen, geb. 1950, v. *Abendsport-Almjäger,* DLG-Schauen 1956 und 1960 Ia-Pr., verkörpert noch das alte Zuchtziel, Kombinationstyp zwischen Wirtschafts- und Reitpferd.

1922

So wurde mit Gründung des Verbandes hannoverscher Warmblutzüchter im Jahre 1922 als Zuchtziel festgelegt:

»Ein möglichst starkes Warmblutpferd, das jede Arbeit in der Landwirtschaft verrichten kann, aber auch so viel Blut, Nerv und Gang besitzt, um als starkes Reit- und Wagenpferd Verwendung zu finden.«

Dazu schrieb Graf Kalnein in dem 1927 erschienenen Band »Die Preußische Gestütverwaltung« (in deren Auftrag auch herausgegeben):

»An dem von dem Verband hannoverscher Warmblutzüchter aufgestellten Zuchtziel muß unter allen Umständen für die Zukunft festgehalten werden. Die weitere Verstärkung hat auch ihre Grenzen, denn es besteht die Gefahr, daß dabei Typ und Adel und damit auch die Leistungsfähigkeit verlorengehen. Diese Eigenschaften dem hannoverschen Pferde zu erhalten, muß das ernsteste Bestreben der Gestütleitung und der Züchter für die Zukunft sein. Ganz ohne Vollblut kann sich aber dieses Ziel nie erreichen lassen, und auch die hannoversche Zucht wird eine geringe Menge von Vollblut nicht entbehren können. In der glücklichen Vereinigung von Kaliber und Adel liegt der Vorzug und zugleich die Schwierigkeit der Halbblutzucht. Übertriebene Ansprüche nach der einen wie nach der anderen Seite hin sind gefährlich und von Schaden für die Zucht. Die Gestütverwaltung ist berufen, in dieser Beziehung ausgleichend zu wirken und dementsprechend die Auswahl der Hengste zu treffen. Es müssen in Celle stehen:

1. Ganz schwere Hengste von konsolidiertem hannoverschem Blut, die das Kaliber der Zucht erhalten.
2. Etwas edlere Hengste von Durchschnittskaliber für die Herstellung des Gebrauchspferdes, darunter auch einige Vollbluthengste, die – mit Verständnis verwendet – der Zucht als härtendes Moment dienen können und die außerdem das edle, nervige, hoch im Blut stehende, erstklassige Leistungspferd liefern. Es wird genügen, wenn 2–3% des Beschälerbestandes Vollbluthengste sind.

Der hannoversche Züchter wird sein Augenmerk auch besonders auf die Verbesserung des Gebäudes richten müssen; denn zu kurze, steile Schultern, mangelnder Widerrist, ausdruckslose Sprunggelenke, geschliffene Knie und zehenenger Gang sind die unausbleiblichen Folgen andauernder Verstärkung. Ferner muß weiter darauf geachtet werden, daß die Pferde nicht zu groß werden. Die Gestütleitung ist seit Jahren bestrebt, nur mittelgroße Hengste einzustellen.«

Nachdem heute das Pferd mehr und mehr aus der schweren Zugarbeit ausgeschieden ist, hat die Frage des Kalibers weitgehend an Bedeutung verloren. Ob leicht oder mittelschwer – für beides ist heute Platz in der hannoverschen Zucht, und selbst ausgesprochen schwere Exemplare finden ihre Liebhaber unter den Springreitern.

Vollblutbenutzung bis 1940

Dagegen zieht sich die Diskussion über den richtigen Einsatz und die Auswirkung der Vollblutbenutzung seit bald 150 Jahren wie ein roter Faden durch die Geschichte der hannoverschen Warmblutzucht und liefert auch weiterhin ständigen Stoff für lebhafte Auseinandersetzungen. Das ist keineswegs zu bedauern; denn nur so wird das jeweils rechte Maß gefunden. Daraus nun, daß Kalnein einen Vollblutanteil von nur 2–3% am Beschälerbestand empfahl, 1934 dagegen wie auch 1965 dieser Anteil 7–8% betrug, sollte man nicht den zunächst naheliegenden Schluß ziehen, die grundsätzlichen Ansichten über Vollblutverwendung in der hannoverschen Zucht hätten sich in der Zwischenzeit entsprechend geändert. Einmal war das zu bearbeitende Rohmaterial, nämlich der Stutenbestand, jeweils verschieden, und ebenso verlangte der Markt damals ein ganz anderes Pferd als heute. Lediglich unter dem Gesichtswinkel dieser zeitlich verschiedenen Verhältnisse sollte man den jeweiligen Einsatz von Vollblütern beurteilen.

1914 nahm Rau zu dem Problem Stellung:

»Gegen eine zu große Dosis Vollblut in der Halbblutmutterstute wehrt sich schon der Instinkt des Züchters ... Es ist höchst selten, daß ein Vollbluthengst von den Halbblutzüchtern lange benutzt wird. Die rege Benutzung der Vollbluthengste in den Landrassen ist von kurzer Dauer, denn die Züchter fürchten immer bald, zu sehr ins Feine, Heftige zu geraten und greifen auf den starken Halbbluthengst zurück. Das von Vollbluthengsten stammende Produkt ist in bezug auf den Absatz immer ein Risiko; denn nimmt es die Remonte oder der Luxus nicht, als Pferd für den eigenen Gebrauch ist es dem Landwirt meist zu heftig und als Mutterstute nicht stark genug und zu edel«.

Interessant ist auch der Kommentar, den Stegen 1934 aus der damaligen Sicht zur Frage der Vollblutverwendung in der hannoverschen Zucht gibt:

»Wenn wir uns heute unsere Warmblutpferde in Hannover ansehen, so empfinden wir, daß in den schwereren Exemplaren bereits die Grenze der Verstärkung erreicht ist. Unsere Zukunftsaufgabe wird es nun sein, diese in großem Rahmen stehenden, kräftigen Stuten durch Zufuhr von Vollblut- oder ganz edlen Halbbluthengsten eleganter und formenschöner zu gestalten. Das Kaliber muß aber möglichst erhalten bleiben ... Wir wissen aus Erfahrung, daß die meisten Vollbluthengste ohne nachhaltigen Einfluß sind und nur als veredelnder Faktor betrachtet werden ... Vor einer zu starken Hereinnahme des Vollblutanteils in ihre Stutenstämme werden sich die meisten Züchter schon ohnedies sträuben.«

Verstärkungsfragen

Anschließend äußert sich Stegen auch zur Frage des Kalibers. Seine Ausführungen sind eine wertvolle Ergänzung und Erläuterung für das Verhältnis des damaligen offiziellen Zuchtzieles gegenüber den Problemen und der Situation der Praxis:

»Man wendet sich ja überhaupt – und das ist ein großer Fortschritt – mehr und mehr von den übergroßen und überschweren Halbblütern ab, da diese meist energielos sind und in der Praxis nicht befriedigen. Das Streben nach Masse geht, wie wir wissen, vielfach einher mit dem Größerwerden der Tiere. Ein großes und korrektes, dabei tiefes und edles Pferd mit erstklassigen Körperformen zu züchten, ist aber sehr schwer, wie überhaupt die Verstärkung erst dann zur Kunst wird, wenn es gilt, den Adel der Tiere zu bewahren. Wo man daher in der Verstärkung zu schnell vorwärts gegangen ist, konnten die Rückschläge nicht ausbleiben. Die Tiere wurden unedel, grob und vererbten sich unsicher. Am besten hat man noch in den Warmblutzuchten abgeschnitten, wo aus bodenständigem Material heraus verstärkt worden ist und den Stuten neben starken Halbbluthengsten auch Vollblut als veredelnder Faktor zugeführt werden konnte. Außer der Zucht dieser schweren Halbblutpferde finden wir in Hannover alle Übergänge bis zu den schnellen Blutpferden für die Rennbahn. Wo man heute vornehmlich Reitpferde züchtet, sollte man auch dabei bleiben und nicht mit dem Typ zu wechseln versuchen.«

Das Streben nach Verstärkung hat sich inzwischen erledigt. »Veredelung« ist heute allgemein die Devise; aber auch sie hat ihre besonderen Probleme. Wenn Stegen sagt, man habe bei der Verstärkung dann den besten Erfolg gehabt, wenn sie aus bobenständigem Material, also durch Selektion innerhalb der eigenen Zucht, erfolgt sei, so dürfte das auch für den umgekehrten Fall zutreffen: *Auch die Veredelung gelingt am sichersten und nachhaltigsten, wo sie auf Selektion innerhalb der rein hannoverschen Zucht beruht.* Das geht allerdings nicht von heute auf morgen. Über das Bild des Hannoveraners, wie es sich um 1934 darbot, hat sich Stegen um eine offensichtlich nicht schöngefärbte, sondern objektive Beschreibung bemüht:

»Bei unserem hannoverschen Warmblutpferde können heute vor allem die Breite und Tiefe gefallen. Weitere Vorzüge sind: geräumiger und langer Brustkorb, gute Muskulatur, raumgreifender Schritt, kurzes Röhrbein und Schienbein und vor allem ein vorzügliches Temperament. Wenn etwas zu wünschen wäre, so ein stärker ausgeprägter Widerrist, der ja nicht lang und hoch genug sein kann, und eine längere und schrägere Schulter. Der Kopf könnte vielfach etwas leichter und edler sein, die Vorderfußwurzel nicht so geschliffen. Etwas lang ist meist auch das Mittelstück des Rumpfes. Der Nachschub aus der Hinterhand müßte teilweise ebenfalls noch energischer werden.«

Umstellung nach 1948

Dem Zweiten Weltkrieg folgte – ebenso wie 25 Jahre vorher dem Ersten – wiederum eine Periode, in der das Pferd lediglich nach seiner Arbeitsfähigkeit beurteilt wurde. Schwere, Rumpfigkeit und Knochenstärke standen obenan. Bald nach der Währungsreform bahnte sich aber allmählich eine Änderung der Ansichten und der Nachfrage an. Den ersten Anstoß gaben Ankäufe der schweizerischen Kavallerie, die bereits 1948 einsetzten und in den folgenden Jahren auf zeitweise über 800 Remonten im Jahr anstiegen. Gleichzeitig erwachte auch die private Nachfrage nach Reitpferden, während sich in der Landwirtschaft die beginnende Motorisierung ankündigte.

Bei stärkstem Rückgang der Pferdehaltung gewann die Reitpferdeeignung immer mehr Bedeutung.

Die Verdener Auktionen beschleunigten diese Entwicklung. Immer mehr setzte sich, wenn auch zunächst lediglich als Zuchtziel, ein Hannoveraner durch, wie er heute als Zuchtstutenmodell auf der Stutenschau, als Reitpferd vornehmlich auf den Verdener Auktionen vorgestellt wird.

Am Anfang dieser züchterischen Entwicklung stand, wie gesagt, mit der Währungsreform das Jahr 1948. Der schnelle Rückgang der Zucht bald nach 1948, so bedauerlich er an sich war, hatte rein züchterisch sein Gutes: er schuf die Möglichkeit einer Auslese, wie sie sich zuvor noch niemals geboten hatte. Die Zahl der Landbeschäler verminderte sich von 539 im Jahre 1948 auf 149 im Jahre 1963, ging also in 15 Jahren um fast Dreiviertel zurück! Eine einmalige Gelegenheit, sich von den Hengsten alten Typs zu trennen. Sie wurde mehr und mehr genutzt. Bei der erneuten Ausdehnung des Hengstbestandes, der 1975 wieder auf 203 Landbeschäler angewachsen ist, konnten dann weitgehend die heute bestehenden Typ- und Leistungsanforderungen berücksichtigt werden. Diese Tatsache hat bewirkt, daß die von *Stegen* 1934 noch angeführten Mängel des hannoverschen Pferdes inzwischen eine wesentliche Verbesserung erfahren haben.

Spezialhengste nach 1948

Trakehner Blut

Hinzu trat die ebenfalls einmalige, in ihrem Anlaß aber erschütternde Möglichkeit, aus einer größeren Anzahl von Hengsten *Trakehner* Blutes solche auszuwählen, die für die hannoversche Zucht geeignet erschienen. 1946 wurden zunächst 26 ostpreußische Hengste für Hannover anerkannt. Ihre Zahl ging bis 1954 auf 8 zurück, stieg aber in den folgenden Jahren wieder auf 12 an. 1965 deckten 5 Ostpreußen in Hannover, 3,2% des Gesamtbestandes an Landbeschälern, und 1975 nur noch 2. Wichtiger aber als diese heute wieder recht geringe Direkteinwirkung ostpreußischer Hengste auf die hannoversche Zucht ist der Einfluß von 20 Hengsten, die 1966 als Söhne ostpreußischer Väter und hannoverscher Mütter in der hannoverschen Zucht deckten. Diese Zahl ist 1975 auf 11 zurückgegangen. Ihre Nachkommen aus rein hannoverschen Müttern führen mit nur 25% nichthannoverschem Blut schon eine weitgehend homogene Erbmasse und sind daher nicht mehr als Kreuzungsprodukte anzusprechen.

Vollblut

Ähnliches gilt für die Verwendung von *Vollbluthengsten.* Auch sie hatten nach 1948 zunächst die Aufgabe, die Umzüchtung des Hannoveraners auf einen modernen Typ zu beschleunigen. Von 9 im Jahre 1949 stieg die Zahl der Vollbluthengste bis 1955 auf 16. Die im Jahre 1967 in der hannoverschen Warmblutzucht aufgestellten 12 Vollblüter bedeuten 7,7% des Gesamtbestandes an Landbeschälern. 1975 betrug die Zahl der eingesetzten Vollbluthengste 23 = 11,1% des Gesamtbestandes. Dazu kommen 44 Vollblutsöhne, über die das gleiche zu sagen wäre wie über die Ostpreußensöhne.

Allerdings ist der Einfluß dieser »*Spezialhengste*« auf die eigentliche Zucht doch geringer geblieben, als ihrem Anteil am Gesamthengstbestand entspricht. Immer schon diente die Verwendung solcher Hengste weitgehend der Erzüchtung von Gebrauchskreuzungsprodukten, vornehmlich also von Reitpferden. Erst mit der zunehmenden Einstellung und Verwendung von Söhnen der Spezialhengste gelangte mehr Veredelungsblut in die eigentliche Zucht, ein Vorgang, wie er sich übrigens ganz ähnlich auch in der ostpreußischen Zucht entwickelt hat. Aufschlußreich in dieser Beziehung ist

Pik As xx, geb. 1949 v. *Abendfrieden xx-Mirza II xx,* Lieferant hervorragender Leistungspferde, stand mehrere Jahre mit den Gewinnsummen seiner Nachkommen an der Spitze. Gesamtgewinnsumme bisher 439 045,– DM (oben)

Perser xx, geb. 1952 v. *Abendfrieden xx-Mirza II xx,* der in der hannoverschen Zucht recht erfolgreich gewordene Vollbruder von *Pik As xx.*

ein Vergleich der zusammengefaßten Bedeckungsziffern dieser Spezialhengste und ihrer Söhne mit den vier Jahre später erfolgten Neuaufnahmen, also der dreijährigen Töchter aus diesen Bedeckungen. 1949 belief sich der Anteil dieser Bedeckungen auf 7,7%, der Anteil der neuaufgenommenen dreijährigen Töchter im Jahre 1953 betrug dagegen nur 5,28%. Die gleichen Zahlen für 1954/1958: 14,9%/ 9,98% und für 1959/1963: 19,7% und 19,88%. Die interessante Zunahme für 1959/1963 geht sowohl hinsichtlich der Bedeckungen wie auch der Stutbuchaufnahmen ganz wesentlich auf das Konto der Söhne. Dieser Trend hat sich fortgesetzt bis zu einer Verdoppelung des Anteils der Veredelungshengste, wie aus den folgenden Zahlen für 1970/ 1974 hervorgeht: 38,7% ~ 36,4%. Allerdings lag diesmal der Anteil bei den eingetragenen Stuten wieder etwas niedriger als bei den Deckziffern.

Über die meßbaren Auswirkungen der Verwendung von englischen Vollblütern und Trakehnern hat Breithaupt in einer 1958 erschienenen Dissertation bemerkenswerte Daten niedergelegt. Er nahm 1956 auf hannoverschen Züchterhöfen je 12 verschiedene Maße an 67 Töchtern von Vollblütern, an 49 Trakehner- und 28 Araber- und Angloarabertöchtern und maß zum Vergleich die gleiche Anzahl rein hannoversch gezogener Stuten auf denselben Züchterhöfen. Nach Möglichkeit nahm er die Vergleichsmaße an den Müttern oder Mutterschwestern oder an den Halbschwestern der Untersuchungsstuten. Natürlich war das etwas wenig Material. Dazu kommt, daß die Individualität der einzelnen Hengste sich um so stärker auswirkt und daher um so weniger Aussagewert über das Typische ihrer Rasse besitzt, je geringer die Zahl der Hengste ist, deren Nachkommen untersucht werden. Trotz dieser Bedenken erhält man aus diesen Ergebnissen gewisse Aufschlüsse, die sich mit den allgemeinen Erfahrungen decken und deshalb doch wohl zu verallgemeinern sind.

Die 67 Vollbluttöchter stammten von *Poet (5), Marabou (9), Baczyn (7), Valentin (7), Cormoran (7), Der Löwe (9), Kavallerist (3), Abendruf (5), Sickingen (5)* und *Dreikampf (10)*. Sie waren im Durchschnitt 2 cm kleiner als die Vergleichshannoveraner. Im Verhältnis zur Größe, also relativ gesehen, waren sie schmaler, kürzer und weniger rumpfig. Besonders die Rippenwölbung war bedeutend flacher, die Röhre erheblich schwächer.

49 Nachkommen von Trakehnern bzw. Ostpreußen standen für die vergleichenden Untersuchungen zur Verfügung: Töchter von *Abglanz (8), Bento (15), Cyklon (10), Lateran (8)* und *Cancara II (8)*. Auch diese Hengste waren verschieden in Typ, Größe und sonstigen Maßen, so daß den gewonnenen Durchschnittsergebnissen nur bedingter Wert zuzuerkennen ist. Breithaupt schreibt:

»Die Unterschiede zu den reinen Hannoveranern sind, wie nicht anders zu erwarten war, nur sehr gering ... Die Ergebnisse der vorliegenden Untersuchungen zeigen, daß bei den Nachkommen der Hengste dieser Gruppe eine durchschnittliche Verminderung der Widerristhöhe um nur 1 cm stattgefunden hat; die Breitenmaße liegen im Durchschnitt um 2 cm unter denen der Hannoveraner, und auch die Verminderung der Röhre liegt mit 0,8 cm bei 4%; Körperlänge und Brustumfang sind um 1 bzw 2% gesenkt worden.«

Araber

Für vergleichende Untersuchungen über den Einfluß der Zuchtbenutzung arabischer Hengste standen Breithaupt insgesamt 26 Töchter von *Jason ox (12), Nerox (7)* und *Kurde x (7)* zur Verfügung. Er berichtet über das Ergebnis:

»Beim Vergleich der absoluten Maße der Arabernachkommen mit denen der reinen Hannoveraner ergibt sich zunächst, daß die *Arabernachkommen* eine durchschnittlich um 4 cm kleinere Widerristhöhe aufweisen; etwas geringer sind die Unterschiede in Rücken- und Kruppenhöhe. Dies bedeutet, daß die gemessenen Arabernachkommen einen weniger stark ausgeprägten Widerrist als die Vergleichsstuten besitzen ... Diese Unterschiede zwischen der Nachzucht von Araberhengsten und reinen Hannoveranern zeigen, daß sich der Einfluß der arabischen Hengste auf ihre Nachkommen auswirkt in einer Verringerung der Größe, der Brusttiefe, der Breite, der Länge und des Brust- sowie besonders des Röhrbeinumfanges«, eine Feststellung, die sich mit den allgemeinen Erfahrungen deckt.

Bedeutung und Anteil des Spezialblutes

Bei den Ergebnissen dieser Arbeit darf nicht vergessen werden, daß nur Meßbares Gegenstand der Untersuchungen war, und da waren die nachgewiesenen Tatsachen auch vorher schon als Erfahrungen bekannt, nur fehlten vielleicht die exakten Beweise. Soweit man die Ergebnisse als ungünstig für die drei untersuchten Rassen ansieht – und das dürfte wohl allgemein, wenn auch unterschiedlich auf die Verminderung der Größe, bei den Vollblütern auch auf die Trittlänge im Trabe (nach Ahlvers) und bei den Arabern noch zusätzlich auf die geringere Ausprägung des Widerristes zutreffen – muß man sich klarmachen, daß diese Nachteile um der nicht meßbaren Vorzüge willen bewußt in Kauf genommen werden: Veredelung des Kopfes und der Reitpferdehalsung, Verbesserung des Nervs, der Rittigkeit, der Geschmeidigkeit und durch den Araber der Gutartigkeit. Wenn man weiterhin bedenkt, daß den harten Prüfungen auf dem grünen Rasen in der Vollblutzucht nur das wirklich gesunde Pferd standzuhalten vermag, dann kann man den Einsatz von Vollbluthengsten außerdem auch als ein ständiges Regulativ für die Förderung der Gesundheit ansehen.

Vorzüge und Nachteile sind bei der Einstellung solcher Spezialhengste gegeneinander abzuwägen. Besonders ist auch zu bedenken, daß die *Individualität des Einzeltieres für die Vererbung ausschlaggebender ist als seine Rassenzugehörigkeit.* Daraus folgt umgekehrt, daß man nur besonders typische Vertreter der einzukreuzenden Rasse benutzen sollte, um eine möglichst sichere Erbauswirkung zu erzielen. Der stark zurückgegangene arabische Blutanteil in Hannover beruht z. B. keineswegs auf einer grundsätzlichen Abneigung gegen den Araber als Rasse. Im Gegenteil: sicher würde Celle gerne einige Araberhengste zusätzlich aufstellen, stünden solche in genügender Größe, mit Reitpferdehalsung und genügender Sattellage zur Auswahl. Aus diesem Grunde ist es erfreulich, daß seit 1973 und 1974 die beiden Gazal VII-Söhne *Czardas* und *Galan,* beide gezüchtet von Dr. Schmidt, Ankum, Celler Deckstationen bezogen haben und mit *Gastronom* offenbar ein Gazal VII-Enkel in die Zucht hereinwächst.

Abschließend noch ein Überblick über die blutmäßige Zusammensetzung der 1965 und 1975 als Landbeschäler in Hannover aufgestellten Hengste. Unberücksichtigt bleiben die in Hunnesrück für die ostpreußischen Stuten aufgestellten Celler Landbeschäler Trakehner Blutes.

	1965		1975	
Hengste insgesamt	153		208	
Vollbluthengste	10	6,5%	23	11,0%
Ostpreußen	5	3,3%	2	1,0%
Araber	1	0,6%	1	0,5%
Reinhannoveraner	71	46,4%	61	29,3%
Halbvollblüter	18	11,8%	44	21,3%
Viertelvollblüter	3	2,0%	36	17,2%
Halbostpreußen	23	15,6%	11	5,3%
Viertelostpreußen	16	10,5%	19	9,1%
Halbaraber	5	3,3%	5	2,4%
Viertelaraber	–		6	2,9%

In Blutanteilen umgerechnet, ergibt das für die Celler Landbeschäler mit hannoverschem Brand:
1965: 67% hannoversches, 21% ostpreußisches Blut, 10% Vollblut, 2% Araberblut.
1975: 65,5% hannoversches, 6,0% ostpreußisches Blut, 25,9% Vollblut, 2,6% Araberblut.

Während in dieser Gegenüberstellung in den letzten 10 Jahren das Ostpreußenblut von 29,4% auf 15,4% und der Anteil der Reinhannoveraner von 46,4% auf 29,3% abgenommen hat, ist der Bestand an Hengsten mit Vollblut bis zur zweiten Generation von 20,3% auf 49,6% gestiegen. Der rein hannoversche Anteil ist heute bei den Zuchtstuten noch bedeutend höher als bei den Hengsten. Deshalb läßt sich das jetzige Verhältnis im Hengstbestand zur Zeit noch verantworten; es ist sogar erwünscht. Je mehr sich aber dieser Anteil auch bei den Stuten einem Durchschnitt von 12 bis 15% nähert, um so dringender wird dessen Herabsetzung bei den Hengsten.

Die Steuerung der Zucht im Sinne des Zuchtzieles geschieht so im großen über die Zusammensetzung und den Einsatz des Hengstbestandes. Was die seitens der Zuchtleitung für richtig oder als übermäßig angesehene Benutzung der »Spezialhengste« angeht, so ist der Züchter in seiner Entscheidung allerdings weitgehend unabhängig: Er selbst sucht sich den ihm passenden Hengst aus; er bestimmt, ob und wie weit er seinen Zuchtstutenbestand durch Einkreuzung veredelt und ob er dabei in Übereinstimmung mit den Direktiven der Zuchtleitung handelt.

Um der drohenden Überbenutzung der Vollbluthengste zu begegnen, beschlossen schon 1959 Verband und Landstallmeister:
»Die Zahl der Vollbluthengste wird nicht mehr vermehrt. Abgehende Vollblutbeschäler – ausgenommen diejenigen für die Halbblutrennpferdezucht – werden bis auf weiteres durch hannoversche Vollblutsöhne ersetzt«. Diesen Beschluß sollten Landgestüt, Zuchtleitung und Züchter heute noch beachten, denn er geht von einem richtigen Grundprinzip aus, der Hannoverschen Zucht möglichst viel eigene Substanz zu erhalten.

Steuerung über Auktionen

Da sich ein solcher Beschluß naturgemäß erst nach Jahren auswirken kann, entschloß sich die Verbandsleitung gleichzeitig zu einer ungewöhnlichen Maßnahme, die sich als ein indirektes Mittel zur gezielten Einflußnahme auf den einzelnen Züchter bewährte: Sie wählte den Weg über die Zulassung zu den Verdener Auktionen. Deren starker Einfluß auf die Benutzung der Hengste war unverkennbar. Erzielten Vollblut- oder Trakehnernachkommen auf den Auktionen Spitzenpreise, dann stieg sofort die Benutzung der entsprechenden Hengste. Die Zuchtleitung glaubte, nicht tatenlos zusehen zu dürfen, wie entgegen dem gesetzten Zuchtziel die Verspezialisierung des Hannoveraners allmählich zur Gefahr wurde. Der Absatz an Zuchtmaterial aller Art lag 1959 noch darnieder, lediglich Reitpferde wurden gut verkauft. Da beschloß der Verband für die Zulassung zu den Auktionen: »Die Zahl der Nachkommen von Vollblut- und Ostpreußenhengsten unter den Auktionspferden soll möglichst nicht über 30% betragen.« Und weiter:
»Ist der Vater eines zur Auktion angemeldeten Pferdes ein Vollblüter, so darf der Vater der Mutter kein Vollblüter sein.«
Auf diese Weise versuchte der Verband, auf die Wahl des Hengstes einen gewissen Einfluß zu nehmen. Inzwischen sind diese Bedingungen im Hinblick auf die fortschreitende Veredelung etwas überholt und nach einem 1972 gefaßten Beschluß werden nur solche Pferde zur Auktion zugelassen, in deren Abstammung bis zur 3. Generation wenigstens ein anerkannter originalhannoverscher Hengst nachgewiesen ist. Originalhannoverscher Hengst im Sinne dieser Bestimmung ist jeder Hengst mit hannoverschem Fohlenbrand.
Halbblutrennmäßig gezogene Pferde werden nur zugelassen, soweit sie im Eigentum eines in einer besonderen Liste aufgeführten Züchters sind und soweit es sich um die in dieser Liste aufgeführten Stuten oder deren Nachkommen in erster oder späterer Generation handelt.
Scharfe Selektion innerhalb des hannoverschen Hengstbestandes zusammen mit gelenkter Einkreuzung von Vollblut und Ostpreußen haben die Modernisierung des Hannoveraners im Laufe der letzten 25 Jahre mitbewirkt. Von den bedeutendsten Beispielen erfolgreicher Selektierung innerhalb der hannoverschen Rasse seien hier nur die Hengste *Flügeladjutant, Goldfalk, Duellant, Duft I, Duft II, Eindruck II* und *Wöhler* angeführt. *Semper idem, Abglanz* und *Lateran* haben sich als Vertreter Trakehner Blutes in der hannoverschen Zucht sehr bewährt, und unter den Vollblütern sind es in den letzten Jahren besonders *Der Löwe, Adlerschild, Marcio* und *Steinpilz* gewesen, die nennenswerten Einfluß auf die hannoversche Zucht gewonnen haben.

Stutenschauen und Staatsprämienstuten

Eine der wichtigsten Gelegenheiten zur praktischen Beeinflussung der Zucht im Sinne des Zuchtzieles bieten die Stutenschauen und, wenn auch weniger, die Stutbuchaufnahmen, bei denen die Erstregistrierung der Stuten erfolgt. Hier wird eine Dreiteilung der meistens dreijährigen Stuten nach Abstammung und Exterieur in Hauptstutbuch, Stutbuch und Vorbuch vorgenommen. Eine so feingegliederte Unterscheidung, wie sie der interessierte Züchter haben möchte und müßte, ist bei dieser Gelegenheit jedoch nicht möglich. Dazu ist die Qualitätsspanne innerhalb der einzelnen Register zu groß.
Anders bei den Stutenschauen, auf denen jährlich rund 30% der drei- bis achtjährigen Hauptstutbuchstuten vorgestellt werden. Dazu kommen die besseren Zweijährigen, deren Abstammung für die nächstjährige Aufnahme ins Hauptstutbuch genügt. Ab 1973 werden die sieben- und achtjährigen Stuten nicht mehr vorgestellt. Diese Maßnahme wurde

Elfe, geb. 1966 v. *Einglas-Frustra II,* Züchter und Besitzer *Werner Haack, Esch,* DLG-Ausstellung 1970 Id-Preis; Mutter des guten *Wiesenbaum xx*-Sohnes *Wittelsbacher.*

im Hinblick auf den stark gestiegenen Stutenbestand notwendig. Auf den Schauen erfolgt eine sorgfältige Rangierung jeder einzelnen Stute in den verschiedenen Wertklassen: Ia, I. und II. Preise. Eigenartig erscheint bei diesem Prämiierungssystem, daß also fast stets mehrere Stuten einer Altersklasse einen Ia-Preis erhalten – es ist aber althergebracht und jedenfalls den Züchtern seit langem in Fleisch und Blut übergegangen. Aus dieser Ia-Gruppe rekrutieren sich zur Hauptsache die hannoverschen Hengstmütter.

Die besten dreijährigen Ia-Stuten werden auf den Stutenschauen durch Vergebung einer Staatsprämie an das hannoversche Zuchtgebiet gefesselt, soweit sie gedeckt sind und die vorgeschriebene Zugwilligkeitsprüfung bestehen. Und selbstverständlich müssen auch die Besitzer damit einverstanden sein, was angesichts der günstigen Verkaufsmöglichkeiten durchaus nicht immer der Fall ist. Der Titel »Staatsprämienstute« gehört zum Stutennamen und wird im Fohlenschein, in Katalogen und allen Veröffentlichungen dem Stutennamen mit der abgekürzten Bezeichnung »St. Pr. St.« vorangestellt. Die Stutenschauen bedeuten eine sehr wichtige Maßnahme zur Ermittlung eines Tests über die Exterieur- und Typvererbung der Hengste und damit auch zur Steuerung der Zuchtwahl. Daher finden sie bei den Züchtern regelmäßig recht großes Interesse. In der Übersicht sind einmal die Hengste zusammengestellt, die in den letzten 5 Jahren am stärksten mit prämiierten 2- und 3jährigen Töchtern auf Schauen vertreten waren. Diese sind geordnet nach der Anzahl der Ia-Stuten. Die beiden *Abglanz*-Söhne *Archimedes* und *Absatz* stehen hier

Anzahl der je Hengst prämiierten Stuten 1970–1974

	Ia-Pr.	insges.		Ia-Pr.	insges.
Archimedes	56	152	*Grande*	23	75
Lukas	55	138	*Duden I*	22	68
Absatz	37	122	*Kurier*	20	96
Diplomat	37	106	*Perser xx*	20	69
Lugano I	35	129	*Marconi*	19	65
Eindruck II	35	82	*Dominik*	18	55
Don Carlos	33	116	*Der Löwe xx*	17	57
Adlerfarn II	30	90	*Sudan xx*	17	60
Argus	28	64	*Gotthard*	16	56
Duft II	25	78			

an 1. und 3. Stelle, dazwischen der *Lugano I*-Sohn *Lukas. Diplomat,* der DLG-Sieger 1972, schließt sich an. Die gleichen Zahlen an Ia-Stuten bei den dann folgenden Vätern *Lugano I* und *Eindruck II,* aber die unterschiedliche Gesamtzahl der Töchter legten den Gedanken nahe, einmal den *prozentualen Anteil der Ia-Stuten* als Wertmaßstab zugrunde zu legen. Dadurch verschiebt sich das Bild wesentlich. An die Spitze ist nunmehr der *Abglanz*-Urenkel *Argus* gerückt, von dem erst 4 Jahrgänge vorhanden waren. Der gute Typ-Vererber *Eindruck II* v. *Astflug* behauptet sich auf dem 2. Platz vor *Lukas, Archimedes* und *Diplomat.* Vor allem aber ist zu beachten, daß *Absatz, Lugano I, Don Carlos* und *Kurier* weiter nach hinten gerutscht sind. Somit ergeben sich aus dem Vergleich einige interessante

1970–1974 Anteil der Ia-prämiierten Töchter

Argus	43,8%	*Absatz*	30,3%
Eindruck II	42,7%	*Der Löwe xx*	29,8%
Lukas	39,9%	*Marconi*	29,2%
Archimedes	36,8%	*Perser xx*	29,0%
Diplomat	34,9%	*Gotthard*	28,6%
Adlerfarn II	33,3%	*Sudan xx*	28,3%
Dominik	32,7%	*Don Carlos*	28,0%
Duden I	32,4%	*Lugano I*	27,1%
Duft II	32,1%	*Kurier*	20,8%
Grande	30,7%		

Perspektiven, ohne noch auf nähere Einzelheiten einzugehen.
Die Bewertung der Stuten auf den Schauen bleibt insofern unvollkommen, als sie sich neben der Abstammung nur auf Sichtbares beziehen kann. Das ist zwar viel, bei weitem aber nicht alles. Auf die so ausschlaggebende Leistungsbereitschaft lassen sich aus Typ, Ausdruck, Textur usw. zwar gewisse, immer aber nur unsichere Schlüsse ziehen. Auf die Frage nach der heute so wichtigen Reiteignung ermöglicht das Exterieur lediglich eine bedingte Antwort; hier besonders haben innere Bereitschaft und Charakter große Bedeutung, sind aber bei der kurzen Vorstellung des nackten Pferdes an der Hand, wie bei den Stutenschauen üblich und nicht anders möglich, kaum zu beurteilen. Der immer wieder erhobenen Forderung, man müsse auch die Zuchtstuten unter dem Reiter beurteilen, steht allein schon der Zeitmangel gegenüber: Hannover hat über 10 000 Zuchtstuten, davon über 1500 Dreijährige, die jährlich neu registriert werden! Wo sind die Reiter mit genügend Zeit und Fähigkeiten, junge Pferde zuzureiten, und wo sind die befähigten Richter, die es sich zeitlich leisten können, eine solche Zahl von Stuten unter dem Reiter zu begutachten? Dazu müßten sowohl Reiter als auch Richter jeweils unter sich für ihre Aufgaben gleich qualifiziert sein, wollte man zuverlässige Beurteilungen erhalten, deren züchterische Auswertung verwertbar wäre. Die bestehenden Schwierigkeiten sind unverkennbar. Trotzdem muß auf lange Sicht eine Lösung versucht werden. Die in den letzten Jahren auf verschiedenen Turnieren erfolgten Reitpferde-Eignungsprüfungen für Zuchtstuten sind ein verheißungsvoller Anfang.
Denkt man dazu an unsere international bewährten Spitzenpferde, so gibt es genügend Beispiele dafür, daß erst das oft ganz zufällige Zusammentreffen des richtigen Reiters mit dem richtigen Pferd zu überragenden Erfolgen geführt hat. Andere Pferde mit gleichen Anlagen dagegen bleiben ihr Leben lang unentdeckt. Zufälligkeiten spielen gerade hier eine große Rolle und erschweren objektive züchterische Bewertungen außerordentlich. Daher auch die häufigen Enttäuschungen bei späterer Zuchtbenutzung der im Turniersport bewährten Hochleistungspferde. Es ist selbstverständlich, daß man mit solchen Paarungen große Hoffnungen verbindet; aber wie oft gehen sie nicht in Erfüllung!

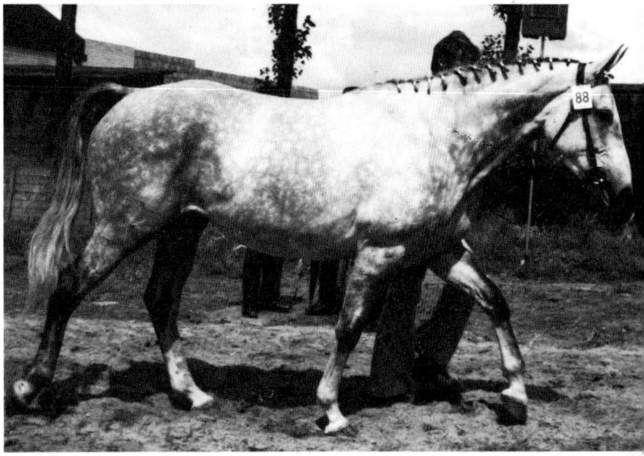

Goldika, geb. 1969 v. *Gotthard-Lateran,* Züchter *Klaus Quirling, Nienhagen,* Besitzer *Joachim Kemmer, Walle;* Siegerstute der Stutenschau in Freiburg 1974.

Dorfidyll, geb. 1971 v. *Diplomat-Wöhler,* Züchter und Besitzer *Heinrich Schilling, Rehden-Fladder;* eine aus einem wertvollen Stutenstamm gezüchtete *Diplomat*-Tochter, Siegerstute der Stutenschau Rehden 1974 u. DLG-Ausstellung 1974 Ia-Preis.

Exterieurbewertung

Die Beurteilung der Stuten auf den Schauen ermöglicht daher nur in beschränktem Umfange direkte und zuverlässige Schlüsse. So steht fest, welche Halsformation für den Reitgebrauch günstig und welche weniger geeignet ist. Auch die Sattellage ist einwandfrei zu beurteilen. Das gleiche gilt für die Bewertung des Fundaments, nicht nur seiner

Stellung, sondern auch seiner Fehler: Spat, Schale, Hasenhacke usw. Die unmittelbare Bedeutung der Tiefe, Breite, auch der Elastizität der Bewegungen ist bekannt. Daß übernormal große Tiere selbst bei genügend eigener Tiefe vielfach eine mangelnde Hinterrippe vererben, hat u. a. Ahlvers bei seinen Untersuchungen an hannoverschen Landbeschälern einwandfrei nachgewiesen. Mängel in der Hinterrippe aber bedingen sehr häufig ungenügende Freßlust und Futterundankbarkeit, wie in zahlreichen Untersuchungen festgestellt worden ist.

Die hannoversche Zuchtleitung bemüht sich sehr, durch sorgfältige Bewertung der Stuten auf den Schauen möglichst zuverlässige Ergebnisse zu erhalten. Man ist sich aber auch der Tatsache bewußt, daß das Verfahren nicht vollkommen ist und auch nicht sein kann. Dazu fehlt es den Züchtern und der Zuchtleitung einfach an Zeit. Allerdings läßt sich auch wieder feststellen, daß die Stutenschauen, wie sie nun schon in nicht wesentlich veränderter Form seit bald 100 Jahren durchgeführt werden, trotz aller Mängel hervorragend dazu beigetragen haben, die hannoversche Zucht auf den heutigen Stand zu bringen.

Es ist nicht möglich, im Rahmen dieses Buches die genaue Exterieurbeschreibung eines Pferdes wiederzugeben, das dem hannoverschen Zuchtziel nach seiner heutigen Auslegung am ehesten entspräche. Über den erwünschten Ausdruck des Kopfes, die ideale Formung des Genicks, der Halsung, des Widerristes, der Kruppe, über die geeignete Lagerung der Schulter und des Oberarmes besteht wohl Einheitlichkeit der Auffassungen.

Wohl aber ist es angebracht, auf einige Punkte einzugehen, die nach den hannoverschen Erfahrungen besondere Beachtung verdienen.

Es dürfte keinem Zweifel unterliegen, daß fehlerhafte Beinstellungen, z. B. knieweit, knieeng, zehenweit, zeheneng, eine Überbeanspruchung der Sehnen bedingen, die auf die Dauer nicht ohne Folgen bleiben kann. Ebenso verdienen die Hufe besonderer Beachtung, dies um so mehr, je stärker die Zahl guter Hufschmiede zurückgeht. Auf beides, Beinstellung und Hufe, sehen die meisten Reiter viel zu wenig; um so aufmerksamer müssen Züchter und Zuchtleitung sein. Gerade die Schweizerische Remontierungskommission, die bei der starken Beanspruchung eines Militärpferdes auf Beinstellung und Hufe besonderes Gewicht legte, ist bei ihren Remonteankäufen im hannoverschen Zuchtgebiet ein guter Lehrmeister gewesen und hat bestehende Auffassungen der früheren deutschen Remontekommissionen bestätigt.

Evita, geb. 1969 v. *Eindruck II-Florentiner II*, Züchter und Besitzer *E. D. Tiedemann, Lüderskoop*. Siegerstute der Stutenschau Altenbruch 1974. *Evita* entstammt einer Familie, die in den letzten Jahren in Altenbruch wiederholt beste Stutenfamilie der Schau wurde. Daß die Pferde dieser Familie sich auch reiterlich gut bewähren, zeigt die nächste Abbildung.

Schritt und Trab

Nachdem die Stuten auf den Schauen von allen Seiten im Stand besichtigt sind, werden sie zunächst im Schritt, dann im Trabe vorgeführt. Für die Beurteilung im Trabe bürgert sich erfreulicherweise die Dreiecksbahn immer mehr ein. Die Schrittbeurteilung erfolgt besonders auf dem Zirkel. Der Schritt soll gerade, räumend und lebhaft sein. Ahlvers hat durch Untersuchungen an insgesamt 244 Beschälern der Landgestüte Celle und Osnabrück nachgewiesen, daß eine positive Korrelation zwischen dem Schritt und der Bewegung im Trabe besteht. Hat eine Stute einen guten Schritt, so kann man in der Regel auch auf guten Raumgriff im Trabe schließen. Natürlich gilt auch hier, daß Ausnahmen die Regel bestätigen. Ahlvers teilte bei seinen Untersuchungen 187 hannoversche Landbeschäler in 7 Klassen mit ansteigender Schrittweite von 74–107 cm ein und kam zu dem Ergebnis, daß die durchschnittliche Trittlänge im Trabe ganz parallel dazu von 128 bis zu 179 cm anstieg. Wegen

Die Reiterfamilie *E. D. Tiedemann, Lüderskoop* – Vater mit 4 Kindern – nach einem schönen Turniererfolg auf dem Dobrock 1968 mit selbstgezogenen Pferden, die der gleichen Stutenfamilie entstammen, darunter 4 Zuchtstuten, von denen 2 Fohlen bei Fuß hatten. Die Familienmitglieder erzielten mit Pferden dieser Stutenfamilie wiederholt eindrucksvolle Erfolge in Material-, Eignungs-, Spring- und Fahrprüfungen sowie im Duhnener Wattenrennen (s. S. 189/190)

dieser Beziehungen findet der Schritt der hannoverschen Stuten auf den Schauen besondere Beachtung, aber ebenso auch wegen des Schrittes selbst. Auch das Reitpferd bewegt sich mehr im Schritt als in den anderen Gangarten. Ein kurzschrittiges Pferd braucht mehr und beschleunigtere Einzelschritte als ein langschrittiges Pferd, wenn es die gleiche Entfernung in gleicher Zeit zurücklegen soll. Ahlvers konnte 42 Landbeschäler zu einer entsprechenden Prüfung heranziehen (deren es eigentlich gar nicht erst bedurft hätte), teilte sie nach ihrer gemessenen Schrittweite in vier Gruppen und stellte fest, daß für die Zurücklegung einer bestimmten Prüfungsstrecke die Hengste mit einer durchschnittlichen Schrittweite von 75 cm 64,6 sec benötigten, diejenigen mit einer durchschnittlichen Schrittweite von 95 cm dagegen nur 58,1 sec. Auch hier verlief die Abstufung von Gruppe zu Gruppe absolut parallel. Schnellere Schrittfolge zum Ausgleich kürzerer Schrittweite erfordert erhöhten Energieaufwand und führt natürlich zu schnellerer Ermüdung und früherem Verbrauch.

Gangmanier

Typisch für Hannover und seinem Zuchtziel absolut entsprechend ist die flache Gangmanier der vorderen Extremitäten, im wesentlichen durch einen kurzen Vordermittelfuß und eine tief sitzende Vorderfußwurzel begünstigt. Je relativ länger die Röhre, um so mehr neigt der Gang zum Gegenteil. Auch darüber gibt es außerhalb Hannovers immer wieder Diskussionen. In Hannover selbst ist man sich darüber einig, daß der durch mehr oder weniger »Knieaktion« bedingte runde Gang zwar auffallender, aber unpraktischer und für den Reiter weniger angenehm ist. Die Elastizität leidet, die Sehnen und Bänder werden mehr beansprucht, und der Schritt wird kürzer. Ahlvers hat die von ihm untersuchten 244 Landbeschäler nach ihrer Gangart in die vier Gruppen »flach«, flachrund«, »rundflach« und »rund« eingeteilt und nachgewiesen, daß Schrittweite und Trittlänge in der Traberkarre und an der Hand um so besser sind, je flacher der Gang ist. Von der Gruppe »flach« zur Gruppe »rund« fielen die durchschnittliche Schrittweite in der Traberkarre von 92,16 bis zu 85,10 cm, an der Hand von 94,4 bis zu 91,0, und die Trittlänge des Trabes in der Karre von 172,74 zu 154,50 cm, an der Hand von 166,14 bis zu 153,07 cm. Diese Untersuchungsergebnisse bestätigen die hannoverschen Ansichten über den zweckmäßigsten Gang, die übrigens auch von den Vollblut- und Trakehnerzüchtern geteilt werden.

Wenn in Hannover bei der Beurteilung des Ganges auf die Vorhand besonderes Gewicht gelegt wird, genauer ausgedrückt: auf die Korrektheit in Stellung und Bewegung der Gliedmaßen von der Vorderfußwurzel abwärts bis zu den Hufen, dann sollte das nicht zu der Annahme verführen, Hannover huldige der überlieferten Redensart eines seiner prominentesten Richter der Vorkriegszeit: »Wenn sie vorne man gehen, hinten kommen sie von selbst nach.« Hier handelt es sich lediglich um eine der sarkastisch-humorvollen Bemerkungen, deren es nun einmal bedarf, wenn die Kommission das sich jährlich wiederholende Richten von über 2000 Stuten ohne Schaden an der Seele überstehen will.

In Wirklichkeit ist es natürlich umgekehrt. Wichtiger als die Vorhand ist die Hinterhand.

Hinterhand

Alle Kraftleistung geht von der Hinterhand aus. Sie dient bei der Bewegung als Hebel der Kraft, während Mittel- und Vorhand, also alles, was vor dem Kreuz liegt, als Hebel der Last gelten. Macht man sich diesen Grundsatz klar, wird die Bedeutung der Hinterhand selbstverständlich. Dann versteht man u. a. auch, daß Stärke und Korrektheit des Sprunggelenkes, auf die Hannover besonderes Gewicht legt, große Beachtung verlangen. Man denke nur an die außerordentliche Belastung dieses Gelenkes in der Dressur und beim Springen. Nicht umsonst lehnte die Schweizer Remontierungskommission Pferde mit schwachen oder fehlerhaften Sprunggelenken ab. Hasenhacken waren für sie Fehler, die grundsätzlich vom Ankauf ausschlossen. Stärke und Funktionsfähigkeit der Hinterhand sind ebenso aber auch von deren Bemuskelung abhängig, und es hat schon seine guten Gründe, wenn in Hannover bei der Beurteilung der Stuten Länge und Fülle der inneren und äußeren »Hosen« besondere Beachtung finden.

Celler Hengstparade, Dreizehnerzug.

Celler Hengstparade, Aktionstraber vor galoppierendem Hengst.

Von ausschlaggebender Bedeutung aber ist die Skelettlagerung und -winkelung der Hinterhand (Kreuzbein, Becken, Oberschenkel, Unterschenkel). Wenn erfahrene Hippologen immer wieder auf die Bedeutung des Rechteckformates im Gegensatz zur Quadratform des Pferdes hinweisen, so schwebt ihnen dabei nicht etwa eine besonders lange Mittelhand vor. Vielmehr wollen sie das Rechteckformat durch eine bedeutende Ausbildung von Vor- und Hinterhand verwirklicht wissen. Ein langer Rücken oder genauer: eine lange Lendenwirbelsäule bedingt mangelhaften Schluß, also eine matte Verbindung zur Kruppe. Oftmals ergibt sich daraus eine Verlagerung von Kruppe und Becken zur Horizontalen hin. Dann stellen sich automatisch die Hinterbeine nach hinten heraus, und das wiederum behindert das Untersetzen der Hinterhand und damit den Nachschub. Gesellt sich dazu noch, wie leider nicht selten, ein offenes Sprunggelenk, also ein gerades Hinterbein, und womöglich eine steile Fessel, dann ist das Übel erst vollständig.

Da es aber nach den Gesetzen der Mathematik bei einem Instrument mit mehreren Gelenken, als welches die tierische Hinterhand anzusehen ist, letztlich auf die Summe der Winkelgrößen ankommt, so hat die Natur in vielen Fällen dafür gesorgt, daß mangelnde oder übertriebene Winkelung eines Gelenkes durch entgegengesetzte Winkelung anderer Gelenke in etwa ausgeglichen wird. So gesehen, können derartige, normalerweise als Fehler anzusehende Stellungen, wie ein stark gewinkeltes Hinterbein bei horizontaler Kruppe oder eine zu elastische Fesselung bei geradem Hinterfuß, unter Umständen nützliche Ausgleiche im Gebrauch bilden. Dies allerdings nur für eine kürzere Zeitspanne; denn die starke Sehnenbeanspruchung durch zu weiche Fesselung wird sicherlich zu vorzeitiger Abnutzung führen. Diese Kompensierung im Gebrauch darf für die Zucht nicht zu falschen Folgerungen führen: In der Zuchtplanung ist die Korrektur eines Fehlers durch den entgegengesetzten abzulehnen.

Vorhand

Über Rücken, Widerrist, Rumpf und Hals und die sie ununterbrochen begleitenden Muskelgruppen und Sehnenstränge wird der Kraftimpuls der Hinterhand zur Vorhand geleitet. Wie die Vorhand mit dem Auffangen dieser Belastung fertig wird, hängt von der Stützfähigkeit und Winkelung ihrer Skeletteile, von der Ausbildung ihrer Muskulatur und Sehnen und nicht zuletzt von der Gesundheit und

Celler Hengstparade: nach der Freiheitsdressur zeigt der *Dwinger*-Sohn *Domfalk* die Pause an.

Festigkeit ihrer Hufe ab. Am wenigsten kommt es dabei auf den Umfang des Röhrbeines an, auf den absoluten schon gar nicht, eher dagegen auf den relativen, denn selbstverständlich muß auch dieser Skeletteil im harmonischen Verhältnis zum Gesamtskelett stehen. Es hat wohl kaum einmal einen Bruch des Röhrbeines gegeben, der auf dessen zu kleinen Umfang zurückzuführen wäre. Es muß nur Klarheit darüber bestehen, daß man am lebenden Pferd bei der Vergewisserung über die Röhrbeinstärke in Seitenansicht regelmäßig die Stärke der Beuge und Strecksehnen mit in die Betrachtung einbezieht.

In diesem Zusammenhang interessiert das Ergebnis der von Ahlvers ausgewerteten Messungen an über 800 Celler volljährigen Landbeschälern, wonach 1 cm Widerristhöhenunterschied einem Unterschied im Umfang des Röhrbeines von 0,08 cm entspricht.

Als schwerwiegender Fehler ist es dagegen anzusehen, wenn das Röhrbein gleich unter der Vorderfußwurzel übermäßig eingeschnürt ist, weil dadurch die Bewegungsmöglichkeit der Sehnen behindert wird. Nicht damit zu verwechseln ist eine nur scheinbare Einschnürung, deren Eindruck leicht entsteht, wenn die Vorderfußwurzel besonders stark ausgebildet ist. Eine starke Vorderfußwurzel ist natürlich erwünscht.

Wesentlich für die Mechanik der Vorhand ist aber eine lange und möglichst schräg liegende Schulter, ein langes Armbein vom Buggelenk bis zum Ellenbogengelenk und ein langer Vorarm vom Ellenbogen- bis zum Vorderfußwurzelgelenk. Durch die Länge dieser Skeletteile und die von ihnen gebildeten Winkel ist die skelettmäßig bedingte Grundlage für den Mechanismus der Vorhand gegeben. Das übrige bestimmt das vorhandene energetische Volumen.

Hier konnten nur wenige Punkte herausgegriffen werden, auf die in Hannover bei der Beurteilung von Pferden heute besonderes Gewicht gelegt wird. Nur zu oft wird unter dem Eindruck einer glanzvollen Gesamterscheinung bei vorzüglicher Kondition, entsprechender Aufmachung und Einmusterung manches übersehen, was zunächst nicht ins Auge fällt, vielleicht selbst von dem interessierten Laien gar nicht erkannt wird, für den Gebrauch des Pferdes aber von ausschlaggebender Bedeutung ist. Das gilt besonders für den Gesamtkomplex der Bewegungen.

Im großen also wird die Zucht durch scharfe Auslese innerhalb der Rasse, ebenso aber auch durch wohldosierte Einkreuzung von Spezialblut im Sinne des Zuchtzieles gesteuert. Pferde, die das hannoversche Zuchtziel in der Vollkommenheit verkörpern, gibt es, wie in jeder Zucht, nur in wenigen Exemplaren. Dafür sind die gestellten Ansprüche zu hoch, und sie werden immer höher geschraubt, je mehr Pferde sich dem Ideal des Zuchtzieles nähern. Rückschläge im Vererbungsgang sind unvermeidlich. Damit findet sich der erfahrene Züchter ab und verharrt trotzdem in der Hoffnung, das in Vollendung schwer zu verwirklichende Zuchtziel doch einmal zu erreichen.

Vgl. hierzu auch Heling/v. Henninges »Das vollendete Pferd« 1974 und Löwe/Meyer »Pferdezucht und Pferdefütterung« 1974.

Das Hengstaufzuchtgestüt Hunnesrück

Seit 1921 dient das in der Nähe von Einbeck am Fuße des Sollings gelegene Gut Hunnesrück durch Ankauf und Aufzucht hannoverscher Hengstabsatzfohlen der Sicherstellung des hannoverschen Hengstbedarfes.

Bis zum Ende des Ersten Weltkrieges remontierte Celle seinen Hengstbestand fast ausschließlich in Mecklenburg und Pommern. Die dortigen Güter kauften in Hannover Hengstabsatzfohlen und stellten sie als Zweieinhalbjährige ohne vorherige Körung dem Celler Landstallmeister zum Ankauf vor. Was als Hengst durchfiel, wurde Remonte – ein sicheres, nicht schlechtes Geschäft. Auch den hannoverschen Züchtern, vornehmlich Besitzern kleinerer bis mittelgroßer Bauernbetriebe, war damit gedient. Sie arbeiteten fast nur mit Stuten, die jedes Jahr gedeckt wurden, waren aber aus Stall- und Landmangel auf den Verkauf der Fohlen angewiesen. Im ganzen also eine ideale Arbeitsteilung.

Einen entscheidenden Stoß erhielt diese Zusammenarbeit mit der Einrichtung der Güstrower und Stettiner Hengstkörungen während der Inflation zu Beginn der zwanziger Jahre. Valutastarke Ausländer hatten es leicht, die besten Hengste wegzukaufen. Den deutschen Landgestüten blieb das Nachsehen. Besonders Celle war davon betroffen. So entschloß sich die Preußische Gestütverwaltung zur Einrichtung von Hunnesrück. Der Verkauf hannoverscher Hengste in Güstrow wurde durch den Oberlandstallmeister später so geregelt, daß Celle und Redefin immer abwechselnd je einen Hengst wählten, ein Verfahren, das für Celle gegenüber früher wesentlich ungünstiger, andererseits aber eine Lösung war, die ebenso als Folge der Gründung Hunnesrücks wie als Beweis der Daseinsberechtigung dieses hannoverschen Hengstaufzuchtgestütes angesehen werden kann.

Als ab 1941 die Pferdezucht Polens und der Ukraine mit Hengsten zu versehen war, begann die bis dahin kaum nennenswerte private Hengstaufzucht in Hannover größere Ausmaße anzunehmen. Es entstand der hannoversche Hengstmarkt in Verden, ohne daß dadurch die vornehmlich auf die Versorgung Hannovers ausgerichtete Hunnesrücker Hengstaufzucht an Bedeutung verloren hätte. Nach 1950 wiederum folgten für die Aufzüchter sehr schlechte Jahre, in denen sich Hunnesrück als Preisstabilisator zugunsten der Züchter auf dem Markt aufzuchtwürdiger Hengstfohlen erwies. Als solche Fohlen ohne weiteres für 400,– DM zu kaufen waren, zahlte die niedersächsische Gestütverwaltung 700,– DM und übte damit einen besonders auch moralisch belebenden Einfluß auf die verzagten Züchter aus. Das wird in deren Kreisen auch heute noch anerkannt. Fast ausnahmslos bieten sie ihre besten Hengstfohlen zunächst dem Landstallmeister für Hunnesrück an, auch wenn dessen Preise mit den Angeboten von privater Seite nicht Schritt halten.

In den schlechten fünfziger Jahren wurde aus den Kreisen der Hengstaufzüchter vielfach Kritik an der Existenzberechtigung von Hunnesrück laut. Der Absatz an Zuchthengsten war gering. Die Ankäufe der niedersächsischen Landgestüte in Verden gingen allmählich von 16 Hengsten im Jahre 1951 auf acht ab 1960 zurück. Es gab Jahre, in denen im ganzen nur zehn Hengste der Privatzucht abgesetzt wurden. Dann und wann ging ein Hengst nach Warendorf, und es hing oft von den Ankäufen für Redefin, Neustadt/Dosse und Radegast ab, ob ein Hengstmarkt zufriedenstellend oder enttäuschend war. Das zwischen der Gestütverwaltung und dem hannoverschen Zuchtverband geltende ungeschriebene Gesetz gleichstarker Ankäufe in Hunnesrück und Verden ließ es daher verlockend erscheinen, Hunnesrück aufzulösen. Dabei ging man von der wahrscheinlich illusorischen Annahme aus, der Staat würde damit den Verdener Ankauf verdoppeln. Aber die dankbare Erinnerung an die Aufrechterhaltung der Fohlenankäufe für Hunnesrück und deren preisstabilisierenden Einfluß ließen solche Ansichten gar nicht erst zu irgendwelchen Vorschlägen oder Eingaben an die Gestütverwaltung reifen.

Hinzu kam allerdings auch, daß bald nach Kriegsende 50 ostpreußische Stuten mit entsprechender Nachzucht in Hunnesrück aufgenommen worden waren und der Staat auch im Interesse dieser Ostpreußenzucht, also aus innenpolitischen Gründen, Hunnesrück nicht auflösen mochte. Auch heute sichern die hannoverschen Junghengste gemeinsam mit den ostpreußischen Stuten den Fortbestand Hunnesrücks als Aufzuchtgestüt, zumal die dortige Hengstaufzucht unter den inzwischen gänzlich veränderten Preisverhältnissen inzwischen rentabler geworden ist.

Seitdem sich der hannoversche Hengstabsatz verbessert hat, etwa seit 1960, gewinnt Hunnesrück für Hannover eine zusätzliche Bedeutung, die an die Verhältnisse erinnert, die vor bald 50 Jahren zur Gründung dieses Institutes geführt hatten. Auf den Verdener Hengstkörungen wurde in den letzten Jahren eine steigende Anzahl von Hengsten nach auswärts verkauft. Außer den seit Jahrzehnten auf hannoverscher Grundlage züchtenden Gebieten Westfalen, Mecklenburg, Pommern und Brandenburg verlangen in zunehmendem Maße Hessen, Bayern, Rheinland-Pfalz, Sachsen-Anhalt, Ostfriesland, Oldenburg, dann Belgien, Dänemark und vereinzelt Luxemburg, Österreich, Schweden, Holland, Südwestafrika, U.S.A. u. a. gute hannoversche Hengste und bieten oftmals Preise, mit denen Celle nicht Schritt halten kann. So fanden schon Körungen statt, bei denen Celle auf fast unentbehrliche Hengste zugunsten auswärtiger Käufer verzichten mußte. So bedenklich das dann im Augenblick auch erscheint, in Wirklichkeit ist zu ernsten Sorgen trotzdem kein Anlaß, solange Hunnesrück besteht und soweit die Züchter eine Ehre darin sehen, ihrem Landgestüt einen Hengst aus eigener Zucht zu stellen. Das geschieht aber am sichersten über Hunnesrück, weil die dort gekörten Hengste heute ausnahmslos nach Celle gehen. Insofern hat sich gerade in den letzten Jahren Hunnesrück als ein sehr wertvolles Reservoir für die hannoversche Zucht erwiesen. Man vergegenwär-

Hannoversche Hengstfohlen beim Weideaustrieb in Hunnesrück.

tige sich in diesem Zusammenhange einmal, daß so bedeutende Hengste wie *Futurist I, Duellant, Ferdinand, Abhang I,* die DLG-Siegerhengste *Diplomat* und *Dirk* sowie die noch lebenden Westerceller Leistungssieger *Sesam I* v. *Senator, Marconi* v. *Marcio xx, Cid* v. *Cyklon, Servus* v. *Sesam I, Windhuk* v. *Wulf, Glander* v. *Grande, Perfekt I* v. *Perser xx, Arsenik* v. *Absatz* und *Darling* v. *Duft II* in Hunnesrück aufgezogen wurden.

Hunnesrücks besondere Eignung

Hunnesrück bietet an Hand der gleichmäßigen Aufzucht einer größeren Anzahl von Fohlen viele interessante Vergleichsmöglichkeiten, die für die Zucht wertvoll sind. Bis in die ersten Nachkriegsjahre wurden Hengste bevorzugt, von denen neben guten Gängen und guter Halsung besonders Knochenstärke sowie Breite und Tiefe des Rumpfes verlangt wurden. Es sollten Vorbilder eines guten Wirtschaftspferdes mittlerer Größe sein. Unter dem Einfluß der imponierenden Röhrbeinmaße in der Kaltblut- und schweren Warmblutzucht mußten auch die Hannoveraner mit nicht zu niedrigen Mindestmaßen aufwarten können. Heute allerdings wird das Röhrbein überhaupt nicht mehr gemessen. Harmonie und Korrektheit sind ausschlaggebend. Damals aber war es ganz anders.

Verstärkung bei gleichzeitiger Erhöhung des Widerristmaßes zu erzielen, war nie ein schwieriges Problem. Aber das Verstärken unter Wahrung von Typ, Harmonie und Größe ist schwieriger als zu veredeln. Die Erfahrungen bei der Umzüchtung leichter Kavallerieremonten in stärkere Pferde haben bewiesen, wie leicht es ist, eine Zucht zu verstärken, sofern man die Größe außer acht läßt. Ahlvers hat durch Messungen an einer großen Zahl hannoverscher Hengste festgestellt, daß 1 cm Unterschied in der Widerristhöhe 0,1 cm Verstärkung der Röhre bedingt, wenn das relative Verhältnis gleich bleiben soll. Das heißt also, daß bei echter Verstärkung dieses Verhältnis 1:10 enger werden muß. In den Jahrzehnten vor der im Augenblick stärkeren Beeinflussung der hannoverschen Zucht durch sog. Spezialblutströme waren solche Erkenntnisse von großer praktischer Bedeutung. Auch heute verdienen sie noch Interesse, wenn sie auch zur Zeit nicht akut sind.

Früher wurde der Hunnesrücker Scholle nachgesagt, daß sie das Größenwachstum der Hengste besonders begünstige. Heute, wo größere Hengste gesucht werden, spricht man nicht mehr darüber. Man könnte fast meinen, diese Hunnesrück nachgesagte Eigenart sei Legende gewesen.

Mögen auch Haltung und Fütterung das Ihre zu einem gewissen Größenwachstum beigetragen haben, fest steht jedenfalls, daß Hengste, die es sozusagen in sich hatten, in ihrem Größenwachstum in Hunnesrück nicht gehemmt waren. Das gab allerdings auch die Chance, Hengste mit zu starkem Höhendrang von der Zucht auszuschließen. Darüber mag man heute, wo große Springpferde gesucht werden, anders denken. Damals aber verlangte man eben Pferde im Wirtschaftstyp. Die Hengste durften nicht zu groß sein. Der Celler Landstallmeister Graf Kalnein schrieb 1927: »Ferner muß darauf geachtet werden, daß die Pferde nicht zu groß werden. Die Gestütleitung ist seit Jahren bestrebt, nur mittelgroße Hengste einzustellen.« Es ist eine auch aus der Rindviehzucht bekannte und übrigens auch für die hannoversche Warmblutzucht durch Ahlvers einwandfrei belegte Tatsache, daß mit wachsender Größe die Hinterrippe relativ an Umfang verliert. Die Tiere werden »höher« und dadurch oft auch schlechtere Futterverwerter. Inzwischen hat sich gezeigt, daß in Hunnesrück besondere Sorgen über das Größenwachstum nicht mehr zu bestehen brauchen.

Die Aufzucht in Hunnesrück

Das früher bischöfliche Gut Hunnesrück, mit dem Vorwerk Relliehausen rund 750 ha groß, wurde mit der Säkularisation erst hannoversche, dann preußische Domäne und 1868 als Remontedepot eingerichtet. Als solches beherbergte es jährlich 600 bis 800 Armeeremonten, denen eine besonders gute Entwicklung nachgesagt wurde. 1921 wurde es der Preußischen Gestütverwaltung als hannoversches Hengstaufzuchtgestüt übergeben. Das Vorwerk Relliehausen wurde am 1. 7. 1966 als Versuchsgut an das Institut für Tierzucht und Haustiergenetik in Göttingen abgetreten, da infolge des verringerten Hengstbestandes und der zahlenmäßig etwas eingeschränkten Ostpreußenzucht das Areal nicht mehr benötigt wurde.

Im ersten Jahre gingen 53 Fohlen nach Hunnes-

Junge Hengste im Hofauslauf in Hunnesrück.

rück. Ab 1922 schon waren es jährlich 120 bis 130. Jeweils befanden sich also dort um 300 Hengstanwärter, da die Hengste bis zur Gründung von Westercelle drei Jahre in Hunnesrück blieben. Als Folge der Deflation, die sich besonders auch für die Pferdezucht bemerkbar machte, gingen die Ankäufe 1929 auf 40 Fohlen zurück, erhöhten sich aber im Jahr 1938 im Zug der späteren Armeevermehrung wieder auf 80. Nach dem Zweiten Weltkrieg wurden die Ankäufe zunächst auf 40, 1958 auf 25 und schließlich auf 20 Fohlen herabgesetzt. Inzwischen ist diese Zahl wieder angestiegen auf höchstens 35 Fohlen je Jahrgang.

Die Aufzucht der Fohlen und Junghengste in Hunnesrück ist natürlich, beinahe hart, die Fütterung ist gut, aber nicht mastig. Bei guter Witterung kommen die im September einrückenden Absatzfohlen zunächst noch auf die Weide, erhalten dann im ersten Winter 3 bis 3,5 kg Hafer, dazu Möhren und bestes Heu, gehen als Jährlinge wieder auf die Weide, wo sie ohne Zufutter Tag und Nacht draußen bleiben und bekommen im zweiten Winter bis 4 kg Hafer. Für die Weiden stehen gute, kalkreiche Lehmböden zur Verfügung. Das Hunnesrücker Klima ist verhältnismäßig rauh, besonders auch auf den 400–500 m hoch im Solling gelegenen Weiden von Neuhaus. Auch während der Stallzeiten haben die Fohlen und Junghengste täglich Bewegung im Freien.

Die Vorbereitung für die Körung Anfang November beginnt im September mit geringen Hafer- und Heuzulagen auf der Weide. Bis vor wenigen Jahren wurden die zweieinhalbjährigen Hunnesrücker Hengste der Körkommission in ausgesprochenem Rohzustand vorgestellt. Erst in den letzten Jahren hat wohl in der Hauptsache die Verdener »Konkurrenz« Veranlassung gegeben, die Hengste für die Körung besser herauszubringen, was zweifellos dem Eindruck der zukünftigen Beschäler wie dem Absatz der nicht zur Zucht bestimmten Junghengste nur dienlich ist. Wenn die in Hunnesrück aufgezogenen Hengste zur Zeit der Körung gegenüber den Verdener Ankaufshengsten weniger entwickelt erscheinen, so ist dies auf die natürlichere Aufzucht und die weniger treibende Ernährung in Hunnesrück zurückzuführen. Es ist in jedem Jahr wieder festzustellen, daß die Hunnesrücker Hengste durch die systematische Arbeit während des Westerceller Trainings unter den dortigen, für die Verdener und die Hunnesrücker Hengste gleichen Haltungsbedingungen diesen Rückstand regelmäßig aufholen und in ihrer Entwicklung und Kondition schon beim Trainingsabschluß den Verdener Hengsten nicht mehr nachstehen.

Die Hunnesrücker Ausbeute für die Zucht ist geringer, als Außenstehende zunächst annehmen, aber nicht niedriger als das Ergebnis der Privataufzucht. Sie ist ein Zeugnis für das Risiko, das mit der Hengstaufzucht verbunden ist. Heute liegen die Verhältnisse insofern ganz günstig, als angesichts des modulierten Zuchtzieles nur noch solche Fohlen für die Hengstaufzucht in Betracht kommen, die auch Reitpferdeeignung erwarten lassen. Unter den augenblicklichen Verkaufsmöglichkeiten für Reitpferde machen sich die Aufzuchtkosten auch der nicht gekörten Hengste einigermaßen bezahlt.

Von 1925 bis 1929 wurden für Hunnesrück 522 Fohlen angekauft. Davon gelang – sozusagen nach interner Körung, denn die staatlichen Hengste unterlagen damals noch nicht dem Körzwang – 230 Fohlen der Übergang nach Westercelle. Hier traten aus den gleichen Jahrgängen der privaten Hengstaufzucht ganze zwölf Hengste hinzu, so daß in diesen Jahren 242 Junghengste trainiert wurden, von denen schließlich 166 für die Zucht eingestellt wurden. 44% der für Hunnesrück angekauften Hengste kamen also schließlich nach Westercelle, und von diesen wiederum bestanden 69% die dortige Abschlußprüfung. Dabei ist aber der in jenen Jahren besonders starke Konjunkturrückgang zu berücksichtigen, in dessen Verlauf die Ankäufe für Hunnesrück von jährlich 130 auf 80 vermindert wurden! Man hat sicherlich damals bei der Auswahl für Westercelle und dann bei der Prüfung der Dreijährigen besonders stark gesiebt. In den Jahren seit 1960 betrug die Hunnesrücker Ausbeute für die Zucht regelmäßig etwa 40%, allerdings auf Grund einer vorherigen Festlegung mit Rücksicht auf die Verdener Hengstkörung. Dagegen bestanden in den letzten Jahren ungefähr 80 bis 85% der in Westercelle zum Training aufgenommenen Junghengste ein Jahr später die Abschlußprüfung.

Die Hengstprüfungsanstalt Westercelle und Adelheidsdorf

Westercelle liegt 3 km von Celle entfernt an der nach Hannover führenden Bundesstraße. Es umfaßt 2,5 ha mit einer gedeckten Reitbahn, einem großen Reitplatz, Kantinen- und Wohngebäude. Die Stallungen haben 51 Boxen. Einige Kilometer weiter in Richtung Hannover liegt der Trainingsplatz Adelheidsdorf, ein trockenes, reines Heidegelände, 45 ha groß, mit einer 2 km langen Galoppierbahn und festen Hindernissen.
Die Hengstprüfungsanstalt ist in den Gebäuden und Stallungen des früheren »Hannoverschen Stalles« untergebracht. Der Stall war 1908 von einer Gemeinschaft hannoverscher Züchter erbaut und diente der Ausbildung und dem Verkauf hannoverscher Pferde. 1913 pachtete die Gestütverwaltung den Komplex zur Unterbringung von Landbeschälern; 1918 erwarb sie ihn käuflich.

Der DLG-Siegerhengst *Diplomat* als Dreijähriger beim Sprung auf der Geländestrecke in Adelheidsdorf.

Die Anstalt wurde 1928 gegründet. Zwei Jahre zuvor war für die ostpreußische Zucht in Zwion eine gleiche Anstalt durch Oberlandstallmeister Groscurth eingerichtet worden. Zwion und Westercelle sind die einzigen Institute ihrer Art geblieben; seit 1945 besteht leider nur noch Westercelle. Dem Oberlandstallmeister Gatermann gebührt wohl das größte Verdienst um die Errichtung dieser Anstalt. Nach seinen Worten wollte man »ein festes System einheitlich normierter, zweckmäßiger Leistungsprüfungen, bestimmte Grundleistungen, Mindestleistungen, die registriermäßig nachgewiesen sein müssen, zugeschnitten auf die Individualität der Zucht und deren Ziele, schaffen und ermitteln«. Nach Stegen sollte »bei der Prüfung der Hengste in Westercelle festgestellt werden, ob der einzelne Hengst überhaupt und bis zu welchem Grade er imstande ist, auf Grund der Konstitution, des Temperaments, der Anordnung der einzelnen Skeletteile und der Knochenfestigkeit selbst, der Muskulatur, der Sehnen und besonders auch des Verdauungsapparates, die von ihm verlangten Leistungen während der Hauptprüfung und vor allem während des Trainings zu erfüllen«.
Westercelle ist heute in der deutschen Pferdewelt ein fester Begriff. Als eigentlich hannoversche Hengstprüfungsanstalt steht diese Abteilung des Landgestüts Celle seit einigen Jahren auch anderen Zuchtgebieten zur Verfügung. 1975 erfolgte die Verlegung in die auf dem Prüfungsgebäude in Adelheidsdorf neu errichtete Anstalt mit zahlenmäßig verdoppelter Kapazität und durch zwei geeignete Reithallen erweiterte Ausbildungsmöglichkeiten. Nunmehr ist Platz für 100 Hengste, die in vier verschiedenen Stallabteilungen untergebracht sind. Damit sind weiterhin nunmehr die Voraussetzungen dafür geschaffen, eine größere

Anzahl von Hengsten prüfen und infolgedessen die Selektion verbessern zu können. In den zurückliegenden Jahren hatten in der Regel nur 15 hannoversche Hengste im ganzjährigen Training gestanden.

Für je zwei bis drei Hengste steht ein angehender Gestütwart bzw. Reitlehrling zur Verfügung. Das Training geschieht unter der Leitung eines Obersattelmeisters, der auch für die gleichzeitige Reitausbildung der Gestütlehrlinge verantwortlich ist.

In Deutschland kannte man früher systematische Leistungsprüfungen für Zuchtpferde zum Zwecke der Selektion nur in der Vollblutzucht. Man hat zwar im vorigen Jahrhundert immer wieder versucht, die in der Landespferdezucht eingesetzten Halbblutbeschäler einer gleichen einseitigen Prüfung auf der Rennbahn zu unterziehen. Das Rennsystem ist jedoch nur auf Rennhöchstleistungen ausgerichtet. (Die der Zuchtwahl dienenden sehr hohen Anforderungen im Trakehner Jagdfeld [seit 1907] trugen internen Charakter, waren also keine offiziell anerkannten Leistungsprüfungen.) An Warmblutpferde in der Art des Hannoveraners werden andersartige, vielseitigere Anforderungen gestellt. Für die Verwendung dieses Pferdes unter dem Reiter bedarf es heute vor allem eines unkomplizierten Temperamentes. Umgänglichkeit und charakterliche Zuverlässigkeit verlangen um so stärkere Beachtung, je weniger das Pferd gearbeitet wird. Das Problem wird durch die verstärkte Verwendung von Spezialhengsten noch erschwert. Vollblüter sind nur auf Rennleistung geprüft, und wenn das Temperament dabei auch durchaus nicht nebensächlich ist, so dürfte es kaum vorgekommen sein, daß ein auf der Bahn besonders erfolgreicher Vollbluthengst wegen Temperamentschwierigkeiten aus der Vollblutzucht ausgeschieden wäre. Und ein größerer Teil der jungen Trakehner Hengste durchläuft zwar ein abgekürztes Westerceller Training, aber die besonderen Verhältnisse, unter denen die Trakehner Zucht heute zu arbeiten hat, erlauben es kaum, die Hengstmütter der durch das Tierzuchtgesetz vorgeschriebenen Zugleistungsprüfung zu unterziehen. Gerade aber für die Erkennung des Charakters sind diese Prüfungen sehr aufschlußreich und nutzbar. Die aus den geprüften hannoverschen Stuten gezogenen Söhne solcher Spezialhengste verdienen daher bei gleicher Exterieurqualität den Vorzug vor ihren Vätern, ganz abgesehen von ihrem angeglicheneren Blutbild.

Der *Grande*-Sohn *Graphit* auf der Rennstrecke in Adelheidsdorf.

Das Training

In den ersten Jahren nach der Gründung des Instituts dauerte das Training der rohen dreijährigen Hengste vom 1. April bis zum 30. September. Zunächst wurden die jungen Hengste in der Bahn geritten, kamen dann auf den Reitplatz und schon nach zwei Wochen ins Gelände. Die tägliche Arbeit steigerte sich von zunächst $^3/_4$ Stunden bis auf $3^1/_2$ Stunden im Juni. Das Training in Adelheidsdorf ging über allmählich zunehmende Distanzen, der Trab schließlich bis 3000 m und der Galopp bei wöchentlich zweimaliger Arbeit ebenfalls bis 3000 m. Von Juni ab wurden die Hengste auch über feste Hindernisse gesprungen, zunächst 50 cm, später 1 m hoch. Zur gleichen Zeit wurden die Hengste im zweiräderigen Traberwagen eingefahren. Die schweren Hengste mußten sich später an schwersten Zug gewöhnen.

Die damalige Prüfung verlangte:

1000 m Schritt im Traberwagen in 9 Min.,
3000 m Trab im Traberwagen in 9 Min.,
3000 m Jagdgalopp mit 7 Hindernissen in 7 Min.

Dazu kam – ohne besonderes Training – eine Distanzleistungsprüfung über 70 km, die in 7 Stunden zurückzulegen waren. Schon damals wurde auch eine Verfassungsprüfung der Hengste vorgenommen. Schließlich und nicht am wenigsten fanden das Verhalten, die Leistungen und besonders das Temperament während des ganzjährigen Trainings Berücksichtigung bei der endlichen Bewertung der Hengste.

Heute beginnt das Training der zweieinhalbjährigen hannoverschen Hengste Mitte November mit der Arbeit an der einfachen und doppelten Longe. Nach etwa drei Wochen werden die jungen Hengste im leichten Schlitten und im Traberwagen eingefahren. Dann kommt das Anreiten in der gedeckten Bahn, und ab Januar gehen die Hengste wöchentlich viermal unter dem Reiter und zweimal vor dem Zugschlitten oder der Traberkarre. Bald beginnt dann der Galopp. Ab Mitte März werden die Hengste an der Hand eingesprungen und gehen ab Mitte Mai unter dem Reiter über feste Hindernisse. Im Juli beginnt das zweispännige Fahren vor dem Wirtschaftswagen.

Heute ist das Training im einzelnen auf die nachstehenden Bestimmungen der Prüfungsordnung abgestellt:

A. Die Prüfung gliedert sich in

I. TK – die Prüfung in der Traberkarre zu einem	
1. *TK a – 2000 m Trab* Höchstzeit: 7½ Min. Mindestzeit: – Bestzeit	*Bewertung:* Gebrauchte Zeit. Für jede 3 Sek. über die Bestzeit 0,1 Strafpunkte
2. *TK b – Feststellung der Trittlänge am* Ende der 2000 m Trabprüfungsstrecke über eine Strecke von 100 m	*Bewertung:* Erreichte Trittlänge. Für je 2 cm weniger als die beste Trittlänge 0,1 Strafpunkte.
3. *TK c – 1000 m Schritt* Höchstzeit: 9 Min. Mindestzeit – Bestzeit	*Bewertung:* Gebrauchte Zeit. Für 4½ Sek. über die Bestzeit 0,2 Strafpunkte.
4. *TK d – Feststellung der Schrittlänge* in der zweiten Hälfte der Schrittprüfung zu 3. über eine abgesteckte Strecke von 1000 m. Die höchste anrechenbare Schrittlänge liegt bei 102 cm.	*Bewertung:* Erreichte Schrittlänge. Für je 1 cm weniger als die beste Schrittlänge soweit sie 102 cm nicht übersteigt, 0,1 Strafpunkte.
II. R – Die Prüfung unter dem Reiter gleichfalls zu einem	
5. *R a – Geländeritt:* Die Reiter sind entsprechend dem Richtverfahren mit einer einheitlichen genauen Reitanweisung zu versehen, mit der ihnen zugleich eine Zeitkontrolle auf der Strecke ermöglicht wird. Es soll von jedem Reiter versucht werden, eine Gesamtzeit von 16 Min. zu erreichen. Der Geländeritt führt über 6 km Galopp im Gelände querbeet und auf Wegen sowie auf dem Übungsplatz über 12 Sprünge (darunter 3 Gräben). Ein angemessener Teil dieser 6 km geht auf dem Übungsplatz Adelsheidsdorf über 4 (darunter 1 Graben) der geforderten Gesamtzahl von 12 Sprüngen. Höchstzeit: 18 Min.	*Bewertung:* Bewertet wird nur ein Überschreiten der Höchstzeit. Für jede angefangene Minute über der Höchstzeit 1,5 Strafpunkte.

6. Verweigerer scheiden nicht aus. Nach dreimaligem Verweigern setzt der Reiter den Ritt durch Umreiten dieses Hindernisses, also unter Belastung von 1,5 Strafpunkten fort.	*Bewertung:* je Verweigerung 0,5 Strafpunkte.
7. *R b St – Stilbewertung*	*Bewertung: 7. u. 8.:*
8. während der Teilstrecke auf dem Übungsplatz Adelheidsdorf wird in a) Galoppmanier und b) die Art der Überwindung der Hindernisse unterteilt. Die gefundenen Stilnoten sind durch einen kurzen Satz zu ergänzen.	Stilnote Multiplikator 2
9. *R c – 2000 m Jagdgalopp* In unmittelbarem Anschluß an den Geländeritt, aber mit getrennter Zeitnahme auf dem Sandbahngeläuf in Adelheidsdorf. Höchstzeit: 4 Min. Mindestzeit: – Bestzeit Die Hengste sind ohne Peitschengebrauch auszureiten.	*Bewertung:* Gebrauchte Zeit. Für je 3 Sek. über die Bestzeit 0,1 Strafpunkt.
10. *R d – Sprungbewertung* Feststellung der Länge des Galoppsprunges während des Jagdgalopps über eine abgesteckte Strecke von 100 m.	*Bewertung:* Erreichte Sprungzahl. Für je 1 Galoppsprung mehr als die geringste Sprungzahl 1,0 Strafpunkt.
III. Die Prüfung vor dem Zugschlitten – Z –:	
11. *Z a – 1000 m* mit einer Last entsprechend 25 dz (120 kg Zugwiderstand) auf möglichst gerader halbfester Strecke. An einem Punkt der Strecke ist das Gespann zum Stehen zu bringen, um nach 3 Sek. wieder anzufahren. *Höchstzeit: 12½ Min.* *Die Prüfung „Z" wird etwa 6 Wochen vor dem Abschlußtermin gelegt.*	*Bewertung:* Bei Überschreiten der Höchstzeit muß die Prüfung wiederholt werden.
12. *Z b – Schrittlänge* Feststellung der Schrittlänge in der zweiten Hälfte der Zugprüfung über eine abgesteckte Strecke von 100 m.	*Bewertung:* Erreichte Schrittlänge. Für je 1 cm weniger als die beste Schrittlänge 0,1 Strafpunkt.
13. *Z c – Stilbewertung* Die Richter sind anzuweisen, bei Vergabe der Stilnote die gezeigte Leistung als Ausdruck der Arbeitswilligkeit zu bewerten. Die Stilnote ist durch einen kurzen Satz zu ergänzen.	*Bewertung:* Stilnote Multiplikator 0,5

B *Trainingsnote – B –* Die Beobachtungen und Feststellungen während der Vorbereitungszeit (Training) werden bei der Prüfung in die Bewertung in einer Note miteinbezogen, die der Leiter der Hengstprüfungsanstalt als eine Beurteilung der Anlagen eines jeden Hengstes *vor* Beginn der Prüfung abgibt. Dieses Urteil erstreckt sich auf Temperament, Charakter, Konstitution, Futteraufnahme und Futterverwertung, Arbeitswilligkeit, Rittigkeit, Manier in der Arbeit, Springanlage, allgemeine Leistungsfähgkeit und auf etwaige Besonderheiten im Verlauf des Trainings.	*Bewertung:* Trainingsnote Multiplikator 6,0
C – V – *Tierärztliche Verfassungsprüfung* Bei einem Stufentest unter dem Reiter, der von dem Physiologischen Institut der Tierärztlichen Hochschule Hannover entwickelt wurde, wird die Ausdauerleistung des Kreislaufsystems ermittelt und in eine Wertnote übertragen. *Der Test findet in den letzten 6 Wochen vor der Abschlußprüfung statt.*	*Bewertung:* Testnote Multiplikator 1,0
D – E – *Eigungsprüfung für den Reitgebrauch* Die Prüfung findet etwa in Form einer Eignungsprüfung für Reitpferde statt. Beurteilt werden die 3 Grundgangarten, der Gesamteindruck, die Rittigkeit in einer leichten Dressuraufgabe und in einem leichten Springparcours.	*Bewertung:* Prüfungsnote Multiplikator 2,0

Aus den Einzelnoten wird bei der Abschlußprüfung unter Verwendung der für die einzelnen Disziplinen festgelegten Multiplikatoren eine Gesamtnote errechnet, die für die Plazierung ausschlaggebend ist. Der Multiplikator für die Trainingsnote ist verschiedentlich geändert worden und jetzt auf 6.0 festgesetzt. Damit erhält sie bei der Gesamtwertung besonderes Gewicht. Auf diese Weise soll erreicht werden, daß nicht allein die bei der Abschlußprüfung gezeigte Tagesform, die durchaus einmal nach der einen oder anderen Seite beeinflußt sein kann, den Ausschlag gibt, sondern die während des ganzen Trainings gemachten Erfahrungen einen entscheidenden Anteil am Endurteil bekommen. Für die züchterische Auswertung sollte man sich nicht absolut an die nach der Höhe der Gesamtnoten errechnete Reihenfolge halten, da es nicht ausbleiben kann, daß durch bestimmte Umweltfaktoren (z. B. Reiter) gewisse Unterschiede ohne eine dafür verantwortlich zu machende erbliche Veranlagung der Hengste auftreten. Daher ist man zweckmäßigerweise dazu übergegangen, die Hengste nach den Gesamtnoten in drei Leistungsgruppen einzuteilen.

Der wesentliche Unterschied zwischen der früheren und der jetzigen Prüfungsordnung liegt einmal im Wegfall des Dauerrittes über 50 km und seinem Ersatz durch den Geländeritt über Hindernisse mit anschließendem Jagdgalopp. Diese Abänderung entspricht den gewandelten Anforderungen, die gegegenüber der Zeit vor dem Zweiten Weltkriege an das hannoversche Pferd gestellt wurden. Früher in erster Linie Acker- und Soldatenpferd, mußte sich der Hannoveraner besonders für hohe Dauerleistungen eignen. Heute stehen sportliche Anforderungen im Vordergrund, die Höchstleistungen von Herz und Lunge verlangen. Weiterhin ist im Hinblick auf die derzeit entscheidende Bedeutung der reiterlichen Eignung als Ergänzung seit einigen Jahren eine besondere Rittigkeitsprüfung eingefügt,

die bereits am ersten Tag der Abschlußprüfung stattfindet. Die Prüfung im Zugschlitten wird jetzt schon einige Wochen vor der Abschlußprüfung zu deren Entlastung durchgeführt.
Neben der Rittigkeitsveranlagung kommt der Charakterprüfung eine stetig wachsende Bedeutung zu. Viele Pferde befinden sich heute in Händen städtischer Reiter, die nicht mit Pferden groß geworden sind und den Umgang mit ihnen erst erlernen müssen. In der Landwirtschaft bleiben die meisten Pferde tagelang im Stall, gewinnen dafür aber von Tag zu Tag an Stallmut. Hinzu kommt, daß mit »mehr Blut« meist auch ein höherer Intelligenzgrad verbunden ist, soweit man bei Tieren überhaupt diesen Ausdruck anwenden darf. Haben intelligentere Geschöpfe auch nicht etwa einen schlechteren Charakter, so empfiehlt sich bei ihnen doch individuellere Behandlung.
Als Abschluß dieses Abschnittes sind in einer besonderen Übersicht einmal die *fünf Hengste jedes Geburtsjahrganges* zusammengestellt, die nach dem 2. Weltkrieg in Westercelle die beste Leistungsprüfung abgelegt haben. Dabei ist interessant, daß gerade *Senator* nicht nur selbst 1952 in dieser Übersicht zu finden ist, sondern auch 8 Söhne und 4 Enkel (davon einer mütterlicherseits: *Partisan*) darunter aufzuweisen hat, ein Beweis dafür, daß seine Nachkommen doch Beachtung verdienen, zumal *Sesam I* und dessen Sohn *Servus* sogar Jahrgangsbeste waren (s. auch S. 67). An zweiter Stelle folgt *Duellant* mit 5 Söhnen und 7 Enkeln (3 väterlicherseits: *Düker, Drachenfels, Darling;* 4 mütterlicherseits: *Marconi, Marmor, Weißgerber, Adular),* weiterhin *Abglanz* mit 5 Söhnen und 2 Enkeln männlicherseits: *Arsenik* und *Argentan, Marcio xx* mit 4 Söhnen und 1 Enkel: *Monolith, Adlerschild xx* mit 4 Söhnen und *Der Löwe xx* mit 2 Söhnen und 6 Enkeln (2 väterlicherseits: *Lukas, Lockruf* und 4 mütterlicherseits: *Duden I, Duden II, Seelöwe, Wohlklang*). Aus älteren hannoverschen Stämmen (auf beiden Seiten der Ahnentafel weniger als 12,5% Fremdblut) sind weiterhin vor allem zu erwähnen der *Flügeladjutant*-Sohn *Wöhler* Spitzenhengst 1950), die *Futurist I*-Enkel *Wohlauf* (Spitzenhengst 1953) und *Windhuk* (Spitzenhengst 1963), der *Florentiner II*-Sohn *Widerhall*

Im Prüfungsgelände Adelheidsdorf.

(Spitzenhengst 1964), der *Astflug*-Sohn *Ester II* (Zweiter 1954), der *Duellant*-Sohn *Duft I* (Zweiter 1957), der *Graf*-Sohn *Grande* (Zweiter 1958) mit seinem Sohn *Graphit* (Vierter 1964), der *Agram*-Sohn *Efendi* (Zweiter 1961), der *Athos*-Sohn *Einglas* (Dritter 1958), der *Ernö*-Sohn *Emir* (Dritter 1964) und der *Ferdinand*-Sohn *Wendekreis* (Dritter 1967), um nur einige der leistungsmäßig offenbar zu beachtenden Hengste herauszuheben.

Im übrigen gibt die Übersicht einen guten Hinweis auf die blutmäßig ziemlich weitgestreute Palette guter reiterlicher Eignung, wobei jedoch sicherlich nicht übersehen werden darf, daß nicht alle Hengste, die in früheren Jahren in diese gute Leistungsgruppe eingestuft wurden, auch unter den heutigen Bedingungen noch ihren guten Platz behaupten würden.

Die fünf besten Hengste jedes Jahrgangs in der Eigenleistungsprüfung Westercelle

1949	*Ex König* v. Axel	*Alois* v. Aller	*Doran* v. Dornwall	*Winzer* v. Freiherr I	*Enulf* v. Anio II
1950	*Wöhler* v. Flügeladjutant	*Amtsjäger IV* v. Abendsport	*Aktionär II* v. Abendsport	*Gong* v. Goldmann	*Abwäger II* v. Abendsport
1951	*Gottlieb* v. Gouverneur	*Wendelin* v. Fernjäger	*Abgott* v. Abglanz	*Adlerhorst* v. Adlerschild xx	*Jungritter* v. Jurawind
1952	*Ozean* v. Ernest	*Fähnrich* v. Fahrgast	*Obermaat* v. Hansakapitän	*Senator* v. Semper idem	*Wortschwall* v. Fernjäger
1953	*Wohlauf* v. Frustra II	*Wirbel II* v. Firnis	*Kurator II* v. Kurde x	*Florentiner I* v. Flügeladjutant	*Duhnen* v. Döhmitz
1954	*Lugano I* v. Der Löwe xx	*Ester II* v. Astflug	*Eljen* v. Elchjäger	*Warburg* v. Faruk	*David II* v. Damm
1955	*Sesam I* v. Senator	*Sender* v. Senator	*Gobelin* v. Goldfalk	*Erbonkel* v. Ebro	*Senior* v. Senator
1956	*Joker* v. Jonkheer xx	*Wimpel* v. Wiking	*Seefahrer* v. Senator	*Seneka* v. Senator	*Ehrenschild* v. Eindruck II
1957	*Marconi* v. Marcio xx	*Duft I* v. Duellant	*Markant* v. Marcio xx	*Wolfram* v. Wortschwall	*Diskant* v. Dwinger
1958	*Lugano II* v. Der Löwe xx	*Grande* v. Graf	*Einglas* v. Athos	*Sesam II* v. Senator	*Adlerfarn I* v. Adlerschild xx
1959	*Cid* v. Cyklon	*Harnisch* v. Hassan	*Adorno* v. Adlerschild xx	*Duden I* v. Duellant	*Weißgerber* v. Weißgold
1960	*Duden II* v. Duellant	*Sebald* v. Senator	*Adlerfarn II* v. Adlerschild xx	*Afrikaner* v. Abhang I	*Sesam III* v. Senator
1961	*Servus* v. Sesam I	*Efendi* v. Agram	*Eger II* v. Agram	*Seelöwe* v. Sender	*Abhang III* v. Abglanz
1962	*Marmor* v. Marcio xx	*Aalfänger* v. Abglanz	*Lukas* v. Lugano I	*Wohlklang* v. Wöhler	*Marsalla* v. Marconi
1963	*Windhuk* v. Wulf	*Archimedes* v. Abglanz	*Wolfsburg* v. Florentiner II	*Akrobat* v. Abglanz	*Waterloo* v. Weiler
1964	*Widerhall* v. Florentiner II	*Davos* v. Duellant	*Emir* v. Ernö	*Graphit* v. Grande	*Abermals* v. Abdulla
1965	*Monolith* v. Marconi	*Dezember* v. Duellant	*Wacholder* v. Weiler	*Partisan* v. Poet xx	*Weitblick* v. Fernjäger
1966	*Glander* v. Grande	*Waldfrieden* v. Waldspecht xx	*Matrose* v. Marcio xx	*Sendbote* v. Sender	*Sextus* v. Servus
1967	*Arsenik* v. Absatz	*Düker* v. Duden II	*Wendekreis* v. Ferdinand	*Argentan* v. Absatz	*Dolentino* v. Dominik
1968	*Perfekt I* v. Perser xx	*Waldhorn* v. Waidmannsdank xx	*Lockruf* v. Lugano I	*Neuhaus* v. Novum xx	*Watzmann* v. Weingau
1969	*Einblick* v. Eindruck II	*Eisenherz II* v. Einglas	*Gigant* v. Gong	*Pik König* v. Pik As xx	*Pikör* v. Pik As xx
1970	*Drachenfels* v. Davos	*Nomade* v. Novum xx	*Adular* v. Argus	*Steinklee* v. Steinpilz xx	*Galan* v. Gazal VII
1971	*Darling* v. Duft II	*Wittelsbach* v. Wiesenbaum xx	*Wienerwald* v. Widerhall	*Woermann* v. Wöhler	*Traunstein* v. Traumgeist xx

Aufbau und Förderung der hannoverschen Zucht durch Stutbuch, Verband, Landwirtschaftskammer und Staat

Das Stutbuch und seine Eintragungsbestimmungen

Nachdem schon von 1834 bis 1863 in dem »Verein zur Verbesserung der inländischen Pferdezucht« und seit 1867 in dem »Verein zur Förderung der hannoverschen Landespferdezucht« Vorläufer bestanden hatten, kam es 1888 zur Errichtung des »Hannoverschen Stutbuches für edles Warmblut« durch die »Königliche Landwirtschaftsgesellschaft«, die Vorgängerin der heutigen Landwirtschaftskammer Hannover; bei ihr wurde das Stutbuch bis 1922 geführt. Dessen Aufgabe war lediglich die Registrierung von Stuten, nicht etwa schon eine vereinsmäßige Zusammenfassung der Besitzer registrierter Stuten. Dazu kam es erst 1922 mit der Gründung des »Verbandes hannoverscher Warmblutzüchter«.

Erst die Herausgabe des zunächst unregelmäßig, ab 1929 jährlich erscheinenden Stutbuches schaffte die Möglichkeit, Abstammungen leicht aufzufinden und zu rekonstruieren. Die Eintragung der Stuten geschah an Hand von Besichtigungen, bei denen vielfach auch eine Klassifizierung oder eine Exterieurbeschreibung erfolgten, genauso, wie sich auch heute noch die Stutbucheintragungen abwikkeln. In den ersten 25 Jahren, also von 1888 bis 1913, wurden 8345, im Jahresdurchschnitt also 334 Stuten registriert. Demgegenüber wurden von 1960 bis 1965 jährlich zwischen 800 und 1200 und von 1970–1974 zwischen 1600 und 1900 Stuten aufgenommen.

Die Aufzeichnungen des Landgestüts über jede einzelne gedeckte Stute und deren genaue Eintragung auf den Fohlenscheinen ermöglichten es dem neugegründeten Stutbuch schon damals, Abstammungsbedingungen für die Registrierung aufzustellen, die den heutigen Anforderungen für die Aufnahme in das hannoversche Stammbuch fast entsprachen:

»Zur Aufnahme in das Stutbuch sind nur solche erbfehlerfreien Stuten berechtigt, von denen außer dem eigenen Vater auch der Vater der Mutter und der Vater der Großmutter sicher als von homogenem Stamm nachweisbar sind.«

1923 wurden diese Bestimmungen von drei auf vier nachzuweisende Hengstgenerationen sowie eine eingetragene Mutter verschärft. Es fehlte bei diesen Bedingungen nur noch die eingetragene Großmutter, um den heutigen Voraussetzungen für die Aufnahme ins Hauptstutbuch völlig zu entsprechen.

Über die Anerkennung der Hengste durch das Hannoversche Stutbuch wurde bestimmt:

»Bis auf weiteres sind als ebenbürtige und eintragungsberechtigte Vaterpferde anzusehen:

a) alle der englischen Vollblutzucht entstammenden fehlerfreien Hengste,
b) die in den königlichen Hauptgestüten aufgestellten Hengste,
c) alle im Celler Landgestüt und sonst innerhalb der Provinz Hannover befindlichen fehlerfreien edlen Halbbluthengste, deren ebenbürtige kaltblutfreie Abkunft väterlicher- und mütterlicherseits durch mindestens zwei Generationen amtlich nachgewiesen ist.«

Ebenfalls 1923 wurde für Stuten ohne eingetragene Mutter mit nur zwei oder drei Generationen Abstammung der »Stutbuchanhang« eingeführt, der auch für solche Stuten bestimmt war, die zwar nach der Abstammung, nicht aber im Gebäude den Anforderungen des Stutbuches entsprachen.

Die 1946 erfolgte Gründung eines dritten Registers, des »Vorbuches«, machte eine Änderung der Bezeichnungen erforderlich. Aus dem Stutbuch

wurde das »Hauptstutbuch«, aus dem Anhang das »Stammbuch«. Das Vorbuch wurde für die Aufnahme von Stuten im reinen Warmbluttyp mit nachgewiesenem warmblütigen Vater bestimmt.
Seit seiner Gründung wird über die Daseinsberechtigung des Vorbuches ebenso in der hannoverschen Züchterschaft wie in auswärtigen Kreisen diskutiert. Man hört zuweilen, das Vorbuch verwässere die hannoversche Zucht und sei dieser unwürdig. Von einer Verwässerung kann aber insofern keine Rede sein, als die Aufnahmebestimmungen für die beiden höheren Register gleichzeitig so verschärft wurden, daß der Aufstieg aus dem Vorbuch in das eigentliche Stutbuch sehr erschwert ist und deshalb nur in wenigen Fällen erfolgt. Und was die Würde angeht, so stehen ihr praktische Erfordernisse gegenüber, die die Gründung des Vorbuches heute mehr denn je als eine notwendige Maßnahme erscheinen lassen. Trotzdem wurde es vorübergehend zum 31. 12. 71 geschlossen, aber zum 1. 5. 74 wieder eröffnet. In der einschlägigen Grundregel der DLG ist im Interesse des Gleichheitsprinzipes für alle Zuchtverbände die Führung eines Vorbuches vorgeschrieben.

1966 wurde die Bezeichnung »Stammbuch«, die ursprünglich nur in den Kaltblutorganisationen gebräuchlich war, durch »Stutbuch« ersetzt, so daß es heute beim »Hannoverschen Stutbuch« ein Hauptstutbuch, ein Stutbuch und ein Vorbuch gibt.
Die heute gültigen Aufnahmebedingungen haben folgende Fassung:

Auf Grund ordnungsgemäßer Anmeldung und Musterung können aufgenommen werden, sofern sie folgende Abstammung nachweisen:

a) *in das Hauptstutbuch* dreijährige und ältere Stuten aus Müttern, die in das Hauptstutbuch oder das Stutbuch eingetragen sind. Der Vater sowie die Väter der Mutter, der Großmutter und der Urgroßmutter mütterlicherseits müssen nachweislich vom Hannoverschen Stutbuch anerkannte Hengste sein (»4 Generationen Abstammung«).
b) *in das Stutbuch* aus eingetragenen (auch Vorbuch-)Müttern stammende dreijährige und ältere Stuten, deren Vater, Vater der Mutter und Vater der Goßmutter mütterlicherseits nachweislich vom Hannoverschen Stutbuch anerkannte Hengste sind. (»3 Generationen Abstammung«).
c) *in das Vorbuch* können eingetragen werden 3jährige und ältere Warmblutstuten, für die ein Abstammungsnachweis einer anerkannten Züchtervereinigung vorliegt, die der FN angeschlossen ist.
Die Pferde müssen den Typ des hannoverschen Zuchtziels verkörpern und exterieurmäßig den gestellten Anforderungen genügen. Der Vater und der Vater der Mutter müssen einer Rasse angehören, die vom Hannoverschen Stutbuch anerkannt ist.
Die Eintragungsgebühr in das Vorbuch beträgt 300,– DM.

Außerdem erfüllen auch weiterhin Stuten mit Stutbuch(Stammbuch-)Fohlenbrand, für die ein Fohlenschein oder Deckregisterauszug nicht vorgelegt werden kann, die abstammungsgemäße Voraussetzung für die Aufnahme ins Vorbuch.
Stuten, die die abstammungsmäßigen Voraussetzungen für die Aufnahme in das Hauptstutbuch oder das Stammbuch erfüllen, exterieurmäßig aber nicht genügen, werden entsprechend niedriger eingestuft.

Die nachstehende Tabelle gibt Aufschluß über die Entwicklung der Stutbuchaufnahmen.

1893:	235
1898:	272
1903:	238
1908:	406
1913:	633
1918:	1394 (Krieg)
1923:	1747 (Inflation)
1928:	890
1933:	1205
1938:	2087
1943:	4278 (Krieg)
1948:	4473 (Inflation)
1953:	1334
1958:	966
1960:	788
1961:	1009
1962:	1102
1963:	1031
1964:	972
1965:	1237
1970:	1605
1974:	1892

Die Verteilung der neuaufgenommenen Stuten auf die einzelnen Register in fünfjährigen Abständen:

	Hauptstutbuch = %		Stammbuch = % (jetzt Stutbuch)		Vorbuch = %		Zus.
1950	1265	64	528	27	174	9	1967
1955	955	82	120	10	86	8	1161
1960	640	82	50	6	98	12	788
1965	839	68	118	9	280	23	1237
1970	1262	79	167	10	176	11	1605
1974	1542	81	167	9	183	10	1892

Der höhere Anteil der Stammbuchstuten ist auf Verschärfung der Exterieuranforderungen für Hauptstutbuchstuten zurückzuführen, während die starke Zunahme der Vorbuchstuten damit zu erklären ist, daß in wachsendem Maße Oldenburger Stuten hannoverschen Hengsten zugeführt werden. Die in Ostfriesland noch zusätzlich aufgenommenen Vorbuchstuten sind nicht berücksichtigt. Einer Verwässerung der eigentlichen hannoverschen Stammzucht durch das Anwachsen des Vorbuchanteils ist, wie gesagt, durch die scharfen Abstammungsbestimmungen für Hauptstutbuchstuten vorgebeugt. Vergleicht man die vorstehenden Aufnahmeziffern mit den Deckziffern der entsprechend zurückliegenden Jahre, ergibt sich, daß 1964 rund 66%, 1966 rund 70% des anzunehmenden Gesamtanfalles an dreijährigen Stuten in eines der Register des Hannoverschen Stutbuches aufgenommen wurden. Dieser Berechnung liegt die Annahme zugrunde, daß sich bei einer Befruchtungsziffer von rund 60%, einem Geschlechtsverhältnis 1:1 und einem Abgang von rund 10% bis zum vollendeten dritten Lebensjahr der Anfall an dreijährigen Stuten im Durchschnitt der Jahre auf 27% der um vier Jahre zurückliegenden Deckziffern beläuft. 1974 lagen die Zahlen auf ähnlicher Höhe.

Körordnung für Hengste

Gegenüber den Aufnahmebestimmungen für Stuten sind die Abstammungsanforderungen für die in der Warmblutzucht aufzustellenden Hengste sehr viel schärfer. Sie übertreffen bei weitem die in der staatlichen Körordnung aufgestellten Bedingungen. Schon bevor 1844 die erste Körordnung aufgestellt wurde, bestanden gebietsweise Bestimmungen für die Zulassung von Privathengsten. Im Bezirk Stade wurden die Privathengste seit 1821 einer amtlichen Prüfung unterzogen. Ab 1860 wurden für die Hauptzuchtgebiete als Voraussetzung der Zulassung von Hengsten neben gutem Gebäude und Gang der Nachweis von mindestens drei Generationen »homogener guter Abkunft« verlangt. Aber

Die Hengstkörkommission bei der Arbeit auf dem Gelände der neuen Niedersachsenhalle.

Die Dreiecksbahn auf dem Gelände der neuen Niedersachsenhalle, eine sehr zweckmäßige Musterungs-Anlage.

erst 1892 legte die Körordnung allgemein gültige Bestimmungen über die Abstammung der zuzulassenden Hengste fest.

Das Landgestüt Celle hatte schon bisher nur Beschäler mit mehreren Generationen Abstammung eingestellt. Spätestens seit Gründung des Hannoverschen Stutbuches wurden vier vollständige Generationen verlangt. Mit Einführung des Vorbuches erhöhte man diesen Mindestsatz auf sechs Generationen.

Ein Auszug aus den ab 1. 1. 73 geltenden Bestimmungen des Verbandes veranschaulicht die für die vom Hannoverschen Stutbuch anzuerkennenden Hengste zu beachtenden Abstammungsbedingungen.

Die *abstammungsgemäßen Voraussetzungen* für die ab 1951 im Zuchtgebiet des hannoverschen Warmblutpferdes anzukörenden bzw. vom Stutbuch anzuerkennenden hannoverschen Hengste sind wie folgt festgesetzt:

Der Vater des Hengstes und die Väter seiner fünf weiblichen Vorfahren in der direkten Mutterlinie müssen vom Hannoverschen Stutbuch anerkannt sein (im ganzen also sechs Generationen Nachweis).

Außerdem müssen die Mutter und deren Mutter hannoversche Hauptstutbuchstuten sein, während für die Urgroßmutter mütterlicherseits die Eintragung im Stutbuch (Stammbuch) genügt.

Werden Vollblut- oder Warmbluthengste aufgestellt, die nicht die Anerkennung des Hannoverschen Stutbuchs finden, so ist dies öffentlich bekanntzugeben unter ausdrücklichem Hinweis darauf, daß die Nachzucht dieser Hengste nicht in das Stutbuch aufgenommen werden kann.

Die Anerkennung von Privathengsten für das Hannoversche Stutbuch ist beim Verband hannoverscher Warmblutzüchter zu beantragen. In besonderen Fällen wird der Stutbuchausschuß ermächtigt, die Anerkennung von Hengsten auszusprechen, die nicht unter die vorstehenden Bestimmungen fallen, wenn eine Anerkennung dieser Hengste im Interesse der hannoverschen Warmblutzucht empfehlenswert erscheint.

Alle Hengste – ganz gleich, ob im Staats- oder Privatbesitz – werden durch den Verband hannoverscher Warmblutzüchter nur noch dann anerkannt, wenn *vor* ihrem Zuchteinsatz eine *Blutgruppenbestimmung* durchgeführt wird.

Voraussetzungen für die Stutbuchanerkennung

Es werden nur solche Hengste als Hannoveraner anerkannt, die den hannoverschen *H-Fohlenbrand* tragen und bei denen wenigstens ein Großelternteil hannoversch gebrannt ist.

Blutgruppenbestimmung bei Hengsten, für die laut

Deckbescheinigung verschiedene Hengste als Väter in Frage kommen:
Die Stutbuchanerkennung der Abstammung der im hannoverschen Zuchtgebiet aufgestellten Beschäler einschließlich der Celler Hengste wird in solchen Fällen von der Vorlage des Ergebnisses einer Blutgruppenuntersuchung abhängig gemacht.
Tatsächlich deckt heute in der hannoverschen Zucht wohl kein Hengst, dessen Abstammung unter acht vollständige Generationen aufweist.
Hannoversche Pferde mit zehn und mehr nachgewiesenen Ahnenreihen sind heute keine Seltenheit, und wo in den alten hannoverschen Zuchtgebieten Stutenschauen stattfinden, sind gewöhnlich auch einige Stuten mit dreizehn, fünfzehn oder noch mehr Generationen zu sehen. Um diese Tatsache ganz zu ermessen, stelle man sich einmal die voll auf einer Stammtafel eingetragene Abstammung eines solchen Hannoveraners vor: Sie würde bei fünfzehn Generationen nicht weniger als 65 534 Namen aufführen. Die Zahl der wirklichen Vorfahren ist aber in diesen Fällen durch »Ahnenschwund«, also dadurch, daß zwangsläufig viele Vorfahren in der Abstammung mehrfach vertreten sind, bedeutend geringer.
Das heutige Tierzuchtgesetz verlangt in seiner Durchführungsverordnung lediglich einen »ausreichenden« Abstammungsnachweis einer anerkannten Züchtervereinigung als Voraussetzung für die Zulassung zur Körung. Das Gesetz schaltet die Züchtervereinigungen maßgebend ein und begnügt sich mit Rahmenbestimmungen, deren spezifizierte Ergänzung den Landwirtschaftskammern und Züchtervereinigungen überlassen bleibt. Es muß anerkannt werden, daß sich das Land Niedersachsen ebenso wie früher das preußische Landwirtschaftsministerium solchen hannoverschen Wünschen und Vorschlägen gegenüber, die staatliche Maßnahmen zur Förderung der Pferdezucht betrafen, stets sehr aufgeschlossen gezeigt hat. Wesentlich ist die Einführung der Blutgruppenbestimmung für alle zum Zuchteinsatz kommenden Hengste.

Reinzuchtgebiete

Erinnert sei in diesem Zusammenhang an die früher von Preußen und später von Niedersachsen übernommenen Bestimmungen über die Schaffung von Reinzuchtgebieten für die hannoversche Pferdezucht. Durch sie wurde bestimmt, daß in den eigentlichen Hochzuchtgebieten, besonders im ganzen Regierungsbezirk Stade und in den Marschen des Regierungsbezirkes Lüneburg, nur der hannoverschen Zucht dienende Hengste aufgestellt werden durften. Die Maßnahme richtete sich besonders gegen die Verbreitung der Kaltblutzucht, die in die Kerngebiete der hannoverschen Warmblutzucht einzudringen drohte, nachdem besonders durch den Rückgang der Remonteankäufe die Arbeitsverwendung des Pferdes zum Hauptzweck wurde. Diese Bestimmungen über Reinzuchtgebiete der hannoverschen Warmblutzucht bestehen auch heute noch, haben aber keine praktische Bedeutung mehr, da die Kaltblutzucht der Technisierung der Landwirtschaft inzwischen zum Opfer gefallen ist.

Der Fohlenschein

Mit der Ausgabe von Fohlenscheinen war seitens der Gestütverwaltung schon 1781 begonnen worden. Es ist anzunehmen, daß man damit die Nebenabsicht verband, in den Stutenbesitzern ein echtes züchterisches Gefühl zu wecken. Auch wenn das nicht ausdrücklich beabsichtigt gewesen sein sollte, so haben die Fohlenscheine sicherlich doch diese Wirkung gehabt. Das Interesse an der Abstammung der Stuten und damit auch an der Fortsetzung einer vielleicht schon länger bestehenden und nunmehr auch schriftlich nachgewiesenen Ahnenreihe und schließlich auch ein Interesse an der Wahl des richtigen Hengstes wurden durch die Fohlenscheine zweifellos verstärkt. Die Eintragung der Abstammung auf den Fohlenscheinen machte insofern keine Schwierigkeiten, als seit Gründung des Landgestütes entsprechende Aufzeichnungen mit großer Sorgfalt vorgenommen waren. So lassen sich heute vereinzelte Stutenstämme bis in die neunziger Jahre des 18. Jahrhunderts lückenlos und zuverlässig zurückverfolgen. Ein großer Teil der Abstammungsaufzeichnungen wird aber in den Wirren der Befreiungskriege verloren gegangen sein. Der Fohlenschein der Stute *Flügelpalme* 51343 des hannoverschen Züchters Arnold Bussmeyer-Elting in Vehs bei Osnabrück (s. S. 84 ff.), Familiensiegerin auf der DLG-Schau Hannover 1956 und Klassensiegerin auf der DLG-Schau Hamburg 1951, weist eine lückenlose Abstammung über 14 Generationen bis zum Jahre 1799 nach.

Die Fohlenscheine haben sich dem Inhalt nach während der 194 Jahre, die seit ihrer ersten Ausgabe vergangen sind, nicht wesentlich verändert. Ein Kompliment daher dem Stallmeister Elderhorst, von dem der erste Entwurf stammt!

Der hannoversche Fohlenschein ist mit dem Deckschein fest verbunden. Er ist sozusagen der Paß des hannoverschen Pferdes. In ihm sind die Deckdaten, Vater und Mutter mit voller Abstammung und schließlich Farbe, Abzeichen und Geburtstag des Pferdes selbst vermerkt. Weitere Aufzeichnungen beziehen sich auf die verabfolgten Brände, auf Eintragungen in Zuchtregistern des hannoverschen Stutbuches oder in den Turnierlisten des HDP. Seit 1974 erhält der hannoversche Fohlenschein die bereits an anderer Stelle (s. S. 102) erwähnte Lebensnummer, die dann das Pferd während seiner ganzen Nutzungsdauer als Zuchtstute oder Reitpferd als Registriermerkmal behält.

Bis 1943 wurden rote oder blaue Scheine ausgestellt, wenn der Vater und der Großvater mütterlicherseits hannoversche Landbeschäler waren, und zwar für Nachkommen von Vollblütern aller Art blaue, für Nachkommen von Halbbluthengsten rote Scheine. Für Fohlen von Privatbeschälern gab es 1944 gelbe Scheine. Fehlte eine der genannten Voraussetzungen, wurden weiße Scheine ausgestellt.

1944 wurden die Bestimmungen grundlegend überholt. Jetzt wurde die Eintragung der Mutter entscheidend. Seitdem erhalten alle Fohlen aus nichteingetragenen Müttern weiße Scheine ohne Rücksicht darauf, wie weit die Abstammung im übrigen nachweisbar ist.

Blaue Scheine werden für Fohlen von Vollbluthengsten aus eingetragenen Müttern, rote Scheine für Fohlen von Warmbluthengsten aus eingetragenen Müttern ausgestellt. Für die Nachkommen von Privathengsten gelten die gleichen Bestimmungen, nur daß die Fohlenscheine nicht vom Landgestüt, sondern vom Verband hannoverscher Warmblutzüchter ausgegeben werden. Ein Aufdruck des entsprechenden Brandzeichens läßt erkennen, ob die Mutter Hauptstutbuch-, Stutbuch- oder Vorbuchstute ist.

Ab 1966 ist eine neue Form des Fohlenscheins in Gebrauch, bei dessen Ausfüllung und Verwendung die Vorteile moderner Bürotechnik nutzbar gemacht werden können – auch hier mußte die Tradition dem technischen Fortschritt weichen (s. auch S. 102).

Die Brennordnung

Der Fohlenbrand als Nachweis der Herkunft und des Abstammungsgrades wurde in Hannover erst 1910 eingeführt. Durch ihn sollte das betreffende Pferd eine besondere Gütemarke erhalten. Diese Erwartungen haben sich in vollem Maße erfüllt. Heute hat der Brand eine entscheidende Bedeutung sowohl beim Verkauf als auch bei der Eintragung des Pferdes in die Turnierliste des HDP oder auch bei der Registrierung einer Stute, für die der Fohlenschein abhanden gekommen ist. Den äußeren Anstoß zur Einführung eines Fohlenbrandes gab aber wohl die Scheineinfuhr englischer und irischer Pferde, die bald als biedere Hannoveraner

Eine Brennanordnung aus dem Jahre 1768

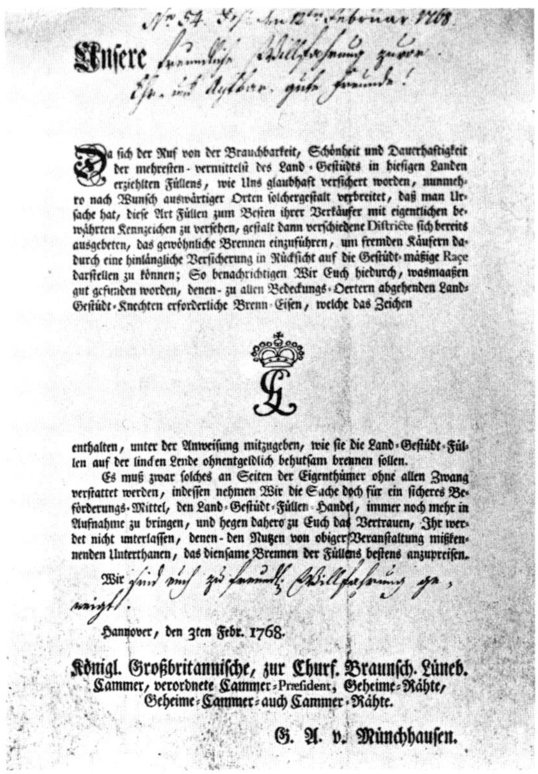
Unsere

Da sich der Ruf von der Brauchbarkeit, Schönheit und Dauerhaftigkeit der mehresten vermittelst des Land-Gestüdts in hiesigen Landen erziehlten Füllens, wie Uns glaubhaft versichert worden, nunmehro nach Wunsch auswärtiger Orten solchergestalt verbreitet, daß man Ursache hat, diese Art Füllen zum Besten ihrer Verkäufer mit eigentlichen bewährten Kennzeichen zu versehen, gestalt dann verschiedene Districte sich bereits ausgebeten, das gewöhnliche Brennen einzuführen, um fremden Käufern dadurch eine hinlängliche Versicherung in Rücksicht auf die Gestüdt-mäßige Raçe darstellen zu können; So benachrichtigen Wir Euch hiedurch, wasmaaßen gut gefunden worden, denen- zu allen Bedeckungs-Oertern abgehenden Land-Gestüdt-Knechten erforderliche Brenn-Eisen, welche das Zeichen

enthalten, unter der Anweisung mitzugeben, wie sie die Land-Gestüdt-Füllen auf der linken Lende ohnentgeldlich behutsam brennen sollen.

Es muß zwar solches an Seiten der Eigenthümer ohne allen Zwang verstattet werden, indessen nehmen Wir die Sache doch für ein sicheres Beförderungs-Mittel, den Land-Gestüdt-Füllen-Handel, immer noch mehr in Aufnahme zu bringen, und hegen dahero zu Euch das Vertrauen, Ihr werdet nicht unterlassen, denen- den Nutzen von obiger Veranstaltung mißkennenden Unterthanen, das diensame Brennen der Füllens bestens anzupreisen.

Wir

Hannover, den 3ten Febr. 1768.

Königl. Großbritannische, zur Churf. Braunsch. Läneb.
Cammer, verordnete Cammer-Præsident, Geheime-Rähte,
Geheime-Cammer- auch Cammer-Rähte.

G. A. v. Münchhausen.

wiedererkannt wurden, also in Wirklichkeit gar nicht erst das Festland verlassen hatten. Das dabei herausgeschlagene Aufgeld, so glaubten die hannoverschen Züchter wohl nicht mit Unrecht, könnten sie selbst verdienen.
Ab 1910 verlieh Celle als staatlichen »Kontrollbrand« ein in der linken Sattellage befindliches H mit Kronenschleife (1) allen Fohlen, deren Väter und Muttерväter Celler Landbeschäler waren. Den gleichen Brand erhielten Stutbuchstuten in der rechten Sattellage. Ab 1922 trat an Stelle dieses Brandes der einfache Pferdekopf (2), der heute noch als Vorbuchbrand dient. Seitdem werden die Fohlen auf dem linken Hinterschenkel gebrannt. Gleichzeitig wurden mit Gründung des Verbandes Hannoverscher Warmblutzüchter für die aus Stutbuchstuten stammenden Fohlen die gekreuzten

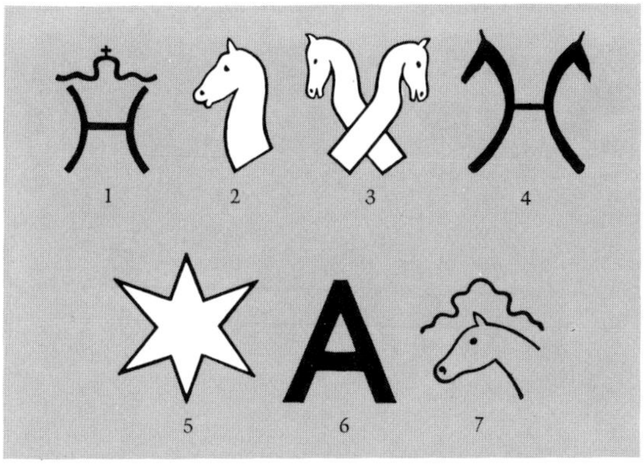

Pferdeköpfe (3) als Fohlenbrand eingeführt. Diese erfuhren 1925 eine Stilisierung (4), durch die die alte Form des ursprünglichen H, wie es von dem früheren Sattelbrand her bekannt war, neu belebt wurde. Diese stilisierten Pferdeköpfe oder dieses stilisierte H – wie man will – sind heute noch in der jetzt über 50 Jahre bestehenden Form der Brand für Fohlen aus Hauptstutbuchstuten. Die Stutbuchstuten erhielten seit der Verbandsgründung im Jahre 1922 bei der Aufnahme einen Stern (5) auf der linken Halsseite, die in den gleichzeitig neu gebildeten Anhang aufgenommenen Stuten an der gleichen Stelle ein A (6).
Das Jahr 1946 brachte mit der Einrichtung des Vorbuches eine entscheidende Vereinfachung der Brennordnung. Das Landgestüt verzichtete auf den besonderen staatlichen Kontrollbrand. Die Entwicklung war soweit fortgeschritten, daß wohl fast alle züchterisch brauchbaren Stuten inzwischen registriert waren. Seitdem erhalten grundsätzlich nur noch Fohlen aus eingetragenen Müttern einen Fohlenbrand, und zwar das gleiche Brandzeichen auf dem linken Hinterschenkel, das die Mutter am Hals trägt. Hauptstutbuchstuten erhalten seit 1946 die schon als Fohlenbrand benutzten stilisierten doppelten Pferdeköpfe (4) als Zeichen ihrer Eintragung. Stammbuchstuten bekamen bis 1964 den einfachen Pferdekopf mit Kronenschleife (7) und Vorbuchstuten den einfachen Pferdekopf (2), den gleichen, wie er früher als staatlicher Kontrollbrand diente. Der Stammbuchbrand (7) ist seit 1965 nicht mehr in Benutzung, da er sich technisch nicht bewährte und auch durch die geringe Zahl der jährlich ins Stammbuch aufgenommenen Stuten zu wenig bekannt wurde; er konnte also seinen Zweck nicht voll erfüllen. Ab 1965 gilt der Hauptstutbuchbrand (4) als Eintragungs- und Fohlenbrand auch für Stammbuchstuten (jetzt Stutbuchstuten).

Stutenschauen

Eine der wichtigsten Zuchtförderungsmaßnahmen sind die Stutenschauen. Auf ihnen werden die Stuten klassifiziert; die besten erhalten Prämien aus Staatsmitteln. Die Beurteilung der Stuten wird schriftlich festgehalten und mit einer Beschreibung

Prämien-Schein.

Bei der am 15ten September 1868 zu Celle stattgefundenen

Stuten- und Füllen-Schau

erhielt von den durch ... der Direction des Landgestüts zur Prämien-Vertheilung überwiesenen Geldern

der ...

für sein zur Schau gestellt ...

die 3. Prämie seiner Abtheilung von Acht Thalern,

worüber dieser Schein als Anerkennung gelungenen Strebens in der Pferdezucht ausgestellt ist.

Celle, den 15ten September 1868.

Die Schauungs-Commission.

Ein Prämienschein aus dem Jahre 1868.

ihres Exterieurs im Stutbuch vermerkt. 1834 führte das Landgestüt Celle für die von staatlichen Hengsten abstammenden Stuten und Fohlen Prämienschauen ein. 1846 fand in Otterndorf die erste Stutenschau im heutigen Sinne statt. 1853 folgten Stade, Celle, Lüneburg und Nienburg. Prämiiert wurde nach Abstammung und Exterieur. Die Empfänger von Geldpreisen wurden verpflichtet, ihre Stuten zur Zucht zu benutzen, anderenfalls die Prämie zurückzuzahlen – also damals schon ein System, das der heutigen Vergebung von Staatsprämien im Prinzip entsprach. Nach vorliegenden Berichten sollen die um 1870 auf den Schauen in Otterndorf, Stade und Verden vorgestellten Stuten die besten des Zuchtgebietes gewesen sein.

1879 gab das Landgestüt die Verantwortung für Schauen und die Verteilung von Staatsprämienmitteln an die landwirtschaftlichen Vereine ab, die ihrerseits den Prämienfonds durch eigene Mittel verstärkten. Auf der »Allgemeinen deutschen Pferdeausstellung«, die als erste ihrer Art 1890 in Berlin stattfand, stellte Hannover neben 72 Stuten den damals neunzehnjährigen *Schlütter*-Sohn *Julius*, selbst Fuchs, mit fünf Söhnen, sämtlich Füchse, aus. Den Berichten nach war es ein außerordentlicher Erfolg für Hannover. Eine 1888 neugeschaffene Prämiierungsordnung für Stuten- und Stutfohlenschauen hatte schon viel Ähnlichkeit mit der heute gültigen Stutenschauordnung.

Bis 1939 gab es Stutenschauen erster und zweiter Ordnung. In den älteren, hauptsächlich in der Marsch gelegenen Zuchtgebieten konnten auf den Schauen erster Ordnung nur Stuten vorgestellt werden, deren Abstammung den Anforderungen des Stutbuches entsprach, während auf den Schauen zweiter Ordnung, die im wesentlichen den jüngeren Zuchtgebieten, vorwiegend der Geest, vorbehalten waren, auch Stuten mit geringerer Abstammung vorgestellt werden konnten. Entsprechend den jeweiligen Fortschritten wurden dann die Stutenschauen zweiter Ordnung zu solchen erster Ordnung befördert.

Noch 1935 hielten sich die Schauen beider Ordnungen zahlenmäßig die Waage, wie aus der folgenden, auch sonst ganz aufschlußreichen Aufstellung hervorgeht.

Übersicht der Stutenschauen im Jahr 1935

Bezirk	Schauen 1. Ordnung	2. Ordnung	vorgestellte Stuten
Stade	12	8	1700
Lüneburg	5	9	700
Hannover	5	3	350
Osnabrück	2	7	325
Hamburg	1	–	70
Thedinghausen	1	–	70
	26	27	3215

Jetzt finden jährlich rund 60 Stutenschauen statt, auf denen im Jahre 1966 2674 und 1974 3070 Stuten vorgestellt wurden. Die Schauen sind also gegenüber der Zeit vor dem letzten Krieg um etwas kleiner geworden, teils durch den Rückgang an eingetragenen Stuten, teils aber auch wohl als Folge der Abschaffung von Schauen zweiter Ordnung. Seit dreißig Jahren sind für alle Schauen die Bedingungen der früheren Schauen erster Ordnung maßgebend.

Nach der heutigen Klasseneinteilung können auf den Stutenschauen vorgestellt werden

Abt. 1: Zweijährige, die der Abstammung nach hauptstutbuchaufnahmefähig sind.

Abt. 2: Dreijährige Hauptstutbuchstuten.

Abt. 3: Vierjährige Hauptstutbuchstuten.

Abt. 4: Fünf- und sechsjährige Hauptstutbuchstuten, die mindestens ein Fohlen gehabt haben müssen.

Alle noch in der Verpflichtung stehenden Staatsprämienstuten sind in den zuständigen Klassen mit vorzuführen, auch wenn sie die obigen Bedingungen hinsichtlich der Fohlen nicht erfüllen.

Im letzten Falle werden sie nicht prämiiert.

Drei hochprämiierte *Absatz*-Töchter auf der Stutenschau in Bargstedt 1974. Züchter und Besitzer *W. Brunkhorst, Buxtehude-Westmoor.*

Staatsprämienstuten

Den Titel »Staatsprämienstute« erhalten heute jährlich 130–150 Stuten der jeweils Dreijährigen, also ungefähr 10–15% der neu ins Hauptstutbuch aufgenommenen Stuten. Der Empfänger ist entsprechend den ministeriellen Bedingungen laut »Zuchtverpflichtungsschein« verpflichtet:

a) die Stute mindestens 3 Jahre zu behalten und zur Zucht zu benutzen;
b) die Stute spätestens im Alter von 3 Jahren zur Aufnahme in das Stutbuch vorzustellen und die Eintragung während der Verpflichtungsdauer aufrechtzuerhalten;
c) die Stute von Ihrem 3. Lebensjahr an innerhalb der Verpflichtungszeit alljährlich von einem Hengst decken zu lassen, der vom hannoverschen Stutbuch anerkannt ist;
d) die Stute innerhalb der Verpflichtungszeit alljährlich auf Verlangen der Züchtervereinigung auf einer Schau vorzustellen;
e) alle aus einer während der Verpflichtungszeit erfolgten Bedeckung anfallenden Hengstfohlen der betreffenden Stute im Falle eines Verkaufes dem Landgestüt Celle zur Aufzucht anzubieten, sofern die Stute beim Verband hannoverscher Warmblutzüchter eingetragen ist.

Der Verkauf ist nur nach Genehmigung und nur an hannoversche Züchter möglich, die in die Bedingungen eintreten. Auszahlung der Prämie und Verleihung des Titels »Staatsprämienstute« sind ferner von der Ablegung einer Zugwilligkeitsprüfung abhängig. Die Prämie betrug schon vor dem ersten Weltkrieg 150,– RM, war damals also sehr angemessen.

Nach dem Krieg wurde sie erst auf 200 RM, dann in den dreißiger Jahren auf 300 RM erhöht und beträgt ab 1973 800 DM. Die Auszeichnung einer Stute mit dem Titel »Staatsprämienstute« wird als ein besonderer züchterischer Erfolg gewertet, der sich später oft auch in klingender Münze bezahlt macht.

Fohlenprämien

Bis zum Ersten Weltkrieg fanden auch Fohlenschauen nach der 1888 geschaffenen Prämiierungsordnung statt. Diese Schauen lebten in einigen Kreisen während des Zweiten Weltkrieges vorübergehend wieder auf, denn an Geldern zur Förderung der Pferdezucht fehlte es damals nicht. Um die Mitte der fünfziger Jahre wurden seitens einiger Lüneburgischer Pferdezuchtvereine solche Prämiierungen wieder eingeführt. Sie erfreuen sich eines zunehmenden Interesses nicht nur der dortigen Züchter, sondern besonders auch auswärtiger Besucher. Diese Schauen haben sich in mehrfacher Hinsicht bewährt: als Gelegenheit eines Überblikkes über die Vererbung besonders der neu auf Station gekommenen Hengste und als guter Verkaufsmarkt. Vorgänger dieser Prämiierungen waren die Hohnstorfer Fohlenmärkte, auf denen besonders Remonte- und Hengstaufzüchter aus Mecklenburg und Pommern ihren Bedarf deckten. Die Abtrennung dieser Gebiete hat wesentlich zur Aufgabe des Hohnstorfer Fohlenmarktes beigetragen.

Meistens ist es an sich nicht schwierig, Fohlen richtig zu beurteilen. Besondere Erfahrungen gehören aber schon dazu, daß man sich durch den augenblicklichen Haltungszustand nicht beirren läßt, sondern den Kern der Tiere erkennt. Niemand kann aber mit Sicherheit vorhersagen, ob sich ein Fohlen später tatsächlich so weiterentwickelt, wie man nach seinem augenblicklichen Aussehen annehmen möchte. Die Hengstaufzüchter wissen davon ein Lied zu singen. Mit Enttäuschungen und Überraschungen dieser Art muß jeder rechnen, der Fohlen kauft oder gar prämiiert, und deshalb finden im hannoverschen Zuchtgebiet schon lange keine eigentlichen Verbandsfohlenschauen mehr statt.

Dr. *Hartwig,* der Geschäftsführer des Verbandes hannoverscher Warmblutzüchter, bei der Prüfung, ob es wohl ein Schimmel wird?

Als sich 1960 angesichts des sehr schnellen Rückgangs der Pferdezucht – die Deckziffern hatten ihren niedrigsten Stand erreicht – Bund und Länder veranlaßt sahen, immerhin bedeutende Beträge zur Hebung der Zucht in Form von Fohlenaufzuchtprämien von je 200,– DM zur Verfügung zu stellen, erinnerte man sich in Hannover der früheren Erfahrungen. Es galt zunächst, in kurzer Frist rund 700 geeignete hannoversche *Stutfohlen* nach ihrem Zuchtwert auszusuchen. 1965 mußten sogar über 800 prämienwürdige Fohlen benannt werden. Diese staatlichen Zuwendungen sind inzwischen wieder in Fortfall geraten.

Das Land Niedersachsen gibt seit Anfang der fünfziger Jahre für geeignete *Hengstanwärterfohlen,* die im Besitz von bewährten Aufzüchtern sind, Hengstaufzuchtprämien in Höhe von ursprünglich 300,– DM, dann 400,– DM bis 450,– DM und ab 1972 500,– DM bis 1000,– DM. Das Land, das selbst die Hälfte des für Celle jährlich notwendigen Hengstnachwuchses in Hunnnesrück aufzieht, will damit der privaten Hengstaufzucht nicht nur einen Gegenwert geben, sondern sie auch bewußt fördern. Das Interesse an der Stärkung der privaten Hengstaufzucht ist insofern groß, als für Erhaltung und Ausmaß der staatlichen Hunnesrücker Aufzucht nicht nur züchterische Gesichtspunkte maßgebend sind, sondern unter Umständen auch fiskalische oder gar politische Ansichten entscheidend werden könnten.

Die Empfänger der Prämien verpflichten sich, die »gefesselten« Fohlen sachgemäß aufzuziehen, sie zweijährig zur Vorauswahl für die Hengstkörung vorzuführen und sie zur Körung zu stellen, sofern sie bei der Vorauswahl für geeignet gehalten werden. Eine Entbindung von der eingegangenen Verpflichtung bedarf, ebenso wie im Falle der Staatsprämien für dreijährige Stuten, der Genehmigung

der Landwirtschaftskammer, in deren Händen die Verteilung dieser Mittel liegt. Die Kammer richtet sich dabei nach den Vorschlägen des hannoverschen Zuchtverbandes.
Diese staatliche Maßnahme hat sich besonders in den zurückliegenden schlechten Jahren der Pferdezucht außerordentlich bewährt. Sie verminderte das Risiko der Aufzüchter, das bei den damals schlechten Absatzmöglichkeiten für Zuchthengste besonders groß war. Die Prämien haben wesentlich dazu beigetragen, einen erfahrenen Stamm von Hengstaufzüchtern zu erhalten, der bei dem inzwischen gestiegenen und voraussichtlich noch weiter steigenden Bedarf an hannoverschen Hengsten gar nicht entbehrt werden kann.
Schon seit Gründung des Hannoverschen Stutbuches und später des Verbandes hannoverscher Warmblutzüchter arbeiten Gestütverwaltung, Stutbuch und Verband bei allen diesen Aufgaben einmütig Hand in Hand. Sie stehen in ständiger, heute fast täglicher Verbindung. Es vergehen keine Sitzung, keine Besprechung oder sonstige Veranstaltung des Verbandes, an denen nicht der Landstallmeister teilnimmt, und dieser bespricht mit dem Verband alle besonders ihm zufallenden Zuchtaufgaben, wie die Einstellung und Ausrangierung von Hengsten und die Besetzung der Deckstellen.
Diese Zusammenarbeit findet bei den zuständigen Stellen des niedersächsischen Landwirtschaftsministeriums volle Unterstützung. Trotz des erst kurzen Bestehens des Landes Niedersachsen kann man heute schon fast von einer Tradition eines guten Verhältnisses zwischen Ministerium, Landwirtschaftskammer, Landgestüt und Verband sprechen.
Hannover schätzt sich glücklich, in der Leitung der Landgestüte und des Verbandes Persönlichkeiten gefunden zu haben und heute noch zu besitzen, die sich der Notwendigkeit einer solchen engen Zusammenarbeit stets bewußt waren und sind und wohl ausnahmslos auch zueinander den persönlichen Kontakt gefunden haben, der einer Gemeinschaftsarbeit an sich selbständiger Organe so förderlich ist. Man kann nur wünschen, daß das auch in Zukunft so bleibt.

Der Verband hannoverscher Warmblutzüchter

Gegenüber der organisatorischen Entwicklung anderer Tierzuchtverbände ist diejenige der hannoverschen Warmblutzucht zeitlich umgekehrt abgelaufen. Im allgemeinen stehen der Zusammenschluß interessierter Züchter und der gleichzeitige Aufbau einer zentralen Zuchtbuchführung am Anfang einer organisierten Zucht. In Hannover aber waren schon seit der Gründung des Landgestüts Celle 1735 zuverlässige Unterlagen über die Abstammung der Hengste und der gedeckten Stuten geschaffen und stutbuchartig weitergeführt worden. Bei der Errichtung des »Hannoverschen Stutbuches für edles Warmblut« im Jahre 1888 durch die »Königliche Landwirtschaftsgesellschaft« als Vorgängerin der heutigen Landwirtschaftskammer Hannover konnte die Erfassung der Stuten schon auf dreißig- bis fünfzigjährigen, vereinzelt auch auf hundertjährigen Unterlagen fußen. Die damals festgelegten Abstammungsbestimmungen sind während des nunmehr fast neunzigjährigen Bestehens des Hannoverschen Stutbuches zwar der zeitlichen Entwicklung jeweils angepaßt, eigentlich aber doch nur unwesentlich verändert worden.

Die Innenorganisation

Die Gründung des Verbandes hannoverscher Warmblutzüchter im Jahre 1922 bildet den äußeren Abschluß des dreigliedrigen organisatorischen Aufbaues der hannoverschen Zucht: Landgestüt, Stutbuch, Verband. Der Zusammenschluß der Züchter sollte die Vorbedingungen für eine einheitliche züchterische Bearbeitung und Auswertung der erfaßten und zu erfassenden Zuchtvorgänge schaffen sowie besonders auch den Absatz beleben. Der Verband übernahm das »Hannoversche Stutbuch« und wurde damit dessen Rechtsnachfolger. Äußerlich kam das auch darin zum Ausdruck, daß die Bezeichnung »Hannoversche Stutbuchgesellschaft« in den offiziellen Titel des Verbandes übernommen wurde. So konnte der formell erst 1922 gegründete Verband als Träger des Hannoverschen Stutbuches 1963 die 75. Wiederkehr seines Bestehens feiern.

Hier verdienen die Namen derjenigen Persönlichkeiten festgehalten zu werden, die unter den Paten bei der Gründung des Hannoverschen Stutbuches an erster Stelle standen. Es waren vor allem der damalige Celler Landstallmeister von Unger, der Geschäftsführer des »Vereins zur Förderung der hannoverschen Landespferdezucht«, von Podbielski, der Vorsitzende der Pferdezuchtkommission des »Zentralausschusses der Königlichen Landwirtschaftsgesellschaft«, von Reden, Franzburg, und als Delegierter dieses Ausschusses Freiherr von Spörkken, Lüdersburg. Auch der damalige Preußische Oberlandstallmeister Exzellenz Graf Lehndorff wirkte entscheidend mit.

Vorsitzende des Hannoverschen Stutbuches bzw. ab 1922 des Verbandes hannoverscher Warmblutzüchter waren

von 1888 bis 1914	Exzellenz Freiherr von Troschke
von 1915 bis 1930	Exzellenz von der Decken
von 1930 bis 1936	von Plate, Altenwisch
von 1937 bis 1945	Albert Reiners, Uthlede
von 1945 bis 1963	Fritz von der Decken, Deckenhausen
ab 1963	Burchard Müller, Süderwarden.

Stellvertretender Vorsitzender war

von 1922 bis 1963	mit nur dreijähriger Unterbrechung Louis Wiegels, Oldershausen.

1964 wurden zu stellvertretenden Vorsitzenden gewählt: Ratje Niebuhr, Neddernhude und Paul Hermann Reinstorf, Bütlingen. Am 11. 4. 75 trat an die Stelle von Ratje Niebuhr Herwart v. der Decken, Rufenstein.

Und hier auch die Namen der Geschäftsführer:

1920–1923	Korndorff (später Landstallmeister in Osnabrück und Celle)
1924–1930	Briegleb
1930–1935	Bresges (später Landstallmeister in Dillenburg und Warendorf)
1935	Stapenhorst (später Landstallmeister in Warendorf und Dillenburg)
1935–1938	Dr. Steinkopff (später Landstallmeister in Celle)
1938–1965	Dr. Schlie
ab 1965	Dr. Hartwig

Die Gründung des Verbandes geschah durch die Zusammenfassung der 50 teilweise schon über fünf Jahrzehnte (Lüneburg 1854, Verden 1855) bestehenden *Pferdezuchtvereine,* in denen damals bereits über 5000 Züchter organisiert waren. Mit der Gründung war keineswegs etwa beabsichtigt, die Eigenständigkeit der Pferdezuchtvereine wesentlich einzuschränken. Im Gegenteil: Der Verband bediente sich ihrer von Anfang an bis heute bei der Vorbereitung und Durchführung fast aller züchterischen Arbeiten und Veranstaltungen. So sind die Pferdezuchtvereine auch heute noch als organisatorische Träger der verbandsseitigen Stutenschauen unentbehrliche und lebendige Mitarbeiter des Verbandes. Mehr oder weniger stehen ihnen dabei die *Bezirksverbände* zur Seite, die eine Mittelstellung zwischen dem Verband und den einzelnen Pferdezuchtvereinen ihres Bezirkes einnehmen, selbst aber als Veranstalter der Bezirks-Louis-Wiegels-Schauen besonders intensiv die Verbandsarbeit unterstützen.

Das Hand-in-Hand-Arbeiten aller dieser Einzelorganisationen in einer jeweils personell und sachlich angepaßten Form ist eine Art bewußter Dezentralisation, die sich immer wieder bewährt und sich auch finanziell für den Verband günstig auswirkt. Man bedenke: 1934 hatte der Verband 4305 Mitglieder mit 6250 eingetragenen Stuten. Unter dem Einfluß zunächst des Ausbaues der Wehrmacht, dann des Kriegsbedarfes und der anschließenden Geldentwertung wuchs der Verband bis 1948 auf 18 986 Mitglieder und 28 829 eingetragene Stuten an, um dann, im besonderen als Folge der Technisierung der Landwirtschaft, im Jahre 1961 auf den bisher niedrigsten Nachkriegsbestand mit 7751 Mitgliedern und 6709 Stuten abzusinken. Ende 1966 waren wieder 8133 Mitglieder und 7688 Stuten beim Verband eingeschrieben und 1974 betrugen diese Zahlen 8846 Mitglieder und 11 305 eingetragene Stuten. Dieses krasse Auf und Ab konnte ohne wesentliche Veränderungen im Umfang der Geschäftsführung überstanden werden – dank eben der dezentralen Organisation des Verbandes. Vor allem die Übertragung von Aufgaben an die Vereine und Deckstellenvorsteher, die Land und Leute kennen und in der Praxis der Außenarbeit die jeweils zweckmäßigsten Lösungen finden, vermindert den Arbeitsanfall beim Verbande ausschlaggebend. Die Eigeninitiative der ehrenamtlichen Mitarbeiter wird durch diese Arbeitsteilung wesentlich gefördert. Der Verband gewinnt dabei aus dem großen Kreis seiner Züchter immer wieder neue Helfer, die mit Freude und Passion die ihnen gestellten Aufgaben erfüllen. Besonders bewährt sich diese Zusammenarbeit auch bei der Verkaufsvermittlung, soweit sie nicht über die Verdener Auktionen, die schweizerischen Remontemärkte oder über die Verdener Reitschule geht: vornehmlich der Absatz von Zuchtstuten und Fohlen geschieht überwiegend durch die Pferdezuchtvereine und auch mit Hilfe der Deckstellenvorsteher, je nachdem, bei wem örtlich die größere Initiative liegt.

Die Organisation des Verbandes, wie sie sich aus den Satzungen ergibt, sei hier kurz erläutert (siehe Tafel auf der nachfolgenden Seite).

Oberste Instanz ist die *Mitgliederversammlung.* Sie wird aus den Mitgliedern des Vorstandes und 100 Delegierten gebildet. Der *Vorstand* besteht aus dem Vorsitzenden, den Vorsitzenden der 8 Bezirksverbände, 6 ordentlichen Mitgliedern, von denen 3 dem Bezirksverband Stade und je 1 den Bezirksverbänden Lüneburg, Hannover und Ostfriesland angehören müssen, und einem vom Reiterverband Hannover-Bremen zu benennenden Mitglied, welches zugleich ordentliches Mitglied des Verbandes hannoverscher Warmblutzüchter sein muß. Wird

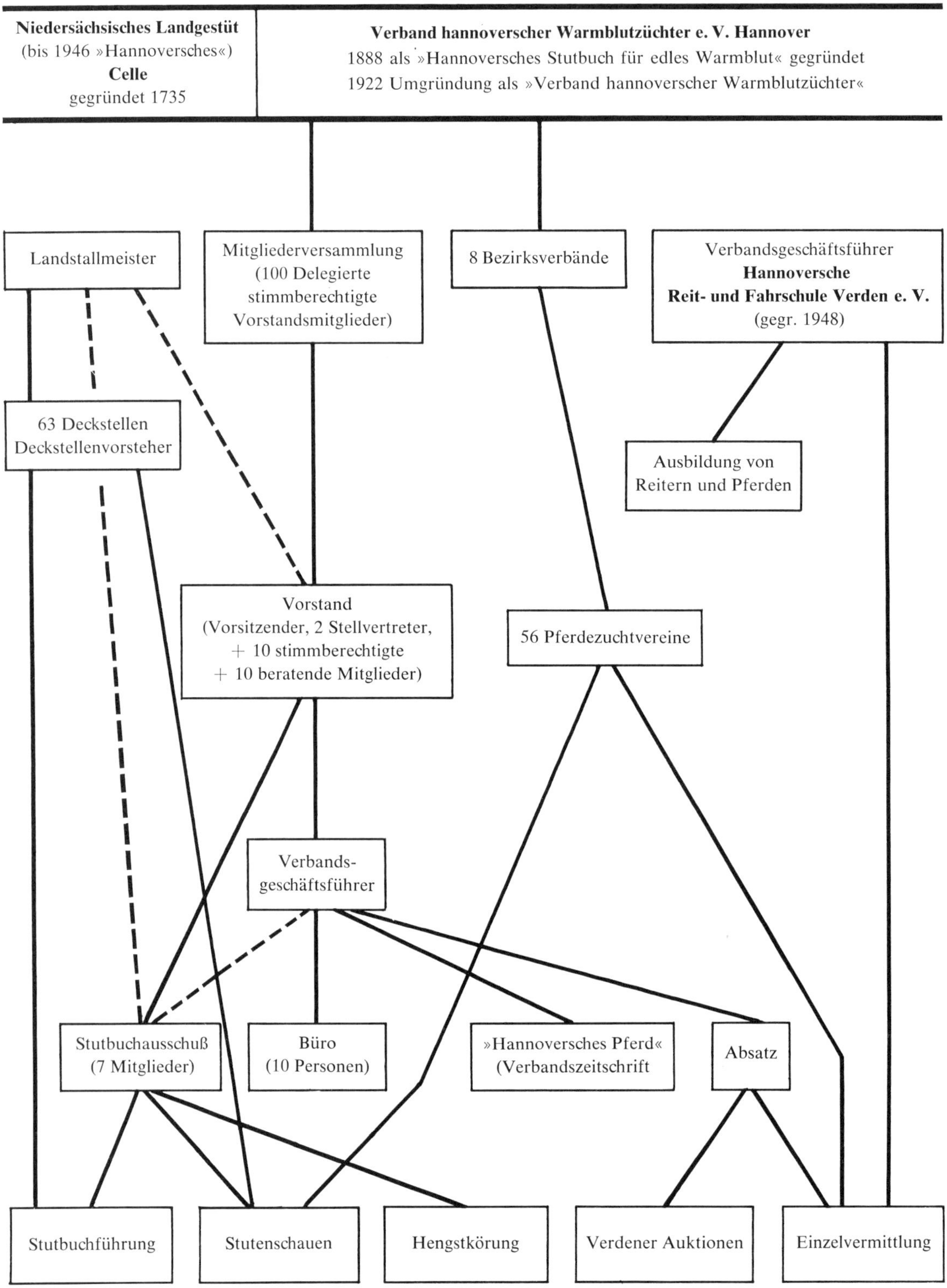
Niedersächsisches Landgestüt
(bis 1946 »Hannoversches«)
Celle
gegründet 1735
Verband hannoverscher Warmblutzüchter e. V. Hannover
1888 als »Hannoversches Stutbuch für edles Warmblut« gegründet
1922 Umgründung als »Verband hannoverscher Warmblutzüchter«
Landstallmeister
Mitgliederversammlung (100 Delegierte stimmberechtigte Vorstandsmitglieder)
8 Bezirksverbände
Verbandsgeschäftsführer Hannoversche Reit- und Fahrschule Verden e. V. (gegr. 1948)
63 Deckstellen Deckstellenvorsteher
Ausbildung von Reitern und Pferden
Vorstand (Vorsitzender, 2 Stellvertreter, + 10 stimmberechtigte + 10 beratende Mitglieder)
56 Pferdezuchtvereine
Verbands-geschäftsführer
Stutbuchausschuß (7 Mitglieder)
Büro (10 Personen)
»Hannoversches Pferd« (Verbandszeitschrift
Absatz
Stutbuchführung
Stutenschauen
Hengstkörung
Verdener Auktionen
Einzelvermittlung

ein Bezirksvorsitzender zum Verbandsvorsitzenden gewählt, so ist ein weiterer Vertreter des betreffenden Bezirksverbandes zusätzlich in den Vorstand zu wählen. Die Mitgliederversammlung wählt aus den Reihen dieser Vorstandsmitglieder zwei Stellvertreter des Vorsitzenden. Die Delegierten werden von den einzelnen Bezirksverbänden entsprechend ihrer Mitgliederzahl zur Wahl vorgeschlagen. Darüber hinaus sind aber alle Mitglieder des Verbandes zu den Mitgliederversammlungen zugelassen und haben dort die gleichen Rechte wie die Delegierten, nur eben nicht das Stimmrecht. Es ist ein ungeschriebenes Gesetz, daß der Bezirksverband Stade als Hochburg der hannoverschen Zucht den Vorsitzenden, die Bezirke Lüneburg und Hannover dessen beide Stellvertreter nominieren. Der Verbandsgeschäftsführer und der Landstallmeister nehmen trotz ihrer wichtigsten Aufgabenbereiche in der hannoverschen Warmblutzucht mit Rücksicht auf ihre Eigenschaft als Landwirtschaftskammer- bzw. Staatsbeamte nur beratend an den Vorstandssitzungen teil. Das gleiche gilt für die ebenfalls beamteten Geschäftsführer der Bezirksverbände. Schließlich wird in der Regel auch noch ein Vertreter der Halbblutrennpferdezüchter zu den Beratungen ohne Stimmrecht hinzugezogen.

Dem *Vorstand* obliegen die üblichen, d. h. die durch die Vereinsgesetzgebung festgelegten Pflichten allgemeiner Art. Die speziellen Aufgaben und Arbeiten delegiert er in der Regel an den Stutbuchausschuß oder an den Geschäftsführer, deren Vorschläge grundsätzlich seiner Genehmigung unterliegen.

Der *Stutbuchausschuß* ist grundsätzlich ein beratendes Organ, dessen Aufgabe im wesentlichen in der Vorberatung und Vorbereitung der dem Vorstand und der Mitgliederversammlung obliegenden Aufgaben liegt. Verbandsgültige Beschlüsse bzw. Bestimmungen kann er sowohl in Einzelfällen wie auf Teilgebieten treffen, wenn ihm diese von den Beschlußorganen übertragen werden (§§ 10 und 12 der Satzungen), mit Ausnahme der stutbuchmäßigen Bestimmungen, die dem Ausschuß generell obliegen.
Dem Stutbuchausschuß gehören an:
Der Vorsitzende, seine beiden Stellvertreter und 3 weitere Vorstandsmitglieder, die vom Vorstand zu bestimmen sind und möglichst nicht aus einem Bezirksverband stammen sollen. Der Geschäftsführer des Verbandes sowie der Landstallmeister von Celle gehören ihm mit beratender Stimme an.

Der *Geschäftsführer* schließlich erledigt die laufenden Arbeiten. Darüber hinaus soll er die treibende Kraft, also in allen Fragen und auf allen Gebieten der Verbandsarbeit und -organisation der eigentliche Initiator sein. Er muß im guten Sinne überall seine Hand im Spiele haben. Besondere Initiative erwartet man von ihm auf dem Gebiete der Werbung und des Absatzes; in der inneren Verwaltung ist er für die Organsation der Geschäftsstelle verantwortlich. Die Herausgabe der Verbandszeitschrift *»Hannoversches Pferd«,* für die zur Zeit ein besonderer Redakteur tätig ist, die Leitung der *»Hannoverschen Reit- und Fahrschule Verden«,* die mit dem Verband über den Vorsitzenden und Geschäftsführer in Personalunion verbunden ist, und die *Verdener Auktionen* sind besondere Aufgaben, die mehr oder weniger an Mitarbeiter mit zum Teil selbständiger Verantwortung delegiert sind; die letzte Verantwortung trägt aber immer der Geschäftsführer des Verbandes. Zugleich ist er in der Regel Referent für Pferdezucht bei der Landwirtschaftskammer Hannover. Es ist nicht immer leicht für ihn, die sich aus dieser Personalunion ergebenden und vielfach ineinander verflochtenen Arbeiten zu koordinieren. Er ist sozusagen mit zwei Seelen in seiner Brust verhaftet – hier Beamter, dort Geschäftsführer – und hat es manchmal schwer, beide Seiten formell auseinanderzuhalten und jedem das Seine zu geben. Zu ernstlichen Schwierigkeiten kommt es indessen nicht, da Landwirtschaftskammer und Verband am gleichen Strang ziehen.
Zu den züchterischen Aufgaben des Verbandes bzw. des Stutbuchausschusses gehören insbeondere die Stutbuchführung, die Stutenschauen sowie die Hengstkörungen.
Die *Stutbuchführung* geschieht in enger Zusammenarbeit mit den staatlichen Deckstellen, deren Vorsteher während der Deckzeit ein Doppel des für jede Stute angelegten Zuchtblattes in Händen haben und genaue Aufzeichnungen über die geborenen Fohlen sowie über die Wiederbedeckung der Stuten eintragen. Dieses Doppel geht nach Beendigung der Deckzeit an den Verband zurück, wo die

neuen Eintragungen in die eigentlichen Register der Stutbuchführung übernommen werden. Auch die Fohlenscheine der während der Deckzeit geborenen Fohlen werden durch die Deckstellenvorsteher ausgestellt. Der Verband gibt in jedem Jahr ein gedrucktes Verzeichnis der neuaufgenommenen Stuten heraus. Für 1974 erschien der 47. Band dieses sogenannten Hannoverschen Stutbuches mit den Angaben über 1892 neuaufgenommene Stuten. Seit 1888, dem Gründungsjahr des Stutbuches, bis 1974 sind 118 929 hannoversche Stuten (82 335 H, 27 695 S, 8 899 V) auf diese Weise erfaßt. Eine ebenso umfangreiche wie im einzelnen sehr exakt geführte *Hengstkartothek* bildet die Grundlage des in einem Abstand von drei bis fünf Jahren herausgegebenen *Hannoverschen Hengstverzeichnisses,* das 1951 zum ersten Male erschien und dessen sechste Auflage Ende 1974 vorlag. Auf die Entwicklung und Bedeutung der *Stutenschauen* ist an anderer Stelle ausführlich eingegangen. Sie nehmen zusammen mit den *Stutbuchaufnahmen* die Zuchtleitung, also den Vorsitzenden oder einen seiner Stellvertreter, dazu einen weiteren Züchter des betreffenden Bezirkes, schließlich den Geschäftsführer und den Landstallmeister jährlich volle drei Monate in Anspruch.

Die in jedem Herbst sich wiederholenden *Hengstkörungen,* auf denen über die Zuchtzulassung der zweieinhalbjährigen Hengste entschieden wird, sind zwar offiziell eine Obliegenheit des staatlich eingesetzten Köramtes; deren Kommission setzt sich aber neben dem Landstallmeister und einem beamteten Veterinär ausschließlich aus Vertretern des Zuchtverbandes zusammen, die gleichzeitig über die Anerkennung der gekörten Hengste durch das Hannoversche Stutbuch, praktisch also über die Verwendung in der hannoverschen Zucht, entscheiden. Und da es mit der Körung allein nicht getan ist, sondern die Versorgung der hannoverschen Zucht, also des Landgestütes Celle, mit qualifiziertem Beschälernachwuchs und der Absatz der Hengste eine ebenso züchterische wie wirtschaftliche Aufgabe sind, liegen praktisch die Vorbereitung und die Durchführung der Körung in den Händen des Verbandes. Dazu gehören auch die Vorbesichtigung und die Auswahl der zur Körung angemeldeten Hengste und schließlich der Absatz der gekörten, aber auch der nicht gekörten Hengste. Besonders bei allen Arbeiten und Vorgängen, die mit den Hengstkörungen zusammenhängen, bewährt sich in jeder Hinsicht die traditionell gute Zusammenarbeit zwischen Gestütverwaltung und Verbandsleitung.

Ehrung von Züchtern

In das Aufgabengebiet des Stutbuchausschusses fällt schließlich die Entscheidung über die Empfänger der jährlich zu vergebenden *Verbandsehrenpreise.* Mit deren Stiftung folgt der Verband dem Beispiel des früheren Preußischen Landwirtschaftsministeriums, das in den dreißiger Jahren zwei Wanderpreise für die Gewinner züchterischer Wettbewerbe ausgesetzt hatte. Wem es dabei dreimal gelang, den Preis zu gewinnen, dem wurde er endgültig zugesprochen. So hat die *Flavius*-Bronzestatuette als »Staatswanderpreis für die beste Gesamtleistung in der hannoverschen Warmblutzucht« heute einen Ehrenplatz auf den Höfen der Gebr. Meyer-Hollerdeich (1936) und Walter Döscher, Groden (1938), während die Aldermann I-Bronzestatuette als »Staatswanderpreis für die beste züchterische Leistung auf den Stutenschauen erster Ordnung des Regierungsbezirkes Stade« nur einmal,

Der Tierzuchtreferent des Niedersächsischen Landwirtschaftsministeriums, Reg.-Dir. Prof. Dr. *Löwe,* überreicht in Gegenwart von *Fritz v. der Decken* den vom Niedersächsischen Landwirtschaftsminister gestifteten Ehrenpreis an *Georg Schmoldt,* Stellenfleth, den Aufzüchter des besten Hengstes der Körung.

nämlich 1938, durch Heinrich Hahn, Blink, endgültig gewonnen wurde. An Stelle dieser beiden Statuetten-Preise wurde 1941 ein »Siegerpreis für die beste pferdezüchterische Leistung in der Landesbauernschaft Niedersachsen« ausgeschrieben, den bis zum Kriegsende noch Robert Kords, Braack, und Johannes Köser, Ritsch, gewannen. Allerdings ist Köser infolge der Kriegseinwirkungen nicht mehr in den Besitz des wertvollen Meißner Porzellanservices gelangt.

1948 stiftete der Verband den Korndorff-Preis für besondere Erfolge in der Hengstaufzucht, benannt nach dem langjährigen Celler Landstallmeister, der 1945 die Leitung des Gestütes abgab und 1948, 72jährig, verstarb. Ab 1968 trägt dieser Preis den Namen des früheren Vorsitzenden Fritz v. der Decken-Preis. Es handelt sich bei den Empfängern dieses sehr wertvollen Preises um die erfolgreichsten Hengstaufzüchter ihrer Jahre, deren Namen um ihrer Verdienste willen hier festgehalten sein sollen:

1950 Heinrich Hahn, Blink, 1951 Robert Hottendorff, Katthusen, 1953 Hermann Siebert-Meyer, Vehrte, 1954 Hermann Kamps, Altenbruch, 1955 Fritz v. Der Decken, Deckenhausen, 1956 Wwe. Hermann Ahlff, Altendeich, 1958 Otto Enders, Grönloh, 1959 Dr. Funk, Bargteheide, 1960 Max Drews, Kl. Häuslingen, 1962 Robert Kühlke, Lüdingworth, 1963 Rudolf Janssen, Stellenfleth, 1964 Burchard Müller, Süderwarden, 1965 Hermann Meyer, Altenbücken, 1966 Heinrich Sperling, Lutter a. Bbge. 1967 Albrecht Ayecke, Brüninghemm, 1968 Hermann Meyer, Allwörden, 1969 Eibe Schmidt, Mulsum-Barlinghausen, 1970 Hans v. der Decken, Deckenhausen, 1971 Rudolf Kamps, Altenbruch, 1972 Herwart v. der Decken, Rutenstein, 1973 August Siers, Dorum-Themeln, 1974 Hans Georg Mahler, Neuhaus, 1975 Wilhelm Brunkhorst, Buxtehude-Westmoor. (1952, 1957, 1961 nicht vergeben.)

Auf den seit 1949 stattfindenden Verbandsschauen, die mit wenigen Unterbrechungen von Jahr zu Jahr zwischen den einzelnen Regierungsbezirken wechseln, wird der Ohmstedt-Preis, eine ebenfalls sehr wertvolle Verbandsstiftung, an den Aussteller der besten Stutenfamilie vergeben. Otto Ohmstedt war zeitweise stellvertretender Verbandsvorsitzender und leitete viele Jahre hindurch den Bezirksverband Stade, der den größten Teil der hannoverschen Hochzuchtgebiete umfaßt. Ohmstedt hat sich ebenso um die hannoversche Zucht wie um deren Organisation hochverdient gemacht. 1968 wurde dieser Preis umbenannt in Louis-Wiegels-Preis. Wie aus der Aufstellung S. 145 zu ersehen ist, war Louis Wiegels von 1922–1963 mit nur dreijähriger Unterbrechung stellvertretender Vorsitzender des Verbandes. Auch er ist dem Verband immer ein kluger Ratgeber gewesen. Seine Lebensarbeit galt in erster Linie der Förderung der hannoverschen Warmblutzucht im gesamten Verbandsgebiet und besonders in seinem Bezirksverband Lüneburg. Zum Wettbewerb um diesen Preis treten regelmäßig 10 bis 20 Familien an. Empfänger des 1949 zum ersten Male vergebenen Preises waren 1949 Heinrich Ropers, Abbenfleth, 1950 Wilhelm Elting, Vehs, 1951 Heinrich Hahn, Blink, 1952 Werner Soltau, Ochsenwerder, 1953 Martin Finken, Driftsethe, 1954 Albert Wendt, Riede, 1956 Hans Köser, Bützflethersand, 1957 Arnold Bußmeyer-Elting, Vehs, 1959 Eibe Johanns, Dorum, 1961 Johann Glander, Emtinghausen, 1962 Heino Kiehn, Brietlingen, 1965 Herwart v. der Decken, Rutenstein, 1966 Arnold Bußmeyer-El-

Louis Wiegels im Alter von 89 Jahren nach der Überreichung des nach ihm benannten Ehrenpreises an *Marie-Louise Holten,* Allwörden, auf die Familie der *Duellpoesie* v. *Duellant* mit den 3 *Ernö*-Töchtern *Ellinor, Eva* und *Erle* (s. auch S. 63 u. 94).

Erfolgreiche hannoversche Zuchtpferde auf der DLG-Ausstellung 1974 in Frankfurt, im Vordergrund der Hengst *Einblick* v. *Eindruck II–Poet xx,* Ia-Pr.

ting, Vehs. 1968 Heinrich Engelke, Brebber, 1969 Marie-Luise Holten, Allwörden, 1970 Manfred Reinstorf, Bütlingen, 1971 Bernhard Mosel, Bohmte, 1973 Heinrich Kleemeyer, Gessel. In den nichtgenannten Jahren fielen die Ohmstedt-Schauen aus. Auffallend ist, daß die Zucht von Elting (Bußmeyer-Elting)-Vehs in dieser Aufzählung dreimal vorkommt! Es handelte sich hierbei regelmäßig um Vertreterinnen der Fechtzeit-Flügelpalme-Familie (s. S. 84).

Seit 1968 wird außerdem in Würdigung der Verdienste des verstorbenen Landstallmeisters Dr. Georg Steinkopff um die hannoversche Pferdezucht der Steinkopff-Preis für den Hengst vergeben, der in Westercelle die beste Leistungsprüfung abgelegt hat. Bisher ist dieser Preis auf folgende Hengste vergeben worden: 1968 *Widerhall* v. *Florentiner II,* 1969 *Monolith* v. *Marconi,* 1970 *Glander* v. *Grande,* 1971 *Arsenik* v. *Absatz,* 1972 *Perfekt I* v. *Perser xx,* 1973 *Einblick* v. *Eindruck II,* 1974 *Drachenfels* v. *Davos,* 1975 *Darling* v. *Duft II.*

Die Siegerhengste auf DLG-Schauen

Linke Reihe von oben nach unten:

DLG 1953: *Fermor III* v. *Feiner Kerl-Mormone*

DLG 1960: *Goldfalk* v. *Goldfisch II-Alkoven*

DLG 1972: *Diplomat* v. *Duft I-Senator*

Rechte Reihe von oben nach unten:

DLG 1956: *Firnis* v. *Fiat-Candidat I*

DLG 1964: *Duft II* v. *Duellant-Gote*

DLG 1974: *Dirk* v. *Duft II-Senator*

Erfolge auf DLG-Schauen

Auf den Wanderausstellungen der Deutschen Landwirtschafts-Gesellschaft *(DLG-Schauen)* hatte Hannover im Wettbewerb mit Holstein und Westfalen, bei den Sammlungen auch mit Oldenburg und Ostfriesland, stets gute Erfolge:

1951 Siegerpreis der Großen Verbandssammlungen, Siegerhengst *(Ebro v. Almhüter I)* und drei weitere Ia-Preise,

1953 Siegerhengst *(Fermor III v. Feiner Kerl)*, Siegerstute *(Asternzeit* v. *Astral)* und zwei weitere Ia-Preise,

1956 Siegerzuchtsammlung (Familie *Flügelpalme* v. *Flügeladjutant)*, Siegerhengst (*Firnis* v. *Fiat*) und zwei weitere Ia-Preise,

1960 Siegerpreis (Max-Eyth-Preis) für die beste Gesamtleistung der ausstellenden Verbände, Felix-Hoesch-Preis für die fruchtbarste Stute der Ausstellung *(Flügelpalme* v. *Flügeladjutant)*, Siegerhengst *(Goldfalk* v. *Goldfisch II)*, Siegerstute *(Duellgirl* v. *Duellant)* und zwei weitere Ia-Preise,

1964 Siegerhengst *(Duft II* v. *Duellant)*, Siegerstute *(Elfenwache* v. *Eindruck II)*, Felix-Hoesch-Preis für die fruchtbarste Stute der Ausstellung *(Domelfe* v. *Dömitz I)* und drei weitere Ia-Preise,

1966 Siegernachzuchtsammlung (Familie *Falkenburg* v. *Faruk)* und vier weitere Ia-Preise.

1968 Sieger-Hengstnachzuchtsammlung *(Duft I* v. *Duellant* mit *Diplomat, Duktus* und *Duftlore)*, Reservesiegerstute *(Worms* v. *Wohlan)* und vier weitere Ia-Preise,

1970 Stutennachzuchtsammlung I. Pr. *(Duellpoesie* v. *Duellant)*, Siegerstute *(Weintulpe* v. *Weingau)* und drei weitere Ia-Preise,

1972 Siegerhengst *(Diplomat* v. *Duft I)*, Siegerstute *(Eva* v. *Ernö)* und drei weitere Ia-Preise,

1974 Siegerhengst *(Dirk* v. *Duft II), Siegerstute (Dieta* v. *Diskant)* und drei weitere Ia-Preise.

Förderung der Fruchtbarkeit

Zu den Tätigkeiten des Verbandes gehört schließlich auch die Zusammenarbeit mit dem Tiergesundheitsamt der Landwirtschaftskammer Hannover in der *Unfruchtbarkeitsbekämpfung.* Auf den Deckstellen finden regelmäßig Kontrolluntersuchungen statt, um die Trächtigkeitsziffern zu verbessern. Nichttragende Stuten werden einer entsprechenden Behandlung zugeführt, so daß ein hoher Prozentsatz der behandelten Stuten noch in der laufenden Deckzeit trächtig wird. Von 1951–1965 untersuchte das Tiergesundheitsamt rund 27 000 Stuten, dazu kamen 523 Blut- und 35 Harnuntersuchungen. Für den Zeitraum 1966–1974 betrugen diese Zahlen 36 020 untersuchte Stuten, 10 475 Blutproben und 560 Harnproben. Während in den Jahren 1935 bis 1937, also vor dem Beginn des Verfahrens, nur um 50% der belegten Stuten tragend wurden, sind es heute gut 65%. Vergegenwärtigt man sich, daß es nach allgemeiner Erfahrung kaum möglich ist, in der breiten Landeszucht ein über 60% liegendes Trächtigkeitsergebnis zu erzielen, so liegt ein großer Erfolg von praktischer Bedeutung vor, der seitens der Züchter entsprechend geschätzt wird. Der Befruchtungsanteil ist durch die stark gestiegenen Deckziffern und die Tatsache, daß zuviel zuchtunsichere Stuten den Hengsten zugeführt werden, in den letzten Jahren wieder etwas gesunken. Nach den Feststellungen des Landgestüts wurden von den 1973 gedeckten 11 659 Stuten 57,7% tragend und 53% lebende Fohlen geboren.

Die Siegerstuten auf DLG-Schauen (rechte Seite)

1 DLG 1953: *Asternzeit* v. *Astral-Alter Dessauer*

2 DLG 1960: *Duellgirl* v. *Duellant-Fokker*

3 DLG 1964: *Elfenwache* v. *Eindruck II-Feldmarschall*

4 DLG 1970: *Weintulpe* v. *Weingau-Nerox*

5 DLG 1972: *Eva* v. *Ernö-Duellant*

6 DLG 1974: *Dieta* v. *Diskant-Kurier*

1

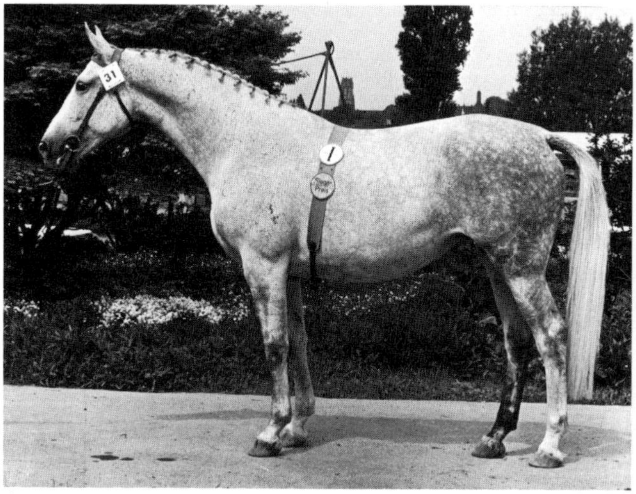

4

2

5

3

6

Die Hannoversche Reit- und Fahrschule in Verden

Die »Niedersachsenhalle« in Verden, weitesten Kreisen des In- und Auslandes als Stätte der Verdener Reitpferdeauktionen bekannt, trägt an der Frontseite die Inschrift »Verband hannoverscher Warmblutzüchter«. In den Wochen des Trainings der Auktionspferde und bei den Auktionen hat die Niedersachsenhalle ständigen Besuch aus aller Welt. In den übrigen neun Monaten aber gehört sie fast ausschließlich jungen Schülern und Schülerinnen der Reitschule sowie den hannoverschen Züchtern, die dort ständig ein- und ausgehen, der Ausbildung von Pferden, Reitern und Fahrern zuschauen und nicht zuletzt mit der Leitung Verkaufsgespräche führen. Gemessen an der Verwendung der Niedersachsenhalle erscheint die erwähnte Inschrift zwar angebracht; eigentlich müßte sie aber lauten »Hannoversche Reit- und Fahrschule in Verden«, denn diese ist die eigentliche Inhaberin der Niedersachsenhalle, die seit 1972, seit der Errichtung eines neuen Absatzzentrums, ausschließlich schulischen Zwecken dient (s. S. 158).
Obwohl formalrechtlich ein selbständiger Verein, hat sich die Schule aus einem Kind des Verbandes mehr und mehr zu einem unentbehrlichen Mitarbeiter der hannoverschen Warmblutzucht entwikkelt. Enge, durch Personalunion im Vorsitz und in der Geschäftsführung gesicherte Beziehungen wirken sich im eigentlichen Sinne der Gründung dieser Anstalt aus: sie ist vornehmlich eine Stätte der Ausbildung von jungen Schülern, ebenso aber auch von jungen Pferden; sie gewährte den Veranstaltungen des Verbandes – Auktionen und Hengstkörungen – Gastrecht und fördert den Absatz hannoverscher Pferde.
Zunächst allerdings war mit der Gründung im Jahre 1948 nur die Wiederbelebung der ländlichen Reiterei beabsichtigt. Unter den damaligen Verhältnissen sah der Verband darin ein Hauptanliegen. (In gleichzielender Absicht hatte der Verband schon 1947 einen verbandsinternen »Vorläufigen Ausschuß für Pferdeleistungsprüfungen« ins Leben gerufen, der bis zur Errichtung der »Kommission für Leistungsprüfungen von Warm- und Kaltblutpferden in Niedersachsen«, die bald nach der Währungsreform durch das Ministerium erfolgte, deren Aufgaben vorbereitete.) Aber schon bald ergaben sich im Interesse der Zuchtförderung zusätzliche Aufgaben für die junge Schule: nämlich die

Auch die Verdener Stadtbewohner sind dem Pferde schon seit alters verbunden.

Ausbildung und Verkaufsvermittlung von Pferden und die Mitarbeit bei den Verdener Reitpferdeauktionen.
Bereits 1949 bildete die Schule, die gleich nach ihrer Gründung die offizielle Anerkennung durch das Niedersächsische Landwirtschaftsministerium und den Hauptverband für Zucht und Prüfung deutscher Pferde erhielt, in sieben vier- bis sechswöchi-

gen Lehrgängen 101 Schüler aus, 1974 wurde mit 498 Schülern die bisherige Jahreshöchstzahl erreicht. In den ersten Jahren bedurfte auch die Ausbildung und Ausrichtung der Reitlehrer noch besonderer Aufmerksamkeit. Bevor diese Aufgabe später in zentrale Hände genommen wurde, besuchten zwischen 1950 und 1955 110 Reitlehrer sieben Verdener Spezialkurse.

Das schuleigene Internat hat 24 Betten; für die Schülerinnen stehen in unmittelbarer Nähe genügend Privatzimmer zur Verfügung. Der tägliche Dienst beginnt mit morgendlichem Füttern und Putzen der Pferde, dem je 1½ Stunden Reiten mit Sitzübungen sowie theoretischer Unterricht folgen. Es schließt sich für eine Stunde Stalldienst an. Nachmittags 1½ Stunden Longieren, Voltigieren, Vorstellen und Mustern von Pferden, gegebenenfalls auch Fahrunterricht oder Ausreiten ins Gelände; abschließend wiederum eine Stunde Stalldienst.

Die Gesamtzahl von 6284 Schülern, die von 1948 bis 1974 an vier- bis sechswöchigen Lehrgängen der Verdener Schule teilnahmen, setzt sich leider immer weniger aus hannoverschen Züchtersöhnen zusammen. Der chronische Leutemangel auf dem Lande macht sie auf ihren elterlichen Höfen nur zu oft unentbehrlich. Andererseits schafft und fördert die große Zahl der nicht aus landwirtschaftlichen Kreisen und Berufen stammenden Schüler einen wachsenden Kreis von Pferdefreunden, der auch im ferneren Leben dem Pferde verbunden bleibt. Aus der Erkenntnis der Bedeutung dieser Zusammenhänge zunächst ideeller, letztlich aber auch materieller Art beginnt die Gewinnung neuer Freunde des Pferdes schon bei der Jugend. »Manch Samenkorn wird in passionierte Kinderherzen gelegt, das in späteren Jahren zu erwünschten Früchten heranreift.« Laufend finden auch Voltigierlehrgänge für die Jüngsten statt, deren Teilnehmer sich ebenso oft im Wettbewerb mit anderen Voltigiergruppen erfolgreich messen, wie sie bei ihren häufigen Vorführungen in ihrem Heimatstall den freudigen Beifall der Eltern und Zuschauer finden; schließlich aber wechselt später ein größerer Teil dieser Voltigierkinder in die normalen Schülerkurse über. Und die Herren Studenten aus Hannover beherrschen jedes Jahr um die Pfingstzeit für 14 Tage die Verdener Schule, reiten dort im Herbst ihre Jagden und konkurrieren mit anderen Studentengruppen, ohne bei alledem ihre studentischen Bräuche und Gewohnheiten allzusehr zu vernachlässigen.

Überhaupt legt die Verdener Schule nicht nur Gewicht auf die Ausbildung am Pferd und in der Reitbahn, sondern bemüht sich ebensosehr, bei den Schülern die natürliche Freude am Reiten zu wekken und zu erhalten. Verden bietet mit seiner Umgebung ein herrliches, wohl einmaliges Reitgelände. Von der Schule aus führen zahlreiche, infolge des günstigen Bodens zu jeder Zeit benutzbare Reitwege fast unmittelbar in ein Dünen- und Heidegelände, wie man es sich als Reiter nicht besser wünschen kann. Eine Renn- und Hindernisbahn am Rande der Stadt schafft zusätzliche Ausbil-

Die alte Niedersachsenhalle, der Sitz der Reit- und Fahrschule.

dungsmöglichkeiten. Diese parkartig naturschöne Landschaft, dazu die Marschniederung der Aller mit ihren Gräben und heckenumsäumten Weiden, Heimat der Verdener Herbstjagden, dann die dem Pferde verschriebene uralte »Reiterstadt Verden«, ein Musterbild alter Baukunst, die nahen Marsch- und Heidedörfer mit ihren pferdebesessenen Bauern, dies alles schafft unter dem alten Verdener Wahlspruch »Gaudemus equis« ein Fluidum, das auch den besonderen Charakter der Schule geprägt hat. Nicht zuletzt allerdings hat dazu auch die ausgesprochen niederdeutsche Art ihres ehemaligen Leiters Meyer-Stocksdorf beigetragen, der von 1949–1972 die Geschicke der Schule erfolgreich

Fritz Meyer-Stocksdorf, der alte Leiter der hannoverschen Reit- und Fahrschule (links) und Joachim Weist, der neue Leiter der Hannoverschen Reit- und Fahrschule.

geführt und den Geist der Schule maßgeblich beeinflußt hat. Nach Vollendung seines 70. Lebensjahres hat Fritz Meyer-Stocksdorf sein Amt abgegeben. Nachfolger wurde am 1. 10. 1972 sein Schüler Joachim Weist, der bemüht ist, diese Einrichtung in bewährter Form weiterzuführen.

So entspricht es der Absicht des Verbandes: die Schüler müssen bei fachlicher Unterweisung auch helle Freude verspüren; über aller Strenge und Anstrengung des Unterrichts soll die Romantik nicht zu kurz kommen.

Aber es bleiben trotzdem unausweichlich die vordringlichen wirtschaftlichen Probleme. Es scheint unmöglich zu sein, eine Reitschule, die ihre eigentlichen Aufgaben ernst nimmt, ohne Verluste oder laufende Zuschüsse aufrechtzuerhalten. Zu vollem Erfolg des Unterrichtes gehört ein Stamm ausgebildeter Pferde, auf denen die Schüler wirklich etwas lernen können. In Verden sind ständig 20 bis 25 solcher Pferde vorhanden, darunter einige, die der Ausbildung auf höherer Stufe und Prüfungen für das Silberne Reitabzeichen dienen. Die Beschaffung, Unterhaltung und Ausbildung dieser Stammpferde bedingt einen verhältnismäßig hohen Kapitaleinsatz und fortdauernd entsprechende Ausgaben. Man kann es kurz so formulieren: Je größer die Zahl der gründlich ausgebildeten Stammpferde, um so überzeugender sind die Erfolge und der Ruf einer Reitschule, aber um so dringlicher werden auch die wirtschaftlichen Probleme. Das festgesetzte Kursusgeld reicht bei weitem nicht aus, und auch die öffentlichen Zuschüsse sind für den Ausgleich zu gering. Einige Schulen helfen sich durch Tattersallbetrieb oder auch durch den Verleih von Pferden, vielleicht auch durch Fuhrbetrieb auf höherem Niveau. Verden griff zu dem hier Nächstliegenden: der Vermittlung von Reitpferden nach entsprechender Ausbildung in der Schule. Ein Teil dieser in Arbeit und zum Verkauf stehenden Pferde wird der Öffentlichkeit erstmalig auf den kleinen Hallenturnieren vorgestellt, die die Schule alljährlich einmal im Herbst ausrichtet.

Selbstverständlich steht der Schule für die Erfüllung ihrer vielseitigen Aufgaben geeignetes Fachpersonal zur Verfügung. Neben dem Leiter gehören ein geprüfter Reitlehrer, ein geprüfter Hilfsreitlehrer und ein Bereiter zum etatmäßigen Bestand der Schule. Hinzu kommen zwei bis drei Lehrlinge, deren Ausbildung sich der Schulleiter mit besonderem Eifer und Erfolg angelegen sein läßt. Pferdepfleger werden nach dem jeweiligen Bedarf zusätzlich eingestellt. Ein hauptamtlich tätiger Schmiedemeister sorgt für den Beschlag und erteilt den Schülern Unterricht in seinem Spezialfach.

Wirtschaftlich ein Sorgenkind des Verbandes, aber der Mutter sehr ans Herz gewachsen, ist die Verdener Reitschule der hannoverschen Warmblutzucht aufs engste verbunden und für die Arbeit des Verbandes unentbehrlich.

Die Verdener Reitpferdeauktionen

Alljährlich im Frühjahr und Herbst ziehen die Verdener Auktionen das Interesse der Reiterwelt im In- und Ausland auf sich. Sie sind neben den großen Stutenschauen in den hannoverschen Hochzuchtgebieten und nach den herbstlichen Hengstkörungen die bedeutsamsten und attraktivsten Ereignisse der hannoverschen Zucht. Soweit nicht selbst Beschicker, suchen die Züchter den Zutritt zu den Auktionen, um zu sehen, wie die verschiedenartigen Pferde bewertet werden, und um sich ein Urteil darüber zu bilden, welche Hengste sich als »Reitpferdemacher« am besten bewähren – oder vielleicht auch nur, um einem Schauspiel beizuwohnen, das ihrer Passion entspricht und Sensationen mancherlei Art bietet.

Im Herbst 1949, ein gutes Jahr erst nach der Währungsreform, lief die erste Auktion in kleinem Rahmen noch unter freiem Himmel an. Sie war zunächst nur als ein Versuch gedacht, wurde aber schon von H. J. Köhler vorbereitet und geleitet. Im Frühjahr 1975 präsentierte Köhler die 52. Verdener Reitpferdauktion. Es ist das bleibende Verdienst dieses bekannten Hippologen, die Auktionen mit dem ihm eigenen Gespür für alles, was Pferde betrifft, in ebenso geschickter wie präziser, unermüdlicher Arbeit zu einem Instrument des Verbandes ausgebaut zu haben, das unerreicht geblieben ist und in der Fachwelt einen über die Grenzen Europas hinausgehenden Ruf besitzt.

Allerdings steht in Hannover für die Auswahl zu den Eliteauktionen auch ein Gros qualitätvoller Pferde zur Verfügung, wie es in kleineren Zuchtgebieten, die nach dem Verdener Muster ebenfalls Auktionen mit an sich gutem Erfolg veranstalten, nicht gegeben ist.

Auch sind die Verdener Auktionen nicht etwa die ersten Versteigerungen des hannoverschen Verbandes. Vorbilder für Verden sind die Verbandsauktionen der zwanziger und dreißiger Jahre allerdings nicht gewesen.

Der Bezirksverband Stade, in dem damals weit über die Hälfte der hannoverschen Züchter zusammengefaßt war, ließ schon 1927 in der Stadt Hannover 41 Pferde zu Preisen zwischen RM 1120 und RM 3800 versteigern. Unter der 1928 einsetzenden Wirtschaftskrise erlitten bald auch die Pferdepreise empfindliche Rückschläge. So mußte sich der Verband auf seiner ersten eigenen Auktion von Reit- und Wagenpferden in Köln 1929 mit einem Durchschnittspreis von RM 1120 begnügen. 1930, 1931 und 1932 folgten weitere Auktionen in Köln, jede mit annähernd 70 Pferden beschickt, für die aber 1932 nur noch ein Durchschnittserlös um

Gustav Rau bei der Vormusterung eines Auktionspferdes.

Die neue Niedersachsenhalle, das Absatzzentrum, Südseite.

RM 1000 erzielt wurde. Ab 1933 konnte man wohl wegen vermehrter Nachfrage der Wehrmacht ohne Auktionen auskommen. Jedenfalls bediente sich der Verband erst 1938 wieder einer solchen Möglichkeit, den Absatz zu fördern. 1938 und 1939 organisierten der hannoversche und der westfälische Verband gemeinschaftliche Auktionen in Krefeld, die von beiden Verbänden paritätisch beschickt wurden. Das Ergebnis für Hannover: 38 Pferde im Jahre 1938 zu einem Durchschnittspreis von RM 1643, 1939 33 Pferde zu RM 1690. Schließlich wurde noch im Frühjahr 1939 der erste Versuch einer Auktion in Dresden unternommen, der aber nur zu einem Durchschnittserlös von RM 1083 bei 38 Pferden führte.

Hannover betrat also keineswegs gedankliches Neuland, als es angesichts des Überbestandes an Pferden den Absatz über Auktionen zu beleben suchte. Gänzlich neu aber war das nunmehr in Verden angewandte System, nach dem auch heute noch bei den Auktionen gearbeitet wird: Die Pferde werden unter Berücksichtigung etwa schon übermittelter oder erkundeter Käuferwünsche sehr sorgfältig ausgesucht, dann in ein gut vierwöchiges öffentliches Training genommen; dabei haben Interessenten die Möglichkeit, einzelne Pferde auszuprobieren. Das Ergebnis der Trainingserfahrungen wird für jedes Pferd im Auktionskatalog angegeben. Die Pferde stehen während des Trainings unter ständiger tierärztlicher Kontrolle. Dabei festgestellte Mängel werden bei der Versteigerung der einzelnen Pferde bekanntgegeben. Gesetzliche Hauptmängel schließen selbstverständlich von der Auktion aus. Natürlich kommt bei der Versteigerung auch die Erfahrung zur Geltung, daß die Pferde seitens der Käufer um so standesgemäßer bewertet werden, je gefälliger sie herausgebracht sind und je fachgerechter ihre Vorstellung ist. Die Auktionsleitung ist sich dieser Tatsache bewußt.

Alles im einzelnen zu beschreiben, würde zu weit führen und dennoch nicht erschöpfend sein. Viele Leser dieses Kapitels kennen die Auktionen aus eigener Anschauung, und die übrigen haben vielleicht später Gelegenheit, der fesselnden Vorstellung einmal beizuwohnen.

In diesem Zusammenhang ist noch darauf hinzu-

Josef Neckermann mit Verdener Auktionspferden.

Eine Stallgasse in der neuen Niedersachsenhalle.

weisen, daß die Auktionen im Laufe der Jahre eine immer größere Anziehungskraft auf Käufer ausgeübt und infolgedessen laufend an Umfang zugenommen hatten. Dafür reichten aber die alte Niedersachsenhalle und die dort für die Besucher bestehenden Parkmöglichkeiten allmählich nicht mehr aus, so daß der Verband vor der dringenden Alternative stand, eine weiträumigere Halle mit entsprechenden Stallanlagen zu schaffen. Erfreulicherweise zeigten Stadt und Landkreis Verden das nötige Verständnis für die Bestrebungen zur Errichtung einer neuen Absatzanlage und stellten dafür ein Gelände in Anlehnung an die Verdener Rennbahn zur Verfügung. Diese wurde dann auf Initiative des Verbandes hannoverscher Warmblutzüchter im Zusammenwirken mit den Rinder- und Schweinezuchtverbänden des Landwirtschaftskammergebietes Hannover in den Jahren 1971/1973 in ihrem ersten und zweiten Bauabschnitt* erstellt. Es bleibt das Verdienst von Dr. Hartwig, den Motor für die Errichtung der vorbildlichen Absatzhalle mit den dazugehörigen Anlagen gebildet zu haben.

Die Auktionsleitung: Dr. Hartwig, H. J. Köhler und der langjährig bewährte Auktionator Brüns.

Im Herbst 1972 fand die 47. Reitpferdeauktion als erste Veranstaltung in der neuen Halle statt, die heute auch den Absatzmittelpunkt für die Zuchtrinder-Erzeugergemeinschaft Hannover bildet und dies in Zukunft auch für die Schweinezuchtverbände werden soll. Am 25. bis 27. April 1974 konnte die 50. Eliteschau hannoverscher Reitpferde als Jubiläumsauktion mit einem Umsatz von 128 Pferden zu dem bisher höchsten Gesamtverkaufserlös von 1 832 300,– DM verbunden mit einer besonderen Schau von Zucht- und Leistungspferden der verschiedensten Art stattfinden.

Hervorzuheben bleibt weiterhin noch, daß durch die Zurverfügungstellung des Innengeländes der Rennbahn zusätzliche Trainings- und Ausbildungsanlagen (wie Dressurvierecke, Springplätze und Sandbahnen) geschaffen wurden, so daß die Gesamtanlage heute zweifellos als mustergültig für Deutschland angesehen werden kann.

* durch die Niedersachsenhalle Verden GmbH, in der neben Stadt und Landkreis Verden die Züchterverbände des Kammergebietes Hannover Gesellschafter sind.

Innenansicht der neuen Auktionshalle, nach ihren Ausmaßen die größte ihrer Art in der Bundesrepublik.

Es ist von jeher nicht Zweck dieser Auktion gewesen, aufsehenerregende Höchstpreise zu erzielen. Dem Verband ist vielmehr an einer nicht zu weit auseinanderklaffenden Preisspanne gelegen. Aber wenn 1949/1950 der Durchschnittspreis auf den Auktionen noch nicht einmal DM 2000 erreichte und erst 1956 nach langsamem Anstieg zur DM 4000-Grenze gelangte, um schließlich 1961 zum ersten Male DM 7000 als Durchschnittserlös zu überschreiten und im Herbst 1972 im Mittel DM 16 540 als bisherigen Höchsterlös zu erlangen, dann dürften die Bemühungen des Verbandes um die Anhebung der Preise zunächst ebenso erforderlich wie letztlich auch erfolgreich gewesen sein.
Versteigerungen sind immer schon maßgebend für die allgemeine Preislage gewesen, und so machten sich schon bald nach den ersten Verdener Auktionen deren Ausstrahlungen auf den freien Handel im Lande bemerkbar. »Verdener Preis« wurde ein Begriff, der inzwischen zum festen Wortschatz der hannoverschen Züchter gehört und bei Preisverhandlungen recht beliebt ist – wenigstens auf seiten der Verkäufer.
Die Auktionspreise, so wichtig und interessant sie auch sein mögen, sind indessen für den Verband nicht das allein Wichtige. Ein ebenso großes Interesse besteht daran, die versteigerten Pferde in richtige Hände zu bringen. Der Reiter, der nur die Erholung im Sattel will oder auch einmal kleinere Turniere besucht, soll in Verden ebenso das passende Pferd finden können wie der internationale Spitzenreiter. Der Verband glaubt, in dieser Beziehung durch sachliche Beratung der Käufer einige Erfolge erzielt zu haben:
Bis zum Herbst 1974 wechselten auf 51 Auktionen 3445 Pferde zu einem Gesamtpreis von DM 29.306 402 ihre Besitzer. Andererseits gewannen Verdener Auktionspferde in den Jahren 1950 bis 1974 auf A-Turnieren DM 3 576 088. Bis 1974 kamen 440 Pferde in A-Turnieren auf eine Gewinnsumme zwischen DM 1600 und DM 314 961. Dabei war die Dotierung der Prüfungen in den ersten fünfziger Jahren noch recht bescheiden; andererseits standen die meisten der auf den letztjährigen Auktionen verkauften Pferde noch nicht im Turniersport, und schließlich ist eben ein nicht kleiner Teil der Pferde überhaupt nicht für Turnierzwecke erworben, sondern hat die glückliche Aufgabe, seinen Reiter nur zu dessen Genuß durch Feld und Wald zu tragen.
Von den vielen Pferden, die offenbar in die richtigen Hände gelangten, seien hier nur diejenigen

aufgezählt, deren bisherige Gewinnsummen in öffentlichen Leistungsprüfungen über DM 50 000 liegen:

In der Dressur
Doublette v. *Duellant* (DM 100 070), *Asbach* v. *Anilin* (DM 54 208).

Im Springen
Simona v. *Weingeist* (DM 314 961), *Freiherr* v. *Floreat* (DM 161 376), *Ferdl* v. *Ferdinand* (DM 143 116), *Porta Westfalica* v. *Pik As xx* (DM 127 81), *Wolf Dieter* v. *Wolfgang* (DM 81 022), *Pesgö* v. *Pik As xx* (DM 67 406), *Eros* v. *Eindruck II* (DM 66 711), *Wartburg* v. *Welf* (DM 63 690), *Exact* v. *Ebbo* (DM 59 119), *Fugosa* v. *Fermor I* (DM 59 057), *Wodka II* v. *Wöhler* (DM 51 595).

Hierbei ist besonders beachtlich, daß *Simona,* bisher das gewinnreichste deutsche Pferd, ein Verdener Auktionspferd gewesen ist.

Die Erfolge der zahlreichen ins Ausland verkauften Auktionspferde sind häufig nur schwer zu ermitteln. Oft werden die Namen ausgewechselt; auch ist ein Maßstab, wie ihn die deutschen Gewinnsummen ermöglichen, bei ausländischen Pferden nicht gegeben. Mit 323 Pferden gingen annähernd 17% der Auktionspferde größtenteils ins europäische Ausland, doch sind in den letzten Jahren auch 14 Auktionspferde nach Nordamerika ausgeführt worden.

Wallburg, geb. 1970, eine in allen Reitdisziplinen bei der Auktionsvorbereitung vorzüglich beurteilte Wohlklang-Gouverneur-Tochter (Züchter: Otto Schillmann, Wittingen), erzielte mit einem Gebot von 100 000,– DM auf der Frühjahrsauktion in Verden 1975 den bisher im Bundesgebiet auf einer Reitpferdeauktion ereichten Höchstpreis.

Es ist nur natürlich, daß die Auktionen starken Einfluß auf die Zucht ausüben. Hengste, die als Väter von Auktionspferden besonders hervortreten, werden seitens der Züchter für ihre Stuten bevorzugt. Auf die abstammungsmäßigen Bedingungen für die Zulassung der Pferde zur Auktion wurde bereits S. 113 hingewiesen.

Abschließend eine jahrweise zusammengefaßte Übersicht der Entwicklung auf den Verdener Auktionen:

Jahr	Anzahl der Auktionen	Pferde	Durchschnitts-preis DM	Jahr	Anzahl der Auktionen	Pferde	Durchschnitts-preis DM
1949	1	18	1900	1962	2	122	6689
1950	2	54	1947	1963	2	133	6533
1951	2	81	2284	1964	2	141	7170
1952	2	80	2519	1965	2	151	8043
1953	2	103	2515	1966	2	156	8540
1954	2	125	2728	1967	2	159	9034
1955	2	110	2916	1968	2	165	9812
1956	2	109	3793	1969	2	173	11847
1957	2	112	4234	1970	2	173	11740
1958	2	114	4765	1971	2	190	13970
1959	2	114	4518	1972	2	192	16289
1960	2	122	4841	1973	2	203	15406
1961	2	108	6291	1974	2	237	14160

Ein deutlicherer Beweis für die Bewährung und Einschätzung der Verdener Auktionen, als aus der vorstehenden Übersicht ersichtlich ist, könnte kaum erbracht werden. Diese Veranstaltungen dienen ebenso der Zucht wie dem großen Kreis der Käufer und Interessenten. Sie sind im wahrsten Sinne des Wortes das

»Schaufenster der hannoverschen Zucht«.

Der Absatz hannoverscher Pferde und die Verbreitung hannoverschen Blutes

Über einen Teil der in Hannover geschaffenen Absatzwege, allerdings über einen besonders wertvollen, ist in dem vorhergehenden Kapitel »Die Verdener Reitpferdeauktionen« bereits berichtet worden.
Auch die Pferdezucht ist für die meisten Züchter in erster Linie ein landwirtschaftlicher Erwerbszweig. Zwar hat in der edlen Warmblutzucht schon von jeher die Passion eine große Rolle gespielt – man möchte sagen: ohne Passion kein Erfolg in der Pferdezucht –, indessen ist der Züchter schließlich doch ein recht nüchterner Mensch, der nicht zuletzt auch in dem Pferd eine Einnahmequelle sehen muß. Am treffendsten hat einer der Ältesten und Besten der hannoverschen Züchter, Louis Wiegels in Oldershausen, das so formuliert: »Der Idealismus der Pferdezüchter muß auch einmal zu realisieren sein.«
Und als sich 1922 die Züchter des hannoverschen Pferdes zusammenschlossen, weil sie Absatzsorgen hatten, da wirkte eben dieser Wiegels an führender Stelle mit, der am 20. August 1975 sein 95. Lebensjahr beendete.
Damals, bei der Neugründung des Verbandes hannoverscher Warmblutzüchter, bestand die kaiserliche Armee mit ihrem großen Remontebedarf nicht mehr; die politischen Verhältnisse machten es fraglich, in welchem Umfang die neuerstehende Reichswehr Remonten abnehmen würde; kurz, die hannoversche Warmblutzucht stand einer ungewissen Zukunft gegenüber. Da wurde es Zeit, durch Zusammenfassung der Züchter in einer festen Organisation die Anstellung eines Geschäftsführers finanziell zu ermöglichen, der sich besonders auch um den Absatz bemühen sollte.
Der Absatz hannoverscher Pferde und die Verbreitung hannoverschen Blutes im In- und Ausland hat seitdem immer mehr an Bedeutung gewonnen.

Der »Hannoversche Stall«

Schon 1908 hatte ein Kreis führender und unternehmungsbereiter hannoverscher Züchter auf genossenschaftlicher Grundlage in Westercelle den »Hannoverschen Stall« in der Absicht gegründet, höherqualifizierte Pferde auszubilden und vorteilhafter zu verkaufen, als es über die Remontemärkte möglich war. Die in Westercelle errichteten Gebäude, Stallungen und Reithalle, wurden indessen 1913 an die Gestütverwaltung zunächst verpachtet und 1918 an das Landgestüt Celle verkauft. Der »Hannoversche Stall« selbst wurde 1913 nach Uelzen verlegt.
In der Regel waren zwischen 25 und 30, zeitweise auch bis 50 vorwiegend vier- bis sechsjährige Pferde in Arbeit. Aus dem Jahre 1914 wird von guten Verkaufserfolgen in Berlin berichtet. Während des Ersten Weltkrieges in seiner Tätigkeit unterbrochen, war der Stall offenbar in den ersten zwanziger Jahren wieder in Blüte. Im Frühjahr 1924 erzielte er jedenfalls einen Durchschnittspreis von 2000 RM. Für Futter, Pflege, Ausbildung und Verkaufsvermittlung berechnete er damals einen Tagessatz von 2,50 RM; das war sicherlich nicht genug, um auf die Dauer bestehen zu können. Darauf und auf die bereits einsetzende schwere Wirtschaftskrise ist es wohl zurückzuführen, daß sich die Genossenschaft 1927 auflöste und die vorhandenen Gebäude verkaufte.

Der Absatz hannoverscher Remonten im In- und Ausland

Bis 1918 bereitete der Absatz noch keine ernsthafte Sorge. Die alte kaiserliche Armee hatte für alle

Truppengattungen des Heeres einen großen Bedarf an Remonten. Zwischen 1880 und 1913 wurden in Hannover jährlich 1100 bis 1250 Remonten auf gut 50 Märkten angekauft; dazu kam noch ungefähr die gleiche Anzahl von Hannoveranern, die in Mecklenburg, Pommern, Brandenburg und Posen aufgezogen und von dortigen Märkten als Remonten an die Truppe gingen. Von den hannoverschen Märkten wurden in der Regel 35 bis 50% der vorgestellten Pferde angekauft. Die Preise stiegen von 600 M im Jahre 1870 auf 830 M um 1900 und schließlich auf 1300 M im Jahre 1913. Es waren also goldene Zeiten, wenn man an die Jahre von 1950 bis 1960 und an die unterschiedliche Kaufkraft des Geldes denkt. Die Aufteilung der Remonten gibt demjenigen, der noch den Unterschied in den Qualitäts- und Kaliberansprüchen der einzelnen Waffen- und Kavalleriegattungen kennt, interessante Aufschlüsse über die damaligen Typunterschiede innerhalb der hannoverschen Zucht: 1909 kaufte die Remontierungskommission auf den hannoverschen Remontemärkten 176 »Kürassiere«, 306 »Ulanen«, 225 »Husaren« und »Dragoner« sowie 650 Artillerie-, darunter 518 Stangenpferde.

Nach dem Ersten Weltkrieg verlor die hannoversche Zucht zwar einen erheblichen Teil ihres Absatzes; immerhin behielt auch weiterhin die Remontezucht eine ausschlaggebende Rolle. In den zwanziger Jahren fanden jährlich etwa 25 Märkte in Hannover statt. Leider liegen über die Höhe der jährlichen Ankäufe keine Zahlen vor, doch wird mit der Halbierung der Anzahl der Märkte gegenüber der Zeit vor 1914 auch die Zahl der angekauften Remonten entsprechend geringer gewesen sein, sich vielleicht um jährlich je 600 in Hannover und ebensoviel in den ostelbischen Aufzuchtgebieten angekaufte Remonten bewegt haben.

Mit dem Wiederaufbau der Wehrmacht nach 1933 stieg natürlich der Bedarf an. Im letzten Friedensjahr 1938 wurden allein in Hannover 2154 Remonten angekauft.

Auch andere Formationen und Länder haben von jeher in Hannover remontiert. So gingen z. B. 1930 sieben, 1933 25 Remonten nach Italien. Die damals noch in größerer Zahl berittene deutsche Polizei deckte einen großen Teil ihres Bedarfes – wie heute übrigens auch noch, wenn naturgemäß auch in weit geringerem Umfang – in Hannover.

Hannoversche Pferde werden nach Guatemala verladen.

Schweizer Remonteankäufe

Große Bedeutung haben dann aber seit 1948 *die Remontekäufe der Schweizerischen Kavallerie* gewonnen.

Schon in der Zeit zwischen dem Krieg von 1870/71 und dem Ersten Weltkrieg hatten schweizerische Remonteankäufe in Hannover eine große Rolle gespielt. Sie begannen 1875, nachdem ein Jahr zuvor eine neue Armeeverfassung der Schweiz beschlossen war, nach der die Eidgenossenschaft den Kavalleristen nach beendeter aktiver Dienstzeit ein Pferd mitzugeben hatte. 1875 brachte gleich einen Verkauf von 442 deutschen, fast ausschließlich hannoverschen Remonten an die Schweiz. Bis 1914 setzten sich die Ankäufe ununterbrochen fort. In den Jahren 1875 bis 1900 gingen 12 005, im Durchschnitt also jährlich 462 Remonten in die Schweiz, in den 13 Jahren von 1901 bis 1913 nochmals

6181, also jährlich im Durchschnitt 475 Remonten. Bis 1903 vollzogen sich die Ankäufe über einen Hamburger Pferdehändler. Wahrscheinlich befanden sich bis dahin neben Hannoveranern auch einige Mecklenburger unter den angekauften Remonten. Ab 1904 wurden die Hauptankäufe nach Kehdingen verlegt, sicherlich unter Einfluß des damals unter den hannoverschen Züchtern hochgeschätzten Schweizer Oberst Emil Bachofen, der ab 1904 die schweizerischen Ankäufe in Hannover leitete. Zwischen den beiden Weltkriegen remontierte die Schweiz nicht in Deutschland. Nach dem Zweiten Weltkrieg wurden die Verbindungen mit Hannover wieder aufgenommen.

Nachdem schon Anfang 1948 erste Verhandlungen mit der Schweiz geführt worden waren, kam es unmittelbar nach der Währungsreform zum Vertragsabschluß zwischen der Schweiz und dem hannoverschen Verband. Bereits im August 1948 erfolgten der erste und dann im gleichen Jahre noch zwei weitere Ankäufe mit einem Gesamtergebnis von 236 Remonten. Oberst Meier, der auf Schweizer Seite die Verhandlungen eingeleitet und zum Abschluß gebracht hatte, leitete selbst die Ankäufe für die ersten Jahre, wurde dann durch Oberstbrigadier Bernet und Oberst v. der Weid abgelöst, denen Anfang der sechziger Jahre Oberst Mange als Kommandant der Eidgenössischen Militärpferdeanstalt in Bern folgte.

Heute vergegenwärtigt man sich kaum noch, welches Aufsehen die ersten Schweizer Remonteeinkäufe nicht nur in den Kreisen der Pferdezüchter erregten. Es waren wohl die ersten nennenswerten Exporte, die überhaupt nach der Währungsreform aus dem Gebiet des späteren Landes Niedersachsen ins Ausland gingen. Bei dem Überbestand an Pferden wirkten die Verkäufe wie ein gesunder Aderlaß. In den erzielten Preisen, so gering sie nach heutigen Begriffen auch waren, lag doch noch immer ein Gewinn – gemessen etwa an den niedrigen Schlachtpferdepreisen, die damals fast bestimmend den Pferdemarkt beherrschten und zeitweise sogar zur Propagierung des Pferdefleischgenusses führten.

Ebenso bedeutsam, wie die Schweizer Remonteankäufe für die hannoversche Zucht im allgemeinen und für die Preisbildung im besonderen waren, gewannen sie auch Einfluß auf die züchterische Ausrichtung. Nach dem Ende der Kriegshandlungen war man der Meinung, die alleinige Aufgabe der hannoverschen Pferdezucht würde es nunmehr sein, der Landwirtschaft ein möglichst starkes und kalibriges Wirtschaftspferd zur Verfügung zu stellen. Auch nach der Währungsreform standen die züchterischen Ansichten zunächst noch weitgehend unter der Nachwirkung der vergangenen Jahre, in denen praktisch jedes Pferd seinen Käufer fand, sofern es nur »reell« war. Bald indessen meldeten sich Stimmen, die für eine wesentlich schärfere Selektion auf ein vielseitigeres Pferd plädierten. Diesen Anregungen leisteten die Schweizer Ankäufe willkommenen Vorschub. Schon die ersten Ankaufsmärkte zeigten, daß Kaliber und Stärke gegenüber der Reiteignung zurücktreten mußten. Die Halsung der vorgestellten Remonten wurde fast ausschlaggebend, und auch die Hufe wurden stets sehr kritisch betrachtet, obwohl in dieser Beziehung nur wenige Beanstandungen erfolgten. Es ist daher nicht zu bestreiten, daß die Ansprüche der schweizerischen Kommissionen an die Reiteignung der anzukaufenden Remonten besonders in den ersten Jahren nicht unwesentlich zur Modernisierung des hannoverschen Pferdes beigetragen haben.

Nach dem höchsten Ankauf von 838 Remonten durch die Schweiz im Jahre 1951 erfolgte dann allmählich ein Rückgang, da man der hiesigen Preisentwicklung nicht folgen konnte. Mit Auflösung der Schweizer Kavallerie (Dragoner) kam schließlich 1970 der Remontekauf völlig zum Erliegen. Insgesamt wurden von 1948–1970 an die Schweiz 7146 Remonten mit einem Gesamtwert von DM 12 204 530 geliefert. Die Bewährung der hannoverschen Remonten im Heeresdienst hat dann auch maßgeblich dazu beigetragen, daß die Schweiz, die bis dahin ihren Beschälerbedarf überwiegend in Frankreich deckte, auch dazu überging, hannoversche Hengste für die Züchtung im eigenen Lande einzustellen.

Sonstige Reitpferdeverkäufe

Gegenüber den starken Remonteverkäufen an die alte Armee, später an die Reichswehr und schließlich an die Wehrmacht, aber auch an die Schweiz ab 1948, sind die sonstigen Auslandsverkäufe der Zahl nach von geringerer Bedeutung. Ihr Wert liegt in den weit höheren Preisen, die gegenüber den Remonteverkäufen erzielt werden.

Es würde zu weit führen, ginge man auf diesen Teil des Exportes noch im einzelnen ein. Die Bedeutung der Verdener Auktionen für den Export liegt darin, daß bis zum Jahre 1974 mehr als 13% der Auktionspferde ins Ausland gingen (457 Pferde zu einem Gesamtpreis von 3 528 050 DM).
Die Verdener Reitschule als Verkaufsstall des Verbandes war auch bei der Auswahl der Schweizer Remonten, besonders aber bei der Vermittlung von Reitpferden in zahlreiche Länder der ganzen Welt, so auch nach Ägypten und Portugal eingeschaltet.
Über den Verband hannoverscher Warmblutzüchter wurden von 1954 bis 1974 ohne die Schweizer Remonten ins Ausland geliefert: 439 Reitpferde in einem Gesamtwert von DM 2 023 382.
Nach der Anzahl der gelieferten Reitpferde wurden Verkäufe in folgende Länder vermittelt: Schweiz, Ägypten, Portugal, Italien, Mexiko, Niederlande, Belgien, Österreich, USA, Schweden, Frankreich, Großbritannien, Griechenland, Luxemburg, Spanien, Türkei, Guatemala und Kanada.
Bei dieser Übersicht der Verkäufe von Reitpferden ins Ausland ist zu berücksichtigen, daß nur die über den Verband gegangenen Verkäufe erfaßt sind. Sicherlich ist aber gleichzeitig auch eine kaum geringere Anzahl von Reitpferden, abgerechnet die Schweizer Remonten, über den Handel, z. T. auch im Direktverkauf, ins Ausland gegangen.

Der Absatz hannoverschen Zuchtmaterials und die Verbreitung hannoverschen Blutes

In Deutschland

Am interessantesten und letzten Endes am wichtigsten auf dem Gebiet des Absatzes ist für jede Züchtervereinigung der Verkauf von Zuchtmaterial. In der Pferdezucht ist es nicht anders. Mag auch heute in der edlen Warmblutzucht der Absatz von Reitpferden zahlen- und geldmäßig im Vordergrund stehen, der Absatz von Zuchtmaterial ist darüber hinaus immer mit der Hoffnung verbunden, neue Nachzuchtgebiete als sichere Dauerabnehmer zu gewinnen und ältere als solche zu erhalten.
Hannover hat wohl schon seit hundert Jahren und

Dieses hübsche *Aristides*-Trio ging aus dem Stall von *W. Lühr*, Borgholzhausen, an den *Sultan von Oman* am Persischen Golf.

länger züchterische Verbindungen mit Mecklenburg und Pommern, später auch mit Brandenburg und Westfalen unterhalten.
Pommern ging bis auf das dem Mecklenburger Zuchtgebiet zugeteilte Vorpommern 1945 verloren. Ein besonderes Kapitel dieses Buches ist deshalb diesem treuesten Nachzuchtgebiet Hannovers gewidmet.
Auf *Mecklenburg, Brandenburg* und *Westfalen* ist heute der Begriff »Nachzuchtgebiete« nicht mehr anwendbar; sie sind inzwischen selbständige Zuchtgebiete auf überwiegend oder gänzlich hannoverscher Grundlage geworden. Wenn sie auch noch immer einige Hengste aus Hannover beziehen, so sind sie doch schon seit langem von Hannover nicht mehr abhängig. Ihre heutigen Ankäufe dienen vorzugsweise der Blutauffrischung, wie beispielsweise Hannover selbst auch von Zeit zu Zeit Vollbluthengste, Araber oder Trakehner eingestellt hat und noch verwendet.
Mit *Mecklenburg* bestehen die Verbindungen schon fast 150 Jahre. 1820 erhielt Hannover aus Mecklenburg den *»edlen Torador«* (s. S. 31). Damals, bis in die fünfziger Jahre des vorigen Jahrhunderts, war Mecklenburg der Gebende. Dann allerdings vertauschten sich die Rollen. Mecklenburg wurde auf hannoverscher Grundlage neu aufgebaut. 1895 erklärte man ein Pferd im hannoverschen Typ offiziell zum Zuchtziel. Bis 1945 waren die wechsel-

Absender-Tochter *Absicht* mit Zwillingen von Dominikaner III 1974. Bes.: F. Benecke, Drakenburg

seitigen Beziehungen zwischen Mecklenburg und Hannover sehr intensiv. Viele bedeutende hannoversche Landbeschäler waren als Fohlen von Mecklenburger Aufzüchtern in Hannover angekauft und wanderten über den Güstrower Hengstmarkt zweieinhalbjährig wieder nach Hannover zurück. Seit 1945 sind die Verbindungen sehr erschwert. Immerhin gingen 1948 bis 1964 22 in Hannover gekörte Hengste in die Gebiete östlich der Elbe, von denen sicherlich die Hälfte für das mecklenburgische Hengstdepot Redefin bestimmt war. 1957 befanden sich unter den 175 Redefiner Landbeschälern 57 Original-Hannoveraner; weitere 111 waren hannoversch gezogen. 1960 waren in Redefin 41 Original-Hannoveraner, 111 auf hannoverscher Grundlage gezogene Hengste, fünf Ostpreußen, ein englischer und ein arabischer Vollblüter aufgestellt.
Eine nachhaltige Stärkung erfuhr die mecklenburgische Warmblutzucht im Jahre 1945, als das rechts der Elbe gelegene althannoversche Amt Neuhaus von Hannover abgetrennt und Mecklenburg zugeteilt wurde. Dadurch gewann Mecklenburg ein ausgesprochenes Hochzuchtgebiet mit den alten Celler Hengststationen Stiepelse, Haar und Bitter, die heute in der Deckstelle Neuhaus/Elbe zusammengefaßt sind.
Die Zucht in *Brandenburg* stand früher wohl zu gleichen Teilen auf ostpreußischer und hannoverscher Grundlage. Schon 1872 hatte das Preußische Friedrich-Wilhelm-Hauptgestüt Neustadt/Dosse einen bedeutenden Anteil hannoverschen Blutes unter seinen Stuten. Nach *Kiel* belief sich im Jahre 1896 der Anteil von Original-Hannoveranern am Gesamtbeschälerbestand des dortigen Landgestüts auf 39%. Ein weiterer Teil war auf hannoverscher Grundlage gezogen. 1938 gingen bei einem Bestand von 158 Hengsten 85, also 54%, in direkter väterlicher Linie auf hannoversche Stammväter zurück. 1920 und 1921 kamen 20 Stutfohlen aus Hannover in das Hauptgestüt, von denen später 18 als Mutterstuten eingestellt wurden. Um 1921 gelangten mit *Schwabenstreich, Schwarzer Star* und *Sheridan* hannoversche Hauptbeschäler nach Brandenburg, deren Blut auch heute noch in der dortigen Zucht pulsiert und geschätzt wird. Nach 1945 ergänzte sich der Neustädter Stutenbestand wiederum durch mehrmalige Ankäufe in Hannover. Von den seitens der DDR in Hannover angekauften Hengsten ist wohl eine ähnliche Anzahl wie nach Redefin auch nach Neustadt gelangt. Jedenfalls befanden sich unter den 1957 in Neustadt aufgestellten 46 Hengsten hannoverschen Blutes noch immer 17 Original-Hannoveraner.
Über *Westfalen* schrieb der spätere Oberlandstallmeister Gatermann in seiner Broschüre »Pferdehochzuchten«: »Mit der Gründung des Westfälischen Pferdestammbuches am 5. März 1904 wurde ein doppeltes Zuchtziel festgelegt. Zuchtziel ist in der Edelzucht ein Pferd im Typ des starken Wagenschlages auf hannoverscher Grundlage.« Der Blutführung nach ist Westfalen heute ein ebenso rein hannoversches Zuchtgebiet wie Hannover selbst. In der Deckzeit 1975 befanden sich unter den 88 aufgestellten Warmblut-Landbeschälern 22 Original-Hannoveraner, dazu kamen 15 Privatbeschäler (davon 3 mit Deckerlaubnis B) aus Hannover.
Es bleibt darüber hinaus zu beachten, daß der größte Teil der in Westfalen gezogenen Hengste väterlicherseits oder mütterlicherseits ebenfalls hannoversches Blut führen.
Seit etwa 1955 gewinnt auch in den übrigen deutschen Zuchtgebieten das edle Warmblut immer mehr Boden und verdrängt allmählich die schwereren Zuchten, die der zunehmenden Technisierung der Landwirtschaft zum Opfer fallen. Das betrifft ebenso die verschiedenen Kaltblutschläge wie das schwere Warmblut.

Ostfriesland nimmt neuerdings unter diesen bisher selbständigen alten Zuchtgebieten eine Sonderstellung ein. Bis zum Beginn dieses Jahrhunderts unterhielt Celle in Ostfriesland einige mit hannoverschen Hengsten besetzte Stationen. In den dreißiger Jahren machte Ostfriesland einen Kleinversuch zur Veredelung durch den Ankauf einiger hannoverscher Stuten. Unter dem Eindruck der nach dem Zweiten Weltkrieg endgültig veränderten Lage wurde zunächst durch *Wind ox* und *Jason ox* arabisches Blut in die ostfriesische Zucht gebracht, bis sich das »Ostfriesische Stutbuch« Anfang 1964 zum züchterischen und organisatorischen Anschluß an Hannover durchrang. In dem am 6. Februar 1964 getroffenen Arbeitsabkommen heißt es u. a.:

»Auf seiten des Ostfriesischen Stutbuches besteht die Absicht, die bereits seit einem Jahrzehnt eingeleitete Angleichung der ostfriesischen Zucht an die veränderten Bedarfs- und Absatzverhältnisse noch konzentrierter voranzutreiben mit dem Endziel der Zucht eines edlen Warmblutpferdes im Typ des Hannoveraners. Auf seiten des Verbandes hannoverscher Warmblutzüchter besteht die Bereitschaft, das Ostfriesische Stutbuch auf diesem Wege beratend und praktisch zu unterstützen. Beide Zuchtverbände betonen, daß bei allen Modernisierungsabsichten die Qualifikation ihres Pferdes für die Verwendung in der Landwirtschaft nicht vernachlässigt werden darf.«

Man muß den Weitblick der führenden Männer des Ostfriesischen Stutbuches, unter ihnen der langjährige und inzwischen verstorbene Geschäftsführer Cornelius Fegter, hoch anerkennen, gab doch damit eines der ältesten deutschen Zuchtgebiete den bis dahin streng gehüteten Charakter seiner renommierten Zuchtrichtung und bald darauf auch Teile seiner organisatorischen Selbständigkeit auf. Ostfriesland wird sich zwar des Wertes einer glanzvollen Tradition stets bewußt bleiben, setzt diese aber entschlossen hinter die wirtschaftlichen Erfordernisse der Gegenwart zurück. Ohne Verzögerung begann Ostfriesland nach Abschluß des Abkommens mit der Umstellung der Zucht. 1966 schon deckten in Ostfriesland nur noch neun ostfriesische Hengste, alle bereits mit arabischen Blutanteilen, neben einem Araber und acht Hannoveranern, darunter vier an das Ostfriesische Stutbuch zur Aufstellung auf Privatstationen verpachtete Celler Landbeschäler. Außer 2 Vollblütern und einem Araber deckten 1975 nur noch Hengste hannoverschen Blutes. Nach der Deckzeit 1974 übernahm das Landgestüt Celle die in Ostfriesland stationierten Hengste, und am 1. Juli 1975 fand die Eingliederung des ostfriesischen Stutbuches als Bezirksverband in den Verband hannoverscher Warmblutzüchter statt, worauf bereits an anderer Stelle hingewiesen wurde (s. S. 37).

Oldenburg hat über Jahrhunderte, ähnlich wie Ostfriesland, ein schweres Warmblutpferd gezüchtet. Aber schon vor hundert Jahren sind von Hannover einige bedeutende Hengste nach Oldenburg gegangen, die dort großen Einfluß gewannen: *Graf Wedel* (geb. 1862), *Agamemnon* (1863), *Kaiser* (1882) und besonders der 1879 eingeführte *Emigrant* (geb. 1875) *(v. Nord/Consul)*. *Emigrant* hinterließ nach Dencker in 21jähriger Deckzeit allein für Oldenburg 49 gekörte Söhne und 360 Stutbuch-, darunter 52 Prämienstuten. Dencker bezeichnete die Emigrant-Linie als einen »sehr wichtigen Blutstrom«, dem 1938 noch 12,8% der in Oldenburg aufgestellten Hengste angehörten. Zwischen 1935 und 1937 ließ Oldenburg 38 Stuten von dem Graditzer Derbysieger *Lupus xx* v. *Herold xx* decken, der ab 1939 in Achim für die hannoversche Zucht tätig wurde, begann aber mit einer intensiveren Veredelung erst nach dem Zweiten Weltkrieg. Zunehmend werden seit einigen Jahren auch hannoversche Hengste eingesetzt, von denen 1975 21 vom Verband hannoverscher Warmblutzüchter anerkannte Hengste auf Station standen. Mit dem verstärkten Einsatz hannoverscher Hengste in Oldenburg steigt dort auch die Zahl der in das Hannoversche Stutbuch eingetragenen Stuten.

Kurhessen und Rheinland-Pfalz waren die ersten Gebiete, die nach 1945 ihr Zuchtziel auf Hannover ausrichteten.

In *Hessen,* das bis dahin überwiegend auf oldenburgischer, z. T. auch auf Holsteiner Grundlage züchtete, deckten 1975 20 hannoversche Landbeschäler des hessischen Landgestütes Dillenburg und 2 Privathengste, außerdem 10 in Hessen aus hannoverschem Blut gezogene Hengste. Dazu hat besonders Kurhessen (Kassel), wo auch die Mehrzahl der hannoverschen Hengste aufgestellt ist, wiederholt gute Zuchtstuten in Hannover angekauft.

Rheinland-Pfalz stellte bereits um 1960 sein Zuchtziel auf Hannover ein, ist daneben aber auch, besonders durch das Trakehner Gestüt Zweibrücken, der ostpreußischen Zucht verbunden. 1975 waren 6 hannoversche Landbeschäler und 5 Privathengste neben solchen auf hannoverscher Grundlage gezüchteten Hengsten in der dortigen Zucht eingesetzt.

In *Bayern* beherrschte bis nach dem letzten Krieg das Süddeutsche Kaltblut (Noriker) eindeutig das Feld. Daneben hat sich in der Zucht des »Rottalers« seit langem eine kleinere Enklave des Schweren Warmblutes gehalten. Den Haflinger findet man vornehmlich im Alpengebiet und dessen Vorland. Er hat einen erheblichen Anteil an der Befriedigung des Bedarfes an Kleinpferden. Die veränderte Nachfrage hat indessen schließlich auch dem Hannoveraner Einlaß in Bayern gewährt. Von Jahr zu Jahr gelangen mehr hannoversche Stuten und besonders auch Fohlen nach Bayern. Die Einstellung hannoverscher Hengste geschieht vornehmlich auf Initiative der Staatsregierung und der Staatsgüterverwaltung. 1964 wurden auf der »Ersten Bayerischen Warmbluthengstschau mit Zentralkörung« in Landshut neben vier Bayern, vier Oldenburgern, fünf Trakehnern und vier Vollblütern fünf Original-Hannoveraner gekört. Damit war Hannover zu annähernd einem Viertel am bayerischen Warmbluthengstbestand beteiligt. Inzwischen hat sich der hannoversche Anteil noch bedeutend erhöht: 1975 vertreten in Bayern 23 Landbeschäler und 6 Privathengste ihre hannoversche Heimat. Dr. Gründl vom bayerischen Landwirtschaftsministerium schrieb bereits in der »Allgemeinen Viehhandelszeitung« vom 1. Dezember 1964:

»Der weitere Blutaufbau erfolgte mit hannoverschen Hengsten, die zum Teil auch Trakehner- und Vollblut führten, wobei dem Rahmen und Adel besonderes Augenmerk geschenkt wurde. Die bisherigen Erfolge geben den Bemühungen recht. Diese Blutzufuhr wurde deshalb gewählt, weil im weiteren Ausbau der Warmblutzucht eine größere Anzahl reingezogener hannoverscher Stuten in Bayern eingestellt wurde und diesem Pferdeschlag hinsichtlich seiner Reitpferdeeigenschaften beste Eignung zuerkannt werden muß.«

Nordrhein als Teil des Landes Nordrhein-Westfalen umfaßt im wesentlichen das ehemalige Hochzuchtgebiet des »Rheinisch-deutschen Kaltblutes.« Aus den früher so passionierten Kaltblutzüchtern sind inzwischen z. T. Ponyzüchter, z. T. solche des edlen Warmbluts geworden, soweit sie überhaupt noch ein Pferd auf dem Hofe haben. Bereits Anfang der fünfziger Jahre standen im ehemaligen rheinischen Landgestüt Wickrath einige hannoversche Hengste. 1975 deckten in der inzwischen sehr gewachsenen rheinischen Warmblutzucht neben Ostpreußen und Vollblütern 6 vom Landgestüt Warendorf aufgestellte und 26 in privater Hand befindliche hannoversche Hengste.

Seit einigen Jahren ist man auch in *Württemberg* dazu übergegangen, in der dortigen, früher stark durch Anglo-Normannen beeinflußten Warmblutzucht neben dem heute überwiegend benutzten Trakehner Blut auch einige hannoversche Hengste einzusetzen. 1975 deckten in der württembergischen Privatzucht 5 in Hannover gezogene Hengste.

Dem Spezialversuch auf dem Versuchsgut *Radegast* der Universität Halle-Wittenberg ist ein besonderes Kapitel dieses Buches gewidmet.

Im Ausland

Für *Schweden* ist der hannoversche Einfluß schon von 1924 ab nachweisbar. In dem Staatsgestüt Flyinge bewährten sich zwischen 1924 und 1934 zwölf hannoversche Hengste durch ihre Nachzucht. Sie hinterließen 16 Landbeschäler und 163 eingetragene Stuten. 1930 und 1931 kaufte die schwedische Gestütverwaltung 14 Zuchtstuten in Hannover. Nach 1950 erwarb Flyinge zunächst zwei hannoversche Hengste, den Celler Landbeschäler *Dohna II (v. Detektiv)* und den Junghengst *Almjunge (v. Almfreund I).* Ihr Einsatz hatte zur Folge, daß von den 20 Mutterstuten, die 1957 in Flyinge standen, nur vier ohne hannoverschen Blutanteil waren. Später stellte Flyinge vornehmlich Hengste mit Trakehner Blut ein. Damit ging der hannoversche Blutanteil etwas zurück. Immerhin ließ sich auch 1966 noch die Hälfte der 20 in Flyinge gehaltenen Stuten auf Töchter der Hannoveraner *Althof* und *Khelius* zurückführen. 1966 erwarb das schwedische Staatsgestüt den hannoverschen Hengst *Utrillo (v. Ernö),* der 1966 45 Stuten deckte und damit weit über dem Durchschnitt lag. Weiterhin wurden für Flyinge angekauft: 1968 *Cyrano (v. Sudan xx),* dessen Nachzucht durchaus befriedigend ausfällt, 1972 *German* (v. *Dezember)* und 1974 *Illum* (v. *Der Löwe xx),* ein Vollbruder des Celler Landbeschälers *Lindberg.*

In *Belgien* hat die hannoversche Zucht hauptsächlich in den flämisch- und deutschsprechenden Gebieten seit 1957 Fuß gefaßt, und es ist erstaunlich, wie schnell sich dieses Urquellgebiet des Kaltblutpferdes seit etwa zehn Jahren auf die Zucht eines Pferdes im Reitpferdetyp umgestellt hat. Die Initiative liegt maßgeblich in den Händen des Belgischen Bauernbundes und dessen Beauftragten, Kanonikus de Mey. In Löwen als Zentrale wurde 1957 neben einer modernen Reitschule ein Stutbuch gegründet, vor dessen Einrichtung u. a. auch die Organisation des Hannoverschen Stutbuches studiert wurde. 1957 gelangten erstmalig ein Zuchthengst und vier Zuchtstuten aus Hannover nach Belgien. Bis 1974 gingen insgesamt 32 hannoversche Hengste und eine Anzahl von Zuchtstuten nach Belgien.

Dänemark hat erst seit 1962 einen eigentlichen Zuchtverband für edles Warmblut, an dessen Wiege Hannover, vertreten durch den ehemaligen Osnabrücker Landstallmeister Dr. Kiel, Pate stand und dessen Stutbuch nach hannoverschem Vorbild eingerichtet ist. Dr. Kiel war bis zu seinem Tode bei allen bedeutenden züchterischen Veranstaltungen dieses dänischen »Sportpferdezuchtverbandes« beratend eingeschaltet. 1968 hatte zunächst Dr. Schlie dieses Amt übernommen, verstarb aber bereits im Juni des gleichen Jahres. Von diesem Zeitpunkt an wirkt der neue Sachbearbeiter dieses Buches als ständiger Berater in Dänemark gemeinsam mit dem schwedischen Hippologen Torkel Bjärnholt. Schon in dem Gründungsjahr gingen von Hannover zwölf Stuten und zwei Hengste nach Dänemark. Ständige Zukäufe hannoverscher Stuten und Hengste erweiterten inzwischen den hannoverschen Einfluß. Dänemark hat bis zum Jahre 1974 in Verden 40 hannoversche Hengste gekauft und wurde damit zum wichtigsten ausländischen Hengsteinkäufer.

Nach *England* wurden nach 1959 5 hannoversche Zuchthengste verkauft; *Österreich* erwarb 1962 einen hannoverschen Junghengst für das Landgestüt Piber. Das gleiche Gestüt übernahm 1967 noch den bedeutendsten hannoverschen Leistungsvererber *Ferdinand* nach dessen Ausrangierung in Celle im Alter von 26 Jahren. Ferdinand hat in Piber noch zwei Fohlenjahrgänge hinterlassen, darunter auch einige Zuchthengste für die österreichische Zucht. Auch das Bundeshengstenstallamt Stadl-Paura in Oberösterreich hat inzwischen 4 hannoversche Hengste erworben. Die *Niederlande* erstanden bisher 2 hannoversche Hengste zum Einsatz in ihrer bisher oldenburgisch geprägten Zucht, und nach *Luxemburg* gingen fünf hannoversche Hengste und mehrere hannoversche Stuten. Ferner kauften die *Schweiz* nach und nach 5 und die *CSSR* 1970 2 Hengste. Für die DDR wurden bis 1974 insgesamt 21 Hengste geliefert.

Goldfinger, geb. 1971 v. *Gotthard-Marconi.* Bes.: P. Hostrup-Pedersen, Allerød (Dänemark), 1974 bester Hengst in der Hengsteigenleistungsprüfung in Naestved, 1975 bester Hengst der dänischen Hengstkörung in Naestved.

Kleinere Exporte hannoverschen Zuchtmaterials nach *Übersee* runden das Bild ab. *Kanada* erwarb seit 1956 sechs hannoversche Hengste und mehrere Stuten zu Zuchtzwecken. Eine größere Verwaltung in *Argentinien,* die acht Viehzuchtfarmen mit zusammen 70 000 ha umfaßt, erhielt 1960 von Celle drei hannoversche Landbeschäler, denen 1966 weitere drei hannoversche Junghengste von der Verdener Körung folgten. Sie dienen in einer Herde von 250 Mutterstuten der Erzeugung von Reitpferden für die Viehhirten, wobei sie sich offenbar bewährt haben. Die Anzahl der dorthin ausgeführten Hengste ist inzwischen auf 9 gestiegen.

Südwestafrika erwarb seit 1955 sechs hannoversche Zuchthengste und verschiedene hannoversche

Drei Verdener Auktionspferde

Zuchtstuten. Ferner wurden beliefert: Die *USA* mit 4, *Brasilien, Chile* und *Australien* mit je 2 Hengsten und *Guatemala* mit einem Hengst.
1962 erregten erstmalige Ankäufe hannoverscher Zuchtstuten durch *Sowjetrußland* Aufsehen. Der Austausch von Zuchtmaterial mit den heute unter sowjetischem Einfluß stehenden nichtdeutschen Gebieten ist nie groß gewesen. Seitens Hannovers beschränkte sich dieser Verkehr eigentlich auf den Ankauf einiger arabischer Hengste aus Radautz (Rumänien) und Babolna (Ungarn) für Celle. Über den Verkauf hannoverschen Zuchtmaterials in diese Länder ist nur in Erinnerung, daß das *tschechische* Staatsgestüt Kladrub im Jahre 1930 elf hannoversche Zuchtstuten erwarb und im gleichen Jahre nach *Lettland* fünf Hengste, zehn Zuchtstuten und 28 Fohlen gingen. In »Konevodstvo i konnyi sport (Pferdezucht und Pferdesport) Moskau, Nr. 7/1966«, schreibt Tschebajevski, der die Ankäufe in den Jahren 1962 und 1965 leitete: »Ein Zentrum von Stuten hannoverscher Abstammung gibt es noch in den Kolchosen der Lettischen Sowjetrepublik. Vor zwei Jahren wurde ein Teil von ihnen zu einem hohen Preis auf einer Auktion in England verkauft.«
Es ist weiterhin anzunehmen, daß das Erbgut der vielen hannoverschen Hengste, die während des letzten Krieges in der Ukraine eingesetzt waren, heute in den dortigen Blutströmen teilweise noch vorhanden ist.
Ein systematischer Versuch vornehmlich zur Erzeugung von Springpferden wurde 1962 mit dem Ankauf von 20 Stuten in Hannover, denen 1965 13 weitere folgten, im Bezirk Königsberg – dem Vernehmen nach in dem ehemaligen Preußischen Landgestüt Georgenburg-Zwion – seitens der Sowjetunion angelegt. Bei der Auswahl erhielten möglichst große Stuten den Vorzug. Gleichzeitig wurde für diesen Versuch in Neustadt/Dosse der Hannoveraner *Duo (v. Duellant)* angekauft. Hinzu kamen weiter 1961 ein in Mecklenburg rein hannoversch gezüchteter Hengst *Günther (v. Grenadier)* und 1963 *Faust (v. Feierabend)* aus der Radegaster Zucht. Schließlich ging von der hannoverschen Hengstkörung im Jahre 1965 ein besonders großer Sohn von *Weingau – Eindruck II* nach Georgenburg, der dort den Namen *Walerik* erhielt. Tschebajevski schreibt in dem bereits erwähnten Bericht:
»In der Sowjetunion werden Pferde der hannoverschen Rasse im Kaliningrader (Königsberger) Gestüt gezüchtet, das 1962 eingerichtet wurde. Am 1. Januar dieses Jahres (1966) standen im Gestüt 133 Pferde, darunter vier Hengste und 60 Stuten der hannoverschen Rasse. Drei Hengste und 35 Stuten sind in der Deutschen Demokratischen Republik angekauft worden, die übrigen – ein Hengst und Muttertiere – in der Bundesrepublik Deutschland.«
Man darf dem Vorstehenden entnehmen, daß sich der Hannoveraner unter den innerdeutschen Verhältnissen bewährt hat und besonders seit 1948 zunehmenden Einfluß auf die deutschen Pferdezuchten gewinnt. Darüber hinaus findet die hannoversche Zucht auch im Ausland ein gewisses Interesse. Hier stehen ebenso aus geographischen wie klimatischen Gründen die an Deutschland angrenzenden Länder, wie Belgien und Dänemark, an erste Stelle. Die dortigen Zuchtverbände und deren Züchter kennen sich inzwischen durch ihre ständigen Besuche schon recht gut in der hannoverschen Zucht aus.
Das Hauptinteresse Hannovers gilt aber den deutschen Pferdezuchtgebieten. Hier geht es für Hannover weniger um die Gewinnung neuer Absatzgebiete als um die Ausrichtung der deutschen Warmblutzuchtgebiete auf einen einheitlichen Typ, der unter dem Sammelbegriff *»Deutsches Warmblut«* die zentrale Erfassung von Angebot und Nachfrage auf dem deutschen Reitpferdemarkt erleichtern würde.

Das Landgestüt Osnabrück

Für die Regierungsbezirke Hannover, Osnabrück und Hildesheim wurde 1925, sozusagen als ein Kind Celles, das Landgestüt Osnabrück in Betrieb genommen.

1952 kam aus geographischen Gründen noch die beste der Harzburger Stationen, das 20 Kilometer südlich von Bremen gelegene Thedinghausen, hinzu. Oiste, die alte, dicht bei Verden gelegene Station, bei Gründung des Gestüts zum Regierungsbezirk Hannover gehörend, blieb auch nach der späteren Zuteilung zum Regierungsbezirk Stade bei Osnabrück.

Die Lücken, die der Erste Weltkrieg in den Pferdebestand geschlagen hatte, und die Flucht in die Sachwerte als Begleiterscheinung der damaligen Inflation führten zu einer außerordentlichen Zunahme der Pferdeproduktion. 485 Landbeschäler von Celle hatten 1924 über 30 000 Stuten zu dekken, und mit der Erhöhung des Celler Hengstbestandes auf 500 war das räumliche Fassungsvermögen der Stallungen bis ins letzte ausgenutzt.

Nach der Deckzeit 1925 zogen die in dem neuen Gestütsbezirk aufgestellten Hengste mit ihren Betreuern zum ersten Mal in die vorbildliche Gestütanlage Osnabrück ein. Ihre Neubauten waren nach den Erfahrungen anderer Landgestüte ebenso praktisch wie harmonisch angelegt. Allerdings ist es zur Vollendung der geplanten Gesamtanlage infolge des Ausbruches des Zweiten Weltkrieges nicht mehr gekommen. (1966 übernahm die Stadt Osnabrück den gesamten Komplex für Industrialisierungszwecke.)

Ein seltsames Geschick ist mit der Gründung und der Auflösung Osnabrücks verbunden: Kaum war die erste Osnabrücker Deckperiode erfolgreich und mit den besten Aussichten abgeschlossen, da setzte eine schwere Krise der Pferdezucht ein, so daß die Deckziffern im nächsten Jahre fast um 50 % zurückgingen. 1960 war durch den Niedersächsischen Landtag die Auflösung des Landgestüts beschlossen worden.

1927 unterhielt Osnabrück 28 Deckstellen. Um 1950 war mit 41 Stationen der Höhepunkt erreicht, und im Jahre der Auflösung, 1961, bestanden noch 25 Deckstellen.

Die Entwicklung des Landgestüts zeigt folgende Übersicht:

Jahr	Anzahl Hengste	gedeckte Stuten	Stuten je Hengst
1925	114	3 493	31
1929	73	2 836	39
1933	89	5 763	65
1947	209	15 760	75
1960	71	1 766	25
1961	58	2 276	39

Diese Angaben erfassen allerdings auch die Ergebnisse der 1930 mit zehn Hengsten begonnenen Kaltbluthengsthaltung. Die Zahl dieser »Kalten« stieg 1949 auf 76. 1961, im Jahr der Auflösung, deckten noch achtzehn Kaltblutlandbeschäler. Ab 1942 beherbergte Osnabrück innerhalb seines Hengstbestandes auch jeweils zwischen zwei und fünf Ostfriesen und Oldenburger, und schließlich kamen 1952 einige Fjordhengste hinzu, von denen 1961 noch zwei auf Station waren.

Der Bestand des Landgestüts Osnabrück an Hengsten, die nicht für die hannoversche Zucht bestimmt waren, hat also im Höchstfall ein Drittel des Gesamtbestandes kaum überschritten. Durch die Aufstellung dieser Hengste ist aber die hannoversche Zucht nicht etwa geschädigt worden, wie ein großer Teil der alten passionierten hannoverschen

Züchter annahm. Im Gegenteil: Manche Deckstelle konnte durch die Aufstellung dieser Hengste überhaupt nur gehalten werden, da für zwei hannoversche Hengste nicht genügend Nachfrage bestand. Einen Beamten aber mit nur einem Hengst auf Station zu schicken, kann sich jedoch kein Staat leisten.

Landstallmeister in Osnabrück waren
von 1925 bis 1927: Korndorff, vorher Geschäftsführer des Verbandes hannoverscher Warmblutzüchter, anschließend Landstallmeister in Celle.
von 1927 bis 1934: Kuhse, danach Landstallmeister in Wickrath,
von 1934 bis 1937: Dr. Uppenborn, danach Landstallmeister in Rastenburg,
von 1937 bis 1942: Dr. Grothe, danach Landstallmeister in Traventhal,
von 1942 bis 1945: v. Henninges, ausgeschieden zur Bewirtschaftung seines Gutes,
von 1945 bis 1961: Dr. Kiel, als letzter Landstallmeister wegen Erreichung der Altersgrenze pensioniert.

Badbergen, Thedinghausen, Oiste und im Emsland Herbrum-Goldfisch waren die züchterisch bedeutendsten Stationen des Landgestüts. Badbergen ist noch heute nach Hengst- und Stutenzahl eine der stärksten Stationen; sie spielt innerhalb der hannoverschen Zucht eine führende Rolle. Ebenfalls gehören die Thedinghäuser Bauern zu den passioniertesten Züchtern Hannovers. Das verdient insofern besondere Erwähnung, als sich erst 1938 der bis dahin selbständige »Pferdezuchtverein für edles Halbblut hannoverschen Schlages im Braunschweigischen Amt Thedinghausen« dem Verband hannoverscher Warmblutzüchter anschloß. Allerdings verdankten die Thedinghäuser die Grundlagen ihrer bedeutenden Zucht den Celler Landbeschälern; das Braunschweigische Landgestüt wurde erst 1825 gegründet. Um 1800 aber wird schon berichtet: »Die Pferdezucht (in Thedinghausen) ist schön, von Hoyascher Rasse, und durch die Hengste der hannoverschen Landgestüte sehr veredelt. Man führt besonders Saugfohlen und Reitpferde aus.«

Was Osnabrück, seine Einrichtung und seine schließliche Auflösung für die hannoversche Zucht bedeutet haben, ist in dem Nachruf zusammengefaßt, der damals in der Verbandszeitschrift »Hannoversches Pferd« erschien. Darin heißt es:

»Schließlich ist es für den Fortbestand der Zucht nicht ausschlaggebend, ob die Deckstellen von Osnabrück oder von Celle aus besetzt werden, und es wird sich trotz aller augenblicklichen personellen Härten nicht maßgeblich auswirken, ob die Deckstellenvorsteher in Osnabrück oder Celle wohnen. Was aber ein bleibender Nachteil sein wird, das ist der Ausfall eines Osnabrücker Landstallmeisters, also eines selbständigen, von Celle unabhängigen Beamten, der es, wie der jetzige (Dr. Kiel) geschickt versteht, in verständnisvoller züchterischer Konkurrenz, die gleicherweise von hoher Passion und sachlicher Einsicht bestimmt ist, das Beste für den Osnabrücker Bezirk herauszuholen. Ohne einen solchen selbständigen Landstallmeister wäre der züchterische Aufstieg des Osnabrücker Bezirkes, wie wir ihn in den letzten zehn Jahren erlebten, kaum möglich gewesen.

Erschwerend kommt hinzu, daß sich die Wege der Züchter zu ihrem Gestüt und ihrem Landstallmeister ganz unverhältnismäßig verlängern: von Celle bis zum Emsland sind es zwischen 220 und 300 Kilometer! Man wird sagen, daß es vor der Gründung Osnabrücks nicht anders war. Aber diese weiten Entfernungen waren ja auch 1925 bei der Gründung eines besonderen Landgestüts in Osnabrück wesentlich mitbestimmend gewesen.«

Es mag manchem Züchter nicht den Verdiensten des Landgestüts Osnabrück und seiner Landstallmeister entsprechend erscheinen, wenn hier nur ein kurzer Bericht über das Gestüt gebracht wurde. Die weiteren Kapitel werden aber zeigen, was die Osnabrücker Züchter, die heute wieder von Celle betreut werden, in der Zeit ihres eigenen Landgestüts in der Zucht, im Absatz und für den Turniersport geleistet haben.

Turniererfolge hannoverscher Pferde

Es paßt wenig in den Charakter dieses Buches, über Turniererfolge solcher hannoverschen Pferde ausführlicher zu berichten, die noch im Sport stehen. Große Leistungen, so überragend sie auch im Augenblick sein mögen, sind in der heutigen Zeit vielfach bald überholt und ebenso schnell vergessen. Andererseits gehen die Spitzenleistungen im Reitsport laufend durch die Zeitungen, und Namen wie Klimke, Neckermann, Schockemöhle, Schridde und Winkler, um nur einige in alphabetischer Folge zu nennen, sind während der alljährlichen Turniersaison und noch mehr zur Zeit der Olympischen Spiele in aller Munde.

Selten wird heute noch davon gesprochen, daß es schon zwischen den beiden Weltkriegen internationale Siege deutscher Reiter auf vielen hannoverschen Pferden gab, die den heutigen Erfolgen durchaus nicht nachstehen, sie teilweise sogar übertroffen haben. Nur wenigen sind heute noch die großartigen internationalen Leistungen von Frau Käthe Franke und den Herren Brandt, Brinckmann, E. und K. Hasse, Huck, v. Nagel, v. Nostiz-Wallwitz, Momm, v. Salviati, v. Waldenfels und Weidemann als den erfolgreichsten Reitern der Zwischenkriegszeit bekannt.

Dabei lehren die damaligen Erfolge etwas auch für heute noch Interessantes: Angesichts der Umformung des hannoverschen Pferdes nach dem Zweiten Weltkrieg, die z. T. durch verstärkte Zuführung von Vollblut und Trakehnern, teilweise aber auch durch reine Selektion innerhalb der Rasse erfolgte, wird vielfach die Ansicht vertreten, die heutigen Leistungen des Hannoveraners seien wesentlich auf dessen Modernisierung zurückzuführen und der Hannoveraner der zwanziger und dreißiger Jahre sei weniger ein Pferd für Spitzenleistungen als ein Wirtschafts- und simples Soldatenpferd gewesen. Dem ist durchaus nicht so.

Bereits vor 1914 machte sich Hannover im Sport durch recht gute Halbblutrennpferde und einige erstklassige Turnierpferde einen Namen, unter denen *Pepita* v. *Colani-Julianus* am erfolgreichsten wurde. Ihr Züchter, Meyer in Kehdingbruch, ist heute noch unter dem Namen »Pepita-Meyer« in allgemeiner Erinnerung. *Pepita* war unter Major v. Oesterley in allen Prüfungen unter dem Sattel Ausnahmeklasse, in Dressur und Springen ebenso wie in Gebrauchsprüfungen, und gewann allein im Jahre 1913 ihrem Reiter in 26 Prüfungen 9315,– RM! Darunter befand sich der Sieg in der »Großen Gebrauchsprüfung des Militärpferdes«, die in Mag-

Eine recht geschmackvolle hannoversche Schimmelgruppe bei der *DLG-Gebrauchsprüfung 1972.*

deburg ausgetragen wurde. Vom nächsten Jahre an hatte *Pepita* dann vier Jahre lang Gelegenheit, ihre Eignung als Kriegspferd unter Beweis zu stellen, war anschließend aber auch noch mehrere Jahre hindurch ein Pferd mit großen Erfolgen.

Bis 1940

Nach dem Ersten Weltkrieg wurde unter den hannoverschen *Dressurpferden* zunächst *Christoph* II v. *Christian de Wet xx* international bekannt, als er 1924 unter Prinz Sigismund von Preußen beim Internationalen Turnier in Malmö die S-Dressur gewann. 1928 vertrat *Draufgänger* v. *Aldech–Nordgraf* unter v. Langen als einziges Dressurpferd die deutschen Farben bei den Olympischen Spielen in Amsterdam und gewann dort die Große Dressurprüfung. Zehn Jahre später machte *Hammer* v. *Hammerschlag xx–Alderman I* von sich reden, als er allein in diesem Jahr unter Käthe Franke acht S- und neun M-Siege errang und mit einer Jahresgewinnsumme von 6 988 RM weitaus an der Spitze aller deutschen Turnierpferde stand.

Als erfolgreichste hannoversche *Vielseitigkeitspferde* der Zwischenkriegszeit verdienen *Kirklandsenkel* v. *Kiliar–Obotrit,* 1934 Sieger in der Vielseitigkeitsprüfung des Deutschen Olympiadekomitees, und *Leopard* v. *Butcher Bird xx–Feuerkönig,* der die Military in Insterburg gewann, in Erinnerung zu bleiben.

Nach *Pepita* war *Apoll* v. *Defilant–Honorat* der erste Hannoveraner, der sich im *Springen* einen internationalen Namen machte. Unter v. Langen gewann er 1924 in Rom das S-Springen gegen 102 Konkurrenten. 1926 wurde er unter Graf Hohenau Gewinner des Deutschen Springderbys gegen erste internationale Klasse. Ab 1928 schieben sich auf den internationalen Turnieren die deutschen Pferde als Sieger im »Preis der Nationen« in den Vordergrund. 1928/1929 wurde in der Kavallerieschule Hannover der Springstall aufgebaut, dem bis 1940 die Zusammenstellung der deutschen Springequipen übertragen war. Von 1928 bis 1940 gewann Deutschland 25mal den »Preis der Nationen« in New York, Genf, Boston, Rom, Wien, Luzern, Warschau, Dublin, Nizza, Berlin, Aachen und Danzig – Zoppot – nicht zum wenigsten ein Verdienst des langjährigen Equipenchefs Frhr. v. Waldenfels. Bei insgesamt 100 Pferdeeinsätzen wurden 41mal Hannoveraner gesattelt! Die größten Erfolge hatte die hannoversche Zucht bei den Internationalen Turnieren 1938 in Aachen und 1940 in Rom, als die Equipen ausnahmslos aus Hannoveranern bestanden: in Aachen *Alchimist, Oberst, Artur* und *Alant,* in Rom *Alchimist, Oberst, Notar* und *Alant.* Unter den Hannoveranern, die den Siegerequipen der Nationenpreise angehörten, war *Derby* v. *Island–Graciös* zehnmal zwischen 1928 und 1934 eingesetzt, davon neunmal unter E. Hasse, der mit ihm 1929 und 1931 auch das Deutsche Springderby gewann.

Olaf v. *Schwalk-Köster* ging zwischen 1933 und 1937 fünfmal in der Equipe, dabei zweimal unter K. Hasse.

Benno v. *Nestoricus–Hofheim* war von 1930 bis 1933 viermal, davon je zweimal unter v. Nagel und Großkreutz, eingesetzt.

Je dreimal gingen mit:
Alchimist v. *Amalfi–Colonus* (Züchter Meyer-Stocksdorf, der Vater des ehemaligen Leiters der Verdener Reitschule), davon zweimal unter Momm (1937/1938),
Oberst v. *Detektiv–Schumann,* jedesmal unter Brinckmann (1938–1940), und *Alant* v. *Amalfi – Kedes xx* unter Weidemann (1938–1940),

je zweimal:
Artur v. *Goldfasan–Minnesang* unter Huck

und schließlich je einmal
Ninon v. *Koran–Nenner, Hartmannsdorf* v. *Schwabensohn–Schwabenstreich, Der Aar* v. *Schwarzenberg–Neujurist, Nicoline* v. *Nikolaus xx–Ehlermann, Senator* v. *Silkow–Aladar, Baron IV* v. *Nestorianer-Amandus* und *Notar* v. *Goldammer II–Sportanzeiger.*

Fast als Abschluß dieser großartigen Leistungen deutscher und hannoverscher Pferde auf internationalen Turnieren schrieb der damals sehr bekannte Sportschriftsteller Major a. D. Braun in einem Aufsatz »Der Hannoveraner als Turnierpferd« (Sankt Georg, Heft 23/1938) seine in züchterischer Beziehung auch heute noch aktuellen Ansichten über den Typ eines erfolgreichen Springpferdes in folgenden Worten nieder:
»Diese Erfolge neben vielen Siegen in schwersten Einzelprüfungen führten zu der vom Ausland ge-

troffenen Maßnahme, erhöhten Wert auf Schnelligkeit zu legen, in dem Bewußtsein, daß die sehr hoch im Blut stehenden, am stärksten verbreiteten Pferde französischer Herkunft den unseren in dieser Hinsicht überlegen waren. Das trat auf Bahnen mit langen Galoppierlinien deutlich in Erscheinung, war aber doch ein Trugschluß, denn unsere weniger edel gezogenen Pferde erwiesen sich in der Folgezeit als schnell genug, weil unsere Reiter weit mehr als bisher nach diesen Gesichtspunkten erzogen wurden. Es hat sich sogar herausgestellt, daß der deutsche Halbblüter, dessen Ahnentafel weniger Vollblut aufweist, besser als das dem Vollblut sehr nahe kommende Pferd für diesen Sport geeignet ist, weil das Temperament eine große Rolle dabei spielt.«

Erfolge nach 1948

In den ersten Jahren nach dem letzten Krieg standen andere Fragen und Sorgen im Vordergrund, als daß man sogleich wieder an die Neubelebung des Reitsports hätte denken können. Den ersten Schritt zum Wiederaufbau unternahm 1947 der Verband hannoverscher Warmblutzüchter durch Bildung eines verbandsinternen »Vorläufigen Ausschusses für Pferdeleistungsprüfungen«, der bis zur Errichtung der »Kommission für Leistungsprüfungen von Warm- und Kaltblutpferden in Niedersachsen« im Jahre 1948 deren Aufgaben vorbereitete. Auch der »Landesreiterverband Niedersachsen, Zuchtgebiet Hannover« nahm bald, zunächst noch unter anderem Namen, seine Tätigkeit wieder auf. Kommission und Landesverband arbeiten seitdem unter gemeinsamer Geschäftsführung in der Förderung der ländlichen Reiterei Hand in Hand. 1965 zählte der Landesverband 367 Reit- und Fahrvereine und in diesen 23 312 Mitglieder. 153 Turniere dieses Verbandes fanden 23 135 Starter im Jahre 1965. Die Ausbildung der Reiter und Pferde geschieht z. T. innerhalb der Vereine durch geprüfte Reitlehrer, z. T. in den vier hannoverschen Reit- und Fahrschulen Buxtehude, Dannenberg, Hoya und Verden. Ferner besteht seit 1973 eine von der FN anerkannte Fachschule für Voltigieren in Hohenhameln.

Es würde zu weit führen, die bedeutenden Erfolge der hannoverschen ländlichen Reiter im einzelnen hier aufzuführen und alle jene Pferde zu nennen, die in den ländlichen Reitvereinen ihre erste Ausbildung erfuhren und dann später zu internationalem Ruf gelangten.

Dressur

Das Auftreten deutscher Reiter im internationalen Sport nahm nach dem letzten Krieg bezeichnenderweise in der *Dressur* seinen Anfang. Die Dressur ist bekanntlich eine Disziplin, die in Deutschland besonders gepflegt wird. Es wurde ein überraschender und die ganze deutsche Reiterei belebender Erfolg, als Felix Bürkner im Juli 1950 auf dem Hannoveraner *Zigeunerbaron* v. *Grunelius – Hartguß xx* die Große Dressurprüfung in London als zugleich ersten deutschen Auslandssieg nach dem Kriege gewann.

Bedeutende hannoversche Dressurpferde

Olympia-Pferd *Asbach* v. *Anilin-Spinck,* Reiter *Josef Neckermann,* Gewinnsumme 54 208,– DM.

Doublette v. *Duellant-Allerhand,* Reiter *Willi Schultheiß,* bisher das gewinnreichste deutsche Dressurpferd, Gewinnsumme 100 070,– DM.

Olympia- und Weltmeisterpferd *Mehmed* v. *Ferdinand-Altried,* Reiter Dr. *Reiner Klimke,* Gewinnsumme bisher 95 454,– DM.

Olympia- und Meisterschaftspferd *Liostro 2* v. *Der Löwe xx-Dolman,* Reiterin *Karin Schlüter,* Gewinnsumme bisher 83 357,– DM.

1955 begann dann der große Aufstieg der von Willi Schultheis ausgebildeten Hannoveranerin *Doublette* v. *Duellant–Allerhand* als Dressurpferd. Bis 1962 reihte sie unter Frau Springer Sieg an Sieg in M- und S-Dressuren. Sie gewann dann 1957 in Hamburg das Deutsche Dressurderby und wurde 1961 hinter *Asbach* nochmals Zweite im Dressurderby. Anschließend kam sie in die Zucht.

Asbach v. *Anilin – Spinck,* ebenso wie *Doublette* ein Verdener Auktionspferd, gewann 1957 unter Schmidtke in Hannover den »Sonderpreis für die besten Grundgangarten«. Bei den Olympischen Spielen in Rom wurde er 1960 Dritter. Sein Reiter Neckermann erhielt die Bronzemedaille. Ebenfalls unter Neckermann gewann *Asbach* 1961 das Hamburger Dressurderby vor *Doublette* – zwei Hannoveraner vorne! Mit ganz ähnlicher Abstammung v. *Duellant–Allerhand* wie *Doublette* hat sich *Dux* unter seinem Ausbilder und Reiter Dr. Klimke einen internationalen Namen gemacht. 1963 gewann er das Hamburger Dressurderby, startete ein Jahr später in der deutschen Equipe in Tokio, wo er in der Einzelwertung an sechster Stelle plaziert wurde, und gewann mit der deutschen Mannschaft – *Remus* unter Boldt, *Antoinette* unter Neckermann – die Goldene Medaille in der Mannschaftswertung. 1965 und 1966 setzte *Dux* seine Siegesserie fort. 1968 bei den Olympischen Spielen in Mexiko errang *Dux* unter dem gleichen Reiter die bronzene Medaille in der Einzelwertung und war außerdem an der Goldmedaille der Mannschaft beteiligt neben *Mariano* und *Piaff*. In München 1972 war der Hannoveraner *Liostro 2* v. *Der Löwe xx – Dolman* unter Karin Schlüter Mitgewinner der Mannschaft-Silbermedaille gemeinsam mit *Piaff* unter Liselott Linsenhoff und *Venetia* unter Josef Neckermann.

Zu einem der bedeutendsten Dressurpferde hannoverscher Abstammung hat sich auch *Granit* v. *Gong–Ast* zunächst unter W. Günther, später unter K. Capellmann entwickelt. Im Dressur-Derby 1964 wurde er in Aachen Zweiter, in Hamburg 1965 Dritter. *Granit* ist besonders häufig und erfolgreich auch im Ausland gestartet. In Kopenhagen und 1966 in Rotterdam kam er zu verschiedenen, besonders bemerkenswerten S-Dressur-Siegen.

In den letzten Jahren ragten in der Dressur vor allem 2 Pferde aus der hannoverschen Zucht heraus: der *Ferdinand*-Sohn *Mehmed* unter Dr. Klimke und der *Der Löwe xx*-Sohn *Liostro 2* unter Karin Schlüter.

Ihre wichtigsten Erfolge:

Mehmed

1971 3. Platz Deutsche Dressurmeisterschaften
1973 2. Platz Deutsche Dressurmeisterschaften
1974 1. Platz Weltmeisterschaft der Dressurreiter
1974 1. Platz in Mannschafts-Weltmeisterschaft

Liostro 2

1970 1. Platz Deutsche Dressurmeisterschaften der Damen
1972 2. Platz Deutsche Dressurmeisterschaften der Damen
1973 1. Platz Deutsche Dressurmeisterschaften der Damen
1974 1. Platz Deutsche Dressurmeisterschaften der Damen
1974 1. Platz in Mannschafts-Weltmeisterschaft

Vielseitigkeit

Die *Vielseitigkeitsprüfungen* hatten in Hannover schon bald traditionsgemäß eine große Zahl von Anhängern. Sie entsprechen der besonderen Veranlagung des hannoverschen Pferdes. Als bestes Beispiel für das Interesse, das man für diese Disziplin des Reitsportes unter den bäuerlichen Reitern und Züchtern in Hannover findet, möge hier nur der Name »Luhmühlen« genannt sein, jener Deckstelle in der Lüneburger Heide, deren Züchter unter vorbildlichem persönlichen Einsatz in jedem Jahre einen Vielseitigkeitsparcours aufbauen, der auch internationalen Prüfungen dient.

Es sind fast ausschließlich hannoversche Pferde gewesen, die auf den ersten Nachkriegsolympiaden die deutschen Farben in der Vielseitigkeit vertreten haben, nämlich in

Military-Reiter *Klaus Wagner* mit seinen Pferden, davon 5 Hannoveraner, links die olympische Medaillengewinnerin *Prinzeß* v. *Jubel I-Flirtland,* die zahlreiche Fohlen geliefert hat, darunter den Hengst *Römischer Prinz.*

Helsinki 1952:
Hubertus v. *Goldfisch I–Altkönig* unter Dr. Büsing (Bronzemedaille in der Einzelwertung),
Trux von Kamax v. *Falkner III–Goldfisch* unter Otto Rothe,
Dachs v. *Freddy II* unter Klaus Wagner.
Silbermedaille für die Mannschaft.

Stockholm 1956:
Trux von Kamax unter August Lütke-Westhues (Silbermedaille in der Einzelwertung),
Prinzeß v. *Jubel I–Flirtland* unter Klaus Wagner.
Sissi v. *Fokker–Grunelius* unter Otto Rohte.
Silbermedaille für die Mannschaft.

Rom 1960:
Es starteten in der Vielseitigkeit die Hannoveraner *Polarfuchs* v. *Poet xx–Impressionist xx,* zu 95% vollblütig gezogen, unter Ottokar Pohlmann und *Famulus* v. *Faschist II–Fritz Fromm xx* unter Klaus Wagner; als Dritte startete die Westfälin *Winzerin* v. *Wehr Dich xx* aus einer reinhannoverschen Mutter unter Reiner Klimke und als Vierte die Vollblüterin *Wanderlilli xx,* geritten von G. Schulz. Obwohl der Tendenz entsprechend offensichtlich besonderes Gewicht auf viel »Blut« bei der Auswahl der Pferde gelegt worden war, kehrte die deutsche Militarymannschaft in diesem Jahr ohne Medaillen zurück.

Tokio 1964:
In der Vielseitigkeit ging nur ein Hannoveraner an den Start: *Donkosak* v. *Dreikampf xx–Joho* unter Fritz Ligges und wurde mit der Bronzemedaille in der Einzelwertung bestes der deutschen Militarypferde. (Ebenfalls Bronzemedaille für die Mannschaft).
Neben diesen Olympiateilnehmern ist aus neuester Zeit *Rebell* v. *Ratsherr xx–Gote* zu nennen, auf dem L. Gössing 1966 in Luhmühlen die »Deutsche Meisterschaft der Vielseitigkeit« gewann.

In München 1972 trug der *Julius Caesar xx*-Sohn *Pisco* unter Schulz zum Gewinnen der bronzenen Medaille im Mannschaftswettbewerb bei.

Springen

So überzeugend die Erfolge der Hannoveraner auch immer in der Vielseitigkeit gewesen sind – alle olympischen Medaillen wurden 1952 und 1956 ausschließlich auf Hannoveranern erritten –, in der Öffentlichkeit richtet sich die Einschätzung der verschiedenen Zuchten z. Z. zuerst nach den Springleistungen. Auf den Turnieren sind Springkonkurrenzen am leichtesten zu verfolgen und zu bewerten. Sie bieten zudem die Aussicht auf Sensationen, wie sie nun einmal heute allgemein geschätzt werden. Reizvoll bleibt die Dressur in der Regel doch nur für den Kenner und für denjenigen, der einen Blick für Harmonie und Schönheit besitzt, und die Prüfungen in der Vielseitigkeit schließlich vollziehen sich größtenteils im freien und weiten Gelände, bleiben also den Blicken der meisten Besucher entzogen. Andererseits gibt der Springsport jungen, noch unfertigen Reitern die verheißungsvolle Chance zu verhältnismäßig frühen Erfolgen in den unteren Kategorien. Nur zu oft lassen so auch die Bilder in den Springkonkurrenzen auf mangelhafte Grundausbildung der jungen Reiter schließen, aber trotzdem erzielen sie oft früher, als ihnen gut tut, Plazierungen in L- und M-Springen. So ist die Bevorzugung des Springsportes von beiden Seiten her erklärlich: Auf den Turnieren zieht er das Publikum an, und jungen Reitern gibt er am ehesten die

Bedeutende hannoversche Springpferde

Ferdinand v. *Ferrara-Helgoland I,* Vater der folgenden 4 herausragenden Springpferde.

Olympia-Pferd *Ferdl* v. *Ferdinand-Feo* (oben), Reiter *Alwin Schockemöhle,* Gewinnsumme 143 116,– DM.

Rechte Bildreihe (von oben nach unten)

Firlefanz (Fridericus Rex 5) v. *Ferdinand-Herero,* Reiter *Gerd Wiltfang,* Gewinnsumme bisher 56 950,– DM.

Feiner Kerl v. *Ferdinand-Flintglas,* Reiter *Hendrik Snoek,* Gewinnsumme bisher 70 955,– DM. *Feiner Kerl* hat dieselbe Mutter wie der Celler Landbeschäler *Einglas.*

Faustus v. *Ferdinand-Abel,* Reiter *Hendrik Snoek,* Gewinnsumme bisher 119 186,– DM.

Möglichkeit, schnell in das verlockende Licht der Öffentlichkeit zu gelangen.
Als der Springsport nach der Währungsreform zunächst recht behutsam wieder anlief, war es das Kölner Polizeipferd *Erle II* v. *Almarich–Flotow* unter Polizeimeister Havemann, das 1950 als Gewinner des »Großen Preises von Aachen« erste Lorbeeren für die hannoversche Zucht erntete.
Im gleichen Jahr stellte Weidemann auf *Harras* v. *Flügeladjutant – Almarich* einen deutschen Hochsprungrekord von 2,15 m auf, den er 1951 wiederholte. *Harras,* der ebenso wie *Erle* der Osnabrücker Zucht entstammte, wurde 1952 nach Schweden verkauft.

In dem Jahrzehnt von 1950 bis 1960 war *Jaspis* v. *Kampfsport – Negerkönig II* eines der bekannte-

sten hannoverschen Springpferde. 1953 und 1954 stand der Wallach an der Spitze der gewinnreichsten hannoverschen Turnierpferde und belegte auch 1955 noch den zweiten Platz in der gesamten Rangfolge. Zu den bedeutendsten Erfolgen unter seinem stets fröhlichen Amateurreiter Magnus v. Buchwaldt rechnet neben einem gewonnenen S-Springen gleichzeitig die Aufstellung eines neuen deutschen Hochsprungrekordes über 2,20 m in Paris 1953.

Zu den Spitzenpferden der damaligen Zeit gehörte noch mehr *Armalva* v. *Armring I–Monsalvat xx,* in den Jahren von 1953 bis 1959 eines der gewinnreichsten Pferde der hannoverschen Zucht. Unter ihrer ebenso durch die hohe Zahl ihrer Erfolge wie durch ihren klassischen Springstil bekannten Reiterin Helga Köhler wurde *Armalva* 1954 und 1956 Vierte im Deutschen Springderby und 1956 Zweite im Aachener »Preis der Nationen«. Ihre vielen S-Siege im Ausland – Palermo, Luzern, Rotterdam, New York, Toronto u. a. – wirkten sich in der Werbung für das hannoversche Pferd hervorragend aus. Helga Köhler stand als gefeierte Reiterin von *Armalva* verschiedentlich an der Spitze der erfolgreichsten deutschen Amazonen.

Aus der damaligen Zeit ist auch *Fahnenkönig* v. *Fahnenwald – Amorno* noch in guter Erinnerung. Unter seinem in Deutschland beliebten Reiter Francisco Goyoaga kam er auch in Deutschland zu Spitzenerfolgen, die ihn von 1955 bis 1958 auf die Liste der besten deutschen Springpferde brachte. *Fahnenkönig* gewann 1956 das Große Sa-Jagdspringen in Aachen und krönte 1957 und 1958 seine Laufbahn mit Doppelsiegen in dem Dortmunder »Großen Preis der Bundesrepublik«.

Mit *Alpenjäger* v. *Alpinist – Harun al Raschid ox* gab H. G. Winkler sein Debüt als Reiter erfolgreicher hannoverscher Pferde. Unter ihm gewann *Alpenjäger* auch im Ausland bedeutende S-Konkurrenzen: Paris, Rotterdam, Pinerolo, Ostende, New York, Toronto. Seine zweiten Plätze im »Preis der Nationen« 1954 in Dublin und in London gehören zu seinen erfolgreichsten Auslandstournees.

Auf *Cäsar* v. *Cardano – Tilsit* sind die Züchter des ehemaligen Landgestüts Osnabrück besonders stolz: *Cäsar* gewann unter Walter Schmidt 1953 das Deutsche Springerderby. Leider wurde er aber bald nach dieser Krönung seiner nur kurzen deutschen Laufbahn, der höchsten Ehre, die im deutschen Springersport zu vergeben ist, nach Spanien verkauft und ward in Deutschland nicht wieder gesehen.

Auch *Freya* v. *Fermor I – Shagya XVII 12,* diese aus der Ausbildung und dem Besitz des ländlichen Reiters Horst Beneke in den Verdener Stall Freitag hinübergewechselte Stute, gehörte unter ihrer mutigen Reiterin Renate Freitag zwischen 1955 und 1960 zu den besten deutschen Springpferden. Zu ihren eindrucksvollsten Siegen zählt der »Große Preis von Hannover« 1957 unter Alwin Schockemöhle. Aus dem gleichen Stall Freitag kam ein zweites Pferd zu hervorragenden Erfolgen: der Schimmel *Bachus* v. *Baczyn xx – Lanzer,* mit dem Schockemöhle 1957 das »Deutsche Springderby« gewann. Unter seinen vielen weiteren Siegen in Sa- und SB-Springen sind Aachen 1960, Amsterdam 1961 und Salzuflen 1962 noch heute in Erinnerung.

Schließlich muß aus dieser Zeit noch *Fugosa* v. *Fermor I* aus der Salbe, eine Vollschwester der bereits aufgeführten Freya, erwähnt werden. Beide Stuten stammen aus der alten bewährten Zucht von F. Ernst in Amedorf b. Verden, der auch den *Fugosa*-Sohn *Ernö* gezüchtet hat, einen der besten Typ-Vererber in der hannoverschen Zucht. Von *Ernö* möchte man besonders die Weitergabe der Springveranlagung seiner Mutter erhoffen. *Fugosa* gewann auf zahlreichen Auslandsstarts schwere Springen in Rom, le Zoute, Brüssel und Lüttich

Sechs andere besonders herausragende Springpferde

Olympia-Pferd *Dozent II* v. *Deputant-Schuß II,* Reiter *Hermann Schridde,* Gewinnsumme 138 036,– DM.

Der *Lord 2* v. *Der Löwe xx-Axel,* Reiter *Hartwig Steenken,* Gewinnsumme bisher 144 000,– DM.

Rechte Bildreihe (von oben nach unten)

Gonzales v. *Gotthard-Friesenkönig,* Reiter *Paul Schokkemöhle,* bisherige Gewinnsumme 18 975,– DM, ein talentierter Gotthard-Nachkomme.

Olympia-Pferd *Simona* v. *Weingeist-Angola I* – Verdener Auktionspferd – Siegerin im deutschen Springderby, der Europameisterschaft und der Weltmeisterschaft (1974), Reiter *Hartwig Steenken,* das gewinnreichste deutsche Pferd. Gewinnsumme 314 961,– DM. Auf dem Foto 4jährig unter dem 11jährigen Sohn des Aufzüchters, Willy Meyer, Schwaförden, Kr. Diepholz.

Warwick v. *Wortschwall/Allwider,* Reiter *Alwin Schokkemöhle,* Deutscher und Europa-Meister 1975

Olympia-Pferd *Askan 4* v. *Almhügel III-Agram,* Reiter *Gerd Wiltfang* (unten), Gewinnsumme 131 788,– DM.

und ging 1960 unter Hermann Schridde mit in der deutschen Siegerequipe bei den Olympischen Spielen in Rom. *Freya* gewann in 5 Jahren 39 706,– DM und *Fugosa* in 8 Jahren 59 907,– DM.

Mit Beginn der sechziger Jahre traten dann Pferde in den Vordergrund, unter denen *Ferdl, Dozent II* und *Fidelitas* olympische Triumphe 1960 in Rom oder 1964 in Tokio feierten.

Ferdl v. *Ferdinand – Feo* erhielt in der Mannschaftswertung bei den Olympischen Spielen 1960 in Rom die Goldmedaille unter Schockemöhle. Bei einer Gesamtgewinnsumme von DM 143 116,– ist es unmöglich, die vielen Spitzenerfolge dieses Wallachs auch nur einigermaßen ausführlich aufzuzählen. Zu den hervorragendsten Auslandserfolgen dieses Verdener Auktionspferdes gehören die SB-Springen in Dublin, Brüssel und Ostende.

Dozent II v. *Deputant – Schuß II,* Gewinner des Deutschen Springderbys 1964 unter Schridde, wurde in Tokio 1964 ebenfalls unter Schridde Zweiter mit der Silbermedaille in der Einzelbewertung. Sein dortiger Erfolg brachte der deutschen Mannschaft die Goldmedaille. 1965 wurde das in Fontainebleau gewonnene Sa-Springen der größte seiner vielen Auslandssiege nach Tokio. Auch 1966 gewann *Dozent II* sechs Sa-Springen.

Fidelitas v. *Dömitz – Abendsport* (Gewinnsumme: 56 696,– DM) wurde in Tokio unter Winkler gut plaziert und Mitgewinner der Goldmedaille in der Mannschaftswertung. In Mexiko 1968 gewann die nur auf hannoverschen Pferden gestartete deutsche Mannschaft die bronzene Medaille mit *Donald Rex* v. *Durban, Dozent 2* v. *Deputant* und *Enigk* v. *Endspurt xx.* Bei den Olympischen Spielen in München 1972 errang die deutsche Mannschaft die Goldmedaille. Daran waren beteiligt *Askan 4* v. *Almhügel III-Agram* unter Wiltfang und *Simona 3* v. *Weingeist-Angola I* unter Steenken.

Freiherr v. *Floreat – Schober* war mit einer erzielten Gesamtgewinnsumme von DM 161 376,– das einstweilen gewinnreichste Verdener Auktionspferd. Schockemöhle machte ihn damals wohl zum besten deutschen Springpferd der Nachkriegszeit – nach *Meteor* und *Halla. Freiherr* stand 1961, 1963 und 1964 in der Gewinnliste aller deutschen Pferde an erster, 1962 an zweiter Stelle. Er gewann u. a. 1962 den »Großen Preis von Aachen«, wurde 1963 Zweiter im Internationalen Springchampionat und 1964 Zweiter im Deutschen Springderby. Unter seinen vielen Auslandserfolgen heben sich drei gewonnene Sa-Zeitspringen in London und Amsterdam besonders heraus.

				Gewinnsumme:	
1.	*Simona 3*	v. *Weingeist-Angola I*	1965–1974	314.961,– DM	Steenken
2.	*Donald Rex*	v. *Durban-Franz*	1965–1971	188.627,– DM	Alw. Schockemöhle
3.	*Wimpel 3*	v. *Wernitz-Fronvogt*	1965–1973	162.769,– DM	Alw. Schockemöhle
4.	*Freiherr*	v. *Floreat-Schober*	1958–1966	161.376,– DM	Alw. Schockemöhle
5.	*Der Lord 2*	v. *Der Löwe xx-Axel*	1965–1974	144.003,– DM	Steenken
6.	*Ferdl*	v. *Ferdinand-Feo*	1958–1968	143.116,– DM	Alw. Schockemöhle
7.	*Dozent 2*	v. *Deputant-Schuß II*	1962–1968	138.036,– DM	Schridde
8.	*Askan 4*	v. *Almhügel II-Agram*	1968–1973	131.788,– DM	Wiltfang
9.	*Porta Westfalica*	v. *Pik As xx-Ahnherr*	1965–1971	127.815,– DM	Steenken
10.	*Faustus 3*	v. *Ferdinand-Abel*	1967–1974	119.186,– DM	Snoek
11.	*Shirokko*	v. *Schutzflügel-Tilsit*	1967–1974	115.079,– DM	Ligges/Snoek
12.	*Bachus*	v. *Baczyn xx-Lanzer*	1956–1966	104.089,– DM	Alw. Schockemöhle
13.	*Doublette D*	v. *Duellant-Allerhand*	1953–1962	100.070,– DM	Schultheiß
14.	*Agent*	v. *Agram-Ingraban*	1968–1974	97.737,– DM	Kuhn/Paul Schockemöhle
15.	*Mehmed D*	v. *Ferdinand-Altried*	1966–1974	95.454,– DM	Dr. Klimke
16.	*Dux D*	v. *Duellant-Allerhand*	1960–1969	91.722,– DM	Dr. Klimke
17.	*Monodie*	v. *Monitor xx-Flavius*	1961–1969	89.057,– DM	Schmitz
18.	*Sir 4/Jägermeister*	v. *Sellhorn-Futurist I*	1966–1974	85.926,– DM	Merkel, Winkler
19.	*Fairneß 3*	v. *Flußfischer-Despot*	1964–1971	85.321,– DM	Steenken
20.	*Liostro 2 D*	v. *Der Löwe xx-Dolman*	1964–1974	83.357,– DM	Karin Schlüter
21.	*Kamerad 4*	v. *Kosak-Almfreund*	1960–1967	81.300,– DM	Schridde
22.	*Wolfdieter*	v. *Wolfgang-Fermor I*	1965–1973	81.022,– DM	Schmidt

Diese Angaben ließen sich erheblich vermehren um all die hannoverschen Pferde, die sich seit 1966 im Sport in den Vordergrund geschoben haben. So waren beispielsweise 1973 von den 16 Pferden, die auf Turnieren insgesamt mehr als 20 000,– DM gewonnen haben, allein 11 Hannoveraner. Auf die vielen inzwischen hervorgetretenen Leistungspferde kann hier aber nicht eingegangen werden. Die Erfolgssituation und die Vielseitigkeit hoher Leistungsverankerung in der hannoverschen Zucht sollen in vorstehender Übersicht einmal lediglich die 22 hannoverschen Pferde beleuchten, die von 1953–1974 eine über 80 000,– DM liegende Gesamtgewinnsumme aufzuweisen haben und sie damit als im deutschen Hochleistungssport besonders herausragende Vertreter ausweisen. Darin sind auch einige der vorher schon gesondert erwähnten Pferde mitenthalten.

Überragend an der Spitze der Übersicht steht *Simona* als bisher gewinnreichstes deutsches Turnierpferd. *Simona* und *Mehmed* haben im Jahre 1974

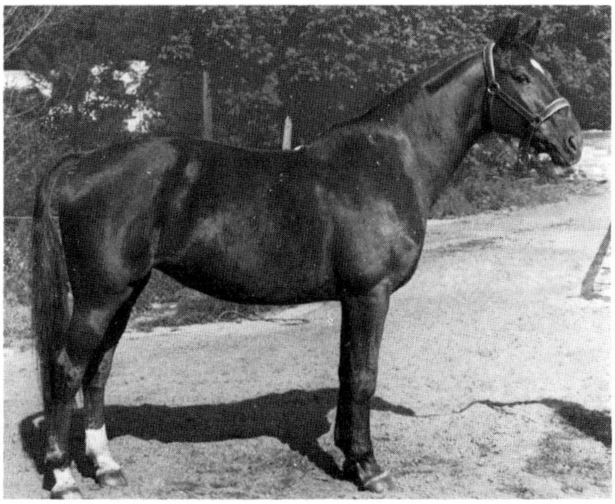

Simona hat 1974 ihre Turnierlaufbahn beendet und soll nunmehr zur Zucht verwendet werden.

Simona ging 1962 (4jährig) unter dem Namen Weinglück über die Verdener Reitpferdeauktion und erhielt damals folgende interessante Beurteilung im *Trainingsprotokoll:* »Grundanständig, angenehme Gehlust, zuverlässig und durch nichts abzulenken. Viel Schwung, hervorragender Takt. Läßt sich unschwer noch etwas mehr setzen. Leicht zu reiten und bequem zu sitzen. Springt wie ein Gummiball hoch und weit nahezu jede Abmessung, wobei es gleichgültig ist, wie sie herankommt. Fehler unterlaufen ihr so gut wie gar nicht. Springpferd der Sonderklasse. – Zweispännig gefahren. Von kleinem Jungen in einer Springprüfung aufsehenerregend geritten.«

dadurch zu einem besonderen Ansehen der hannoverschen Zucht beigetragen, daß sie die *Weltmeistertitel* im Springen und in der Dressur unter ihren Reitern Hartwig Steenken und Dr. Klimke gewannen.

Die wesentlichsten Erfolge der *Simona* waren:

Olympische Spiele Mexico 1968 – Bronze (Mannschaft)

München 1972 – Gold (Mannschaft), 4. (Einzel)

Europameisterschaft 1971	1. Platz
Springderby 1973	1. Platz
Springderby 1974	2. Platz
Deutsche Meisterschaft 3mal	1. Platz
Weltmeisterschaft 1974	1. Platz

Den 3. Platz in der Weltmeisterschaft der Springreiter 1974 in Hickstead (England) belegte auch ein Hannoveraner, und zwar der gleichfalls über die Verdener Reitpferdeauktion verkaufte *Lavendel*-Sohn und *Lateran*-Enkel *Lavendel* unter seinem Reiter Hugo Simon (Österreich). Das gleiche Paar hatte bereits auf der Olympiade in München 1972 den 4. Platz erreicht.

In der Zusammenstellung, die 18 Springpferde und 4 Dressurpferde (D) enthält, ist weiterhin interessant, daß *Ferdinand* mit 3 Nachkommen *(Ferdl, Faustus 3, Mehmed), Duellant* mit 2 Nachkommen *(Doublette, Dux)* und einem Enkel *(Donald Rex),* ferner *Der Löwe xx* mit 2 Nachkommen *(Der Lord 2, Liostro 27)* vertreten sind. 5 Pferde *(Simona 3, Ferdl, Wimpel 3, Faustus 3, Mehmed)* gehören der *Feiner-Kerl*-Linie, 4 *(Donald Rex, Dozent 2, Doublette, Dux)* der *Detektiv-Dolman*-Linie an. 5 der hier aufgeführten Pferde sind über die Verdener Reitpferdeauktionen verkauft worden *(Simona 3, Freiherr, Ferdl, Porta Westfalica, Wolfdieter).* 5 der angegebenen Pferde stammen von Vollblütern. – An den Erfolgen dieser 22 Pferde sind 14 verschiedene Reiter beteiligt, darunter Alwin Schockemöhle allein 5mal und Hartwig Steenken 4mal.

Hingewiesen sei außerdem darauf, daß in dieser Aufstellung so gute Leistungspferde der letzten Jahre wie beispielsweise *Abadir* v. *Agram* (Gewinnsumme 1973: 36 831,– DM, 1974: 17 202,– DM und *Genius 2* v. *Gotthard* (Gewinnsumme 1973: 35 183,– DM, 1974: 16 258,– DM noch fehlen, da sie den Gesamtgewinn von 80 000,– DM noch nicht erreicht haben.

Die Erwähnung der Hengste *Ferdinand, Duellant* und *Der Löwe xx* als Väter mehrerer hervorragender Leistungspferde läßt auch die Frage auftauchen, welche hannoverschen Hengste sich im deutschen Leistungssport in der Nachkriegszeit besonders bewährt haben. Die von der FN dankenswerterweise jährlich herausgegebene Schrift über die Leistungshengste der deutschen Warmblutzucht gibt darüber Aufschluß, wieviel Nachkommen der einzelnen Hengste auf Turnieren erfolgreich waren und auf welcher Höhe die erzielten Gewinne lagen. Gewiß können derartige Angaben keine eindeutige Auskunft über die Leistungsveranlagung der betreffenden Väter nach streng genetischen Gesichtspunkten liefern. Aber gewisse Anhaltspunkte über die leistungsmäßige Bewährung der Nachkommen eines Hengstes lassen sich doch ermitteln, wenn der Umfang der Nachkommenschaft groß genug ist.

Es ist leider völlig unmöglich, hier einen umfassenden Überblick über die Nachkommenzahl aller beteiligten hannoverschen Hengste zu bringen. Aber schon die aus 37 Hengsten bestehende Spitzengruppe, soweit sie über mindestens 120 bei der FN als Turnierpferde eingetragene Nachkommen verfügt, liefert interessante Aufschlüsse über den verhältnismäßig breiten Abstammungsfächer der im Leistungssport der Nachkriegszeit besonders hervorgetretenen Väter.

In dieser Übersicht wechseln sich die sogenannten Veredlerhengste (Vollblüter, Trakehner, Anglo-Araber und deren Söhne) mit Hengsten aus den älteren hannoverschen Stämmen ab. Die wiedergegebenen Zahlen können sicherlich als ein Barometer für die besondere Beliebtheit der Nachzucht der hier genannten Väter in der allgemeinen Reiterei gewertet werden. Daraus lassen sich durchaus bestimmte Rückschlüsse für die züchterische Selektion ziehen. Besonders zu beachten bleibt, daß der noch in der Zucht stehende *Gotthard* schon den 5. Platz erreicht hat und 9 der aufgeführten Väter Vollblüter sind (etwa 1/4).

Andererseits können derartige Zahlen aber nicht ausreichen für die Beurteilung einer speziellen Leistungsveranlagung der Hengste. Dazu muß man schon die auf den Turnieren erreichten Ergebnisse mit heranziehen. Damit bekommt gerade die Bewährung möglichst zahlreicher Nachkommen im Hochleistungssport vorrangige Bedeutung. Leider fehlt es bisher noch an einem allgemein brauch-

Anzahl der eingetragenen Turnierpferde

1.	*Der Löwe xx* v. *Wahnfried*	283 Nachkommen
2.	*Wöhler* v. *Flügeladjutant*	271 Nachkommen
3.	*Abhang I* v. *Abglanz*	226 Nachkommen
4.	*Gotthard* v. *Goldfisch II*	221 Nachkommen
5.	*Valentino xx* v. *Nuvolari*	205 Nachkommen
6.	*Marcio xx* v. *Aventin*	203 Nachkommen
7.	*Ehrenschild* v. *Eindruck II*	198 Nachkommen
8.	*Lugano I* v. *Der Löwe xx*	196 Nachkommen
9.	*Steinpilz xx* v. *Blasius*	195 Nachkommen
10.	*Julius Cäsar xx* v. *Ticino*	191 Nachkommen
11.	*Duellant* v. *Dolman*	190 Nachkommen
12.	*Lateran* v. *Helikon*	190 Nachkommen
13.	*Ferdinand* v. *Ferrara*	189 Nachkommen
14.	*Kurier* v. *Kurde x*	188 Nachkommen
15.	*Agram* v. *Alkoven*	187 Nachkommen
16.	*Domänenrat I* v. *Dömitz I*	186 Nachkommen
17.	*Marconi* v. *Marcio xx*	185 Nachkommen
18.	*Senator* v. *Semper idem*	180 Nachkommen
19.	*Jonkheer xx* v. *Magnat*	172 Nachkommen
20.	*Absatz* v. *Abglanz*	159 Nachkommen
21.	*Frustra II* v. *Futurist I*	157 Nachkommen
22.	*Weingau* v. *Weiler*	157 Nachkommen
23.	*Ernö* v. *Astflug*	150 Nachkommen
24.	*Fernjäger* v. *Feiner Kerl*	149 Nachkommen
25.	*Sender* v. *Senator*	149 Nachkommen
26.	*Artur* v. *Abglanz*	144 Nachkommen
27.	*Abhang II* v. *Abglanz*	142 Nachkommen
28.	*Welf* v. *Freiherr I*	142 Nachkommen
29.	*Domspatz* v. *Dömitz I*	139 Nachkommen
30.	*Lugano II* v. *Der Löwe xx*	139 Nachkommen
31.	*Perser xx* v. *Abendfrieden*	135 Nachkommen
32.	*Pik As xx* v. *Abendfrieden*	134 Nachkommen
33.	*Wohlstand* v. *Wohlauf*	133 Nachkommen
34.	*Eindruck II* v. *Astflug*	128 Nachkommen
35.	*Dominik* v. *Dömitz I*	126 Nachkommen
36.	*Durban* v. *Duellant*	123 Nachkommen
37.	*Poet xx* v. *Janitor*	123 Nachkommen

baren Verfahren, das die Benutzung der Turnierergebnisse zu einhelligen Wertungen über die Leistungsvererbung zuläßt. Es muß in diesem Zusammenhang erneut auf die besondere Schwierigkeit hingewiesen werden, daß die Leistung beim Pferd immer aus einer Synthese zwischen Mensch und Pferd besteht. Diese Voraussetzungen sind auch nicht zu übersehen, wenn man, wie in der Vollblutzucht, auch im Turniersport die erzielten Gewinnsummen zur Ermittlung von Leistungsmaßstäben heranzieht. Wie bereits vorher erwähnt, können sie zwar brauchbare, aber keine eindeutigen Hinweise über die erbmäßige Einschätzung der Väter geben. Daher sind in der nächsten Übersicht einmal die im deutschen Leistungssport hervorgetretenen Hengste nach den *Gewinnsummen ihrer Nachkommen,* die sie bis einschließlich 1974 erzielt haben, geordnet.

1.	*Ferdinand* v. *Ferrara*	884 518,– DM	189 Nachk.
2.	*Agram* v. *Alkoven*	607 609,– DM	187 Nachk.
3.	*Der Löwe xx* v. *Wahnfried*	509 360,– DM	264 Nachk.
4.	*Duellant* v. *Dolmann*	441 327,– DM	264 Nachk.
5.	*Gotthard* v. *Goldfisch II*	440 127,– DM	221 Nachk.
6.	*Pik As xx* v. *Abendfrieden*	439 045,– DM	134 Nachk.
7.	*Weingeist* v. *Freiherr I*	335 123,– DM	25 Nachk.
8.	*Marcio xx* v. *Aventin*	298 184,– DM	203 Nachk.
9.	*Adlerschild xx* v. *Ferro*	271 986,– DM	88 Nachk.
10.	*Durban* v. *Duellant*	270 390,– DM	123 Nachk.
11.	*Almhügel III* v. *Almfreund I*	232 140,– DM	86 Nachk.
12.	*Domänenrat I* v. *Dömitz I*	231 782,– DM	186 Nachk.
13.	*Domspatz* v. *Dömitz I*	224 994,– DM	139 Nachk.
14.	*Wöhler* v. *Flügeladjutant*	221 901,– DM	271 Nachk.
15.	*Lateran* v. *Helikon*	219 544,– DM	190 Nachk.
16.	*Abglanz* v. *Termit*	217 681,– DM	94 Nachk.
17.	*Weingau* v. *Weiler*	191 855,– DM	157 Nachk.
18.	*Welf* v. *Freiherr I*	189 642,– DM	142 Nachk.
19.	*Sellhorn* v. *Senator*	181 415,– DM	51 Nachk.
20.	*Wernitz* v. *Fernjäger*	175 234,– DM	27 Nachk.
21.	*Steinpilz xx* v. *Blasius*	174 402,– DM	195 Nachk.
22.	*Frustra II* v. *Futurist I*	167 406,– DM	159 Nachk.
23.	*Floreat* v. *Freiligrath*	164 446,– DM	16 Nachk.
24.	*Ehrenschild* v. *Eindruck II*	161 140,– DM	198 Nachk.
25.	*Valentino xx* v. *Nuvolari*	154 237,– DM	205 Nachk.
26.	*Fernjäger* v. *Feiner Kerl*	152 790,– DM	149 Nachk.

In dieser Tabelle sind nur die Hengste berücksichtigt worden, deren Nachkommen bisher insgesamt mindestens 150 000,– DM gewonnen haben. Hier steht z. Z. mit großem Vorsprung an der Spitze der *Ferrara*-Sohn *Ferdinand,* dessen Kinder nicht nur im Springsport, sondern auch in der Dressur *(Mehmed)* hervorgetreten sind. Aufgrund der vorliegenden Zahlen muß *Ferdinand* heute als der interessanteste Vater von bedeutenden Leistungspferden innerhalb der Bundesrepublik Deutschland angesehen werden. Die sich anschließenden Hengste *Agram, Der Löwe xx, Duellant, Gotthard* und *Pik As xx* sind als Produzenten erstklassiger Leistungspferde allgemein bekannt und gehören gleichfalls zur deutschen Spitzengruppe. Daß der heute noch lebende 26jährige *Goldfisch II*-Sohn *Gotthard* bereits auf dem 5. Platz liegt, ist besonders zu beachten. Dieser prädestinierte Springpferdevererber hat alle Chancen, sich in den nächsten Jahren noch weiter in den Vordergrund zu schieben.

Aus der hier angeführten Übersicht muß man *Weingeist,* den Vater von *Simona 3, Wernitz,* den Vater von *Wimpel 3* und *Floreat,* den Vater von *Freiherr,* infolge ihrer geringen Nachkommenzahl eigentlich ausklammern, da sie ihren hohen Platz in der Rangfolge ausschließlich den erwähnten Einzelnachkommen verdanken. Andererseits bleibt zu beachten, daß in dieser Gruppe im Gegensatz zur vorigen Übersicht der Anteil der Veredelungshengste erheblich geringer ist. Von 22 angeführten Hengsten sind hier nur 5 Vollblüter, 2 Trakehner und ein Trakehner-Enkel verzeichnet. Das bedeutet, daß nur 36,4% der Väter als aus anderen Rassen hervorgegangene Veredlerhengste zu werten sind.

Wenn auch für die allgemeine Reiterei eine ausreichende Rittigkeit in Verbindung mit einem gutartigen Temperament und guter Umgänglichkeit bei der Auswahl eines geeigneten Reitpferdes den Vorzug verdienen, wobei zu beachten ist, daß etwa 55% lediglich Freizeitreiter sind, so darf andererseits nicht übersehen werden, daß eine Anhebung des allgemeinen Leistungsniveaus nur unter Auswertung der im Hochleistungssport gemachten Erfahrungen züchterisch erreicht werden kann. Daher können auch die hier wiedergegebenen Gewinnsummen für die Zuchtplanung durchaus brauchbare Dienste leisten. Abschließend ist noch einmal zu betonen, daß alle in den letzten Übersichten enthaltenen hannoverschen Spitzenpferde gleichzeitig auch als Spitzenpferde des gesamten deutschen Pferdesportes sowie der Warmblutzucht zu gelten haben.

Halbblutrennsport und seine Zucht in Hannover

Der deutsche Halbblutrennsport ist eine fast rein hannoversche Angelegenheit. Zwar spielte er auch in Ostpreußen während der ersten Jahrzehnte unseres Jahrhunderts eine gewisse Rolle. Neben den Produkten einiger Privatzuchtstätten waren es vornehmlich die hochgezogenen Pferde des Hauptgestüts Trakehnen, die sich bei den dortigen Halbblutrennen einen Namen machten. So wurden von den 1911 bis 1939 gelaufenen 20 v. der Goltz-Querfeldein-Rennen zehn von Trakehnern und sieben von privatgezogenen ostpreußischen Halbblütern gewonnen. Die Umstellung der Trakehner Zucht auf einen schwereren Typ ließ indessen die ostpreußische Beteiligung in den dreißiger Jahren mehr und mehr zurückgehen; die letzten Königsberger Halbblutrennen sahen schon überwiegend Hannoveraner als Gewinner.

Celler Rennen 1834-1863

In Hannover sind der Halbblutrennsport und die Zucht dieser Pferde fast ebenso alt wie die Geschichte des deutschen Rennsportes überhaupt. Am 10. August 1822 waren die ersten öffentlichen Rennen in dem mecklenburgischen Ostseebad Doberan gelaufen, und schon 1834 entstand der »Hannover-Braunschweig-Oldenburgische Verein zur Verbesserung inländischer Pferdezucht« mit dem Sitz in Celle. Der Jahresbericht dieses Vereins für 1837 weist annähernd 1000 Mitglieder auf, in der Mehrzahl Gutsbesitzer und Offiziere. Es sind darunter aber auch viele Bauern, Handwerker, Gastwirte und Kaufleute aufgeführt, also eine Vielzahl von Berufen, wie wir sie auch heute noch unter den Rennleuten finden. Am häufigsten, im ganzen achtzehnmal, erscheint schon hier der Name einer Familie, die wohl für immer aufs engste mit der hannoverschen Pferdezucht verbunden bleibt: von der Decken.

Dieser vierte Jahresbericht des Vereins von 1837 gibt genaue Rechenschaft über die vom 28. bis 30. August 1837 in Celle gelaufenen 14 Rennen, in deren Zeitplan auch eine Stuten- und Stutfüllenschau erscheint; 27 der vorgeführten Stuten erhielten eine Geldprämie. Die Schauausschreibung für die eineinhalbjährigen Stutfüllen lautete: »Gefallen nach einem Vollbluthengste und aufgezogen von Landleuten, welche Besitzer und Bewirthschafter von inländischen Bauernhöfen sind.«

In den genannten Augusttagen waren zwei Rennen ausschließlich Vollblütern vorbehalten, vier Jagdrennen waren für »Pferde jeden Alters und Landes« offen, weitere Rennen galten »Continental Pferden jeden Alters«, »inländischen Pferden jeden Alters«, Pferden »im Eigentum eines inländischen Bauernhofes von Landbeschälern oder Vollbluthengsten«, »Pferden jeden Alters im Besitz der Züchter« und »im Lande gefallenen und aufgezogenen 3- und 4jährigen Halbblutpferden«; neben einer »Militair-Steeple-Chase für Pferde im Eigenthume Hannoverscher und Braunschweiger Officiere« gab es ein Rennen für Pferde, die »in der letzten Exerzierzeit im Dienste vor der Front geritten waren«, und als romantischen Abschluß ein Rennen als »Wette (Match) zwischen des Grafen von Bernstorff-Gartow br. H. *Morpeth* und des Majors Meyer F. H. *Milton* – vom Distanzpfosten ein Mal herum bis zum Ziele. Gewicht n. d. Alter.« Danach der versöhnliche Rennbericht: »Der 3jährige Fuchshengst lief recht gut, mußte jedoch dem *Morpeth* den Sieg überlassen.« Nichts könnte die persönliche Note der Celler Renntage besser illustrieren als der Austrag dieser Rennwette. Er-

»Das Wettrennen der Landleute im Hannöverschen«.

innert sei auch wieder an dieser Stelle an das treuherzige Gedicht, das dem Hengst *Torador* gewidmet ist (s. S. 31) und besonders an dessen zweiten Vers, der den Stolz der bäuerlichen Züchter besingt. Die Zwecke des Celler Vereins galten vornehmlich dem Rennbetrieb. Züchterisch waren seine Mitglieder, soweit überhaupt, an Vollblutzucht und dessen Verwendung in der Landeszucht interessiert. Nimmt man aber lediglich die Bewährung auf der Rennbahn als Maßstab für den Stand und die Förderung der Pferdezucht, wie es der Einstellung des Celler Vereins entsprach, dann kann der Beschluß der Jahresversammlung 1837 nicht überraschen: »Die bisherigen Preis-Rennen ausschließlich für solche Pferde, welche sich im Eigenthume der Besitzer und Bewirthschafter inländischer Bauernhöfe befinden – die sogenannten Pferderennen der Landleute – (§ 3. D. der Statuten) sollen nicht ferner Statt finden und das dadurch für die Vereins-Casse Ersparte soll zur Vermehrung der Thierschau-Prämien verwendet werden.«

»Motive: Die bisherige Gestaltung der Bauern-Rennen, die darüber gesammelten Erfahrungen und die geringe Concurrenz zu denselben haben zu der Überzeugung geführt, daß sie zur Erreichung der bekannten Zwecke des Renn-Instituts nicht beitragen und daß das dazu bestimmte Geld im wahren Interesse sowohl der Landespferdezucht, als der Landleute selbst, ungleich nützlicher zu Prämien für 1½jährige Stutfüllen, nach Vollbluthengsten gefallen, zu verwenden sein werden. Auch die Königliche Landwirtschaftsgesellschaft theilt diese Überzeugung, und bekanntlich ist von derselben deshalb schon im gegenwärtigen Jahre eine Summe zu Prämien für solche Halbblut-Füllen zur Disposition des Vereins gestellt... Ohnehin bleibt ja auch den Landwirthen aus dem Bauernstande nach wie vor die Mitbewerbung um die Renn-Preise für inländische Pferde etc. unbenommen.«

Die ersten Celler Rennen wurden schon 1834, dem Jahre der Gründung des Vereins, gelaufen. Bis 1845 fanden die Rennen an drei aufeinanderfolgenden Herbsttagen statt. Von 1846 bis 1859 be-

gnügte man sich mit zwei Renntagen. Dann reichte es nur noch zu jährlich einem Tag, bis am 25. August 1863 die letzten Rennen gelaufen wurden.
Die Celler Rennen hatten zwar zeitweise im In- und Ausland großes Interesse gefunden. Aber die Forcierung der Vollblutzucht, zum Teil sicherlich eine Folge des Rennbetriebes, beschwor ernste Gefahren für die Landespferdezucht herauf: die Pferde wurden zu leicht. Das Landgestüt erkannte diese Gefahr, beschränkte die Zahl der Vollbluthengste und stellte sich mehr auf Hengste des Wirtschaftstyps ein. Das führte wahrscheinlich zu dem Rückgang der Rennen und gab schließlich den Anstoß zur Auflösung des Vereins.
Damals gab es neben Celle noch andere Plätze, auf denen Halbblutrennen bäuerlicher Art gelaufen wurden. In Verden, Schwarme, Quakenbrück, Luhmühlen, um nur einige Plätze zu nennen, entzündet sich noch heute alljährlich die Rennbegeisterung ebenso der bäuerlichen Züchter wie der städtischen Pferdeliebhaber. Indessen haben alle diese Rennen nur sehr mittelbaren Einfluß auf die eigentliche Zucht des hannoverschen Pferdes gewinnen können.

Rennordnung für Halbblutpferde

Erst nach dem Ersten Weltkrieg nahm sich der Reichsverband für Zucht und Prüfung deutscher Warmblutpferde als offizielle Lenkungsstelle des deutschen Halbblutrennpferdesportes an. Graf Schmettow, dessen Name in den Kreisen der Halbblutrennpferdezüchter unvergessen bleibt, schuf in enger Anlehnung an die Vollblut-Rennordnung eine besondere Rennordnung für Halbblutpferde. Diese bestimmt in ihrer letzten Fassung unter anderem:

»Es bestehen drei Arten von Halbblutrennen:
a) Halbblutrennen der Kategorie A um einen Geldpreis von mehr als 700,– DM,
b) Halbblutrennen der Kategorie B um einen Geldpreis bis zu 700,– DM,
c) Ehrenpreisrennen nur um Ehrenpreise.

Jedes Halbblutrennen, welches ohne Genehmigung des Fach-Ausschusses (FA) für Halbblutrennen oder der Länderkommission ausgeschrieben und gelaufen wird, ist ... ein ›Wildes Rennen‹. Ein Pferd, das an einem ›Wilden Rennen‹ teilgenommen hat, ist für die Dauer von 12 Monaten von allen Rennen ausgeschlossen.
Jedes an Halbblutrennen teilnehmende Pferd muß ... bei der FN eingetragen sein ... Die Eintragung erfolgt nur, wenn die Mutter in ein anerkanntes deutsches Warmblutgestütbuch eingetragen und in ihrer Abstammung ein anerkannter inländischer Warmbluthengst nachzuweisen ist.
Halbblutrennen werden als Flachrennen oder als Hindernisrennen gelaufen. Ausgleiche sind nicht gestattet.
Flachrennen für dreijährige Halbblutpferde dürfen nicht vor dem 1. Mai des Jahres gelaufen werden. An jedem Renntage sind höchstens zwei Flachrennen für dreijährige Pferde zulässig, doch darf ein und dasselbe Pferd nur einmal am Tage starten. Dreijährige dürfen gemeinsam mit älteren Pferden nicht vor dem 1. August in Flachrennen laufen. Ein dreijähriges Pferd darf an jedem Renntage nur in einem Rennen (Rennen für alle Pferde oder in Halbblutrennen) laufen. In Flachrennen, an denen dreijährige Pferde teilnehmen, darf die Rennstrecke nicht mehr als 1800 m betragen.
Halbblutpferde, die zweijährig in einem Rennen starten, sind von sämtlichen Halbblutrennen ausgeschlossen.
Hindernisrennen für Dreijährige dürfen nicht vor dem 1. September abgehalten werden. Dreijährige dürfen in Hindernisrennen nur mit vierjährigen, nicht mit älteren Pferden zusammen laufen.

Die Rennstrecke muß mindestens betragen:

a)	im Flachrennen für dreijährige Pferde	1200 m
	für ältere Pferde	1600 m
b)	in Jagdrennen mindestens	3000 m.

In Hindernisrennen, an denen vierjährige Pferde teilnehmen, darf die Rennstrecke nicht mehr betragen als
3200 m bis 1. Juni,
3600 m bis 31. August,
4000 m später,
an denen fünfjährige Pferde teilnehmen, nicht mehr als
4000 m bis 31. Juli,
5000 m später.
Für Dreijährige beträgt das niedrigste Gewicht 60 kg.«

Alle anderen Einzelheiten sind den von der FN (HDP), Abteilung Sport, FA für Halbblutrennen in Warendorf herausgegebenen »Bestimmungen für Halbblutrennen« zu entnehmen.
Obwohl vom Blut her eigentlich kein Leistungsunterschied zwischen Vollblütern und hannoverschen Halbblutrennpferden zu erwarten wäre – denn bei diesen ist der nachzuweisende inländische Halbbluthengst erst in vierter, fünfter oder noch weiter zurückliegender Generation zu finden, alles andere ist Vollblut –, unterscheiden sich die beiden Rennordnungen doch in einem ganz wesentlichen Punkt: Halbblüter kommen dreijährig, Vollblüter dagegen schon zweijährig auf die Bahn. Die verhältnismäßig extensive Aufzucht auf den hannoverschen Bauernhöfen bringt die Halbblüter erst dreijährig in einen Entwicklungszustand, den Vollblüter unter der üblichen, äußerst intensiven Aufzuchtweise schon zweijährig erreichen.
Der Gedanke, in der hannoverschen Halbblutrennpferdezucht ein Vollbutreservoir für die eigentliche hannoversche Zucht zu vermuten, hat bisher keine Verwirklichung gefunden. Auch die Hoffnung, durch die Prüfung der Halbblüter über lange Distanzen und schwerere Hindernisse eine Anzahl harter Pferde mit Springvermögen für den Turniersport zu gewinnen, hat sich kaum erfüllt. Im wesentlichen ist das allerdings auf die besseren Verdienstmöglichkeiten zurückzuführen, die der Rennsport diesen Pferden gegenüber dem Turniersport bietet.

So bleibt diese Zucht in Hannover ein kleiner Nebenzweig, nicht gerade eine Spielerei, eher schon eine Spielart, die aber mit ihrer großen Mutter, der hannoverschen Warmblutzucht, durch die gemeinsam benutzten Vollblutbeschäler und zum Teil auch über die gleichen Züchter verbunden ist.

Hannoversche Halbblüter von Ruf

Immerhin aber entstammen der hannoverschen Halbblutzucht einige überragende Pferde, die sich auch im großen Rennsport einen Namen gemacht haben. Nachdem das von 1931 bis 1940 in Karlshorst, ab 1942 in Hannover gelaufene »Deutsche Halbblutjagdrennen« in den ersten elf Jahren achtmal Hannoveraner als Sieger gesehen hatte, kamen Anfang der vierziger Jahre die *Impressionist xx*-Söhne *Trojaner, Tubaner* und *Buschwind* auf international besetzten Rennen zu großen Erfolgen. Alle drei entstammten dem Stall des erfolgreichsten Halbblutrennpferdezüchters Fr. Hüner in Buchholz b. Rotenburg/Hann. Sein Sohn, Claus Hüner, wurde wieder Züchter von *Schwalm (v. Kaliber xx)* und *Schwarzdorn (v. Jonkheer xx)*, die 1964 die beiden Hauptrennen des Halbblutsportes in Hannover gewannen, *Schwalm* den »Prüfungspreis der Dreijährigen« über 1800 m, *Schwarzdorn* das »Deutsche Halbblutjagdrennen« für Fünfjährige und Ältere über 5000 m. In der ersten Nachkriegszeit ragte weiterhin heraus der von Dr. Klei-

Duhnener Wattrennen. Eine spritzige Angelegenheit: Über 50 Jahre »auf dem Meeresgrund« hauptsächlich von den hannoverschen Züchtersöhnen Rennen geritten.

nau 1942 gezogene *Sickingen xx*-Sohn. *Altmeister,* der in 7 Rennjahren bei 111 Starts (74 Fl.-, 37 Hi-Rennen) 31 Siege und eine Gewinnsumme von 26 600 RM sowie 74 050 DM aufzuweisen hat. U. a. gewann er 1953 den Großen Preis von Frankfurt und das alte Badener Jagdrennen. 1955 war er im Großen Preis von Karlshorst (in Frankfurt gelaufen) Zweiter.

Aus neuerer Zeit sind besonders 2 Pferde zu nennen: Der 1957 geborene *Dornkaat* v. *Jonkheer xx-Lupus xx,* Züchter und Besitzer Gebrüder G. u. W. Blohme, Hagen-Grinden bei Bremen und der ebenfalls 1957 geborene *Liebesmund* v. *Julius Caesar xx-Volturno xx,* Züchter H. Meyer-Martfeld, Besitzer H. u. G. Wolters. *Dornkaat* brachte es in 11 Rennjahren bei 164 Starts (161 Fl.-, 3 Hi-Rennen) auf 31 Siege und die beachtliche Gesamtgewinnsumme in Höhe von 226 750,– DM. Zu seinen zahlreichen hervorragenden Leistungen gehören 1960 der Sieg im Hannoverschen Prüfungspreis und 1963–1965 dreimaliger Sieg und damit endgültiger Gewinn des Wanderpreises *(Goldschale)* im Rudolf-Rose-Rennen, Gelsenkirchen-Horst. *Liebesmund* gewann in 13 Rennjahren bei 186 Starts (92 Fl.-, 94 Hi-Rennen) und 26 Siegen insgesamt 209 950,– DM Er war in den ersten Jahren vor allem in Flachrennen bis Agl. II gut und ist ab 1967 nur noch in Hindernis-Rennen gelaufen.

Halbblutrennplätze

Der 1867 als »Hannoverscher Jagdreiterverein« gegründete und heute um die Förderung des Halbblutrennsports besonders verdiente »Hannoversche Rennverein« veranstaltete schon 1921 27 öffentliche Halbblutrennen. Seitdem spielt auch der 1892 gegründete »Rennverein Verden« zeitweise eine erhebliche Rolle im Halbblutrennsport. Heute sind Hannover, Bremen, Harzburg und Verden die bedeutendsten Plätze für Halbblutrennen. Daneben ermöglichten Schwanenwede und Quakenbrück genügend dotierte Rennen. Der Schwerpunkt der Halbblutrennen liegt trotz eines geringen Rückganges immer noch im nordwestdeutschen Raum. Über die Hälfte der Rennplätze befindet sich heute aber in Südwestdeutschland, wo sich besonders Saarbrücken in den Vordergrund geschoben hat. Außerdem werden Rennen der Kategorie B im Bereich der Sonderkommissionen Rheinland/Pfalz, Hannover, Weser/Ems, Saarland, Rheinland, Westfalen und Bayern abgehalten.

Ein Rennplatz besonderer Art verdient hier noch Erwähnung, das *Duhnener Wattrennen* oder »das Rennen auf dem Meeresgrund«. Duhnen ist ein kleiner Badeort der Stadt Cuxhaven, an der nördlichsten Spitze des Landes Niedersachsen gelegen. Rechts, ortsüblicher ausgedrückt, steuerbordseits, das große Fahrwasser der Elbmündung mit dem nie abreißenden Zug der auf- und abwärts fahrenden Schiffe aller Nationalitäten; seewärts deutlich erkennbar die Insel Neuwerk mit ihrem brockigen Störtebeckerturm. Dazwischen bei Flut die See, bei Ebbe das ausgedehnte Watt, über das die Spur der regelmäßig zwischen Duhnen und Neuwerk verkehrenden Pferdewagen geht.

Am 22. Juni 1902 läutete die Startglocke zum ersten Male ein Rennen auf dem Meeresgrund ein. Über 50 Jahre später, um 1955, erklang sie zum letzten Male. Anfangs ritt die junge hannoversche Züchterwelt nach altem Brauch z. T. auf ungesattelten Pferden in Wildwestmanier; zugleich wurden Trabrennen auf merkwürdigsten Fahrzeugen oft eigener Konstruktion gefahren. Glanzzeiten erlebte der veranstaltende Verein im ersten Jahrzehnt nach dem letzten Weltkrieg: in den Galopprennen starteten damals gewöhnlich zehn bis zwölf Reiter, in den Trabrennen mußte der Starter einmal sogar 26 Fahrer ablassen. Einen Rekord mit annähernd 32 000 Besuchern hatte das Jahr 1949. Am Renntag 1952, dem fünfzigjährigen Jubiläum des Vereins, wurden an zwei Tagen hintereinander 14 Rennen gelaufen, darunter vier Trab- und sieben Galopprennen, von denen vier den ländlichen Reitern und eins sogar den ländlichen Reiterinnen vorbehalten waren. Sozusagen als Schaunummern ein Trabfahren mit den hochbeinigen Wattenwagen, die sonst der Verbindung zwischen Duhnen und Neuwerk dienten, und zwei Ponyrennen. Dieses Jubiläumsmeeting hatte am ersten Tage 6000, am zweiten Tage 15 000 Zuschauer.

Leider aber waren nicht alle Zuschauer auch zugleich zahlende Gäste. Der Rennplatz ließ sich nun einmal nach der See hin nicht genügend abgrenzen, und ein großer Teil der Zuschauer konnte auf Kosten des Vereins das Angenehme mit dem Nützlichen verbinden: Wattenlaufen, dabei das Erleben eines einzigartigen Rennens, und das alles ohne Eintrittsgeld! Es ist nur zu natürlich, daß diese günstige Gelegenheit von Jahr zu Jahr mehr ausgenutzt wurde – zum Schaden des Vereins. Zwar ließen sich ohne große Umstände und Kosten der Deich zu einer idealen Tribüne und der sandige Meeresboden zu einem Geläuf herrichten, wie sie besser kaum zu finden waren, doch gingen eben durch die mangelhaften Absperrungsmöglichkeiten zu viel Eintrittsgelder verloren. Dazu stiegen das Risiko und die allgemeine finanzielle Belastung von Jahr zu Jahr in einem Maße, dem auch zuletzt die unentbehrliche persönliche Initiative nicht mehr gewachsen war.

Damit verlor Hannover einen seiner populärsten Rennplätze, dem noch eine bäuerliche Urtümlichkeit anhaftete, einen Platz, auf dem sich Stadt und Land in einer natürlichen Begeisterung für das Pferd begegnet waren und auf dem mancher hannoversche Züchtersohn seiner ebenso sportlichen wie züchterischen Passion die Zügel hatte hingeben können.

Züchterisches

Die Celler Landbeschäler *Sickingen xx (*v. *Ferro)* und *Volturno xx (*v. *Alchimist)* sowie der Osnabrücker *Marabou xx (*v. *Oleander)* waren die Väter der um 1950 erfolgreichsten Rennhalbblüter. 1956 verdienten 32 Halbblutnachkommen von *Volturno xx* 130 115,– DM auf der Bahn! Diese Zahl wurde 1969 noch übertroffen. In diesem Jahre erreichten 23 Nachkommen des Celler Landbeschälers *Julius Cäesar xx* eine Gewinnsumme in Höhe von 165 420,– DM! Bis 1971 erzielte die Nachkommenschaft dieses *Tirino*-Sohnes bei weitem immer die höchsten Gewinne. Die Nachkommen des *Magnat*-Sohnes *Jonkheer xx* folgten an zweiter Stelle, bis sich der Zoppenbroicher *Nebelwerfer*-Sohn *Alpsee xx* mit seiner Nachzucht dazwischen schob und ab 1972 sogar die Spitze einnahm. Wieweit andere Väter in den kommenden Jahren in derart führende Positionen gelangen werden, läßt sich noch nicht eindeutig übersehen.

Nach wie vor bildet die Hengsthaltung des Celler Landgestüts den stärksten Rückhalt für die hannoversche Halbblutrennpferdezucht. Sie ist auch das verbindende Glied zwischen der eigentlichen hannoverschen Warmblutzucht und ihrem sportlichen Nebenzweig. Das Blut dieser Hengste fließt ebenso in der hannoverschen Halbblutpferdezucht wie in der eigentlichen Warmblutzucht. Während letztere aber dieses Blut nur dosiert nimmt, handelt es sich bei der Halbblutrennpferdezucht um echte Verdrängungszucht in Richtung auf Vollblut, wie Schön schreibt:

»Zu einem Musterbild der Verdrängungskreuzung, die bei der Ausbreitung vieler Rassen eine wesentliche Rolle spielte, hat sich die hannoversche Halbblutrennpferdezucht entwickelt, und zwar unter Vernachlässigung ihrer ursprünglichen Aufgabe, Jagdrennpferde zu liefern für schwerere Reiter, als sie von normalen Vollblutpferden getragen werden können.« Leider muß man letzterem wohl bedingt zustimmen.

Der 1971 verstorbene frühere ostpreußische Landstallmeister H. W. v. Warburg, vom 1. 10. 1952 bis 30. 6. 1967 Generalsekretär des Hannoverschen Rennvereins, charakterisierte die hannoversche Rennpferdezucht, deren Sport und deren Züchter 1949 mit Worten, die auch heute noch zutreffen:

»Hinter diesen Pferden steht als Träger der Zucht und des Halbblutrennsports eine kleine, aber unendlich passionierte, meist schon seit Generationen mit allen Fasern an der Zucht dieses hochedlen, rennmäßigen, harten und treuen Leistungsreitpferdes hängende Züchtergemeinde. Die Zucht dieser Pferde zu erhalten, einem kleinen Kreis guter Züchter die unentbehrliche Rente zu sichern und schließlich einem sehr großen Kreis städtischer Rennbahnbesucher die Passion und die Liebe zum Warmblutpferd zu erhalten und zu vermitteln, das ist die heutige Aufgabe des Halbblutrennsports in Hannover.«

Der Radegaster Zuchtversuch mit Hannoveranern und seine Ausstrahlung auf andere Zuchtgebiete

In Sachsen-Anhalt hat es in der ersten Hälfte dieses Jahrhunderts in Ergänzung zu einer hervorragenden Kaltblutzucht in geringerem Umfange auch immer eine Warmblutzucht gegeben, für die im Hinblick auf die vorhandenen wirtschaftlichen Voraussetzungen in erster Linie der Oldenburger

Prof. Dr. Wussow mit *Julier* v. *Julius Caesar xx-Faruk*, dem bedeutenden Vererber in Radegast.

die züchterische Grundlage abgab. Daneben standen auch einzelne Hannoveraner in dem zuständigen Landgestüt Kreuz bei Halle/Saale. Nach dem Zweiten Weltkriege war es dann das große Verdienst von Prof. Dr. Dr. h. c. Werner Wussow, dem damaligen Direktor des Tierzuchtinstitutes der Universität Halle, einmal einen Versuch zu planen, wieweit der Hannoveraner geeignet ist, unter den dort vorliegenden natürlichen und betriebswirtschaftlichen Verhältnissen der Warmblutzucht eine andere Richtung und ggf. noch eine größere Einheitlichkeit zu geben.

Aus dem Grund beantragte Wussow bei der »Deutschen Akademie der Landwirtschaftswissenschaften zu Berlin« einen Forschungsauftrag zur Erprobung der Eignung des hannoverschen Warmblutpferdes für die Landwirtschaft in Sachsen-Anhalt. Für diesen Versuch stand die Domäne Radegast mit 340 ha landwirtschaftlicher Nutzfläche, die 1946 dem Tierzuchtinstitut als Versuchsgut übergeben worden war, zur Verfügung. 1951 wurden die beiden ersten Stuten hannoverschen Blutes in Mecklenburg gekauft, denen 1953 zwei originalhannoversche Stuten aus dem Amte Neuhaus folgten, das vor dem Kriege als ein Teil des Kreises Lüneburg mit vom hannoverschen Zuchtverband und dem Landgestüt Celle betreut und 1945 zu Mecklenburg geschlagen wurde. Zwischen 1954 und 1956 wurden dann in Hannover 11 erstklassige Zuchtstuten, darunter 9 Staatsprämienstuten, aus besten Stämmen erworben. Nach Überwindung der ersten Eingewöhnungsschwierigkeiten erwiesen sich diese Stuten als recht zuchtsicher mit Abfohlergebnissen zwischen 77% und 90%.

1953 kaufte Radegast dann als ersten Beschäler den noch mehr im Wirtschaftstyp stehenden Hannoveraner *Griff*, geboren 1943 v. *Glimmer-Fix*, der züchterisch ziemlich gut einschlug. Ferner wurden nach und nach noch 5 andere Hengste für Radegast ausersehen, und zwar: 1956 der ebenfalls noch mehr den Wirtschaftstyp verkörpernde *Friedolin*, geb. 1954 v. *Frio-Almjäger I*, 1957 *Dornkaat*, geb. 1955 v. *Dömitz I-Almjäger I*, der Spitzenhengst der damaligen Verdener Körung, 1959 *Feierabend*, geb. 1957 v. *Feiertag III-Andorra*, gleichfalls Spitzenhengst der Verdener Körung, 1960 *Julier*, geb. 1958 v. *Julius Cäsar xx-Faruk* und 1963 *Kurfürst*, geb. 1961 v. *Kurier-Gothe*, mit arabischem Blut männlicherseits. Nachdem man zu der Überzeugung gelangt war, daß die dortige Scholle das Knochenwachstum fördert, wurden die beiden letztgenannten Hengste als Veredlerhengste ausgewählt, wobei jedoch hervorzuheben ist, daß *Julier* Größe und Knochenstärke bei seinen Nachkommen nicht herabgesetzt hat, zumal er selbst trotz des Vollblutvaters verhältnismäßig viel Kaliber besaß, aber daneben alle erhofften Vorzüge in Ausdruck und Halsung mitgab. Diese Hengste wurden dann nach Abschluß ihrer Radegaster Zuchttätigkeit entweder dem Hengstdepot Neustadt-Dosse oder dem Mecklenburger Hengstdepot Redefin zugeteilt, wobei für *Feierabend* die ausdrückliche Weisung zur Aufstellung in Neuhaus/Elbe erteilt wurde. Der Aufbau der Radegaster Zucht konnte mit der Aufstellung der Hengste *Feierabend* und *Julier* bereits als abgeschlossen und das eigentliche Versuchsstadium als beendet gelten. Die erzielten Erfolge gaben der Planung recht. Der Versuch konnte als geglückt bezeichnet werden.

Die Folge davon war, daß sich nicht nur Sachsen-Anhalt in der Ausrichtung des neuen Warmblutzuchtzieles an das in Radegast gegebene Beispiel anlehnte, sondern auch andere Zuchtgebiete und sogar das Ausland davon profitierte. Schlie hatte bereits darauf hingewiesen, daß die Absatzerfolge Radegast'scher Zuchtprodukte am überzeugendsten auf der »Zentralen Hengstkörung« 1963 in Güstrow zum Ausdruck kam. Von 16 dort gekörten Junghengsten stammten 8 von Radegaster

Nachkommen des hannoverschen Hengstes *Hires,* vormals *Gruß* v. *Gmunden* in Ungarn.

Hengsten ab. Allein 6 dieser Hengste waren in Radegast selbst gezogen. Bei einem Stutenbestand von 16 Stuten zweifellos eine beachtliche züchterische Leistung! Ein *Doornkaat*-Sohn wurde Sieger, ein *Griff*-Sohn Zweiter. 3 Hengste gingen nach Neustadt, einer nach Redefin und 2 in die Sowjetunion zur Bedeckung der dorthin aus Hannover gelieferten 33 Zuchtstuten. Von den 34 bereits bis 1966 gekörten Junghengsten aus Radegast kamen allein 14 nach Neustadt-Dosse und 4 nach Redefin.

Außer den für die Sowjetunion bestimmten Hengsten war auch *Ungarn* mit verschiedenen Ankäufen beteiligt. Nach einem im »Hannoverschen Pferd« Nr. 2/1971 veröffentlichten Bericht von Sándor Babochay-Jenó Várady wurden aus Radegast insgesamt folgende sieben Hengste für Ungarn erworben: *Anschluß* (Hagyomány), geb. 1953 v. *Anio II-Flügelmann, Alljanus* (Háry János), geb. 1953 v. *Eleve-Grunelius, Frido* (Honvágy), geb. 1958 v. *Friedolin-Firnis, Friedberg* (Hirnók), geb. 1955 v. *Fanatiker-Julklapp, Don Pedro* (Hazárd), geb. 1959 v. *Don Juan-Fortreß, Gruß* (Hires), geb. 1952 v. *Gmunden-Friesenkönig* und *Feierglanz* (Holló), geb. 1962 v. *Feierabend-Assing III.* Die Hengste wurden eingesetzt in den Gestüten Sütvény, Mezöhegyes, Sárvár, Kiskunság, Poroszló und Nagykunság. Das Ziel war vor allem, in der ungarischen Warmblutzucht das Springvermögen der Pferde zu erhöhen und gleichzeitig Phänotyp und Temperament zu verbessern. Das zusammenfassende Ergebnis dieses Berichtes hatte folgenden Wortlaut:

„Die Hannoversche Rasse hat für die planmäßige Züchtung eines ungarischen Springpferdes ausgezeichnete Grundergebnisse erbracht. In den Gestüten mit verschiedenen Rassen und Zuchtmaterial sowie bei den abweichenden Boden- und klimatischen Verhältnissen übte sie bezüglich des Körperbaus, des Temperaments und des Springtalentes in gleicher Weise eine Verbesserungswirkung aus.

Das Exterieur der gefälligen, klassisch schönen ungarischen Mütter beeinträchtigte sie in ihrer Nachzucht weniger als man erwartet hatte. Gleichfalls behielten die F 1-Nachkommen die härtere Konstitution der ungarischen Stuten, in den Vielseitigkeitsprüfungen placierten sie sich in großer Zahl. Außerdem haben sie in den 30 km Geländewettbewerben neben den bewährten und auch auf internationaler Ebene große Leistungen bewiesenen ungarischen Wagenpferden das Tempo ausgezeichnet vertragen. Die in großer Population gewonnenen Nachkommen entsprechen den Bedingungen der zielbewußten Leistungspferdezucht. Als Ergebnis wirken gegenwärtig in der ungarischen Zucht 52 Hannoveraner oder F_1-Hannoveraner Hengste.

All diese günstigen Ergebnisse wurden nicht mit erstklassigen Hengsten erzielt. Im Interesse des internationalen Reitsports und einer weiteren Leistungsverbesserung wäre es daher zweckmäßig, gut veranlagte hochwertige Hannoveraner Hengste in die ungarische Zucht einzustellen, und das umso mehr, weil durch die Einschränkung der Pferdezucht und der Zahl der Mutterstuten die einzelnen Rassen der Nationen viel mehr aufeinander angewiesen sind, als das im Laufe der Geschichte je der Fall war."

Diese Ausführungen sind eine eindrucksvolle Bestätigung für die ziemlich weite Ausstrahlung der in Radegast mit Erfolg betriebenen hannoverschen Zucht.

Pommerns Zuchtziel: der Hannoveraner

Dieser bereits von Dr. Schlie gegebene Überblick über die Entwicklung der pommerschen Warmblutzucht auf hannoverscher Grundlage ist im Hinblick auf die nach dem 2. Weltkrieg völlig veränderten regionalen Verhältnisse als interessante historische Schilderung unverändert gelassen worden.

Während für die hannoversche Pferdezucht das 1735 gegründete Landgestüt Celle zugleich Mutter und Erzieherin gewesen ist, beginnt die Geschichte der pommerschen Pferdezucht keineswegs erst mit 1876, dem Gründungsjahr des pommerschen Landgestüts Labes. Bei den fast rein bäuerlichen Besitzverhältnissen in Hannover bedurfte die Pferdezucht der Hand des Staates, um die Richtung und Führung zu erhalten. In Pommern dagegen ermöglichten und veranlaßten die ganz andersartigen Besitzverhältnisse eine weitblickende private Initiative.

Schon in der ersten Hälfte des 19. Jahrhunderts blühte auf dem in Vorpommern gelegenen Gut Broock eine intensive Pferdezucht. 1810 kaufte Broock *Cherasmin* und *Herod,* zwei Hengste heute unbekannter Abstammung, die 1818 an das Landgestüt Celle abgegeben wurden. Gleichzeitig wurde in Broock eine größere Stutenherde mit starkem arabischen Einschlag zusammengestellt. Die Zucht entwickelte sich so gut weiter, daß 1835 schon 47 eigene Stuten gedeckt wurden. Die Produkte fanden als Zuchthengste oder Remonten guten Absatz. Selbst Frankreich und Italien kauften damals schon Hengste der Broocker Zucht – kurz: Broock war offenbar schon eine renommierte Zuchtstätte, als in Hannover noch vieles durcheinander ging.

In den vierziger Jahren betrieb Broock neben der eigenen Zucht und einem Rennstall einen schwunghaften Handel mit Zuchthengsten. Celle erwarb damals schon 18 Beschäler für Hannover, unter ihnen die späteren Begründer der heutigen hannoverschen Zucht, *Zernebog* von *Jupiter xx – Black Cornet xx* und englischer Halbblutstute sowie *Jellachich* von *Defensive xx* und englischer Halbblutstute. Allein schon dieser Hengste wegen verdient der Name Broock hier festgehalten zu werden. 1872 besaß Broock an Beschälern drei Vollblüter, zwei Halbblüter und einen Suffolk (Kaltblut), ferner sieben Vollblut- und 20 Halbblutstuten, 11 Vollblut- und 27 Halbblutfohlen.

Neben Broock sind aus damaliger Zeit u. a. Spantekow, Wodarg, Tützpatz und Mühlenhagen als Stätten bedeutender Halbblutzuchten bekannt.

Als in den achtziger Jahren die Kaltblutwelle über alle deutschen Zuchtgebiete hereinbrach, bedeutete das auch für die pommersche Warmblutzucht eine schwere Belastungsprobe. Planlose Kreuzungen vernichteten in kurzer Zeit einen großen Teil dessen, was mit System und Erfolg aufgebaut worden war. Viele der kleineren Besitzer gaben die Zucht ganz auf, so daß die auf Fohlenaufzucht eingestellten Großbetriebe sich gezwungen sahen, vermehrt in Hannover anzukaufen. Dabei gab es große Diskussionen über die Eignung des Hannoveraners. Der von 1869 bis 1891 in Celle amtierende Landstallmeister v. Unger äußerte, »daß es im wesentlichen begründet sei, wenn man den in Hannover aufgezogenen Pferden den Vorwurf der Weichheit mache: Man habe diese Fehler auch bereits anerkannt, und deshalb würden die Produkte der dortigen Pferdezucht schon als Saugfohlen nach anderen Landteilen verkauft, die, wie besonders Mecklenburg und Sachsen, mehr für die Aufzucht geeignet seien. Die Weichheit liege nicht im Blut, sondern im Klima, Boden und Futter der Gegend der Aufzucht.«

Das mag damals so gewesen sein – heute, wo die klassischen hannoverschen Fohlenaufzuchtgebiete östlich der Elbe praktisch unerreichbar sind und Hannover nunmehr seit über 30 Jahren selbst aufzuziehen gezwungen ist, findet man für die damaligen Erfahrungen oder Ansichten keine rechten Erklärungen. Entweder hat man damals in Hannover die richtige Aufzucht der Fohlen noch nicht verstanden, oder der Hannoveraner ist inzwischen ein härteres Pferd geworden. Sei es, wie es will, jedenfalls hat sich dieser Fohlenabsatz nach Pommern und Mecklenburg als eine außerordentlich gute Arbeitsteilung bewährt. Den bäuerlichen, teils kleinbäuerlichen hannoverschen Züchtern wurde es möglich, ihren Pferdebestand ganz auf Zuchtstuten umzustellen und diese jedes Jahr decken zu lassen. Die Fohlen, für deren Aufzucht nicht genügend Stallungen vorhanden waren, ließen sich ohne Schwierigkeiten verkaufen. Man kann sich kaum vergegenwärtigen, welche Umstellung es für die hannoversche Zucht bedeutete, als diese Absatzverbindungen 1945 so plötzlich abbrachen.

Labes

Mit der Gründung des eigenen pommerschen Landgestütes Labes im Jahre 1876 war beabsichtigt, stärkeren staatlichen Einfluß auf die Pferdezucht in Pommern zu gewinnen. Bis dahin war die Versorgung mit Landbeschälern von Brandenburg und Westpreußen aus erfolgt. Ein eigener Landstallmeister und ein eigenes Landgestüt – damit eröffneten sich gute Aussichten für die Zukunft der heimischen Pferdezucht. Labes wurde zunächst mit drei Vollblutbeschälern, 118 Warmblütern verschiedenster Rassen und 9 Kaltblütern besetzt. Am Ende der achtziger Jahre waren im Bestand 55% Hannoveraner, 34% Ostpreußen und Graditzer, 6% Oldenburger und 5% Kaltblüter. Nach der gleichen Quelle (Ehlert in »Die preußische Gestütverwaltung«) waren 1906 in Labes je 23% Hannoveraner und Ostpreußen, 40% Oldenburger, 12% Kaltblüter und 2% andere Rassen. Es ging also, wohl dem jeweiligen Zug der Zeit folgend, ohne festes Ziel hin und her.

Da kam endlich mit Gründung des »Verbandes pommerscher Halbblutzüchter« – ab 1922 »Warmblutzüchter« – Ordnung in die Dinge. Man schrieb das Jahr 1906. Als Zuchtziel wurde ein schwerer Hannoveraner bestimmt, auf den sich in den folgenden Jahren auch Labes mit aller Konsequenz umstellte. Dazu erklärte der Staat im Jahre 1909 die Kreise Grimmen, Demmin, Anklam, Cammin, Greifenberg, Regenwalde, Schivelbein, Belgard, Bublitz, die Halbinsel Darß und 1912 noch die Kreise Naugard und Schlawe zu Reinzuchtgebieten für Warmblut. Nach Ehlert war das pommersche Zuchtziel 1928 in den vorpommerschen Kreisen Demmin, Grimmen, Anklam und in den hinterpommerschen Kreisen Naugard, Regenwalde und Belgard »am vollkommensten verkörpert.«

Ab 1908 wurden zunächst keine Oldenburger und Kaltblüter mehr für Labes angekauft. 1912 stammten schon über die Hälfte der Landbeschäler aus Hannover. Aber es waren mit Rücksicht auf die landwirtschaftlichen Belange und entsprechend dem Zuchtziel möglichst schwere Hannoveraner. In der Deckzeit 1922 gingen als anscheinend schwerste Hengste *November* mit 15,20 Ztr., der vierjährige *Schwur* mit 14,85 Ztr. und *Nordpol* mit 14,72 Ztr. auf Station. 1928 führten 92% der Landbeschäler ihre Abstammung auf Hannover zurück, und selbst wenn man die Privatbeschäler hinzurechnet, waren damals 89% aller in Pommern stationierten Hengste auf reinhannoverscher Grundlage gezogen.

Nach Ehlert setzte sich der Hengstbestand von Labes im Jahre 1927 wie folgt zusammen: 160 = 78% Hannoveraner, 7 = 3,4% Ostpreußen, 13 = 6,4% Oldenburger und Ostfriesen, 20 Pommern und vier Mecklenburger = 12,2%. Im ganzen 204 Hengste. 1938 standen in Labes 89 Originalhannoveraner (47,6%), 81 pommersche und drei mecklenburgische Hannoveraner (44,9%), fünf Ostpreußen (2,7%), sieben Oldenburger (3,7%) und zwei englische Vollblüter (1,1%), im ganzen 187 Landbeschäler.

Nachdem das Jahr 1945 das Ende für Labes als deutsches Landgestüt brachte – seitdem untersteht es der polnischen Gestütverwaltung –, verdienen die Namen der in Labes tätig gewesenen Landstallmeister im Rahmen dieses historischen Rückblicks festgehalten zu werden:

1876–1884	der von Hannover übernommene v. Schlütter,
1884–1902	v. Massenbach,
1902–1914	v. Seydlitz,

1914–1921 nacheinander: v. Lüderitz, v. Rochow, v. Reinersdorff,
1921–1930 Dr. Ehlert,
1930–1932 Burow,
1932–1945 Althaus, der beim Treck nach Evakuierung des Landgestüts ums Leben kam.

Wussow schreibt über die Tätigkeit Dr. Ehlerts, des späteren Landstallmeisters von Trakehnen:
»Ganz besonders verdient um die pommersche Pferdezucht und um den zweckmäßigen Aufbau des Hengstbestandes in Labes hat sich der Landstallmeister Dr. Ehlert gemacht. In klarem Weitblick und in unbeirrbarer Zielsicherheit hat er das einmal für richtig erkannte Zuchtziel verfolgt, ein schweres, tiefes, praktisches Wirtschaftspferd zu züchten, das bodenständig und ein Produkt der Scholle ist. Die Umstellung der Zucht nach dem Ersten Weltkriege, an Stelle eines für Remontezwecke geeigneten Warmblutpferdes ein praktisches Wirtschaftspferd für alle Zwecke zu züchten, ist in erster Linie ihm zu verdanken«.

Verbreitung hannoverscher Blutlinien

In den zwanziger Jahren bestimmten blutmäßig die Hannoveraner *Alnok, Schlütter* und *Norfolk* die pommersche Pferdezucht. Von den 1927 in Pommrn aufgestellten 221 Warmblutbeschälern gingen 40 auf *Alnok,* 36 auf *Schlütter* und 29 auf *Norfolk* zurück. Der Rest verteilte sich auf rund 20 kleine und kleinste Linien. Nach 1930 gewann die hannoversche *Flingarth*-Linie zunehmende Bedeutung. 1945 gehörten von den 484 in Pommern insgesamt aufgestellten Warmbluthengsten 157, also 32%, dieser Linie an, deren bedeutendster Vertreter *Flimmergold* v. *Flimmer–Alkoven,* Züchter Johannssen in Otterndorf, bei Langenohl in Velgast stand. Der großrahmige, schwere und dabei edle *Flimmergold* ist der älteren Generation noch heute ein Begriff. Aus seiner zwölfjährigen Deckzeit (1933–1944) erhielt Labes 16 Söhne. Neun Söhne gingen auf Privatstationen, und schon drei Enkel standen in Labes, als es 1945 aufgegeben werden mußte. *Flimmergolds* bekanntester Sohn war *Flimmerstahl.* Vor dem Krieg einmal DLG-Sieger, nach dem Krieg mehrmals Spitzenhengst auf den »Landwirtschaftsausstellungen der Deutschen Demokratischen Republik« in Leipzig, gehörte *Flimmerstahl* zu den sechs Beschälern, die aus dem Gesamtbestand von 484 Hengsten des Landgestüts Labes nach dem Krieg wiedergefunden wurden. Er deckte dann noch einige Jahre in Voigtsdorf. War er selbst auch kein überragender Vererber, so ist doch sein typischer skelettierter Kopf als Erinnerung an die einstmals blühende pommersche Pferdezucht wie auch zur praktischen Demonstration im Tierzuchtinstitut der Universität Halle-Wittenberg aufbewahrt.
Ähnliche Bedeutung wie später *Flimmergold* erlangte der Hannoveraner *Sherius* v. *Sheridan II – Justizrat.* Von Dresselhaus in Sandstedt (Hannover) gezogen, bewährte sich der Fuchshengst zunächst in Reinfeld (Hinterpommern) als Vater von sieben nach Labes gelieferten Landbeschälern und stand anschließend von 1928 bis 1936 bei Plate in Voigtsdorf. *Sherius* verkörperte den ausgesprochenen Wirtschaftstyp: er war sehr tonnig und tief, zeigte aber wenig Widerrist. Den Ausgleich suchte Plate anschließend für einige Jahre durch Einstellung des späteren Georgenburger Landbeschälers und Trakehner Hauptbeschälers *Alibi,* eines Halbbruders des nach 1945 in Thedinghausen und Hunnesrück eingesetzten *Altan.*
Noch 1944 standen 17 Söhne und 20 Enkel von *Sherius* in der pommerschen Zucht. Im ganzen lieferte er 40 Söhne. Von ihnen fand sich lediglich *Skiheil* nach 1945 wieder, der dann noch einige Jahre von Ferdinandshof aus zur Zucht eingesetzt wurde.

Das pommersche Stutbuch

Das pommersche Stutbuch war bereits 1903 von der Landwirtschaftskammer gegründet und wurde 1924 vom Verband pommerscher Warmblutzüchter übernommen. Das Zuchtziel erhielt 1922 die Fassung: »ein schweres, tiefes, starkknochiges Warmblutpferd mit räumenden Gängen im Typ des starken Hannoveraners.« Der pommersche Fohlenbrand, einen Greifenkopf darstellend, gehörte zu den schönsten deutschen Zuchtbränden. Man kann es nur bedauern, daß sich bisher noch nicht die Möglichkeit gefunden hat, diesen markanten Brand wieder aufleben zu lassen.

Nachdem 1913 und 1914 die ersten pommerschen Hengstmärkte in Labes stattgefunden hatten, veranstaltete der pommersche Verband ab 1920 in Demmin, ab 1931 in Stettin Sammelkörungen der zweieinhalbjährigen Hengste mit anschließenden Hengstmärkten, auf denen besonders die Landgestüte, unter ihnen auch Celle, ihren Bedarf deckten. Es spricht für die Bodenständigkeit der pommerschen Warmblutzucht auf hannoverscher Grundlage, daß von den 46 auf der Körung des Jahres 1927 vorgestellten Hengsten 26 gebürtige Pommern waren. Die anderen 20 stammten aus Hannover. 1942 waren in Stettin unter dem Einfluß der kriegsbedingten Ausweitung der Pferdezucht 157 Hengste zur Körung angemeldet. Sie waren ausnahmslos nach hannoverschem Blut gezogen, indessen stammten nur 86 unmittelbar aus Hannover. Spitzenhengst war ein von Langenohl in Velgast gezogener Originalpommer.

Historisch und züchterisch interessant ist auch der Verbleib dieser Hengste:
33, darunter 23 Hannoveraner, gingen an deutsche Landgestüte,
56, darunter 25 Hannoveraner, blieben als Privatbeschäler in Deutschland,
29, darunter 19 Hannoveraner, gingen in die damalige Provinz Posen,
9, darunter 5 Hannoveraner, gingen in die besetzten russischen Gebiete.
Weitere 9 Hengste wurden noch privat, z. T. an Händler, verkauft.
Im letzten Friedensjahr, 1938, zählte der Verband pommerscher Warmblutzüchter 3881 Mitglieder mit 7447 eingetragenen Stuten. Sein Stutenbestand war damit nur um ein Viertel geringer als der des Verbandes hannoverscher Warmblutzüchter. Dieser hatte 1932 um 5000, 1938 um 10 000 eingetragene Stuten, und ähnlich rasch wird auch der zahlenmäßige Aufstieg der pommerschen Warmblutzucht in den gleichen Jahren gewesen sein.
Von den bedeutendsten Stätten der pommerschen Warmblutzucht aus der Zeit zwischen den beiden Weltkriegen seien hier zur bleibenden Erinnerung genannt: Voigstdorf (Plate), Velgast (Langenohl), Alt-Negenthin, Hanshagen, Latzig, Barkow und Reinfeld. Dazu kamen nach Ehlert als erfolgreichste Hengstaufzuchtstätten um das Ende der zwanziger Jahre außer Voigtsdorf: Langenfelde, Zarrentin, Cletzin, Löwitz und Sophienhof.

Der Zusammenbruch im Jahre 1945 bedeutete auch das Ende einer selbständigen pommerschen Warmblutzucht. Der größere Provinzteil, Hinterpommern, ging mit Labes verloren. Der gerettete Restbestand an Zuchthengsten wurde 1946 in dem ehemaligen vorpommerschen Remontedepot Ferdinandshof zusammengefaßt. Von dort gingen 1947 erstmalig wieder 110 Hengste auf Station, 58 Hannoveraner, 30 Pommern, zwei Ostpreußen und 20 Kaltblüter. Ferdinandshof wurde dem mecklenburgischen Landgestüt Redefin unterstellt, aber Anfang der fünfziger Jahre als Hengstdepot aufgegeben. Die Hengste kamen nach Redefin. Vorpommern wurde als Pferdezuchtgebiet dem Nachbarland Mecklenburg angeschlossen. Die alte pommersche Zuchtstätte Voigtsdorf ist bis heute als Hauptzuchtbetrieb der Pferdezucht erhalten und noch immer einer der bedeutendsten Pferdezuchtbetriebe im nunmehr mecklenburgischen Zuchtgebiet. So verschwand auch der pommersche Greifenkopf, der als Fohlenbrand das Symbol einer Ära gewesen ist, in der die pommersche Warmblutzucht zu überzeugenden Erfolgen gelangte.

Zum nachfolgenden Hengstanhang

Die Auswahl der nachfolgend alphabetisch aufgeführten 91 Hengste macht zunächst nicht den Eindruck unbedingter Aktualität. Sie erfolgte entsprechend der Zahl der nach 1945 gekörten Söhne und Töchtersöhne. Zusätzlich berücksichtigt wurden in dieser Ausgabe nur solche Hengste, die mindestens 2 Söhne als Landbeschäler aufweisen. Einige Hengste, die heute über die Grenzen Hannovers als »Reitpferdeväter« einen Namen haben, wird man vermissen. Beispielsweise hat der hervorragende Springpferdevererber *Gotthard* noch keinen Sohn im Celler Landbeschälerbestand. Statt dessen findet man in der Liste andere Hengste, deren Namen z. T. weniger bekannt sind, die sozusagen im Hintergrund des Geschehens stehen, dafür allerdings auch im Hintergrund der hannoverschen Abstammungen am häufigsten zu finden sind – und darum gerade geht es hier.

Das System der Auswahl bringt Hengste mit auf die Liste, die wie *Allerhand, Alstergold* und *Schwabenkönig* den älteren Züchtern noch gut, in vielen Fällen dazu noch in bester Erinnerung sind, dagegen manchem jüngeren Züchter und besonders den vielen neuen Freunden des hannoverschen Pferdes, die selbst nicht Züchter sind, wenig bedeuten. Diese heute schon als Veteranen der hannoverschen Zucht anzusprechenden drei Hengste vererbten ihr Blut auch noch nach 1945 als Väter von Hengstmüttern je fünf- oder sechsmal. Ihr Blut ist also über ihre Töchter immer noch recht wirksam. Dagegen war in diesen Fällen für die Aufnahme in die Liste nicht mitbestimmend, daß diese drei Hengste vor 1946 zusammen 97 Söhne der Zucht zur Verfügung gestellt haben. Dasselbe trifft auch zu auf die noch in der Aufstellung belassenen 4 Hengste aus dem *Jasperding (Jason)*-Stamm.

Da ein festumrissenes Auswahlsystem eigenes Ermessen bei der Auswahl der Hengste ausschließt, enthält die Liste zwangsläufig auch weniger bewährte Hengste. Heute sind die Ansichten und Ansprüche gegenüber 1950 teilweise verändert. Was damals noch als Vorbild erschien, kann inzwischen schon »alter Typ« sein. Aber auch das Blut dieser Hengste pulsiert heute noch in Hannover – nicht immer zum Nachteil der Zucht –, und so haben diese Vererber des früheren Typs noch immer praktische Bedeutung.

Sieht man die Pedrigees heutiger hannoverscher Pferde bis zur dritten oder vierten Ahnenreihe durch, so findet man darin fast immer einen oder mehrere Hengste der nachfolgenden Aufstellung, ganz gleich, ob es sich um neuaufgenommene Stuten, um gekörte Junghengste oder um Auktionspferde handelt. Der züchterisch Interessierte kann also diesem Anhang manches Wissenswerte entnehmen.

Die gegebenen Kommentare bemühen sich um eine objektive Beurteilung der Hengste und bringen daneben nüchterne Zahlen. Es kann aber nicht ausdrücklich genug darauf hingewiesen werden, daß Vergleiche zwischen den einzelnen Hengsten auf Grund der gegebenen Zahlen nur unter Berücksichtigung der jeweiligen Verhältnisse zu objektiven Wertungen führen können. Wohl selten hat es ein Dezennium gegeben, in dessen Ablauf die Anzahl neueingetragener Stuten, der Bedeckungen und der neueingestellten Hengste um mehr als die Hälfte zurückging. So aber verlief die Entwicklung zwischen 1950 und 1960. Dazu veränderten sich im gleichen Zeitraum die Absatzmöglichkeiten vom Wirtschaftspferd weg zum Reitpferd hin. Damit unterlagen auch das Zuchtziel und die Beurteilung der Hengste entsprechenden Abänderungen.

Zu den Einzelheiten der Angaben über die Hengste (erläutert an *Futurist I*, Seite 213): Futurist I bedeutet, daß es noch ein oder mehrere Vollbrüder dieses Hengstes in der hannoverschen Zucht gibt. Diese erhalten den gleichen Namen unter Zusatz von II, III usw. Neuerdings wird der Zusatz I bei dem ersten der Vollbrüder weggelassen.

Futurist I 3063 bezeichnet die Nummer des Hengstes im Hengstregister, *Flak* ist der Vater, *Christian de Wet xx* der Vater der Mutter des Hengstes.

xx bedeutet englisches Vollblut ohne jede fremde Beimischung. ox bedeutet arabisches Vollblut ohne jede fremde Beimischung. x bedeutet angloarabisches Vollblut, also eine Mischung englischen und arabischen Vollblutes im beliebigen Verhältnis ohne weitere Beimischung.

Maße: 168 cm Wideeristhöhe, mit Stock gemessen,
199 cm Brustumfang,
23,0 cm Röhrbeinumfang.

Wem die absoluten Maße nicht genug sagen, vermag aus einem Vergleich mit den bei anderen Hengsten angegebenen Zahlen entsprechende Rückschlüsse zu ziehen.

Einklammerung bedeutet Einschränkung des Gesagten. (Zu groß) bedeutet also: »nur etwas zu groß«, bei der »Vererbung« auch: »vereinzelt etwas zu groß«.

Nachzucht bis 1965:
814 lebend geborene Fohlen,
26 Ia-Preise der Töchter auf Stutenschauen,
112 387,– DM Gewinnsumme der Söhne und Töchter auf Turnieren,
gekörte Hengste: 27, d. h. 27 Söhne, die auf staatlicher Körung seitens des Köramtes bei der Landwirtschaftskammer Hannover (einschließlich Hunnesrück) gekört und gleichzeitig für die hannoversche Zucht anerkannt wurden.

Hinsichtlich der *Ia-Preise* sind absolute Vergleiche der Zahlen noch am ehesten möglich. Man muß allerdings die Dauer der Zuchtbenutzung dabei berücksichtigen. Zwar sind die durchschnittlichen Bedeckungsziffern je Hengst von 1950 bis 1960 zurückgegangen und seitdem wieder angestiegen, im einzelnen aber sind die Hengste nach Beliebtheit und Deckstation recht unterschiedlich benutzt worden. Immerhin läßt sich sagen, daß die um 1950 zuerkannten Ia-Preise züchterisch zwar im einzelnen ebenso schwer, zahlenmäßig aber leichter wiegen als die um 1960 erzielten Ia-Preise.

Bei Bewertung der *Gewinnsummen* im Turniersport muß man einiges kritisch berücksichtigen. 1948 waren die auf den bundesdeutschen Turnieren ausgesetzten Geldpreise mit 456 192,– DM in Kategorie A noch recht gering. Bis 1955 stieg die Summe auf 764 994,– DM, bis 1965 auf 1 762 301,– DM und bis 1974 auf 3 562 085,– DM! Demgegenüber wuchs die Zahl der gestarteten Pferde nicht annähernd im gleichen Maße. Die Gewinnsumme je gestartetes Pferd ist also erheblich angestiegen.

Bei den Hengsten, die als Vater hervorragender Leistungspferde bekannt geworden sind, erfolgt eine Angabe der besten Nachkommen mit der bis 1974 erreichten Gewinnsumme.

Das 1974 vom Verband hannoverscher Warmblutzüchter in sechster Auflage herausgegebene »Hannoversche Hengstverzeichnis« bringt weitere Einzelheiten über Abstammung, Aufstellungsorte und gelieferte Nachzucht der in der Liste aufgeführten Hengste. Es enthält entsprechende Angaben für über 1500 Hengste, die in der hannoverschen Zucht Bedeutung erlangt haben oder heute noch im Gebiet des Verbandes hannoverscher Warmblutzüchter decken.

Abdulla 4026

v. Abhang I – Flügeladjutant
Fuchs, deckte von 1962–1969

Maße: 160/195/22,0 cm
sehr viel Ausdruck; gut im Hals und Fundament; horizontale Kruppe; hervorragende Bewegungen; 1962 bester Hengst des Jahrganges

Vererbung: Klarer Veredlungstyp, gute Hälse und Gesichter, Ganaschen vielfach breit, (kleine) Schulter, (kurzes) hochliegendes Kreuzbein, gute Sattellage, unterschiedliche Größe, trocken, korrekte Gänge, eigenwillig, müssen reiterlich gefordert werden

Nachzucht bis 1974:
401 Fohlen, 41 Ia, 10 868,– DM

Gekörte Hengste: 10

Abdulla

Abendsport 3109

v. Alkoven – Sportsmann
Fuchs, deckte 1939–1949
(siehe: Abendkerl, Aber, Ableger I, Aktionär I, Alljeder, Domänenrat I, Dominik, Sender, Sesam I, Sesam II)

Maße: 164/193/22,5 cm
sehr viel Ausdruck; großlinig; gute Kruppe; korrektes Fundament (loser Stand); schwungvoller, nicht ganz taktmäßiger Gang

Vererbung: Söhne: dem Vater sehr ähnlich; mehrfach versteifte Hinderhand; Töchter: Typ sehr gut; viel Ausdruck; gut in Hals, Schulter, Kruppe; tief; einwandfreie Bewegungen; guter Charakter

Nachzucht bis 1965:
707 Fohlen, 110 Ia, 7562,– DM

Gekörte Hengste: 74

DLG-Preise bis 1966
Töchter: Abendröschen Ia, Abendlerche Ia, Amazone Ia

Abendsport

Abglanz 3534 (Trak.)

v. Termit – Poseidon
Fuchs, deckte 1946–1963
(siehe: Abhang I, Absatz, Archimedes)

Maße: 162/193/21,4 cm
sehr schön; viel Ausdruck; harmonisch; sehr gute Vorhand: Hals, Schulter, Widerrist; tief (überbaut); (zu stark geneigte Kruppe); guter gerader Gang

Vererbung: durchschlagend; sehr gute Söhne und Töchter für Zucht-, Reit- und Turnierzwecke; leichtes Fundament; (klein)

Nachzucht bis 1974:
433 Fohlen, 33 Ia, 217 681,– DM

Gekörte Hengste: 15

Tochter Zukunft (Springen)
ist Vollschwester zu Abhang I, II, III

Abglanz

Abhang I 3931

v. Abglanz (Trak.) – Aktionär I
Fuchs, deckte seit 1957
(siehe: Abdulla)

Maße: 160/170/20,5 cm
Reitpferdtyp; klein; viel Ausdruck; gute Halsung; guter Widerrist; gute Kruppe (nicht rumpfig); mittelstark; korrektes Fundament; hervorragende Bewegungen

Vererbung: durchschlagend; trocken; sehr viel Ausdruck; tief; breit (klein); korrektes, leichtes Fundament; ansprechende Bewegungen

Nachzucht bis 1974:
718 Fohlen, 99 Ia, 71 198,– DM

Gekörte Hengste: 10

DLG-Preise bis 1974:
Tochter Alsterwelt 1970 und 1972 Ia

Abhang I

Adlerschild xx 3671

v. Ferro xx – Alchimist xx
braun, deckte von 1954–1963

Maße: 158/187/19 cm
harmonisch; korrekt in allen Teilen; gut bemuskelt (schwache Einschienung); korrekte Bewegungen

Vererbung: trocken; edel; großlinig; nervig, willig; unterschiedlich groß; Vollbluteinschienung; genügende Bewegungen; anständiger Charakter; verschiedene gute Leistungspferde

Nachzucht bis 1974:
258 Fohlen, 19 Ia, 271 986,– DM

Gekörte Hengste: 10

Adlerschild xx

Absatz 4052

v. Abglanz – Landeck
Fuchs, deckt ab 1964
(s.: Abdulla, Abglanz, Abhang I, Archimedes)

Maße: 164/175/21,8 cm
sehr ausdrucksvoller Hengstkopf; leichte Ganaschenbildung; lange Halsung; guter Widerrist, breite Schulter, gute Sattellage; Kruppe ein wenig kurz; gute Brusttiefe; Vorderfuß (leicht); Sprunggelenke wenig ausdrucksvoll; feste Hufe; guter Raumgriff; geschmackvoller Hengst.

Vererbung: Vererbt seinen Typ durchschlagend; gut geformte, meist mittellange Hälse; teilweise langer, fester Rücken; Kruppe etwas kurz; guter Raumgriff, hinten nicht immer rein; erhabene Haltung; charakterlich sensibel; klug und gelehrig; Springvermögen gut

Nachzucht bis 1974:
591 Fohlen, 75 Ia, 30 136,– DM

Gekörte Hengste: 18

Adlerfarn II 4028

v. Adlerschild xx – Anfeinder
braun, deckt ab 1962
(s.: Adlerschild xx)

Maße: 165/175/21,7 cm
großliniger Vollblutsohn; viel Halsung; Widerrist, Schulter und Sattellage gut; gute Brusttiefe; genügende Brustbreite; Fundament trocken und korrekt (lange Röhren); gute Hufe; Raumgriff voll ausreichend; bedeutender Halbblüter mit überdurchschnittlichem Exterieur.

Vererbung: Klarer Vollbluttyp; modellige Pferde mit viel Schulter und Widerrist; teilweise (matt in der Niere); kraftvolle, muskulöse Hinterhand; vererbt kräftige Farben; sehr gute Grundgangarten, im Gleichgewicht; Springen überdurchschnittlich, viel Herz, eifrig und ehrgeizig

Nachzucht bis 1974:
378 Fohlen, 40 Ia, 9839,– DM

Gekörte Hengste: 9

Almhüter

Agram 3294

v. Alkoven – Amateur I
Schimmel, deckte von 1942–1962

Maße: 161/186/21,5 cm
ausdrucksvoller Kopf; gut in Linie, Hals, Schulter, Widerrist; nicht tief (überbaut); sehr viel Tritt (vorne bodenweit; angedrückte Sprunggelenke)

Vererbung: 50% Schimmel; gut in Exterieur und Bewegungen (angedrückte Sprunggelenke); etwas leichtes Fundament

Nachzucht bis 1974:
760 Fohlen, 21 Ia, 607 609,– DM

Gekörte Hengste: 4
sehr viele gute Springpferde
z. B. Agent (97 737,– DM), Abadir (78 560,– DM)

Allerhand 154

v. Althof – Sportland
Fuchs, deckte von 1928–1945

Maße: 166/191/22,3 cm
Reitpferdtyp; harmonisch; viel Hals, Schulter, Widerrist; strammer Vorderfuß; vorne links zehenweit; sehr viel Tritt

Vererbung: Reitpferde mit Hals und Gang; mehrfach strammer Vorderfuß; (etwas derbe Köpfe); sehr viele und gute deutsche Heeresremonten

Nachzucht bis 1974:
821 Fohlen, 14 357,– DM

Gekörte Hengste: 13

Almhüter I 3194

v. Almjäger I – Feiner Kerl
Fuchs, deckte von 1940–1957

Maße: 165/197/22,5 cm
großlinig; markantes Gesicht; gut in Hals, Schulter, Widerrist; lange (horizontale) Kruppe; sehr gute Sprunggelenke; guter, gerader Gang; starkes Fundament; tief; breit

Vererbung: stark; robust; tief; breit; bedeutende Mutterstuten im Wirtschaftstyp; gute, gerade Gänge

Nachzucht bis 1974:
640 Fohlen, 38 Ia, 12 439,– DM

Gekörte Hengste: 21

Almjäger I 192

v. Alpenflug II – Goldschläger I
Dunkelfuchs, deckte von 1935–1952
(siehe: Almhüter I, Anfechter, Fernjäger)

Maße: 167/202/23,3 cm
stark; derb; markant; hart; trocken; großlinig; tief; gute Schulter; guter Widerrist; gut formierter (kurzer) Hals; kurze Röhren; gewinkeltes Hinterbein; korrekte, mittelmäßige Bewegungen; bewährt im schwersten Zug

Vererbung: durchschlagend; stark; tief; nervig (kurzer Hals); Wirtschaftstyp; mehrfach unschöne Fuchsfarbe

Nachzucht bis 1974:
850 Fohlen, 25 Ia, 4299,– DM

Gekörte Hengste: 79

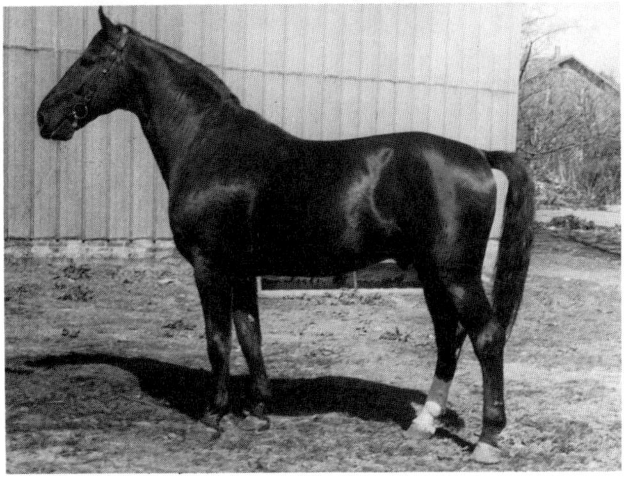

Almjäger I

Alstergold 220

v. Alderman I – Goldschläger
Fuchs, deckte von 1923–1945
(siehe: Juragold)

Maße: 165/196/22,8 cm
tief; stark; viel Hals; gute Schulter; genügender Widerrist; horizontale Kruppe; gewinkelter Hinterfuß; Schritt unregelmäßig; Trab gerade und schwungvoll

Vererbung: sehr durchschlagend; schwere, bedeutende Stuten; gewinkelter Hinterfuß; gerade, korrekte Bewegungen; harte Leistungspferde

Nachzucht bis 1974:
952 Fohlen, 7 Ia, 698,– DM

Gekörte Hengste: 35

Anfechter

Anfechter 3112

v. Almjäger I – Feiner Kerl
Fuchs, deckte von 1939–1955
(siehe: Anio II)

Maße: 164/204/ 22,3 cm
viel Ausdruck; sehr guter Hals; gute Schulter; sehr gutes Fundament; tief; breit; guter, gerader Gang

Vererbung: gutes Exterieur; kalibrig; verschönernd; gute Turnierpferde; sehr guter Vererber

Nachzucht bis 1974:
297 Fohlen, 27 Ia, 12 413,– DM

Gekörte Hengste: 15

Astral

Archimedes 4103

v. Abglanz – Wedel
Fuchs, deckt ab 1967
(siehe: Abdulla, Abglanz, Abhang I, Absatz)

Maße: 166/180/22,0 cm
bedeutender Hengst mit ausdrucksvollem Kopf, ausreichender Halsung, Schulter, Widerrist, Sattellage und Rippenwölbung; gute Brusttiefe; ausreichende Breite, gute Muskulatur; Vorderfuß wenig Fesselkopf; kleine feste Hufe; korrekte Stellung; sehr guter Bewegungsablauf; Hengst überdurchschnittlicher Klasse
Vererbung: ausdrucksvolle Köpfe; gut aufgesetzte Halsung; Widerrist nicht immer markant; Schulter mittelschräg; unterschiedlicher Wuchs; gute Brusttiefe und Rippenwölbung; Fundament nicht immer trocken; Sprunggelenke meist breit; Hinterbeine teilweise (gewinkelt); Hufe teilweise schmal; unterschiedlicher Schub aus der Hinterhand; rittig und vielseitig; Charakter und Temperament meist ohne Schwierigkeiten
Nachzucht bis 1974:
385 Fohlen, 56 Ia, 3133,– DM
Gekörte Hengste: 6

Astflug 3564

v. Astral – Flügelmann I
dunkelbraun, deckte von 1947–1959
(siehe: Ernö, Eindruck II)

Maße: 161/200/21,5 cm
bedeutend; tief; breit; Wirtschaftstyp; kleiner Kopf; gedrungener Hals; wenig Widerrist; gute, lange Kruppe (flacher Vorderfuß); guter Hinterfuß; guter, gerader Gang
Vererbung: ausdrucksvoll; rumpfig (gedrungener Hals); flacher Vorderfuß; guter Hinterfuß; korrekter Gang; guter Zuchttyp; unter Reiter zunächst etwas unelastisch; sehr guter Charakter
Nachzucht bis 1974:
420 Fohlen, 29 Ia, 3119,– DM
Gekörte Hengste: 12

Astral 3303

v. Ast – Alpenflug II
Fuchs, deckte von 1942–1959
(siehe: Astflug)

Maße: 164/191/22,0 cm
tief; breit; praktisch; gutes Gesicht; gute Halsung; kurzer Widerrist; kleine Mängel im Fundament; guter, gerader Gang
Vererbung: genügend Ausdruck (gerades Sprunggelenk mit weicher Fessel); stark; guter Charakter
Nachzucht bis 1974:
541 Fohlen, 28 Ia, 16 772,– DM
Gekörte Hengste: 9

Ceylon 4011

v. Cyklon – Ast
Fuchs, deckte von 1961–1971

Maße: 163/193/22,0 cm
kernig; trocken; bedeutend; viel Ausdruck; tief; breit; großlinig; leicht (gerades, mittelstarkes Sprunggelenk); sehr gute Hufe; besonders im Schritt gut
1961: bester Hengst des Jahrganges
Vererbung: bei guter Größe viel Hals und Widerrist (hüftig); trocken; Hinterbein etwas gerade mit begrenzter Aktivität
Nachzucht bis 1974:
272 Fohlen, 35 Ia, 12 111,– DM
Gekörte Hengste: 10

Der Löwe xx 3791

v. Wahnfried xx – Herold xx
dunkelbraun, deckte von 1951–1973
(siehe: Lugano I)

Maße: 158/176/19,5 cm
gute Schulter; tief aufgesetzter Hals; genügend Widerrist; guter Vorderfuß; Vollbluteinschienung; durchschnittliche Bewegungen (vorne zehenweit)
Vererbung: großlinige Pferde; viel Schulter; guter Kopf (Unterhals); gute, aber nicht immer willige Reitpferde, jedoch große Leistungsbereitschaft. Zahlreiche gute Leistungspferde
Nachzucht bis 1974:
360 Fohlen, 12 Ia, 469 933,– DM
Gekörte Hengste: 5
Spitzenpferde im Turniersport: Der Lord 2 (144 003,– DM), Liostro 2 (83 357,– DM)

Cyklon (Trak.) 3571

v. Helikon – Landgraf
Fuchs, deckte von 1946–1958
(siehe: Ceylon)

Maße: 159/190/21,5 cm
schön; harmonisch; gut in Ausdruck, Schulter, Widerrist, Muskulatur; tief; breit (steile Fessel); gerader Gang

Vererbung: viel Ausdruck; gut in Hals, Widerrist, Muskulatur; gute, gerade Gänge; trocken; harmonisch (klein, leicht); mittelmäßige Reitpferde

Nachzucht bis 1974:
227 Fohlen, 16 Ia, 21 463,– DM

Gekörte Hengste: 7

Cyklon

Detektiv 796

v. Desmond – Khedive
Fuchs, deckte von 1926–1943
(siehe: Denksport, Dolman, Dwinger, Kurier)

Maße: 162/189/21,8 cm
viel Ausdruck, Adel, Elastizität und Kaliber; gute Vorderhand; weicher Rücken; gewinkeltes, leichtes Sprunggelenk; sehr gute, maniervolle Bewegungen

Vererbung: Moderne Pferde mit Schmelz; gängig; sehr viele deutsche Remonten

Nachzucht bis 1974:
808 Fohlen, 0 Ia, 200,– DM

Gekörte Hengste: 38
Unter seinen Nachkommen das internationale Vorkriegsspringpferd Oberst

Detektiv

Dömitz I 3574

v. Dollart – Altlobitz
braun, deckte von 1947–1956
(siehe: Domänenrat I, Dominik)

Maße: 164/191/22,5 cm
großlinig; markant; guter Halsaufsatz; gute Kruppe; viel Muskulatur; gutes Fundament (vorne loser Stand); sehr guter, gerader Gang

Vererbung: viel Ausdruck und Hals; lange Kruppe (stark geneigt); wenig Widerrist (quadratisch); vorzüglicher Charakter; Wirtschafts-, Zucht- und Reitpferde

Nachzucht bis 1974:
370 Fohlen, 36 Ia, 32 Remonten, 71 463,– DM

Gekörte Hengste: 31

DLG-Preise bis 1974:
Tochter Domelfe Ii und Ia-Familienpreis. Sohn Dominik Ia

Internationale Springpferde: Fidelitas und Dozent III

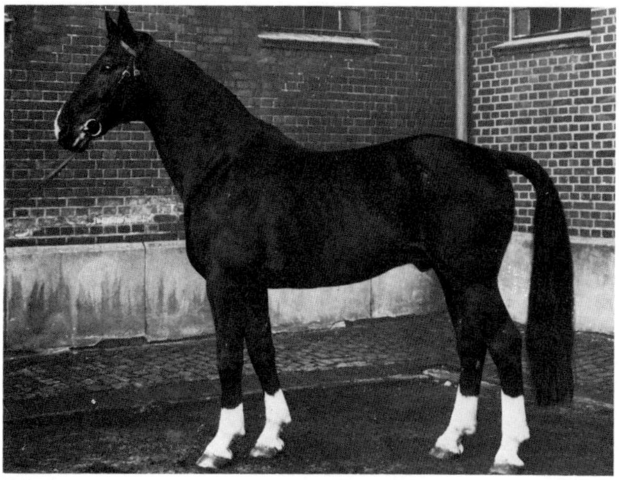

Dömitz

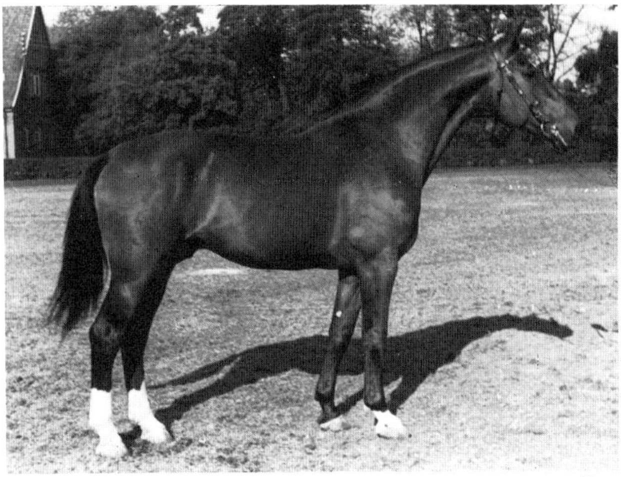
Dollart

Dollart 3253

v. Dolman – Florett
braun, deckte von 1941–1958
(siehe: Dömitz I)

Maße: 167/192/23 cm
groß; großlinig; sehr stark; gut in Kopf, Hals, Schulter; wenig Hinterrippe; sehr gute, korrekte Bewegungen

Vererbung: viel Ausdruck; gutes Fundament; kleinere Stuten, größere Söhne; gute Bewegungen

Nachzucht bis 1974:
680 Fohlen, 29 Ia, 11 735,– DM

Gekörte Hengste: 24

Dolman

Dolman 3045

v. Detektiv – Alderman I
Fuchs, deckte von 1937–1953
(siehe: Dollart, Dolling, Dominant, Duellant, Frio)

Maße: 164/191/22,2 cm
bedeutend; großrahmig; tief; breit; volles, aber ausdrucksvolles Gesicht; reichlich bunt; stichelhaarig; sonst in allen Teilen gut; gute, gerade Gänge

Vererbung: sehr gleichmäßig; großlinig; gut in Hals, Widerrist, Schulter; guter Vorderfuß; schwächerer, gewinkelter Hinterfuß; auffallende, gute Gangmanier; guter Charakter

Nachzucht bis 1974:
877 Fohlen, 13 Ia, 16 785,– DM

Gekörte Hengste: 42

Dominik

Dominik 4013

v. Dömitz I – Abendsport
braun, deckt seit 1961

Maße: 164/188/22,0 cm
ausdrucksvoller, trockener Kopf; großlinig; viel Hals, Schulter, Widerrist; lange Kruppe; spätreifer Typ; gutes Fundament; genügend Schritt; guter Trab

Vererbung: bedeutender Rahmen (bisweilen etwas knapp), ausdrucksvolle Gesichter, korrektes Fundament, lange Kruppen, (schwerfuttrig und spätreif), Bewegungen und Rittigkeit besser als beim Vater, Hinterhandswirkung z. T. begrenzt, Robustheit und Noblesse; gut für Veredelung

Nachzucht bis 1974:
411 Fohlen, 41 Ia, 39 111,– DM

Gekörte Hengste: 6
DLG: Ia

Dominant 3389

v. Dolman – Foliant
Fuchs, deckte von 1943–1949
(siehe: Damm, Dominus)

Maße: 163/192/22,3 cm
großrahmig; großlinig (schwerer Kopf); tief; breit, gut bemuskelt; sehr gute Beine; sehr viel Tritt; vorne zehenweit

Vererbung: sicherer Vererber; stark; großlinig; großrahmig (schwerer Kopf); mittelstark; gute Bewegungen

Nachzucht bis 1974:
333 Fohlen, 19 Ia, 4494,– DM

Gekörte Hengste: 7

DLG-Preise bis 1966:
Tochter Domwürde II. Preis

Duden II 4055

v. Duellant – Der Löwe xx
Fuchs, deckt ab 1964
(siehe: Duellant, Dünkel, Duft I, Duft II, Der Löwe xx)

Maße: 158/168/21,0 cm
klein; kernig; guter Ausdruck; viel Brusttiefe, Rippenwölbung und Körperschluß; genügende Brustbreite; starke Hosenmuskulatur; trockene, kurze Röhren; feste Hufe; Schritt und Trab gut; im Typ Spitzenklasse

Vererbung: unterschiedliche Größe; häufig (schwer) im Kopf; viel Halsung; teilweise verschwommener Widerrist; günstige Schulterformation; tief und gut gerippt; muskulös; gelegentlich horizontal im Becken; Gangarten überdurchschnittlich in Raumgriff und Elastizität; unkompliziert bei lebhaftem Temperament

Nachzucht bis 1974:
269 Fohlen, 31 Ia, 10 862,– DM

Gekörte Hengste: 7

DLG-Preise bis 1974:
Sohn Darwin 1970 Ib

Dünkel 3825

v. Duellant – Förster
Fuchs, deckte von 1953–1964

Maße: 161/192/22,4 cm
bedeutend; sehr großlinig; tief; breit; gut in Kopf, Hals, Schulter, Kruppe (wenig Widerrist); horizontale Kruppe (Schweif neigt nach links); gutes Fundament; sehr viel Tritt; etwas zehenweit

Vererbung: großlinig; (trotz steiler Schulter) guter Halsaufsatz (Schweifhaltung korrekt); viel Tritt, dabei aufspielend und bodenweit; gute Reiteigenschaften

Nachzucht bis 1974:
277 Fohlen, 17 Ia, 27 359,– DM

Gekörte Hengste: 6

Duellant 3586

v. Dolman – Foliant
Fuchs, deckte 1946–1965
(siehe: Dünkel, Marconi)

Maße: 163/190/21,8 cm
nerviger Ausdruck trotz nicht leichten Kopfes; viel Hals, Schulter, Linie; mitteltief; mittelstark; sehr gute Bewegungen

Vererbung: sehr durchschlagend; markant; großlinig; bedeutender Kopf mit viel Ausdruck; sehr gute Vorhand; viel Schulterfreiheit; hervorragende Bewegungen; Ehrgeiz und Leistungsbereitschaft; sehr gute Dressurpferde

Nachzucht bis 1974:
765 Fohlen, 152 Ia, 441 327,– DM

Gekörte Hengste: 42

DLG-Preise bis 1974:
Hengstnachzucht IIa; Sohn Duft II: Ia und Siegerpreis; Töchter Duellgirl Ia und Siegerpreis, Duellfeier IIa, Duellfest Ib, Duela IIb, Duellgold If, Dekret IIc

Internationale Turnierpferde:
Doublette, (100 070,– DM), Dux (91 722,– DM)

Duden II

Duft I

Duft I 4014

v. Duellant – Gote
braun, deckt ab 1961
(siehe: Duellant, Duft II, Gote)

Maße: 162/173/22,2 cm
leichtfuttriges Modell; gut aufgesetzte Halsung; ausdrucksvoller Kopf; Widerrist nicht genügend ausgeprägt; leicht aufgewölbte Nierenpartie; lange, muskulöse Kruppe; gute Rippenwölbung, Brusttiefe und -breite; (flache) Trachten; Bewegungen raumgreifend
Vererbung: praktische, solide Mutterstutenmodelle; bedeutender Rahmen; meist viel Halsung; rumpfig; gut gelagerte Schulter; wenig Widerrist; korrektes, trockenes Fundament; überdurchschnittlicher Bewegungsablauf; Reitpferde-Nachkommen im guten Huntertyp; unkompliziert, ehrlich
Nachzucht bis 1974:
284 Fohlen, 37 Ia, 15 151,– DM

Dwinger

Gekörte Hengste: 9
DLG-Preise bis 1974:
Sohn Diplomat 1966 und 1968 Ia, 1972 Ia und Siegerpreis
Sohn Duktus 1968 Ia
Tochter Duftlore 1968 Ib
Diese 3 Nachkommen zusammen 1968 Sieger-Hengstnachzuchtsammlung

Duft II 4029

v. Duellant – Gote
braun, deckt ab 1962
(siehe: Duellant, Duft I, Gote)

Maße: 163/175/23,0 cm
sehr bedeutender Hengst mit viel Geschlechtsausdruck; gute Halsung; große Partien; Widerrist wenig markant; Sattellage noch gut; leichtfuttrig; guter Körperschluß; Nierenpartie etwas aufgewölbt; Breite und Muskulatur gut; starkes Fundament, genügend trocken; gute Hufe; Raumgriff recht gut; Hengst von Spitzenqualität
Vererbung: typklare, bedeutende und noble Modelle; guter Rahmen; gefällige Halsung; genügend Sattellage; harmonische Formen; solides, trockenes Fundament; reiterlich ausgewogene Gleichgewichtspferde; ausgeglichen und handlich
Nachzucht bis 1974:
430 Fohlen, 46 Ia, 25 616,– DM
Gekörte Hengste: 14
DLG-Preise bis 1974:
1964 Ia- und Siegerpreis
Sohn Dirk 1974 Ia- und Siegerpreis
Tochter Duftgut 1970 und 1972 Ib

Dwinger 3257

v. Detektiv – Flint
Fuchs, deckte von 1943–1957

Maße: 161/183/21,8 cm
trocken; guter Kopf; guter Hals; vorliegender Widerrist; nicht rumpfig; hervorragende Gänge
Vererbung: großlinig; hübsch; sehr schwungvolle, nicht immer taktmäßige Bewegungen
Nachzucht bis 1965:
680 Fohlen, 35 Ia, 38 538,– DM
Gekörte Hengste: 5

Eindruck II 3914

v. Astflug – Denksport
braun, deckte 1955 bis 1972
(siehe: Astflug – Ernö)

Maße: 162/172/21,0 cm
bedeutender, moderner Hengst; ausdrucksvoller Hengstkopf; gut angesetzter, langer Hals; guter Widerrist; schöne Oberlinie; sehr gute Schulter; gute Brusttiefe und Kruppenmuskulatur; leichter Vorderfuß; schwungvoller, gerader Gang; Temperament gutartig; Hengst guter Klasse

Vererbung: gleichmäßiger Typ mit Ausdruck und Adel; großlinige Modelle; gute Halsung; viel Aufsatz; Sattellage (knapp); feste Verbindung mit Neigung zu horizontaler Kruppe; guter Raumgriff, aber harte Bewegungen; charakterlich nicht immer einfach; Springvermögen über dem Durchschnitt

Nachzucht bis 1974:
385 Fohlen, 76 Ia, 93 394,– DM

Gekörte Hengste: 16

DLG-Preise bis 1974:
Sohn Einblick 1974 Ia
Tochter Elfenwache 1964 Ia und Siegerpreis
Tochter Elblady 1970 Ib

Einglas 4030

v. Athos – Flintglas
braun, deckte von 1962–1974

Maße: 162/205/21,8 cm
auffallend durch nervigen Ausdruck und Halsaufsatz (kurzer Widerrist); spätreif; mittelstarke, korrekte Beine; gute Hufe; sehr gute, korrekte Gänge

Vererbung: Größe unterschiedlich; bedeutende Halsung; schräge Schulter, lange und muskulöse Kruppe; Köpfe und Widerrist wenig prägnant; Fundament trokken, Vorderbein korrekt, Sprunggelenk breit, leicht gewinkelt; Brusttiefe und Rippenwölbung gut, viel Raumgriff und Elastizität, Schritt (knapp); Temperament, Arbeitswilligkeit und Rittigkeit positiv

Nachzucht bis 1974:
250 Fohlen, 19 Ia, 16 079,– DM

Gekörte Hengste: 7

DLG-Preise bis 1974:
Tochter Elfe 1970 Id

Ernö 3959

v. Astflug – Fermor I
Rappe, deckte von 1958–1974

Maße: 162/199/22,4 cm
ausdrucksvolles (arabisches) Gesicht; sehr rumpfig; ausgezeichnete Halsung; gute Schulter; horizontale (arabische) Kruppe; rückbiegiger Vorderfuß; gerades, aber genügend kräftiges Sprunggelenk; ausgezeichnete Bewegungen; hervorragender Charakter
Mutter ist Springpferd Fugosa

Vererbung: harmonisch; sehr viel Ausdruck; in Kruppe und Fundament dem Vater ähnlich; sehr gute Stuten, reiterlich (schwierig)

Nachzucht bis 1974:
507 Fohlen, 89 Ia, 18 758,– DM

Gekörte Hengste: 24

DLG-Preise bis 1974:
Tochter Ellinor 1968 Ia, 1970 Ic, 1972 Ia
Tochter Eva 1970 Ia, 1972 Ia und Siegerpr.
Tochter Erle 1970 Ia
3 Töchter 1970 I. Fam.-Pr.

Faruk 3261

v. Florenz – Flak
braun, deckte von 1941–1959

Maße: 166/190/21,8 cm
großlinig; ausdrucksvoller Kopf; gut in Hals und Schulter; genügender Widerrist; (weicher Rücken); nicht genügend breit und tief; guter Vorderfuß; gerader, guter Gang (vorne bodenweit)

Vererbung: nobel; ausdrucksvolles Gesicht; gut in Halsung und Linie; lange Mittelhand; leichtes Fundament; genügend Tritt; sehr guter Charakter

Nachzucht bis 1974:
396 Fohlen, 22 Ia, 2702,– DM

Gekörte Hengste: 2

Faruk

Ferdinand 3406

v. Ferrara – Helgoland I
braun, deckte von 1944 bis 1967
(siehe: Ferrara)

Maße: 164/174/22,0 cm
harter, nerviger Hengst; sehr gute Schulter; genügend Widerrist; gute Halsung; (großer) Kof; (quadratisch); nicht genug hintere Rippe; Breite, Muskulatur genügend; Hinterbein etwas gewinkelt; trocken; Gang gerade und schwungvoll

Vererbung: spätreif, aber robust; guter Rahmen; (kurze) Hälse; (kurze) Kruppe; offene Flanke; Sattellage unterschiedlich; hüftig; kurze Hose; starkes Fundament, gute Gelenke; Bewegungsablauf geregelt und fleißig; taktmäßig; Schritt gut, Trab genügend, Galopp sehr gut, in der Rittigkeit etwas ledern; überdurchschnittliche Springanlage; herausragender Leistungsvererber; reinerbig braun

Nachzucht bis 1974:
704 Fohlen, 48 Ia, 884 518,– DM

Gekörte Hengste: 12

Spitzenpferde im Leistungssport:
Ferdl (143 116,– DM, Faustus 3 (119 186,– DM), Mehmed (95 454,– DM)

Ferrara

Feiner Kerl 946

v. Fling – Kirkland
braun, deckte von 1922–1943
(siehe: Fernjäger, Förster, Friesenkönig, Almhüter I, Anfechter)

Maße: 159/188/21,6 cm
vorbildlicher Hengstausdruck; rumpfig; muskulös; geschlossen; sehr viel Hals; kurze Schulter; wenig Widerrist; gerades Sprunggelenk; sehr gute, gerade, energische Gänge

Vererbung: sehr gut; viel Ausdruck; edel; tief; breit; muskulös; leichtfuttrig; wenig Widerrist; gerades Sprunggelenk; gute, korrekte Gänge; *nur dunkelfarbig*

Nachzucht bis 1974:
971 Fohlen, 0 Ia, 2046,– DM

Gekörte Hengste: 114

DLG-Preise bis 1974:
Sohn Fermor III Ia und Siegerhengst

Fernjäger 3601

v. Feiner Kerl – Almjäger I
braun, deckte von 1946–1971

Maße: 163/190/21,8 cm
markant; großlinig; tief; gute Halsung; gute Schulter; langer Rücken; kräftiges Sprunggelenk; sehr gute Bewegungen

Vererbung: gut in Kopf und Hals; muskulös (kurze, abfallende Kruppe); guter Charakter

Nachzucht bis 1974:
738 Fohlen, 53 Ia, 152 790,– DM

Gekörte Hengste: 22

Ferrara 3124

v. Feinschnitt – Alcantara I
braun, deckte von 1939 bis 1945
(siehe: Ferdinand)

Maße: 167/178/22,5 cm
guter Hengstkopf, (kurzer) Hals, gute Schulter, Widerrist und Rücken; lange Kruppe; gute Rumpftiefe; starkes Fundament; guter, gerader Gang; großer Rahmen; starkes Fundament; richtiger Beschäler

Vererbung: schwerste Kaliberstuten mit großer Noblesse; starkes, korrektes Fundament; ausreichender Bewegungsablauf; einwandfreier Charakter; hart und leistungsfähig im Springsport

Nachzucht bis 1974:
381 Fohlen, 2 Ia, 24,– DM

Gekörte Hengste: 17

Firnis 3720

v. Fiat – Candidat I
Fuchs, deckte von 1949–1960

Maße: 166/189/22,5 cm
trocken; muskulös; stark; ausdrucksvolles Gesicht; guter Hals; gute Schulter; kurze Kruppe; sehr gutes Fundament; gute Hufe; mittelmäßige Bewegungen (vorne knieweit und zehenweit)

Vererbung: stark, tief, breit (kurze abfallende Kruppe); genügend Gang; sehr guter Charakter

Nachzucht bis 1974:
347 Fohlen, 41 Ia, 16 951,– DM

Gekörte Hengste: 31

DLG 1956: Ia und Siegerhengst

Floral 1080

v. Flavius – Lorval
braun, deckte von 1929–1948

Maße: 167/200/22,3 cm
schweres, derbes, tiefes, breites Wirtschaftspferd; schwerer Kopf; Hals und Rücken gut; steile Vorhand; phlegmatisch; sehr guter Charakter

Vererbung: tief; breit; in Hals und Kopf nicht ideal; schwungvolle Bewegungen

Nachzucht bis 1974:
904 Fohlen, 5 Ia, 711,– DM

Gekörte Hengste: 30

Florentiner II 3941

v. Flügeladjutant – Joho
Rappe, deckte von 1957–1973

Maße: 162/200/22,0 cm
Typ: vielseitiges Wirtschaftspferd; tief; breit, langer Hals (wenig Widerrist); gute Kruppe; gerader Gang; besonders gute Trabbewegung

Vererbung: leichtfutterig; tonnig; wenig Widerrist; guter Vorderfuß (gerader Hinterfuß); viel Tritt mit Aktion; sehr guter Charakter; willig und leichttrittig

Nachzucht bis 1974:
347 Fohlen, 56 Ia, 14 966,– DM

Gekörte Hengste: 10

Flügeladjutant 3269

v. Flügelmann I – Albeck
braun, deckte von 1941–1956
(siehe: Florentiner II, Winkel, Wöhler, Abdulla)

Maße: 161/196/22,0 cm
sehr schöner Typ; großes, ausdrucksvolles Auge in kleinem, prägnantem Kopf; harmonisch; tief; breit; sehr gute Sprunggelenke; kurzbeinig; gutes Rechteckmodell; gute, korrekte Bewegungen;

Vererbung: durchschlagend in Adel, Schmelz, Harmonie; tief; breit; gute Manieren bei schwungvollen Bewegungen; gutes Temperament

Nachzucht bis 1974:
577 Fohlen, 65 Ia, 17 273,– DM

Gekörte Hengste: 14

DLG-Preise bis 1966:
Tochter Flügelpalme Ia, Ib, IIa, Ia- und Ic-Familienpreis
Sohn Harras hat deutschen Hochsprungrekord

Flügelmann I 1090

v. Flavius – Alderman I
braun, deckte von 1933–1949
(siehe: Flügeladjutant, Ernö, Gouverneur)

Maße: 167/190/22,6 cm
majestätisch; großrahmig; breit; gut in Hals und Schulter; wenig Widerrist; flacher Vorderfuß; gewinkeltes Hinterbein; schwungvoller Gang

Vererbung: nervig, ausdrucksvoll; gute Manieren; robust; schwungvoller Gang

Nachzucht bis 1974:
679 Fohlen, 4 Ia, 2893,– DM

Gekörte Hengste: 45

Flügelmann I

Förster 1104

v. Feiner Kerl – Deister
dunkelbraun, deckte von 1931–1949
(siehe: Dünkel)

Maße: 165/198/21,5 cm
nervig; viel Ausdruck; tief; breit; muskulös; praktisch; leichtfutterig; kurzbeinig; guter Vorderfuß; gerader Hinterfuß; guter, gerader Gang

Vererbung: edel; harmonisch; sehr viel Nerv; eiserne Natur

Nachzucht bis 1974:
888 Fohlen, 11 Ia, 23 720,– DM

Gekörte Hengste: 36

Freiherr I 3494

v. Fermor III – Golfsport II
Fuchs, deckte von 1945–1953

Maße: 162/188/22,8 cm
stark; muskulös; breit; gute Schulter; genügend Hals; weiche Niere; gutes Fundament; kurze Fesseln; viel Tritt (bodenweit)

Vererbung: durchschnittlich in Stärke, Breite und Gang

Nachzucht bis 1974:
226 Fohlen, 17 Ia, 6519,– DM

Gekörte Hengste: 9

Friesenkönig 3275

v. Feiner Kerl – Erlkönig
braun, deckte von 1941–1958
(siehe: Frio)

Maße: 160/187/22,0 cm
ausdrucksvoll (tief aufgesetzter Hals); Widerrist nur genügend; lange Kruppe; wenig Hinterrippe; gerader Gang

Vererbung: nicht einheitlich; ausdrucksvoll; guter Hals; häufiger Fundamentmängel; gerader Gang; gute Springpferde

Nachzucht bis 1974:
705 Fohlen, 23 Ia, 66 388,– DM

Gekörte Hengste: 6

Frio 3733

v. Friesenkönig – Dolman
braun, deckte von 1949–1960

Maße: 160/185/22,0 cm
praktisch; tief; breit; muskulös; viel Ausdruck; genügender Gang

Vererbung: mittelgroß; praktisch; genügend Gang; gute Geschirrpferde; gute Reitpferde

Nachzucht bis 1974:
227 Fohlen, 18 Ia, 5626,– DM

Gekörte Hengste: 10

Frühsport 3327

v. Fiat I – Sportland
Rappe, deckte von 1942–1959

Maße: 163/193/22,0 cm
gedrungen; tief; breit (kurzlinig); gut in Hals, Schulter, Widerrist; flache Hufe; guter, gerader Gang

Vererbung: tief; breit; gute Linie; mittelstark; mittelmäßiger Gang

Nachzucht bis 1974:
572 Fohlen, 17 Ia, 25 490,– DM

Gekörte Hengste: 13

Frustra II 3627

v. Futurist I – Tanera
braun, deckte von 1946 bis 1971
(siehe: Futurist I)

Maße: 169/177/21,7 cm
großlinig; etwas groß; mächtige Schulter; viel Widerrist; schöne Halsung; (hoch); (quadratisch); (lange Röhren); schmale Brust; gute Muskulatur; Vorderfuß geschliffen, geschnürt; Sprunggelenke breit; kurzer Fesselstand, schwungvoller Gang, knieeng

Vererbung: Rahmen und Ausdruck überzeugend; bedeutende Erscheinungen; nobel (langes) Röhrbein; kurze Kruppe; Trockenheit nicht immer ausreichend; Schritt und Trab unterschiedlich; Hinterhandsbewegungen ohne klare Akzente; Rittigkeit gut; gutmütig und willig; sensibel; großes Springvermögen; auf Roaren achten

Nachzucht bis 1974:
782 Fohlen, 61 Ia, 167 406,– DM

Gekörte Hengste: 10

DLG-Preise bis 1974:
Tochter Friesengräfin 1968 IIa

Frustra II

Futurist I 3063

v. Flak – Christian de Wet xx
braun, deckte von 1937–1955

Maße: 168/199/23,0 cm
Vorbild eines guten Hannoveraners; schön; ausdrucksvoll; edel; korrekt; großrahmig; harmonisch; gut in Hals, Schulter, Widerrist; korrekter Gang

Vererbung: guter Typ; tief; breit; gute Bewegungen; in allem gut, aber etwas ungleichmäßig

Nachzucht bis 1974:
814 Fohlen, 26 Ia, 112 387,– DM

Gekörte Hengste: 28

DLG-Schau Ia-Preis

Futurist I

Goldfalk 3631

v. Goldfisch II – Alkoven
Fuchs, deckt seit 1946

Maße: 166/188/ 22,0 cm
sehr ausdrucksvoll und großlinig; nervig; viel Hals (wenig Hinterrippe)

Vererbung: nervig; gut in Hals und Oberlinie; sehr guter Charakter; sehr gute Geschirrpferde; reiterlich langsames Reaktionsvermögen

Nachzucht bis 1974:
595 Fohlen, 42 Ia, 37 215,– DM

Gekörte Hengste: 6

DLG-Schau 1953: II. Preis und Aktionstraber

DLG-Schau 1960: Ia und Siegerhengst

DLG-Schau 1974: Tochter Goldbad Ib

Goldfisch II

Goldfisch II 3137

v. Goldammer II – Flugfeuer II
Rappe, deckte von 1939–1958
(siehe Goldfalk, Goldmann, Graf, Weingau)

Maße: 169/199/23,6 cm
großlinig; gut in Kopf, Hals, Schulter, Widerrist, Kruppe; sehr stark; unregelmäßiger Gang (gallig)

Vererbung: großrahmig; praktisch; harmonisch; kleine Köpfe; gute Mutterstuten; reiterlich (ängstlich)

Nachzucht bis 1974:
887 Fohlen, 18 Ia, 68 902,– DM

Gekörte Hengste: 12

Goldmann

Goldmann 3633

v. Goldfisch II – Jägersmann
Rappe, deckte von 1947–1966

Maße: 166/193/22,2 cm
stark; großlinig; gute Schulter; guter Widerrist; lange Kruppe; guter Vorderfuß; gewinkelter Hinterfuß; kurze Einschienung; sehr gute Bewegungen
Vererbung: lang; wenig Hinterrippe; Mängel im Hinterfuß; genügend Gang; hart, (heftig)
Nachzucht bis 1974:
527 Fohlen, 29 Ia, 81 540,– DM
Gekörte Hengste: 4

Gong

Gong 3837

v. Goldmann – Allweiser III
Dunkelfuchs, deckte von 1953 bis 1973
(siehe: Goldfalk, Goldfisch II, Goldmann, Graf, Grande)

Maße: 167/175/22,2 cm
groß; gute Schulter; genügend Hals; ausdrucksvoller Kopf; viel Widerrist; (quadratisch); gute Muskulatur; genügend Breite; hüftig; gutes Fundament, breite Sprunggelenke; sehr schwungvoller, gerader Gang
Vererbung: unterschiedliche Größe; häufig knappe Halsung; meist gute Schulter und Kruppe; Rippentiefe nicht immer ausreichend; starkes, korrektes, trockenes Fundament; (weiche) Fesselung; gute Sportpferde für Dressur und Springen
Nachzucht bis 1974:
431 Fohlen, 24 Ia, 113 748,– DM
Gekörte Hengste: 9

Gote 3178

v. Goldammer II – Flugfeuer II
dunkelbraun, deckte von 1939–1953
(siehe: Gouverneur)

Maße: 167/197/22,5 cm
gut in Ausdruck, Hals, Schulter, Widerrist; kurze Kruppe; sehr viel (unregelmäßige) Bewegungen
Vererbung: kleines Auge; massig; guter Hals; sehr guter Vorderfuß; schwächeres Sprunggelenk; korrekte Bewegungen; gute Geschirrpferde
Nachzucht bis 1965:
627 Fohlen, 11 Ia, 425,– DM
Gekörte Hengste: 14

Gouverneur 3634

v. Gote – Flügelmann I
dunkelbraun, deckt seit 1947

Maße: 163/190/21,5 cm
harmonisch; stark; viel Hals; genügend in Hals und Widerrist (schmal); korrektes Fundament; sehr gute, gerade Bewegungen

Vererbung: harte, große Pferde; gut in Kopf, Hals, Oberlinie (kurze Kruppe); gute Muskulatur; guter (bodenweiter) Gang; gut im Geschirr; reiterlich (ledern); nur dunkelfarbige Nachkommen

Nachzucht bis 1974:
460 Fohlen, 44 Ia, 5797,– DM

Gekörte Hengste: 5

Graf 3435

v. Goldfisch II – Flugfeuer I
Fuchs, deckte von 1944–1957

Maße: 160/187/21,8 cm
schöner Hengst mit kleinem Kopf; gut in Hals, Schulter; wenig Widerrist; Druck in Rücken und Niere; gutes Fundament (weiche Fessel); sehr gute Bewegungen

Vererbung: tief; gut bemuskelt; leicht; gut in Kopf, Hals, Schulter; gute, korrekte Bewegungen

Nachzucht bis 1974:
247 Fohlen, 11 Ia, 34 920,– DM

Gekörte Hengste: 3

DLG-Preise bis 1966
Tochter Gräfin IIa

Grande 4032

v. Graf – Duellant
Fuchs, deckt ab 1962
(siehe: Graf, Duellant)

Maße: 162/172/22,0 cm
viel Hengstausdruck; knappe, starke Halsung; Widerrist ausreichend; gute Brusttiefe; mangelnde Hinterrippe; gute Muskulatur an Vorarm, Schulter und Kruppe; Vorderfuß (flach) und (steil); breite Sprunggelenke; Raumgriff gut; feste Hufe

Vererbung: Größe und Rahmen unterschiedlich; ohne Schönheit und (Harmonie); Widerrist (matt); vielfach Unterhals; Sattellage nicht ideal; starkes Genick; Hinterhand ausgeprägt und gut bemuskelt; Bewegungen leicht übereilt; schwer zu versammeln; einsatzbereit; sehr nervig; ehrlich; im ganzen charakterlich positiv; z. Z. im Leistungssport gefragt

Nachzucht bis 1974:
391 Fohlen, 38 Ia, 80 739,– DM

Gekörte Hengste: 18

Johann 1445

v. Jasperding – Schumann
Fuchs, deckte von 1928–1949

Maße: 168/199/22,4 cm
groß, nicht tief; Mängel in Hals und Widerrist; sehr gute Beine; korrekter, gerader Gang; sehr guter Charakter

Vererbung: gute Pferde, aber nicht tief genug; korrekte Bewegungen

Nachzucht bis 1974:
1123 Fohlen, 6 Ia, 0 DM

Gekörte Hengste: 16

Jonkheer xx 3893

v. Magnat – Indus
dunkelbraun, deckte von 1955–1969

Maße: 163/184/20,0 cm
sehr großlinig; viel Ausdruck; etwas Unterhals; gute Oberlinie; wenig Hinterrippe; sehr guter Vorderfuß; wenig Huftrachten; sehr gute Bewegungen

Vererbung: viel Ausdruck; gute Größe; Hals (tiefaufgesetzt), aber nicht schwierig; mittelstark; hinten weich gefesselt; Sprunggelenk (ausdruckslos); alle Gangarten gut

Nachzucht bis 1974:
433 Fohlen, 27 Ia, 31 163,– DM

Gekörte Hengste: 6

Grande

Kurde x

Journalist 1457

v. Jasperding – Altist
Fuchs, deckte von 1929–1949 (siehe: Juragold)

Maße: 169/200/22,4 cm
nervig; tief; breit; kurzlinig; quadratisch; kurzer Hals; kurze, horizontale Kruppe; stark; gute Bewegungen
Vererbung: nervig; kurzer Hals; quadratisch; gerader Hinterfuß; guter Gang
Nachzucht bis 1974:
1038 Fohlen, 2 Ia, 220,– DM
Gekörte Hengste: 54

Juragold 3182

v. Journalist – Alstergold
Fuchs, deckte von 1940–1955 (siehe: Jurawind)

Maße: 169/202/22,3 cm
robust; hart; stark; beladene Schulter; wenig Widerrist; wenig Hinterrippe; gerader Hinterfuß
Vererbung: stark; tief; breit; sehr gute, zugwillige Wirtschaftspferde
Nachzucht bis 1974:
651 Fohlen, 47 Ia, 1867,– DM
Gekörte Hengste: 8

Jurawind 3517

v. Juragold – Abendwind III
Fuchs, deckte von 1945–1958

Maße: 162/193/22,0 cm
kurzbeinig; stämmig; praktisch; (steile Schulter); kurze Röhre; sehr starke Sprunggelenke; steilgefesselt; gerade, etwas stampfende Gänge
Vererbung: starke Pferde mit viel Tritt (knieweit)
Nachzucht bis 1974:
524 Fohlen, 40 Ia, 11 661,– DM
Gekörte Hengste: 6

Kurde x

v. Koheilan I ox – Bafur xx
Schimmel, deckte von 1949–1956
(siehe: Kurier)

Maße: 155/181/20,0 cm
Arabertyp; mit Hechtkopf (kurzem, dickem) Hals und (kurzer), horizontaler Kruppe; tief; breit; leichtfutterig; guter Vorderfuß; sehr gute Bewegungen
Vererbung: Arabertyp (kurzer Hals); kurze, horizontale Kruppe; nervig (klein); gute Bewegungen im Gleichgewicht; (matt) im Rücken
Nachzucht bis 1974:
149 Fohlen, 3 Ia, 24 980,– DM
Gekörte Hengste: 6

Kurier 4017

v. Kurde x – Detektiv
Schimmel, deckt seit 1961

Maße: 165/194/21 cm
viel Ausdruck; guter (kurzer) Hals; Druck hinter Widerrist (kurze Kruppe, trägt Schweif nach rechts); leichtes, gerades Sprunggelenk
Vererbung: ausdrucksvoll; guter Widerrist (kurze, steile Schulter); kurze Kruppe; gute Bewegungen; besonders guter Schritt (vereinzelt schiefe Schweifhaltung); in Größe unterschiedlich; ehrlich, willig, labil im Maul
Nachzucht bis 1974:
561 Fohlen, 42 Ia, 45 105,– DM
Gekörte Hengste: 10

Lasso 4077

v. Lateran – Faruk
Schimmel, deckt ab 1965 (siehe: Lateran, Faruk)

Maße: 164/174/22,0 cm
bedeutendes Modell; gut aufgesetzter Hals; leichtes Genick; lang im Kopf; Sattellage und Schulter gut; Kruppe mittellang; Muskulatur, Tiefe und Rippe gut; guter Vorderfuß; gute Sprunggelenke; sehr guter Schritt; Trab ausreichend; vorn bodenweit; gute Hufbildung; Hengst guter Klasse
Vererbung: unterschiedlich in Größe und Rahmen; häufig lange Gesichter mit guter Halsung; korrektes Fundament; (gerades) Sprunggelenk; Schritt gut, Trab genügend, Galopp sehr gut; gewisse Widersätzlichkeit, wenig Ehrgeiz; Springen nicht überragend
Nachzucht bis 1974:
338 Fohlen, 29 Ia, 7341,– DM
Gekörte Hengste: 7

Lateran 3648 (Trak.)

v. Helikon – Fetysz ox
Schimmel, deckte von 1947–1966

Maße: 157/180/19,8 cm
sehr ausdrucksvoll; gute Vorhand: Hals, Schulter, Vorderfuß; Druck hinter Widerrist; kurze Kruppe; kurze Hosen; leicht; korrekte Bewegungen
Vererbung: ausdrucksvoll; gut in Hals und Schulter; vorgetiefter Rücken; leichtes Sprunggelenk; sehr gute Bewegungen; Schimmel klein, andersfarbige größer; guter Charakter; gute Springpferde
Nachzucht bis 1974:
542 Fohlen, 15 Ia, 219 544,– DM
Gekörte Hengste: 10

Lugano I 3963

v. Der Löwe xx – Albaner
Fuchs, deckt seit 1958

Maße: 162/191/20,7 cm
hübsches Gesicht; (nicht genügend) Hengstausdruck; muskulös (tief aufgesetzter Hals); kurze Kruppe; kurze Hosen; korrektes Fundament; flache Hufe; sehr gute Bewegungen
Vererbung: geschmackvolle Pferde mit Nerv und Schönheit; trockene Gelenke; Temperament sehr gut; rittig; gute Grundgangarten; vereinzelt bügelnder Gang
Nachzucht bis 1974:
680 Fohlen, 78 Ia, 114 299,– DM
Gekörte Hengste: 25
In Westercelle Leistungsbester

Lukas 4090

v. Lugano I – Dwinger
Fuchs, deckt ab 1966
(siehe: Lugano I, Der Löwe xx, Dwinger)

Maße: 162/175/21,5 cm
elegantes Modell; Hengstausdruck; leichtes Genick; gut aufgesetzter Hals; guter Widerrist; schräge Schulter; ausreichende Breite und Rippenwölbung; gute muskulöse Kruppe; (angedrückter) Ellenbogen; Vorarm wenig bemuskelt; gut ausgeprägte Sprunggelenke; kleiner, fester Huf; raumgreifende, elastische und korrekte Bewegungen
Vererbung: geschmackvoll, mit Riß und Rahmen; unterschiedliche Größe; trocken; moderne Reitpferdemodelle; umgänglich; überdurchschnittliche Mechanik; offenbar mehr für Dressurzwecke geeignet
Nachzucht bis 1974:
426 Fohlen, 58 Ia, 1783,– DM
Gekörte Hengste: 24

Marcio xx 3843

v. Aventin xx – Janus xx
braun, deckte von 1953–1965
(siehe: Marconi)

Maße: 161/175/19,0 cm
hübsch; ausdrucksvoll; gute Vorhand; gut in Hals und Schulter; quadratisch; weicher Rücken (schmal, nicht tief); leicht (loser Vorderfuß); sehr gute Bewegungen
Vererbung: hübsch; trocken (klein); leichtes Genick; gute Bewegungen; überdurchschnittliche Turnier-, besonders Dressurpferde
Nachzucht bis 1974:
360 Fohlen, 23 Ia, 298 184,– DM
Gekörte Hengste: 8

Marconi 4020

v. Marcio xx – Duellant
braun, deckt seit 1961

Maße: 165/185/20,7 cm
sehr gutes Gesicht; gut in Hals und Schulter; kurzer Widerrist (überbaut); leicht; gute Hufe; sehr gute Bewegungen
Vererbung: trockene Pferde; (tiefaufgesetzter) guter Hals; (lange) Köpfe; Druck in der Niere; gute, elastische Bewegungen (bodenweit); lebhaft, aber gutmütig, willig, handlich
Nachzucht bis 1974:
550 Fohlen, 42 Ia, 48 628,– DM
Gekörte Hengste: 26
In Westercelle Leistungsbester

Pik As xx 3845

v. Abendfrieden xx – Mirza II xx
braun, deckte von 1953 bis 1969

Maße: 157/167/19,5 cm
praktischer Hengst; lange Schulter; Hals etwas kurz; Unterhals; ausdrucksvoller Kopf; langer Widerrist; gute Tiefe und Rippenwölbung; gute Muskulatur; Vorderfuß leicht, aber korrekt; gute Hosen, trocken; Sprunggelenke gut eingeschient, wenig Hacke; Gang gerade und raumgreifend; Hufe (flach)
Vererbung: intelligent; klug, vielfach knapp; Widerrist nicht immer bedeutend; Mittelstück vielfach weich; gute Leistungsbereitschaft; zahlreiche gute Leistungspferde
Nachzucht bis 1974:
300 Fohlen, 34 Ia, 439 045,– DM
Gekörte Hengste: 4
Spitzenleistungspferd: Porta Westfalica
(127 815,– DM)

Scholwin

Scholwin 3654

v. Schwall – Friedolin
braun, deckte von 1947–1959

Maße: 167/198/23,0 cm
bedeutend; groß; tief; breit; kleines Auge; guter Hals; kurze Schulter; sonst gute Oberlinie; steiler Vorderfuß; sehr gute Sprunggelenke; mäßiger Gang

Vererbung: durchschlagend; kleines Auge; guter Hals; kurze Fessel; mäßige Bewegungen; tief; breit; guter Zuchtstuten- und Wirtschaftstyp

Nachzucht bis 1974:
372 Fohlen, 55 Ia, 51 798,– DM

Gekörte Hengste: 13

DLG-Preise bis 1966:
Tochter Scholarin II. Preis

Saloniki 4109

v. Sender – Wohlauf
braun, deckt ab 1967
(siehe: Sender, Senator, Sesam I, Wohlauf)

Maße: 161/172/22,0 cm
guter Hengstausdruck; viel Halsung; leichte Ganaschen; breit angesetzte Ohren; ausreichende Sattellage; (matt) in der Niere; Brusttiefe und Rippenwölbung ausreichend; Muskulatur und Breite genügend; Vorderfuß etwas geschnürt; genügend breite Sprunggelenke; gute Hufe; Bewegungen gut und elastisch bei korrekter Stellung; mittelgroßes Hengstmodell mit bedeutenden Partien

Vererbung: klein bis mittelgroß; ausdrucksvolle Gesichter; lange und gut aufgesetzte Halsung; Schulter mittelbreit; vorwiegend leichtfuttrig und geschlossen; Fundament korrekt und trocken; Schweif vereinzelt schief getragen; Rittigkeit gut, handlich, aufmerksames Temperament; Trab häufig überdurchschnittlich, Schritt und Galopp ausreichend; vielfach gute Springanlage

Nachzucht bis 1974:
235 Fohlen, 8 Ia, 294,– DM

Gekörte Hengste: 2

Schutzwart 3657

v. Schutzmann II – Alter Cadett
Rappe, deckte von 1946–1953

Maße: 161/191/22,2 cm
Ramskopf; langer Hals; gute Schulter; langer Rücken; lose Verbindung; gutes Fundament; guter, gerader Gang; tief; breit; Wirtschaftstyp

Vererbung: Ramskopf; viel Hals; guter Widerrist; langer Rücken; lose Verbindung; gewinkeltes Hinterbein; sehr gute Bewegungen; harte Leistungspferde; gute Springpferde

Nachzucht bis 1974:
202 Fohlen, 9 Ia, 69 608,– DM

Gekörte Hengste: 7

Internationales Springpferd:
Schlagetta

Schwabenkönig I 2601

v. Schwabenstreich – Khedive
Rappe, deckte von 1924–1939

Maße: 168/196/22,0 cm
großrahmig; tief; breit; muskulös; gut in Ausdruck, Schulter, Widerrist, Hinterrippe; sehr gute Bewegungen und Manieren

Vererbung: schöne, harte Wirtschaftspferde; Druck hinter Widerrist; Mangel im Vorderfuß; guter, gerader Gang

Nachzucht bis 1974:
594 Fohlen

Gekörte Hengste: 49

Senator 3898

v. Semper idem (Ostpr.) – Alljeder
Fuchs, deckte von 1954–1973
(siehe: Sender, Sesam I, Sesam II)

Maße: 161/193/21,7 cm
sehr schön; großlinig; guter Ausdruck; viel Hals und Schulter; korrektes Fundament; gute Hufe; korrekte Bewegungen
Vererbung: Füchse (kleiner) als Braune; gut in Kopf und Hals (steile Schulter, kurze Kruppe); gute Muskulatur; fester Rücken; sehr guter Vorderfuß; leichtes Sprunggelenk; ausreichende Bewegungen; Leistung unterschiedlich
Nachzucht bis 1974:
589 Fohlen, 71 Ia, 104 081,– DM
Gekörte Hengste: 40
DLG-Preise bis 1974:
Tochter Seebuche Ib } beide in Ia-Familie
Tochter Sendersonne Ib } Dombuche
Tochter Seenelke Ib

Sender 3983

v. Senator – Abendsport
Fuchs, deckt seit 1959

Maße: 161/191/21,4 cm
großlinig; viel Ausdruck; langer, dünner Hals, sehr viel Schulter und Widerrist; schwacher Schluß; wenig Hinterrippe; gewinkeltes Sprunggelenk; gute Hufe; sehr viel Tritt (etwas wenig Nachschub)
Vererbung: nobel, großlinig; Halsung, Ganaschen, Genick sehr gut; genügend Widerrist; auffallende Bewegungen; etwas fest im Rücken; arbeitswillig, ehrlich, gutes Springvermögen
Nachzucht bis 1974:
562 Fohlen, 57 Ia, 96 488,– DM
Gekörte Hengste: 22
DLG-Preise bis 1974:
Tochter Sennermädel Ia, IIb, Tochter Sennerwonne Ic, Tochter Señorita IIc, mit diesen 3 Töchtern Ia Hengstnachzuchtsammlung
Tochter Silvia Id
Sohn Söldner I

Sesam I 3986

v. Senator – Abendsport
Fuchs, deckt seit 1959

Maße: 161/196/22,0 cm
harmonisch (klein); sehr gutes Gesicht; viel Hals; gute Schulter; genügend Widerrist; muskulöse (horizontale) Kruppe; kurze Röhren; gutes Sprunggelenk; sehr gute Hufe; guter, gerader Gang
Vererbung: harmonisch; männlich normale Größe, weiblich kleiner; starkes, korrektes Fundament (kurze Fesseln); korrekte Bewegungen; gutes Temperament
Nachzucht bis 1974:
391 Fohlen, 24 Ia, 118 362,– DM
Gekörte Hengste: 7
In Westercelle Leistungsbester

Steinpilz xx 3900

v. Blasius xx – Janitor xx
braun, deckte von 1955–1969

Maße: 164/180/20,0 cm
wenig Hengstausdruck; großlinig; guter Hals; vorliegender Widerrist; nicht rumpfig; sehr guter Vorderfuß; Mangel in Einschienung; gerader Gang ohne Energie
Vererbung: mittelgroß (kein Vollblutkopf); genügendes Fundament; gute Bewegungen, besonders im Schritt; individueller Charakter
Nachzucht bis 1974:
444 Fohlen, 47 Ia, 174 402,– DM
Gekörte Hengste: 6

Sudan xx 4126

v. Nizam xx – Arjaman xx
dunkelbraun, deckt ab 1968

Maße: 163/172/20,0 cm
kleiner ausdrucksvoller Kopf, gute Halsung; hoher Widerrist; ausreichende Schulter; gute Brusttiefe; (überbaut); Rippenwölbung und Muskelbildung gut; Breite gut; guter Vorderfuß, etwas loser Stand; Sprunggelenke (schmal eingeschient); feste Hufe; beide Vorderhufe (nach rechts verstellt); Schritt ausreichend, Trab gut, Galopp sehr gut; Vollbluthengst guter Klasse

Sesam

Sudan xx

Vererbung: (derb); mittelrahmig; eigene Schönheit nicht immer mitgegeben; lange Halsung; (voller) Kehlgang; Schulter und Widerrist nicht genug prägnant; Hinterbein (gewinkelt), (schmale) Einschienung; flache Fesselköpfe; Rückenlinie (matt), elastisch; charakterlich gut; aufgewecktes Temperament; leicht ablenkbar; befriedigender Bewegungsablauf; Galoppade gut; überdurchschnittliche Springveranlagung, z. T. mangelnde Beintechnik

Nachzucht bis 1974:
306 Fohlen, 19 Ia, 8964,– DM

Gekörte Hengste: 12

Waidmannsdank xx 4085

v. Neckar xx – Alchimist xx
schwarzbraun, deckt ab 1966

Maße: 168/180/21,0 cm
groß; leicht im Genick; hoher langer Widerrist; bedeutende Schulter; gute Sattellage; Brustbreite genügend; Kruppe schmal; Fundament trocken; langes Röhrbein; guter Fesselstand; rechtes Sprunggelenk schwach eingeschient; fester Huf; voll ausreichender Schritt, etwas knieeng und bodenweit; reelle Trabbewegung; (schwerfuttrig); wenig bemuskelt; bedeutender Vollbluthengst

Vererbung: einheitlich großrahmig; spätreif; lange Gesichter; knappe Halsung; (straffe) Niere; im Fundament genügend; sehr guter Charakter; unterschiedliche Rittigkeit; unkompliziert; ausreichender Schritt; (gebundener Trab)

Nachzucht bis 1974:
409 Fohlen, 18 Ia, 7811,– DM

Gekörte Hengste: 18

Weiler

Weiler 3810

v. Feuerland – Aufseher
braun, deckte von 1952–1969
(siehe: Weingau)

Maße: 162/191/22,4 cm
sehr guter Hals (weicher Rücken); lange Kruppe (überbaut); gutes Fundament; verschieden im Charakter

Vererbung: nicht trocken genug, genügend groß; gute Linie, Hals, Schulter; genügender Widerrist; vereinzelt gerader Hinterfuß; gute Springpferde; verschieden im Charakter; eigenwillig, hart; wuchtiger Bewegungsablauf

Nachzucht bis 1974:
360 Fohlen, 20 Ia, 64 915,– DM

Gekörte Hengste: 10

Weißgold 3968

v. Firnis – Abendsport
Fuchs, deckte von 1958 bis 1968
(siehe: Firnis, Abendsport)

Maße: 165/174/22,9 cm
bedeutend; (quadratisch); guter Hengstausdruck; trokken; plastische Formen; gut angesetzter Hals; guter Widerrist; feste Oberlinie; gute Kruppe; mittelschräge Schulter; gute Hosenmuskulatur; kurze Röhren; gute Gelenke; hinten (weich) gefesselt; gute Hufe; guter Schritt, schwungvoller Trab mit viel Schulterfreiheit

Vererbung: vorwiegend großrahmig mit bedeutenden Partien; viel Halsung; (lang im Kopf); (herzleer); kurze Kruppe; kurze (weiche) Fesseln; Trab flach und federnd; Schritt (guter) Raumgriff; Sportpferde mit vorwiegender Springeignung

Nachzucht bis 1974:
147 Fohlen, 16 Ia, 24 142,– DM

Gekörte Hengste: 2

Weingau 3967

v. Weiler – Goldfisch II
braun, deckt seit 1958

Maße: 164/194/22,8 cm
großlinig; guter Hengstausdruck; guter Hals (wenig Widerrist); kurze, runde Kruppe; steil gefesselt; gerader Hinterfuß; gute Hufe; gute Bewegungen

Vererbung: großrahmig; in der Jugend trocken; stark (kräftige Köpfe); gute Halsung; genügend Widerrist; (gespannte) Gänge; gutes Springvermögen

Nachzucht bis 1974:
473 Fohlen, 29 Ia, 191 855,– DM

Gekörte Hengste: 12

Widerhall 4124

v. Florentiner II – Frühsport
Schimmel, deckte von 1968 bis 1973
(siehe: Flügeladjutant, Florentiner II, Frühsport)

Maße: 163/176/22,0 cm
ausdrucksvolles Gesicht, leichtes Genick, gut formierte Halsung; (unbedeutende) Schulter; volle Nierenpartie; (kurze) Kruppe; starkes, trockenes Fundament; (gerades) Hinterbein; gute Hufe; Bewegungsablauf sehr gut; durch sein Leistungsvermögen wertvoller Beschäler

Vererbung: Typ verbessert; wüchsig; gut aufgesetzte Halsung; Kopf häufig ohne besondere Markanz; Brusttiefe und Rippenwölbung ausreichend; in den Gangarten überdurchschnittlich (Knieaktion); gutes Springvermögen; handlich; etwas übereifrig

Nachzucht bis 1974:
231 Fohlen, 15 Ia, 30,– DM

Gekörte Hengste: 3
In Westercelle Leistungsbester

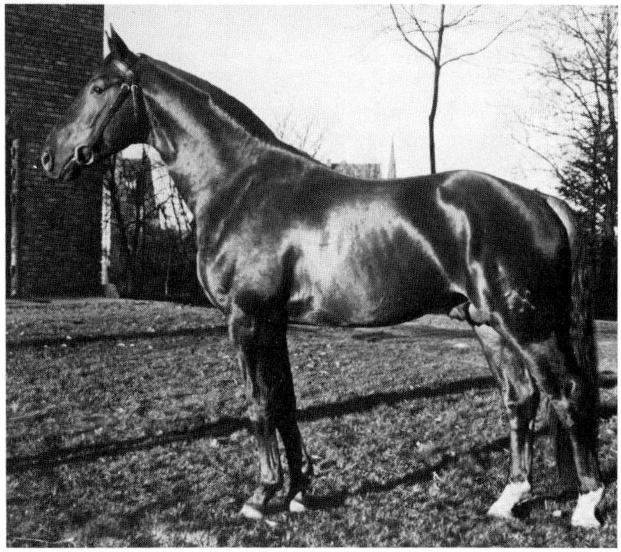

Weißgold

Wiesenbaum xx 4157

v. Birkhahn xx – Neckar xx
braun, deckt seit 1970

Maße: 160/171/19,5 cm
ausdrucksvoller Kopf; großes Auge; leichtes Genick; gut angesetzte Halsung; schräge Schulter; gute Brusttiefe; lange muskulöse Kruppe; überbaut; vorn lose im Stand; wenig Vorderfußwurzel und Fesselkopf; gute Sprunggelenke; feste Hufe; Schritt und Trab gut; sehr ausdrucksvoller Vollbluthengst mit bedeutenden Leistungspartien

Vererbung: Normalgröße; viel Rahmen; breite, schräge Schulter; lange, gut bemuskelte Kruppe; Vorderfuß (ausdruckslos); leichtfuttrig und geschlossen; Schritt und Galopp überdurchschnittlich; handlich; lebhaft

Nachzucht bis 1974:
170 Fohlen, 6 Ia

Gekörte Hengste: 4

Winkel 3905

v. Flügeladjutant – Spinck
braun, deckt seit 1955

Maße: 162/193/23,0 cm
Vielseitigkeitsmodell; trocken; tief; breit; viel Ausdruck (verdecktes Auge); gute Halsung; viel Widerrist; gute Verbindung; gute Kruppe; sehr gutes Fundament; sehr gute Bewegungen
1955 bester Hengst seines Jahrganges

Vererbung: großlinig, trocken; kleines Auge; gut in Hals, Widerrist, sehr gutes Fundament; gute Bewegungen; willig, aber schwerfällig

Nachzucht bis 1974:
438 Fohlen, 66 Ia, 16 252,– DM

Gekörte Hengste: 8

Wöhler

Wöhler 3880

v. Flügeladjutant – Flotow
Dunkelfuchs, deckte von 1953–1971

Maße: 159/192/22,0 cm
viel Ausdruck; harmonisch; tief; breit; kleiner Hengstkopf; guter Hals; sehr gute Kruppe; korrektes Fundament; sehr gute Bewegungen; gutes Temperament

Vererbung: großlinig; muskulös; guter Hals; lange Kruppe; gutes Fundament; sehr gute Bewegungen; gutes Temperament; sehr gute Stuten und Reitpferde; gefällige, patente und ehrliche Pferde

Nachzucht bis 1974:
739 Fohlen, 76 Ia, 221 911,– DM

Gekörte Hengste: 12

In Westercelle Leistungsbester

Wohlauf

Wohlauf 3950

v. Frustra II – Athos
braun, deckt ab 1957

Maße: 166/175/21,9 cm
groß; viel Halsung; Kopf wenig Hengstcharakter; (steile) Vorhand; gute Oberlinie; wenig Hinterrippe; Vorderfuß (geschliffen); wenig Brustbreite; muskulöse Hinterhand; Schritt kurz; Trab und Galopp raumgreifend und elastisch; bodenweit und zeheneng; gute Hufbildung

Vererbung: derbe Köpfe; wenig trocken; groß; großlinig mit bedeutender Halsung; (hochbeinig); flache Rippe; handlich; ehrgeizig; (ohne Härte); gute Gleichgewichtspferde; Schritt besser als beim Vater; (Neigung zu Paß); Trab bestechend; Galopp gut geschlossen; (wenig Raumgriff); Springveranlagung besser als beim Vater

Nachzucht bis 1974:
245 Fohlen, 24 Ia, 13 845,– DM

Gekörte Hengste: 2

DLG-Preise bis 1974:
Tochter Winzertraube Ia

Literaturnachweis

Ahlborn, Horst: Die Geschichte der Zucht der weißgeborenen Kutschrasse des königlichen Marstalles zu Hannover. Hannover 1941

Ahlvers, Gustav: Die wirtschaftlichen Grundlagen des Zuchtzieles der hannoverschen Warmblutzucht unter besonderer Berücksichtigung von Körperform, Gangvermögen und Fruchtbarkeit. Göttingen 1955

Aiscan, J.: Vollbluthengste in der Bundesrepublik Deutschland. L. B. Ahnert-Verlag, 6363 Echzell/H. 1974

D'Alton, E.: Naturgeschichte des Pferdes. Weimar 1810

Ayrer: Äußere Kenntnis des Pferdes mit Rücksicht auf sein Alter und seine Krankheiten.
Kollegmanuskript v. Herding. Göttingen, Wintersemester 1822/23

Bade, B., Stenglin, C. v., und Rappen, W.: Leistungsprüfung und Zuchtplanung in der Reitpferdezucht. Z. Züchtungskde. 1, 1973

Bauer, H.: Genetik und Vollblutzucht. Beitrag in »Vollblut«, Heft 20

Beaulieu, C. de: Vollblut. Eine Pferderasse erobert die Welt. BLV, München 1967

Blendinger, W.: Psychologie und Verhaltensweise des Pferdes. Erich Hoffmann Verlag, Heidenheim 1971

Breithaupt, Kl.: Der Einfluß der in den niedersächsischen Landgestüten aufgestellten englischen Vollblüter, Araber und Trakehner auf die hannoversche Landespferdezucht in bezug auf Körperentwicklung und Typ. Berlin 1958

Buttgereit, M.: Vergleichende Untersuchungen der Rennleistung von Vollblütern in Relation zum Geburtstermin. Diss. Hannover 1968

Chapeaurouge, A. De: Hengstlinien der 1922 in der Provinz Hannover vorhandenen staatlichen Hengste. Berlin 1922

Clausen, E.: Der Blutaufbau der hannoverschen Halbblutzucht. Hannover 1922

Ders.: Die Pferdezucht im »Aller-Leine«-Gebiet. Hannover 1948

Dencker, Claus: Das Oldenburger Pferd. Berlin 1941

Duerst, U.: Die Beurteilung des Pferdes. Verlag Ferdinand Enke, Stuttgart 1922

Ehlert: Landgestüt Labes. Beitrag in »Die Preußische Gestütverwaltung«, herausgegeben von Groscurth. Hannover 1927

Glyn, R., und Bruns, U.: Das große Buch der Pferderassen. Albert Müller Verlag, Rüschlikon 1971

Goodall, D. M.: Pferde der Welt. Verlag Erich Hoffmann, Heidenheim 1971

Hahn-Butry, J., und Köhler, H. J.: Hannovers edles Warmblut. Verlag Siep, Hamburg-München-Neuhaus 1949

Hartwig, Walter: Untersuchungen über die Beziehungen zwischen Gliedmaßenwinkelungen und Schrittlänge. Berlin 1956

Heling, M./Henninges, J. von: Das vollendete Pferd, DLG-Verlag Frankfurt 1975

Ders.: Betrachtungen zur Vergangenheit, Gegenwart und Zukunft der niedersächsischen Pferdezucht. Albrecht-Thaer-Gesellschaft. Celle 1961

Ders.: Trakehnen. BLV München 1962

Henninges: Pommern als Nachzuchtgebiet des hannoverschen Warmblutpferdes. Zeitschrift »Sankt Georg«, 1938, Nr. 23

Kalnein, Graf v.: Landgestüt Celle. Beitrag in »Die Preußische Gestütverwaltung«, herausgegeben von Groscurth. Hannover 1927

Karnbaum, B.: Die züchterische Entwicklung der deutschen Warmblutzuchten in der Bundesrepublik nach 1945. Verlag Hadlaub, Winterthur 1970

Kiel, J.: Die Aufzucht hannoverscher Warmbluthengste. Verband hannoverscher Warmblutzüchter, Hannover 1949

Kiel, Julius: Verschiedene Beiträge in der Zeitschrift »Hannoversches Pferd«

Köhler, Hans Joachim: Hannovers Edles Warmblut. Hannover 1949, 1961

Ders.: Verschiedene Beiträge in der Zeitschrift »Hannoversches Pferd«

Korndorff, Theodor: Landgestüt Osnabrück. Beitrag in »Die Preußische Gestütverwaltung«, herausgegeben von Groscurth. Hannover 1927

Kramer, Heinz-Otto: Die Bedeutung des braunschweigischen Landgestütes und sein Einfluß auf die Entwicklung der braunschweigischen Landespferdezucht unter Berücksichtigung der Hengstrassen von 1825 bis 1937. Hannover 1938

Lehndorff, G. Graf v.: Handbuch der Pferdezüchter. Verlag Parey, Berlin 1925

Lehndorff, S. Graf v.: Ein Leben mit Pferden. Landbuch-Verlag, Hannover 1956

Lengerken, Gerhard v.: Untersuchungen über den Einfluß der zur Veredelung der deutschen Warmblutzuchten verwendeten Spezialhengste. Halle/Saale 1965

Löwe, H.: Beurteilungslehre des Pferdes, 2. Aufl.; 1. Aufl. von R. Disselhorst. Verlag Parey, Berlin 1940

Löwe, H.: Bedeutung und Durchführung von Hengstnachzuchtbewertungen. Z. Züchtungskde. *19,* 5/8, 1944

Löwe, H.: Vererbung einzelner Körpermerkmale beim Pferd. Z. Züchtungskde. *20,* 1, 1948

Löwe, H.: Das deutsche Kaltblutpferd – Der treue Arbeitskamerad. In »Das Deutsche Pferd in der Welt«, Dokumentarwerk des Deutschen Olympiade-Komitees für Reiterei. Olympischer Sportverlag Stuttgart 1957

Löwe, H.: Neueste Erkenntnisse bezüglich der optimalen Produktivität in Fütterung, Züchtung und Haltung der Pferde. Ber. (3)a europ. Verein. Tierzucht 1958

Löwe, H.: Der Einfluß des Vollblutes in der heutigen Warmblutzucht. Z. Züchtungskde. *31,* 9/10, 1959

Löwe, H.: Das Skelett als Grundlage der Körperform. In: Haring/Hofmann/Stahl (Red.) Handbuch für Tierzüchter, Bd. 1. Verlag Neumann, Radebeul 1959

Löwe, H.: Stand und Probleme der deutschen Pferdezucht. Züchtungskde. *33,* 5/6/7, 1961

Löwe, H.: Typ und Nutzungsrichtung verschiedener Pferderassen. In: Hammond/Haring/Johansson: Handbuch der Tierzüchtung, Bd. 3. Verlag Parey, Hamburg-Berlin 1961

Löwe, H.: Kaltblutpferderassen in den verschiedenen Ländern der Welt. In: Hammond/Haring/Johansson: Handbuch der Tierzüchtung, Bd. 3. Verlag Parey, Hamburg-Berlin 1961

Löwe, H.: Haben Pferdeschauen überhaupt noch Bedeutung? Z. St. Georg, *71,* 1970

Löwe, H.: Schulpferde für Reitkunst, Gebrauchspferde für den Sport. Züchterische Probleme im österreichischen Gestüt Piber. Z. St. Georg *72,* 2, 1971

Löwe, H.: Hengstlinien und Stutenfamilien. Z. St. Georg, *72,* 8 97 11

Löwe, H., und Saenger, O.: Ponys in den verschiedenen Ländern der Welt. In: Hammond/Haring/Johansson: Handbuch der Tierzüchtung, Bd. 3. Verlag Parey, Hamburg-Berlin 1961

Merkt, H., und Uppenborn, W.: Einfluß des Lichts – Beeinflussung der Rosse bei Vollblutstuten durch Manipulation der Tageslichtdauer. Z. Vollblut 24, 1965

Merkt, H., Lepel, J. D. Frhr. v., und Klug, E.: 25 Jahre Herbstuntersuchung in der deutschen Vollblutzucht und Bericht 1971. Z. Vollblut 49, 1972

Merkt, H., Lepel, J. D. Frhr. v., und Klug E.: Bericht über die Herbstuntersuchung 1972 in der westdeutschen Vollblutzucht. Z. Vollblut 53, 1973

Miller, W., und Uppenborn, W.: Vollblutpferde. In: Hammond/Haring/Johansson: Handbuch der Tierzüchtung, Bd. 3. Verlag Parey, Hamburg-Berlin 1961

Niemack, H.: Studie über die Gangarten des Pferdes. Dt. Richterverein. Pferdeleistungsprüf. (Hrsg.) 1970

Oertzen, K. U. von/Hering, K.: Tierzucht in Pommern. Holzner Verlag Würzburg 1969

Raswan, C. R./Guttmann, Ursula: Arabische Pferde. Verlag Müller, Rüschlikon 1974

Rau, Gustav: Die wichtigsten Blutströme in der Hannoverschen Pferdezucht. Berlin 1914

Ders.: Wie weit ist die Verstärkung des deutschen Warmblutpferdes erreicht und wo liegt ihre Grenze? DLG 1925

Schäfer, M.: Wie werde ich Pferdekenner? Nymphenburger Verlag, München 1971

Schilke, Fritz: Trakehner Pferde einst und jetzt, 4. Auflage. München 1975

Schlie, Arnold: Verschiedene Beiträge in der Zeitschrift »Hannoversches Pferd«

Schön, Dieter: Beitrag zur Systematik der Züchtungsmethoden, dargestellt am Beispiel der hannoverschen Warmblutzucht. Göttingen 1961

Schöttler, Friedrich: Das hannoversche Pferd. Hannover 1925

Schulze-Dieckhoff, Alfons: Das hannoversche Warmblutpferd im Lande Braunschweig. Zeitschrift »Sankt Georg«, 1938, Nr. 23

Simonsen: Das Hofgestüt Herrenhausen und seine Bedeutung für die hannoversche Landespferdezucht. Zeitschrift »Sankt Georg«, 1938, Nr. 23

Stapenhorst, Hans: 200 Jahre Landgestüt Celle 1735–1935. Celle 1935

Stegen, Hermann: Die Zucht des hannoverschen Pferdes unter besonderer Berücksichtigung der Fruchtbarkeitsverhältnisse. Hannover 1934

Steinkopff, Georg: Verschiedene Beiträge in den Zeitschriften »Sankt Georg« und »Hannoversches Pferd«

Stenglin, Christ. v.: Das Landgestüt Celle und die hannoversche Zucht. Celle 1961

Ders.: Verschiedene Beiträge in der Zeitschrift »Hannoversches Pferd«

Unger, Wolfgang v.: Die Ahnen des Hannoveraners. Hannover 1928

Uppenborn, W.: Pferdezucht und Pferdehaltung. 4. Aufl., Verlag Bintz-Dohany, Offenbach 1972

Viergutz, Gerhard: Hengstbuch der Deutschen Staatsgestüte. Landgestüte Celle und Osnabrück. Hannover 1939

Wagener, Hermann: Untersuchungen an Spitzenpferden des Spring- und Schulstalles der Kavallerie-Schule Hannover. Hannover 1934

Wedekind, O.: Brandzeichen bei Pferden. Verlag Schaper, Hannover 1975

Wussow, Werner: Die Warmblutzucht in Pommern. (Keine Verlagsangabe) 1928

Ders.: Die Pferdezucht Mecklenburg-Vorpommerns. Radebeul und Berlin 1950

Ders.: Der heutige Stand der Blutlinienzucht – ihre Bedeutung und ihre Grenzen. Halle/Saale 1953

Vierter Jahresbericht des Hannover-Braunschweig-Oldenburgschen Vereins zur Verbesserung inländischer Pferdezucht. Hannover 1837

Festschrift zur fünfzigjährigen Jubelfeier des Provinzial-Landwirtschaftlichen Vereins für den Landdrosteibezirk Stade. 1885

Verzeichnis der in den Jahren 1790 bis 1935 im Landgestüt Celle sowie der seit 1925 im Landgestüt Osnabrück aufgestellten Hengste. Mit Nachträgen. Celle 1935

Hengstverzeichnis des Landgestüts Celle und der ehemaligen Landgestüte Osnabrück und Harzburg sowie der vom Hannoverschen Stutbuch anerkannten Privatbeschäler. Hannover 1963

Hannoversches Pferd. Zeitschrift des Verbandes hannoverscher Warmblutzüchter, des Landgestüts Celle, des Verbandes der Pony- und Kleinpferdezüchter Hannover, der Kommission für Pferdeleistungsprüfungen Hannover, des Reiterverbandes Hannover-Bremen und des Niedersächsischen Reiterverbandes

Bildnachweis

Attila S. 193
I. Bergmann S. 176 oben
Bernhagen S. 28, 60 Mitte u. unten, 65, 68 links Mitte, 136, 138, 139, 155, 156 rechts, 158/159
Bewersdorff S. 94 Mitte, 96
L. Budich S. 176 Mitte
W. Ernst S. 88 Mitte u. unten, 150, 151 rechts unten
G. Fischer S. 16, 20
Göhler S. 60 Mitte, 64 oben (2), 70 oben, 75 oben, 86 unten, 90 Mitte (2), 94 oben, 114, 126, 151 rechts Mitte, 153 rechts Mitte, 177
Dr. Gramatzki S. 142
Huck S. 115 unten, 159 oben u. unten (2)
Dr. Knoll S. 84 oben
J. Kemmler S. 181 unten rechts
Landw. Bildberatung S. 107
Menzendorf S. 64 unten links, 75 Mitte, 84 unten, 86 oben, 94 unten, 110 oben, 122, 151 oben u. Mitte, 153 (4), 170, 175, 179 Mitte u. unten, 204, 205 oben
Dr. Müller S. 88 oben
NOP S. 181 unten links
Nordsee-Zeitung S. 37 unten
P. H. Pedersen S. 169
F. Peyer S. 160
G. Rudolf S. 165
H. Sting S. 2, 12, 30, 35, 37 oben, 40 links, 57 oben, 59 (3), 60 oben, 61 oben, 62, 63, 66 (2), 68 (3), 70 (2), 71 (3), 72, 73 (3), 74 (2), 75 unten, 77, 90 oben u. unten, 91, 101, 110 unten, 115 oben, 116, 118, 119, 120, 127, 131, 148, 149, 151 unten (2), 153 rechts unten, 157, 178, 183, 187, 200 oben u. unten, 201 oben u. Mitte, 205 unten, 206 Mitte u. unten, 207, 208 oben, 212, 214 unten, 215, 219, 220 (2), 221, 222 (2)
Tiedemann S. 55, 59 links, 64 unten rechts, 66 oben, 69, 92, 106, 117, 135, 141, 158 unten, 161, 173, 176 unten, 179 oben (2), 180, 181 (3), 200 Mitte, 202, 203 (2), 206 oben, 208 unten, 209, 210, 213 (2), 214 oben, 216
Archiv S. 14, 26, 29, 40 rechts, 41 (2), 54, 57 unten, 58 (2), 61 (2), 82, 124, 156 links, 163, 166, 189, 192, 205 Mitte, 211, 218

Stichwortregister

Verzeichnis der abgebildeten Pferde